Hermann Minkowski

Geometrie der Zahlen

bremen
university
press

Hermann Minkowski

Geometrie der Zahlen

ISBN/EAN: 9783955622053

Auflage: 1

Erscheinungsjahr: 2013

Erscheinungsort: Bremen, Deutschland

bremen
university
press

GEOMETRIE DER ZAHLEN

VON

HERMANN MINKOWSKI

Vorwort der Herausgeber.

Von der „Geometrie der Zahlen“ erschien die erste Lieferung, S. 1—240, im Jahre 1896. Das Erscheinen der zweiten Lieferung verzögerte sich, da sich einige unerwartete Schwierigkeiten einstellten, und Minkowski veröffentlichte später den größten Teil der Resultate, die dort entwickelt werden sollten, in verschiedenen kleineren Abhandlungen. (In der Gesamtausgabe der Abhandlungen sind es die Nummern XIII—XXI.)

Der Bogen, den wir als zweite Lieferung veröffentlichen, fand sich als vollständig abgeschlossenes Manuskript im Nachlasse, und wir handeln nach dem Wunsche des Verfassers, wenn wir ihn für sich herausgeben und so dem Werke einen gewissen Abschluß verleihen.

Ein Verzeichnis der im Buche enthaltenen Bezeichnungen und Ausdrücke ist hinzugefügt worden.

David Hilbert. Andreas Speiser.

Anzeige zur Geometrie der Zahlen.

(Mitteilungen von B. G. Teubner, 1893 S. 7.)

Diese Schrift enthält eine neue Art Anwendungen der Analysis des Unendlichen auf die Zahlentheorie oder, besser gesagt, knüpft ein neues Band zwischen diesen zwei Gebieten. Es werden hier in Bezug auf eine Klasse von vielfachen Integralen einige Ungleichungen entwickelt, die eine fundamentale Bedeutung haben für Fragen über approximative Auflösung von Gleichungen durch rationale Zahlen und für Probleme, welche mit derartigen Fragen zusammenhängen.

Die wesentlichste Anregung verdankt diese Schrift den Briefen von Herrn Hermite an Jacobi „sur différents objets de la théorie des nombres" im 40. Bande des Crelle'schen Journals. Herr Hermite stellt dort den Satz auf, dass man in einer positiven quadratischen Form für die Variabeln immer solche ganze Zahlen, die nicht sämtlich Null sind, einsetzen kann, dass der Werth der Form eine, ganz allein durch die Determinante der Form ausgedrückte Grenze nicht überschreitet, und er erweist diesen Satz als ein mächtiges Hülfsmittel der Zahlentheorie in solchen Fragen, wie sie soeben bezeichnet wurden.

Die ebenfalls im 40. Bande des Crelle'schen Journals gedruckte Abhandlung von Dirichlet „Über die Reduction der positiven quadratischen Formen mit drei unbestimmten ganzen Zahlen" legte es mir nahe, die jenem Satze von Herrn Hermite entsprechende Eigenschaft des Ellipsoids geometrisch zu deuten, und ich erhielt zunächst für jenen Satz einen neuen und ergiebigeren Beweis, den ich im 107. Bande des Crelle'schen Journals auseinander gesetzt habe. In der Folge bemerkte ich, dass die betreffende Eigenschaft des Ellipsoids allein in dem Umstande ihren Grund hat, dass das Ellipsoid eine nirgends concave Fläche mit Mittelpunkt ist, und ich wurde dadurch auf ein arithmetisches Princip von besonderer Fruchtbarkeit aufmerksam; es beruht die vielseitige Verwendung dieses Princips auf der Mannigfaltigkeit von Einzelgestalten, die eine nirgends concave Fläche mit Mittelpunkt darzubieten imstande ist.

Dieses Princip ist, mit einigen Zusätzen, im dritten Kapitel der angezeigten Schrift entwickelt. Das erste Kapitel enthält eine eingehende Begründung der Eigenschaften der nirgends concaven Flächen. Im zweiten habe ich, um über den Boden, auf dem diese Untersuchungen sich aufbauen, Klarheit zu verschaffen, und auch, um ihren elementaren Charakter besser hervortreten zu lassen, einige hier zu verwendende bekannte Sätze aus der Functionenlehre mit ihren Beweisen dargestellt. Das vierte bis siebente Kapitel enthalten Anwendungen des in Rede stehenden Princips auf die approximative Auflösung von Gleichungen durch rationale Zahlen und durch ganze Zahlen, auf die Theorie der algebraischen Zahlen, auf die Theorie der quadratischen Formen usw., und das achte Kapitel endlich eine besondere Untersuchung, die mit jenem Principe in loserem Zusammenhange steht.

Geometrie der Zahlen habe ich diese Schrift betitelt, weil ich zu den Methoden, die in ihr arithmetische Sätze liefern, durch räumliche Anschauung geführt bin. Doch ist die Darstellung durchweg analytisch, wie dies schon durch den Umstand geboten war, dass ich von Anfang an eine Mannigfaltigkeit beliebiger Ordnung betrachte.

Ankündigung.

(2. Umschlagseite der ersten Lieferung dieses Werkes.)

Die in diesem Buche mitgetheilten Untersuchungen berühren grundlegende Fragen der mathematischen Wissenschaft. Sie bringen einige allgemeine und sehr fruchtbare Principien über die Annäherung an beliebige Grössen mittelst der Reihe der ganzen Zahlen. Ich bin zu meinen Sätzen durch räumliche Anschauungen gekommen (über ihre Vorgeschichte s. die Mittheilungen von B. G. Teubner, 1893 S. 7 (vgl. S. IV und V dieses Werkes)). Weil aber die Beschränkung auf eine Mannigfaltigkeit von drei Dimensionen unthunlich erschien, so habe ich die Darstellung hier rein analytisch gefasst, nur befleissige ich mich des Gebrauchs solcher Ausdrücke, die geeignet sind, geometrische Vorstellungen wachzurufen. Die Beweise der Sätze offenbaren den intimsten Zusammenhang des hier erörterten Theils der Zahlentheorie mit den Fundamenten der Analysis des Unendlichen. Um diese Verknüpfung recht in's Licht zu setzen, ist hier auch manches Bekannte von Grund aus entwickelt. Die Lectüre des Buches erfordert daher nur geringe Vorkenntnisse, wenn auch selbstverständlich eine gewisse mathematische Bildung.

Der behandelte Stoff betrifft vielfach Gebiete, die gegenwärtig im Vordergrund des mathematischen Interesses stehen. Da nun die vollständige Fertigstellung des Buches erst in einigen Monaten zu erwarten ist, so habe ich mich entschlossen, um mehreren mir geäusserten Wünschen zu entsprechen, einen seit längerer Zeit gedruckten Theil schon jetzt zu publiciren. Diese Lieferung entwickelt bereits die meisten allgemeinen Theoreme. Die Schlusslieferung wird noch mancherlei Anwendungen derselben bringen; sie soll im Laufe des Sommers erscheinen. Ihr Umfang wird nicht 10 Bogen übersteigen. Über ihren Inhalt entnimmt man Einiges aus meinen Aufsätzen im Bulletin des sciences mathématiques, Januar 1893 und in den Annales de l'ecole normale superieure, Februar 1896. Der verehrlichen Verlagsbuchhandlung bin ich für vielfaches Entgegenkommen während des Drucks wie jetzt bei der Theilung dieser Publication sehr zu Dank verpflichtet.

Inhalt.

Erstes Kapitel. Von den nirgends concaven Flächen.

Zweites Kapitel. Vom Volumen der Körper.

Drittes Kapitel. Körper, die infolge ihres Volumens mehr als einen Punkt mit ganzzahligen Coordinaten enthalten.

Viertes Kapitel. Anwendungen der vorhergehenden Untersuchung.

HERRN

CHARLES HERMITE

ZUM SIEBZIGSTEN GEBURTSTAGE

IN GRÖSSTER VEREHRUNG

GEWIDMET

VOM

VERFASSER.

Erstes Kapitel.

Von den nirgends concaven Flächen.

1.

Eine Functionalungleichung.

Es bedeute n irgend eine Anzahl, und die n Zeichen $x_1, \ldots x_n$ sollen, ein jedes unabhängig von den anderen, jeden reellen Werth vorstellen dürfen. Ein einzelnes System von Werthen dieser Zeichen heisse ein Punkt, die Werthe selbst die Coordinaten des Punktes.

Man denke sich eine Function von zwei Punkten — sie möge, wenn der erste Punkt $\mathfrak{a}$, der zweite $\mathfrak{b}$ heisst, mit $S(\mathfrak{ab})$ bezeichnet werden — von folgender Art: Es soll $S(\mathfrak{ab})$ für einen beliebigen Punkt $\mathfrak{a}$ und einen beliebigen Punkt $\mathfrak{b}$ stets einen bestimmten Werth haben; dieser Werth soll immer positiv sein, wenn $\mathfrak{b}$ von $\mathfrak{a}$ verschieden ist, und immer Null, wenn $\mathfrak{b}$ mit $\mathfrak{a}$ identisch ist. Ferner soll diese Function folgende Functionalgleichung erfüllen:

Stehen vier Punkte $\mathfrak{a}, \mathfrak{b}, \mathfrak{c}, \mathfrak{d}$ mit den Coordinaten $a_1, \ldots a_n$; $b_1, \ldots b_n$; $c_1, \ldots c_n$; $d_1, \ldots d_n$, von denen $\mathfrak{a}$ und $\mathfrak{b}$ verschieden sein mögen, zu einander in der Beziehung, dass

$$d_1 - c_1 = t(b_1 - a_1), \ \ldots \ d_n - c_n = t(b_n - a_n)$$

und dabei t positiv ist, so soll immer

$$S(\mathfrak{cd}) = tS(\mathfrak{ab})$$

sein.

Es möge $S(\mathfrak{ab})$ die Benennung Strahldistanz von $\mathfrak{a}$ nach $\mathfrak{b}$ (oder des Punktes $\mathfrak{b}$ von $\mathfrak{a}$) erhalten; und unter Strahldistanzen überhaupt sollen die Werthe irgend einer Function $S(\mathfrak{ab})$ mit den eben genannten Eigenschaften verstanden werden.

In diesem Kapitel soll das Wesen derjenigen Strahldistanzen aufgeklärt werden, welche noch folgende Functionalungleichung erfüllen:

Für irgend drei verschiedene Punkte $\mathfrak{a}, \mathfrak{b}, \mathfrak{c}$ soll immer

$$S(\mathfrak{ac}) < S(\mathfrak{ab}) + S(\mathfrak{bc})$$

sein.

Strahldistanzen, welche dieser Forderung genügen, mögen einhellig heissen.

Unter wechselseitigen Strahldistanzen sollen solche verstanden werden, bei welchen zwischen $S(\mathfrak{ba})$ und $S(\mathfrak{ab})$ immer Gleichheit besteht. Die folgende Untersuchung setzt nicht durchaus wechselseitige Strahldistanzen voraus.

2.

Distanzcoefficienten.

Gute Dienste wird das einfachste Beispiel von Strahldistanzen leisten.

Sind $a_1, \dots a_n$ und $b_1, \dots b_n$ die Coordinaten zweier Punkte $\mathfrak{a}$ und $\mathfrak{b}$, so sollen die Differenzen $b_1 - a_1, \dots b_n - a_n$ die relativen Coordinaten von $\mathfrak{b}$ in Bezug auf $\mathfrak{a}$ heissen.

Unter einem Würfel soll hier ganz ausschliesslich ein solcher Bereich von Punkten $x_1, \dots x_n$ verstanden werden, wie ihn die Ungleichungen

$$-t \leqq x_1 - a_1 \leqq t, \cdots - t \leqq x_n - a_n \leqq t$$

bei irgend welchen Werthen von $a_1, \dots a_n$ und einem positiven Werthe von t definiren. Der Punkt mit den Coordinaten $a_1, \dots a_n$ soll dabei der Mittelpunkt, die Grösse $2t$ die Kante des Würfels heissen.

Das Maximum unter den absoluten Beträgen der n relativen Coordinaten eines Punktes $\mathfrak{b}$ in Bezug auf einen Punkt $\mathfrak{a}$ soll die Spanne von $\mathfrak{a}$ nach $\mathfrak{b}$ (oder des Punktes $\mathfrak{b}$ von $\mathfrak{a}$) heissen und mit $E(\mathfrak{ab})$ bezeichnet werden. Diese Function $E(\mathfrak{ab})$ genügt offenbar der Functionalgleichung in 1. und ferner ist immer $E(\mathfrak{ba}) = E(\mathfrak{ab})$; sie genügt aber auch der Functionalungleichung in 1. Denn es bedeutet $E(\mathfrak{ab})$, wenn $a_1, \dots a_n$ und $b_1, \dots b_n$ die Coordinaten von $\mathfrak{a}$ und $\mathfrak{b}$ sind, die kleinste Grösse, welche allen n Ungleichungen

$$\operatorname{abs}(b_h - a_h) \leqq E(\mathfrak{ab}) \qquad (h = 1, \dots n)$$

genügt; durch das Vorsetzen von abs soll der absolute Betrag einer Grösse bezeichnet werden. Ist nun $\mathfrak{c}$ mit den Coordinaten $c_1, \dots c_n$ ein dritter Punkt, so wird immer

$$\operatorname{abs}(c_h - a_h) \leqq \operatorname{abs}(b_h - a_h) + \operatorname{abs}(c_h - b_h) \qquad (h = 1, \dots n)$$

sein, und daraus folgt zunächst

$$\operatorname{abs}(c_h - a_h) \leqq E(\mathfrak{ab}) + E(\mathfrak{bc}) \qquad (h = 1, \dots n)$$

und sodann

$$E(\mathfrak{ac}) \leqq E(\mathfrak{ab}) + E(\mathfrak{bc}).$$

Wenn $\mathfrak{a}$ und $\mathfrak{b}$ zwei verschiedene Punkte sind, so soll unter der Richtung von $\mathfrak{a}$ nach $\mathfrak{b}$ (oder der Richtung $\mathfrak{a}\mathfrak{b}$) dasjenige System von n Grössen verstanden werden, welches sich ergiebt, wenn jede der n relativen Coordinaten von $\mathfrak{b}$ in Bezug auf $\mathfrak{a}$ durch $E(\mathfrak{a}\mathfrak{b})$ dividirt wird; es soll auch gesagt werden, $\mathfrak{b}$ liege in der betreffenden Richtung von $\mathfrak{a}$ aus, und wenn zwei Punkte $\mathfrak{b}$ und $\mathfrak{c}$ in einer und derselben Richtung von einem Punkte $\mathfrak{a}$ aus liegen und dabei die Spanne $E(\mathfrak{a}\mathfrak{b})$ kleiner als die Spanne $E(\mathfrak{a}\mathfrak{c})$ ist, soll gesagt werden, $\mathfrak{b}$ liege in der betreffenden Richtung von $\mathfrak{a}$ aus vor $\mathfrak{c}$, und $\mathfrak{c}$ über $\mathfrak{b}$ hinaus.

Indem die Spannen specielle Strahldistanzen vorstellen, kann die wesentliche Bedingung für Strahldistanzen auch so gefasst werden:

Für je zwei von einander verschiedene Punkte $\mathfrak{a}$ und $\mathfrak{b}$, welche ein und dieselbe Richtung $\mathfrak{a}\mathfrak{b}$ darbieten, soll der Quotient

$$\frac{S(\mathfrak{a}\mathfrak{b})}{E(\mathfrak{a}\mathfrak{b})}$$

aus Strahldistanz und Spanne von $\mathfrak{a}$ nach $\mathfrak{b}$ immer einen und denselben, und zwar regelmässig einen positiven Werth haben. Dieser für eine Richtung constante Werth möge der Distanzcoefficient der Richtung heissen; es gilt dann also die Regel: Eine Strahldistanz $S(\mathfrak{a}\mathfrak{b})$ ist, wenn $\mathfrak{a}$ und $\mathfrak{b}$ verschieden sind, gleich der Spanne $E(\mathfrak{a}\mathfrak{b})$, multiplicirt in den Distanzcoefficienten der Richtung $\mathfrak{a}\mathfrak{b}$.

3.

Obere Grenze für einhellige Distanzcoefficienten.

Es bedeute $\mathfrak{o}$ den Nullpunkt, den Punkt mit den Coordinaten $x_1=0, \ldots x_n=0$. Es liegt in jeder Richtung von $\mathfrak{o}$ aus ein bestimmter Punkt, nach dem die Spanne von $\mathfrak{o}$ Eins beträgt. Dieser Punkt repräsentirt geradezu die Richtung nach der Definition einer Richtung in 2.; die Strahldistanz von $\mathfrak{o}$ nach diesem Punkte ist dann unmittelbar der Distanzcoefficient der Richtung.

Der Bereich sämmtlicher Punkte, nach welchen die Spanne von $\mathfrak{o}$ Eins beträgt, möge $\mathfrak{W}$ heissen. Es sind dies diejenigen Punkte, welch den Ungleichungen

$$-1 \leqq x_1 \leqq 1, \ldots -1 \leqq x_n \leqq 1$$

so genügen, dass mindestens eines der $2n$ Gleichheitszeichen darin für sie statthat.

Bei einhelligen Strahldistanzen existirt eine einfache obere Grenze für die sämmtlichen Distanzcoefficienten.

Es mögen $\mathfrak{o}_1, \ldots \mathfrak{o}_n$ die n besonderen Punkte aus $\mathfrak{W}$ vorstellen, für welche jedesmal eine Coordinate, nämlich entweder $x_1, \ldots$ oder x_n gleich 1 und die übrigen $n-1$ Coordinaten sämmtlich gleich Null sind; und es sei, unter $S(\mathfrak{a}\mathfrak{b})$ irgend welche einhellige Strahldistanzen verstanden, $\frac{G}{n}$ das Maximum unter den $2n$ Grössen:

$$S(\mathfrak{o}\mathfrak{o}_1), \ldots S(\mathfrak{o}\mathfrak{o}_n); \quad S(\mathfrak{o}_1\mathfrak{o}), \ldots S(\mathfrak{o}_n\mathfrak{o}).$$

Dann gilt der Satz:

Jeder Distanzcoefficient ist $\leqq G$.

Denn es sei $w_1, \ldots w_n$ oder $\mathfrak{w}$ irgend ein Punkt des Bereichs $\mathfrak{W}$, so dass also jedenfalls abs $w_1 \leqq 1, \ldots$ abs $w_n \leqq 1$ ist, und es bedeute sodann für $h = 1, \ldots n-1$ jedesmal $\mathfrak{w}_h$ denjenigen Punkt, der in den Coordinaten $x_1, \ldots x_h$ mit dem Punkte $\mathfrak{w}$ übereinstimmt und die weiteren Coordinaten sämmtlich gleich Null hat. Durch wiederholte Benutzung der Eigenschaft einhelliger Strahldistanzen ergiebt sich:

$$S(\mathfrak{o}\mathfrak{w}) \leqq S(\mathfrak{o}\mathfrak{w}_1) + S(\mathfrak{w}_1\mathfrak{w}_2) + \cdots + S(\mathfrak{w}_{n-1}\mathfrak{w}).$$

Rechts stehen hier n Strahldistanzen; in der h^{ten} ($h = 1, \ldots n$) hat der zweite Punkt von seinen n relativen Coordinaten in Bezug auf den ersten Punkt die h^{te} gleich w_h, die übrigen gleich Null, sind also die zwei Punkte identisch oder verschieden, je nachdem $w_h = 0$ oder $\gtrless 0$ ist, und ist im letzteren Falle die Richtung vom ersten nach dem zweiten Punkte bei positivem w_h die Richtung $\mathfrak{o}\mathfrak{o}_h$, bei negativem w_h die Richtung $\mathfrak{o}_h\mathfrak{o}$. Auf Grund der Regel am Schlusse von 2. findet sich danach, indem abs $w_h \leqq 1$ ist, die h^{te} jener Strahldistanzen $\leqq \frac{G}{n}$, die Summe auf der rechten Seite also $\leqq G$.

4.

Stetigkeit einhelliger Strahldistanzen.

Einhellige Strahldistanzen $S(\mathfrak{a}\mathfrak{b})$ stellen eine stetige Function der Coordinaten des Punktes $\mathfrak{b}$ sowohl als der des Punktes $\mathfrak{a}$ vor.

Denn es seien $S(\mathfrak{a}\mathfrak{b})$ und $S(\mathfrak{a}\mathfrak{c})$ irgend zwei Strahldistanzen mit demselben ersten, aber zwei verschiedenen zweiten Punkten, und es sei etwa $S(\mathfrak{a}\mathfrak{c}) \geqq S(\mathfrak{a}\mathfrak{b})$. Nach der Eigenschaft einhelliger Strahldistanzen ist dann die Differenz $S(\mathfrak{a}\mathfrak{c}) - S(\mathfrak{a}\mathfrak{b}) \leqq S(\mathfrak{b}\mathfrak{c})$. Die Strahldistanz $S(\mathfrak{b}\mathfrak{c})$ aber ist nach dem Satze in 3. und der Regel am Schlusse von 2. $\leqq G E(\mathfrak{b}\mathfrak{c})$. Indem noch die Spanne $E(\mathfrak{c}\mathfrak{b}) = E(\mathfrak{b}\mathfrak{c})$ ist, ergiebt sich, dass in jedem Falle der absolute Betrag der Differenz

$S(\mathfrak{ac}) - S(\mathfrak{ab})$ kleiner als eine irgendwie angenommene positive Grösse σ sein wird, so lange die absoluten Beträge der relativen Coordinaten von $\mathfrak{c}$ in Bezug auf $\mathfrak{b}$ sämmtlich kleiner als $\varepsilon = \frac{\sigma}{G}$ sind, und ein derartiger Umstand bedeutet eben die Stetigkeit von $S(\mathfrak{ab})$ als Function der Coordinaten von $\mathfrak{b}$. Die Stetigkeit von $S(\mathfrak{ab})$ als Function der Coordinaten von $\mathfrak{a}$ folgt dann aus der einfachen Bemerkung, dass eine Function $S^*(\mathfrak{ab})$, die mit der Function $S(\mathfrak{ab})$ durch die Functionalgleichung $S^*(\mathfrak{ab}) = S(\mathfrak{ba})$ verbunden ist, ebenfalls einhellige Strahldistanzen bezeichnet.

5.

Ueber Punktmengen mit unendlich vielen Punkten.

Eine unendliche Reihe von Punkten

$$\mathfrak{p}_0, \mathfrak{p}_1, \mathfrak{p}_2, \ldots$$

mit der Eigenschaft, dass zu jeder positiven Grösse ε ein Index l existirt, so dass die Spannen von $\mathfrak{p}_l$ nach allen folgenden Punkten

$$\mathfrak{p}_{l+1}, \mathfrak{p}_{l+2}, \ldots$$

$< \varepsilon$ sind, convergirt nach einem bestimmten Grenzpunkte. Denn die Voraussetzung besagt: wenn zu ε ein geeigneter Index l genommen wird, sind für jede einzelne der n Coordinaten ihre Werthe für $\mathfrak{p}_{l+1}, \mathfrak{p}_{l+2}, \ldots$ um weniger als ε von ihrem Werthe für $\mathfrak{p}_l$ verschieden, und convergirt hiernach jede einzelne der n Coordinaten in der angenommenen Reihe von Punkten nach einem bestimmten Grenzwerthe.

Unter einer Punktmenge wird eine irgendwie wohldefinirte Vereinigung von lauter verschiedenen Punkten verstanden. Häufungsstelle einer Punktmenge heisst jeder solche, sei es nun in ihr enthaltene oder nicht enthaltene Punkt $\mathfrak{p}$, welcher die Eigenschaft hat, dass, wie klein auch eine positive Grösse ε angenommen werden mag, die Punktmenge mindestens einen, von $\mathfrak{p}$ verschiedenen Punkt mit einer Spanne $< \varepsilon$ von $\mathfrak{p}$ enthält.

Eine Punktmenge mit einer endlichen Anzahl von Punkten lässt immer eine einzige Anordnung nach dem Principe zu, dass von zwei Punkten stets derjenige vorangehen soll, bei dem in der Reihe der Coordinaten $x_1, \ldots x_n$ zuerst eine kleinere Grösse auftritt, d. h. also, dass ein Punkt $a_1, \ldots a_n$ vor allen anderen Punkten $b_1, \ldots b_n$ aufgeführt wird, bei welchen die erste nicht verschwindende der Differenzen $b_1 - a_1, \ldots b_n - a_n$ positiv ausfällt.

Eine Punktmenge, welche in einem gegebenen Würfel mit endlicher Kante unendlich viele Punkte enthält, besitzt in dem Würfel mindestens eine Häufungsstelle. (Ein Theorem von Weierstrass.)

Es ist für den Beweis eine unbegrenzte Reihe von wachsenden positiven ganzen Zahlen zu Hülfe zu nehmen:

$$\Omega_0 = 1, \Omega_1, \Omega_2, \ldots,$$

welche mit 1 beginnen und in der jede spätere Zahl ein Vielfaches der ihr vorangehenden sein muss, wie etwa die Reihe der sämmtlichen Potenzen von 2 von der nullten an.

Es sei P die Punktmenge, und sie habe unendlich viele ihrer Punkte in dem Würfel mit $\mathfrak{p}_0$ als Mittelpunkt und der Kante $2t$ liegen. Das Intervall von $-t$ bis t von der Breite $2t$ werde in Ω_1 an einander anschliessende Intervalle je von der Breite $\frac{2t}{\Omega_1}$ getheilt, und jedes dieser Intervalle immer mit Einschluss seiner beiden Grenzen aufgefasst. Wird jede der n relativen Coordinaten eines unbestimmten Punktes $\mathfrak{x}$ in Bezug auf den Punkt $\mathfrak{p}_0$ auf je ein einziges dieser Ω_1 Intervalle verwiesen, so wird dadurch als Bereich von $\mathfrak{x}$ ein Würfel von der Kante $\frac{2t}{\Omega_1}$ definirt, in welchem also alle Punkte vom Mittelpunkte eine Spanne $\leqq \frac{t}{\Omega_1}$ haben. Solcher Würfel von der Kante $\frac{2t}{\Omega_1}$ sind, indem Ω_1 Intervalle zur Verfügung stehen, im Ganzen Ω_1^n vorhanden, und diese setzen, wobei sie auch unter einander Punkte gemeinsam haben, genau den Ausgangswürfel zusammen. Indem nun die vorausgesetzte Punktmenge P in diesem ersten Würfel unendlich viele Punkte liegen haben sollte, wird sie auch in einem oder in mehreren der in beschränkter Anzahl vorhandenen neuen Würfel, welche vereinigt den ersten ergeben, unendlich viele Punkte enthalten müssen. Es mögen alle von den neuen Würfeln, bei welchen sich solches ereignet, bestimmt und es möge aus ihrer Mitte ein Würfel ausgewählt werden, nach sicherem Principe, etwa indem den Mittelpunkten der Würfel die oben erwähnte Anordnung nach der Grösse der Coordinaten mit Berücksichtigung von deren Numerirung ertheilt, und sodann derjenige Würfel ausgewählt wird, dessen Mittelpunkt bei dieser Anordnung als erster Punkt auftritt. Der Mittelpunkt des ausgewählten Würfels von der Kante $\frac{2t}{\Omega_1}$ heisse $\mathfrak{p}_1$.

Wie nun mit Rücksicht auf die gegebene Punktmenge P aus $\mathfrak{p}_0$ und der Grösse $2t$ unter Benutzung des Verhältnisses $\Omega_1 : 1$ der Punkt $\mathfrak{p}_1$ gewonnen ist, nach demselben Verfahren kann aus $\mathfrak{p}_1$ und $\frac{2t}{\Omega_1}$ unter Benutzung des Verhältnisses $\Omega_2 : \Omega_1$ ein bestimmter Punkt $\mathfrak{p}_2$

ermittelt werden, u. s. f. Es ist so durch ein bestimmtes Gesetz eine unbegrenzte Reihe von Punkten definirt:

$$\mathfrak{p}_0, \mathfrak{p}_1, \mathfrak{p}_2, \ldots$$

Dabei ist dann für jeden in Betracht kommenden Index l die Spanne von $\mathfrak{p}_l$ nach $\mathfrak{p}_{l+1}, \mathfrak{p}_{l+2} \ldots$ stets $< \frac{t}{\Omega_l}$. Indem die Zahlen $\Omega_0, \Omega_1, \Omega_2, \ldots$ fortwährend wachsen, convergirt infolge dieses Umstandes die Reihe $\mathfrak{p}_0, \mathfrak{p}_1, \mathfrak{p}_2, \ldots$ nach einem bestimmten Grenzpunkte $\mathfrak{p}$. Dann ist die Spanne von $\mathfrak{p}$ nach $\mathfrak{p}_l$ immer $\leqq \frac{t}{\Omega_l}$, da sie offenbar keine bestimmte Grösse $> \frac{t}{\Omega_l}$ sein kann; und weil dieses auch für $l = 0$ gilt, ist $\mathfrak{p}$ ein Punkt im Ausgangswürfel. Wie nun jeder Punkt $\mathfrak{p}_l$ zu bestimmen ist, enthält die Punktmenge P unendlich viele Punkte, darunter also auch von $\mathfrak{p}$ verschiedene Punkte, mit einer Spanne $\leqq \frac{t}{\Omega_l}$ von $\mathfrak{p}_l$, und eine solche bedeutet nach dem soeben Bemerkten jedenfalls eine Spanne $\leqq \frac{2t}{\Omega_l}$ von $\mathfrak{p}$. Indem $\frac{2t}{\Omega_l}$ mit wachsendem Index l kleiner als jede positive Grösse ε wird, erweist sich dadurch $\mathfrak{p}$ als eine Häufungsstelle für die Punktmenge P.

6.

Untere Grenze für einhellige Distanzcoefficienten.

Der Bereich der Punkte mit einer Spanne Eins vom Nullpunkte, $\mathfrak{W}$, zerlegt sich unmittelbar in $2n$ Bereiche, von denen ein jeder durch eine Gleichung und $2n-2$ Ungleichungen definirt wird. Der alle diese $2n$ Bereiche umfassende Ausdruck lautet:

$$x_h = \vartheta_h, \quad -1 \leqq x_{h_1} \leqq 1, \quad \ldots -1 \leqq x_{h_{n-1}} \leqq 1,$$

unter h eine der Zahlen $1, \ldots n$, unter $h_1, \ldots h_{n-1}$ sodann die übrigen dieser Zahlen und unter ϑ_h entweder 1 oder -1 verstanden.

Diese Bereiche sollen nun weiter zerlegt werden. Es bedeute Ω irgend eine positive ganze Zahl. Das Intervall von -1 bis 1 werde in Ω an einander anschliessende Intervalle je von der Breite $\frac{2}{\Omega}$ getheilt, und man lasse ein jedes der $n-1$ Zeichen $w_{h_1}, \ldots w_{h_{n-1}}$, unabhängig von den anderen, die sämmtlichen Mitten dieser Ω Intervalle, also die Grössen

$$-1 + \frac{1}{\Omega}, \quad -1 + \frac{3}{\Omega}, \ldots 1 - \frac{3}{\Omega}, \quad 1 - \frac{1}{\Omega}$$

bedeuten; ferner verstehe man unter $\vartheta_{h_1}, \ldots \vartheta_{h_{n-1}}$ jedesmal von Neuem entweder 1 oder -1. Dann ergeben die insgesammt $2n(2\Omega)^{n-1}$ Bereiche, deren Ausdruck

$$x_h = \vartheta_h, \quad 0 \leqq \vartheta_{h_1}(x_{h_1} - w_{h_1}) \leqq \frac{1}{\Omega}, \quad \ldots \quad 0 \leqq \vartheta_{h_{n-1}}(x_{h_{n-1}} - w_{h_{n-1}}) \leqq \frac{1}{\Omega}$$

ist, vereinigt genau den Bereich $\mathfrak{W}$. Jeder der hier construirten Theilbereiche ist so beschaffen, dass die Spanne von irgend einem Punkte nach irgend einem anderen in ihm niemals $\frac{1}{\Omega}$ übersteigt. Ferner enthält jeder dieser Bereiche einen der $2n\Omega^{n-1}$ Punkte:

$$x_h = \vartheta_h, \quad x_{h_1} = w_{h_1}, \quad \ldots \quad x_{h_{n-1}} = w_{h_{n-1}};$$

es wird also jeder beliebige Punkt $\mathfrak{x}$ aus $\mathfrak{W}$ von mindestens einem dieser besonderen Punkte in endlicher Anzahl eine Spanne $\leqq \frac{1}{\Omega}$ haben, und dann wird nach 4. die Strahldistanz $S(\mathfrak{o}\mathfrak{x})$ vom Nullpunkte $\mathfrak{o}$ nach $\mathfrak{x}$ gewiss nicht um mehr als $\frac{G}{\Omega}$ unter der Strahldistanz von $\mathfrak{o}$ nach diesem besonderen Punkte liegen. Es bezieht sich diese Betrachtung auf einhellige Strahldistanzen.

Es mögen nun unter diesen besonderen Punkten in endlicher Anzahl diejenigen aufgesucht werden, nach welchen die Strahldistanz von $\mathfrak{o}$ am kleinsten ausfällt; diese Punkte mögen $(\mathfrak{p}_\Omega)$ heissen, und $S(\mathfrak{o}\mathfrak{p}_\Omega)$ sei ihre Strahldistanz von $\mathfrak{o}$. Dann wird für jeden beliebigen Punkt $\mathfrak{x}$ in $\mathfrak{W}$ sein:

$$S(\mathfrak{o}\mathfrak{x}_\Omega) \geqq S(\mathfrak{o}\mathfrak{p}_\Omega) - \frac{G}{\Omega}.$$

Nun stelle man sich die unendliche Reihe der Gruppen von Punkten

$$(\mathfrak{p}_1), (\mathfrak{p}_2), (\mathfrak{p}_3), \ldots$$

für alle positiven ganzen Zahlen Ω vor, so sind nur zwei Möglichkeiten denkbar. Entweder treten in diesen Gruppen nur eine endliche Anzahl verschiedener Punkte auf; dann muss mindestens einer dieser Punkte darin sich unendlich oft wiederholen, und es sei $\mathfrak{p}$ ein solcher Punkt. Oder aber in diesen Gruppen ist eine Punktmenge mit unendlich vielen Punkten definirt. Dann muss es nach 5., da alle diese Punkte einem Würfel von endlicher Kante angehören, mindestens eine Häufungsstelle für diese Punkte geben, und es bedeute $\mathfrak{p}$ nun eine solche Stelle. In beiden Fällen hat dann $\mathfrak{p}$ die Eigenschaft, dass, wie eine ganze Zahl Ω und eine positive Grösse ε auch angenommen werden mögen, selbst wenn man jene Gruppen erst von der Ω^{ten} an betrachtet, in ihnen immer noch mindestens ein Punkt mit einer Spanne $< \varepsilon$ von $\mathfrak{p}$ vorhanden ist. Indem die Spanne von $\mathfrak{o}$ nach diesem Punkte Eins sein wird, weil er zu $\mathfrak{W}$ gehört, ergiebt sich für $\mathfrak{p}$ dadurch $1 - \varepsilon < E(\mathfrak{o}\mathfrak{p}) < 1 + \varepsilon$; und ferner wird für jeden Punkt $\mathfrak{x}$ in $\mathfrak{W}$:

$$S(\mathfrak{o}\mathfrak{x}) > S(\mathfrak{o}\mathfrak{p}) - G\left(\frac{1}{\Omega} + \varepsilon\right)$$

sein müssen. Nun bedeuten $E(\mathfrak{o}\mathfrak{p})$ und $S(\mathfrak{o}\mathfrak{p})$ bestimmte Werthe. Wäre der erstere von Eins verschieden, so könnte ε so klein angenommen werden, dass sich hier ein Widerspruch herausstellte; also gehört $\mathfrak{p}$ ebenfalls zu $\mathfrak{W}$ und ist daher gewiss von $\mathfrak{o}$ verschieden. Wäre ferner für irgend einen bestimmten Punkt $\mathfrak{x}$ in $\mathfrak{W}$: $S(\mathfrak{o}\mathfrak{p}) > S(\mathfrak{o}\mathfrak{x})$, so könnte Ω so gross und ε so klein gewählt werden, dass an zweiter Stelle ein Widerspruch aufträte. Also muss für jeden Punkt $\mathfrak{x}$ in $\mathfrak{W}$ sein:

$$S(\mathfrak{o}\mathfrak{x}) \geqq S(\mathfrak{o}\mathfrak{p}).$$

Da nun $\mathfrak{p}$ von $\mathfrak{o}$ verschieden ist, muss $S(\mathfrak{o}\mathfrak{p})$ nach der allerersten Festsetzung in 1. von Null verschieden und positiv sein, und danach existirt gewiss eine wesentlich positive Grösse g von solcher Art, dass die Strahldistanzen $S(\mathfrak{o}\mathfrak{x})$ für alle Punkte $\mathfrak{x}$ in $\mathfrak{W}$, also die Distanzcoefficienten durchweg $\geqq g$ sind. (Vgl. 29.)

Der Satz in 3. und dieses Resultat nun führen auf die folgenden Ungleichungen, von denen vielfach Gebrauch gemacht werden wird:

$$gE(\mathfrak{a}\mathfrak{b}) \leqq S(\mathfrak{a}\mathfrak{b}) \leqq GE(\mathfrak{a}\mathfrak{b}),$$

oder:

$$\frac{1}{G}S(\mathfrak{a}\mathfrak{b}) \leqq E(\mathfrak{a}\mathfrak{b}) \leqq \frac{1}{g}S(\mathfrak{a}\mathfrak{b}).$$

7.

Die Aichfläche und der Aichkörper von Strahldistanzen.

Es mögen wieder unter $S(\mathfrak{a}\mathfrak{b})$ irgend welche Strahldistanzen verstanden werden. Es liegt dann in jeder Richtung vom Nullpunkte $\mathfrak{o}$ aus ein einziger Punkt $\mathfrak{x}$, für den $S(\mathfrak{o}\mathfrak{x}) = 1$ ist. Dieser Punkt ist dadurch gegeben, dass für ihn $E(\mathfrak{o}\mathfrak{x})$, die Spanne vom Nullpunkte aus, gleich dem reciproken Werthe des Distanzcoefficienten der betreffenden Richtung sein muss. Andererseits erscheint dieser Punkt hierdurch geeignet, allein durch seine Lage auf den bezüglichen Distanzcoefficienten schliessen zu lassen, und durch alle Punkte von dieser Bedeutung in allen möglichen Richtungen vom Nullpunkte aus, werden daher alle möglichen Distanzcoefficienten und damit auch alle möglichen Werthe $S(\mathfrak{a}\mathfrak{b})$ festgelegt sein. Die Menge dieser Punkte $\mathfrak{x}$, für welche $S(\mathfrak{o}\mathfrak{x}) = 1$ ist, möge die Aichfläche der Strahldistanzen $S(\mathfrak{a}\mathfrak{b})$ heissen. Der Bereich $\mathfrak{W}$ stellt eine specielle solche Aichfläche vor.

Ferner möge die Menge derjenigen Punkte $\mathfrak{x}$, für welche $S(\mathfrak{o}\mathfrak{x}) < 1$ ist, der Aichkörper der Strahldistanzen $S(\mathfrak{a}\mathfrak{b})$ heissen. Die Aichfläche und der Aichkörper bestimmen einander gegenseitig, indem in jeder Richtung vom Nullpunkte aus ein einziger Punkt der Aichfläche und alle Punkte mit nicht grösserer Spanne von $\mathfrak{o}$ als dieser eine Punkt dem Aichkörper angehören; dazu enthält der Aichkörper noch den Nullpunkt selbst.

Umgekehrt gehören zu jeder Punktmenge, welche die Eigenschaft hat, dass ihr in jeder Richtung vom Nullpunkte aus ein einziger Punkt, der Nullpunkt selbst aber nicht angehört, ganz bestimmte Strahldistanzen $S(\mathfrak{a}\mathfrak{b})$, für welche die Punktmenge als die Aichfläche erscheint.

Es soll der Ausdruck gebraucht werden: Eine Punktmenge Q reproducire um einen Punkt $\mathfrak{b}$ in einem Verhältnisse $t:1$ eine zweite Punktmenge P um einen Punkt $\mathfrak{a}$ (wobei t positiv zu denken ist), wenn die Werthsysteme der relativen Coordinaten in Bezug auf $\mathfrak{a}$ für die Punkte von P, mit t multiplicirt, genau die Werthsysteme der relativen Coordinaten in Bezug auf $\mathfrak{b}$ für die Punkte von Q ergeben. Wenn dabei $\mathfrak{b}$ und $\mathfrak{a}$ identisch sind, soll die Herleitung von Q aus P auch als Dilatation der Punktmenge P von $\mathfrak{a}$ aus im Verhältnisse $t:1$ bezeichnet werden.

Die Menge derjenigen Punkte $\mathfrak{x}$, welche einer Beziehung

$$S(\mathfrak{a}\mathfrak{x}) = t(\leqq t) \quad \text{oder} \quad S(\mathfrak{x}\mathfrak{a}) = t(\leqq t)$$

genügen, unter $\mathfrak{a}$ einen festen Punkt und unter t eine positive Grösse verstanden, soll die Fläche (der Körper) der Strahldistanz-t (der Strahldistanzen $\leqq t$) von dem Punkte $\mathfrak{a}$ beziehlich nach dem Punkte $\mathfrak{a}$ heissen.

Die Fläche der Strahldistanz t (der Körper der Strahldistanzen $\leqq t$) von einem Punkte $\mathfrak{a}$ reproducirt um $\mathfrak{a}$ im Verhältniss $t:1$ die Aichfläche (den Aichkörper) der Strahldistanzen um den Nullpunkt.

Wird ein Punkt $\mathfrak{a}$ festgehalten, so gehört zu jedem Punkte $\mathfrak{x}$ ein bestimmter Punkt $\mathfrak{x}^*$, der in Bezug auf $\mathfrak{a}$ dieselben relativen Coordinaten hat wie $\mathfrak{a}$ in Bezug auf $\mathfrak{x}$. Es ist dann $S(\mathfrak{x}^*\mathfrak{a}) = S(\mathfrak{a}\mathfrak{x})$. Die Beziehung von $\mathfrak{x}$ und $\mathfrak{x}^*$ ist eine gegenseitige; $\mathfrak{x}^*$ soll der zu $\mathfrak{x}$ in Bezug auf $\mathfrak{a}$ symmetrische Punkt heissen. Der Punkt $\mathfrak{x}^*$ ist von $\mathfrak{a}$ verschieden, wenn es $\mathfrak{x}$ ist, und dann hängt die Richtung $\mathfrak{a}\mathfrak{x}^*$ allein von der Richtung $\mathfrak{a}\mathfrak{x}$ ab; zwei solche Richtungen sollen entgegengesetzt heissen. Endlich sollen zwei Punktmengen zu einander symmetrisch in Bezug auf $\mathfrak{a}$ heissen, wenn die eine genau aus den, zu den Punkten der anderen in Bezug auf $\mathfrak{a}$ symmetrischen Punkten besteht.

Die Fläche der Strahldistanz t (der Körper der Strahldistanzen $\leqq t$) nach einem Punkte $\mathfrak{a}$ ist der Fläche der Strahldistanz t (dem Körper der Strahldistanzen $\leqq t$) von dem Punkte $\mathfrak{a}$ in Bezug auf $\mathfrak{a}$ symmetrisch.

Von einer Punktmenge, die zu sich selbst symmetrisch in Bezug auf einen Punkt $\mathfrak{a}$ ist, soll gesagt werden, sie habe den Punkt $\mathfrak{a}$ als Mittelpunkt.

Dass zwischen $S(\mathfrak{a}\mathfrak{b})$ und $S(\mathfrak{b}\mathfrak{a})$ bei beliebigen Punkten $\mathfrak{a}$ und $\mathfrak{b}$ immer Gleichheit bestehe, ist offenbar gleichbedeutend mit der Forderung, dass zu je zwei entgegengesetzten Richtungen immer derselbe Distanzcoefficient gehöre. Solches wird dann und nur dann der Fall sein, wenn die Aichfläche der Strahldistanzen zu sich selbst symmetrisch in Bezug auf den Nullpunkt ist, den Nullpunkt als Mittelpunkt hat.

8.

Der Aichkörper einhelliger Strahldistanzen.

Von nun an wird in diesem Kapitel nur noch von einhelligen Strahldistanzen die Rede sein. Beliebige Strahldistanzen sind nach 7. immer schon durch ihre Aichfläche vollkommen festgelegt. Danach ist einleuchtend, dass die Aichfläche einhelliger Strahldistanzen besondere Eigenschaften wird darbieten müssen.

I. Sind $\mathfrak{a}$ und $\mathfrak{b}$ mit den Coordinaten $a_1, \ldots a_n$ und $b_1, \ldots b_n$ zwei verschiedene Punkte, so heisse der Bereich der Punkte mit Coordinaten von der Form

$$(1-t)a_1 + tb_1, \ldots (1-t)a_n + tb_n$$

die durch $\mathfrak{a}$ und $\mathfrak{b}$ gehende gerade Linie und der Bereich derjenigen Punkte dieser geraden Linie, für welche sowohl $1-t \geqq 0$ wie $t \geqq 0$ ist, die, $\mathfrak{a}$ und $\mathfrak{b}$ verbindende Strecke (auch die Strecke $\mathfrak{a}\mathfrak{b}$ oder von $\mathfrak{a}$ nach $\mathfrak{b}$).

Es werden hier Formeln Verwendung finden:

$$\alpha\mathfrak{a} + \cdots = \cdots + \varkappa\mathfrak{k},$$

worin $\mathfrak{a}, \ldots \mathfrak{k}$ Zeichen für Punkte und $\alpha, \ldots \varkappa$ Grössen und zwar von solcher Art sein werden, dass die Summe dieser Grössen auf jeder Seite der Gleichung denselben Werth ergiebt; eine solche Formel soll immer dasjenige System von n Gleichungen vertreten, das aus ihr hervorgeht, wenn die Zeichen für die Punkte durchweg einmal durch die erste, ..., einmal durch die n^{te} Coordinate der Punkte ersetzt werden.

Die Eigenschaften von Strahldistanzen $S(\mathfrak{a}\mathfrak{b})$ sind dann kurz folgende: Es soll sein: $S(\mathfrak{a}\mathfrak{b}) = 0$, wenn $\mathfrak{b} - \mathfrak{a} = 0$ ist, $S(\mathfrak{a}\mathfrak{b}) > 0$, wenn $\mathfrak{b} - \mathfrak{a}$ nicht $= 0$ ist, ferner $S(\mathfrak{c}\mathfrak{d}) = tS(\mathfrak{a}\mathfrak{b})$, wenn $\mathfrak{d} - \mathfrak{c} = t(\mathfrak{b} - \mathfrak{a})$ und darin $t > 0$ ist.

Für einhellige Strahldistanzen trägt nun der Aichkörper folgenden Charakter:

Gehören irgend zwei Punkte dem Aichkörper an, so ist dasselbe mit jedem Punkte der sie verbindenden Strecke der Fall.

Denn es seien $\mathfrak{y}$ und $\mathfrak{z}$ irgend zwei verschiedene Punkte im Aichkörper, $\mathfrak{w} = (1 - t)\mathfrak{y} + t\mathfrak{z}$ irgend ein Punkt der sie verbindenden Strecke, also t dabei $\geqq 0$ und $\leqq 1$, ferner sei $\mathfrak{v}$ derjenige Punkt, für den $\mathfrak{v} - \mathfrak{o} = (1 - t)(\mathfrak{y} - \mathfrak{o})$ ist, sodass noch $\mathfrak{w} - \mathfrak{v} = t(\mathfrak{z} - \mathfrak{o})$ sein wird. Dann ist nach der Eigenschaft einhelliger Strahldistanzen:

$$S(\mathfrak{o}\mathfrak{w}) \leqq S(\mathfrak{o}\mathfrak{v}) + S(\mathfrak{v}\mathfrak{w}),$$

und nach der Eigenschaft von Strahldistanzen überhaupt:

$$S(\mathfrak{o}\mathfrak{v}) = (1 - t)S(\mathfrak{o}\mathfrak{y}), \quad S(\mathfrak{v}\mathfrak{w}) = tS(\mathfrak{o}\mathfrak{z}).$$

Nach der über $\mathfrak{y}$ und $\mathfrak{z}$ gemachten Voraussetzung soll nun

$$S(\mathfrak{o}\mathfrak{y}) \leqq 1, \quad S(\mathfrak{o}\mathfrak{z}) \leqq 1$$

sein, und so folgt auch: $S(\mathfrak{o}\mathfrak{w}) \leqq (1 - t) + t = 1$. — Wenn dabei $S(\mathfrak{o}\mathfrak{y}) < 1$, $S(\mathfrak{o}\mathfrak{z}) < 1$ ist, also $\mathfrak{y}$ und $\mathfrak{z}$ beide nicht auf der Aichfläche liegen, gilt auch dieses für jeden einzigen Punkt der $\mathfrak{y}$ und $\mathfrak{z}$ verbindenden Strecke.

Umgekehrt, wenn der Aichkörper von Strahldistanzen $S(\mathfrak{a}\mathfrak{b})$ die Eigenschaft hat, dass mit irgend zwei Punkten $\mathfrak{y}$ und $\mathfrak{z}$, die ihm, aber nicht der Aichfläche angehören, stets jeder einzige Punkt der, $\mathfrak{y}$ und $\mathfrak{z}$ verbindenden Strecke dem Aichkörper angehört, so sind die Strahldistanzen einhellig.

Denn sollte für irgend drei bestimmte Punkte $\mathfrak{a}$, $\mathfrak{b}$, $\mathfrak{c}$ einmal

$$S(\mathfrak{a}\mathfrak{c}) > S(\mathfrak{a}\mathfrak{b}) + S(\mathfrak{b}\mathfrak{c})$$

sein, so müssten, da doch die Eigenschaften von Strahldistanzen bestehen sollen, jedenfalls $\mathfrak{a}$ und $\mathfrak{c}$ von $\mathfrak{b}$ verschieden und auch die Richtungen $\mathfrak{a}\mathfrak{b}$ und $\mathfrak{b}\mathfrak{c}$ verschieden sein. Es könnte eine positive Grösse τ bestimmt werden, so dass

$$S(\mathfrak{a}\mathfrak{c}) > \tau > S(\mathfrak{a}\mathfrak{b}) + S(\mathfrak{b}\mathfrak{c})$$

wäre, und wären dann $\mathfrak{v}$ und $\mathfrak{w}$ die Punkte, für welche man

$$\mathfrak{v} - \mathfrak{o} = \frac{1}{\tau}(\mathfrak{b} - \mathfrak{a}), \quad \mathfrak{w} - \mathfrak{v} = \frac{1}{\tau}(\mathfrak{c} - \mathfrak{b})$$

hätte, so wäre $\mathfrak{v}$ von $\mathfrak{o}$ und $\mathfrak{w}$ verschieden, und nach der Eigenschaft von Strahldistanzen würde sich

$$S(\mathfrak{o}\mathfrak{v}) > 1, \quad S(\mathfrak{o}\mathfrak{v}) + S(\mathfrak{v}\mathfrak{w}) < 1$$

herausstellen. Zugleich wäre $t = \frac{S(\mathfrak{v}\mathfrak{w})}{S(\mathfrak{o}\mathfrak{v}) + S(\mathfrak{v}\mathfrak{w})} > 0$ und < 1, und für die Punkte $\mathfrak{y}$ und $\mathfrak{z}$, die den Formeln

$$\mathfrak{y} - \mathfrak{o} = \frac{\mathfrak{v} - \mathfrak{o}}{1 - t}, \quad \mathfrak{z} - \mathfrak{o} = \frac{\mathfrak{w} - \mathfrak{v}}{t}$$

genügten, fände sich

$$S(\mathfrak{o}\mathfrak{y}) = S(\mathfrak{o}\mathfrak{v}) + S(\mathfrak{v}\mathfrak{w}), \quad S(\mathfrak{o}\mathfrak{z}) = S(\mathfrak{o}\mathfrak{v}) + S(\mathfrak{v}\mathfrak{w});$$

diese Punkte wären verschieden, weil sie von $\mathfrak{o}$ aus in den verschiedenen Richtungen $\mathfrak{a}\mathfrak{b}$ und $\mathfrak{b}\mathfrak{c}$ lägen, und sie gehörten dem Aichkörper und nicht der Aichfläche an; es wäre aber $\mathfrak{w}$ ein Punkt der sie verbindenden Strecke und gehörte nicht dem Aichkörper an. Also wäre ein Widerspruch vorhanden.

II. Unter einer Ebene werde ein Bereich von Punkten $x_1, \ldots x_n$ verstanden, die einer Gleichung

$$\beta_0 + \beta_1 x_1 + \cdots + \beta_n x_n = 0$$

genügen, in der $\beta_0, \beta_1, \ldots \beta_n$ irgend welche Grössen und die letzten n darunter nicht sämmtlich Null sind. Parallel heissen zwei Ebenen, wenn für sie derartige Gleichungen mit denselben Grössen $\beta_1, \ldots \beta_n$ gelten. Dass eine Ebene zwei Punkte trennt, soll besagen, ein für die Ebene verschwindender ganzer linearer Ausdruck in $x_1, \ldots x_n$ fällt für die Coordinaten des einen Punktes positiv, für die des anderen negativ aus. Wenn eine Ebene von den Punkten einer gegebenen Punktmenge keine zwei von einander trennt, soll gesagt werden, die Ebene durchschneidet nicht die Punktmenge; wenn zudem die Ebene noch mindestens einen Punkt der Punktmenge selbst enthält, soll sie eine Stützebene an die Punktmenge heissen.

Der oben gefundene Satz wird nun soweit verarbeitet werden, dass sich schliesslich (in 16.) ergeben wird:

Die Aichfläche einhelliger Strahldistanzen besitzt durch jeden ihrer Punkte mindestens eine Stützebene.

Schon jetzt sei bemerkt, dass eine jede solche Ebene auch den Aichkörper nicht durchschneiden wird. Denn werden irgend zwei entgegengesetzte Richtungen aufgesucht, die der Ebene nicht angehören, d. h. also die von den Punkten in der Ebene aus ihr heraus führen, und sind $\mathfrak{a}$ und $\mathfrak{b}$ die Punkte der Aichfläche in diesen Richtungen von $\mathfrak{o}$ aus, so gehört wenigstens einer dieser Punkte nicht der Ebene an, und es sei $\mathfrak{a}$ ein solcher Punkt. Weil die Ebene $\mathfrak{a}$ und $\mathfrak{b}$ nicht trennen darf, kann sie dann von der Strecke $\mathfrak{a}\mathfrak{b}$ höchstens den einen Punkt $\mathfrak{b}$ enthalten, und weil $\mathfrak{o}$ auf dieser Strecke liegt, aber von $\mathfrak{b}$ verschieden ist, wird sie also auch $\mathfrak{o}$ nicht enthalten, und auch

$\mathfrak{o}$ und $\mathfrak{a}$ nicht trennen. Dass sie die Aichfläche nicht durchschneidet, ist dann damit identisch, dass sie keinen Punkt der Aichfläche von $\mathfrak{o}$ trennt, und nach der Zusammensetzung des Aichkörpers aus den Strecken von $\mathfrak{o}$ nach den Punkten der Aichfläche wird sie nun auch keinen Punkt des Aichkörpers von $\mathfrak{o}$ trennen und so auch eine Stützebene an den Aichkörper bilden, endlich von den Punkten des Aichkörpers gewiss nur solche enthalten, die zugleich der Aichfläche angehören, d. h. also für alle Punkte $\mathfrak{x}$ einer Stützebene an die Aichfläche wird $S(\mathfrak{o}\mathfrak{x}) \geqq 1$ sein.

9.

Die einfachsten, durch Ebenen bestimmten Bereiche.

I. Es sei eine Ebene gegeben und $\mathfrak{a}$ mit den Coordinaten $a_1, \ldots a_n$ ein der Ebene nicht angehörender Punkt. Die Gleichung der Ebene kann dann auf eine und nur eine Art in die Form

$$(1) \qquad \alpha - \alpha_1(x_1 - a_1) - \cdots - \alpha_n(x_n - a_n) = 0$$

gesetzt werden, so dass $\alpha > 0$ und

$$\text{abs}\, \alpha_1 + \cdots + \text{abs}\, \alpha_n = 1$$

ist. Diese Form möge die Hauptform der Gleichung der Ebene für den Punkt $\mathfrak{a}$ heissen. Dabei bedeutet dann α die kleinste mögliche Spanne von $\mathfrak{a}$ nach einem Punkte der Ebene. Denn solange $\text{abs}\,(x_1 - a_1), \ldots \text{abs}\,(x_n - a_n)$ sämmtlich $< \alpha$ sind, fällt die linke Seite von (1) immer positiv aus, aber sie wird Null, wenn für jeden von Null verschiedenen unter den Coefficienten α_h $(h = 1, \ldots n)$ immer $x_h - a_h = \pm \alpha$ mit dem Vorzeichen von α_h und für jeden etwa vorhandenen verschwindenden Coefficienten α_h irgendwie x_h der Bedingung $\text{abs}\,(x_h - a_h) \leqq \alpha$ gemäss angenommen wird.

Wenn n Richtungen so beschaffen sind, dass ein erster Punkt mit n weiteren Punkten in diesen Richtungen vom ersten Punkte aus nicht zusammen in einer einzigen Ebene enthalten sein kann, sollen die Richtungen n unabhängige Richtungen heissen.

Es seien $\mathfrak{a}, \mathfrak{a}_1, \ldots \mathfrak{a}_n$ irgend $n + 1$ Punkte, die in keiner Ebene zusammen enthalten sind. Dann bestimmen je n von ihnen immer eine einzige Ebene, welcher sie alle angehören und welcher dann der letzte Punkt nicht mehr angehört. Damit die Punkte einen solchen Charakter tragen, müssen sie verschieden sein, und müssen die Richtungen von $\mathfrak{a}$ nach $\mathfrak{a}_1, \ldots \mathfrak{a}_n$ n unabhängige Richtungen vorstellen. Es seien $a_1, \ldots a_n$; $a_1^{(k)}, \ldots a_n^{(k)}$ $(k = 1, \ldots n)$ die Coordinaten von $\mathfrak{a}$ und $\mathfrak{a}_k$ $(k = 1, \ldots n)$. Die über die Punkte gemachte Voraussetzung ist dann gleichbedeutend damit, dass die Determinante

$$\begin{vmatrix} a_1^{(1)} - a_1, & \dots & a_1^{(n)} - a_1 \\ \cdot & \cdot & \cdot \\ \cdot & \cdot & \cdot \\ \cdot & \cdot & \cdot \\ a_n^{(1)} - a_n, & \dots & a_n^{(n)} - a_n \end{vmatrix}$$

von Null verschieden sei. Infolge dieses Umstandes gehören dann zu jedem Punkte $\mathfrak{x}$ oder Systeme von Coordinaten $x_1, \dots x_n$ vermöge der n Gleichungen

(2) $x_h - a_h = y_1(a_h^{(1)} - a_h) + \cdots + y_n(a_h^{(n)} - a_h) \qquad (h = 1, \dots n)$

immer ganz bestimmte Werthe $y_1, \dots y_n$. Nach der in 8. getroffenen Festsetzung ist dieses System von n Gleichungen durch die eine Formel:

$$\mathfrak{x} - \mathfrak{a} = y_1(\mathfrak{a}_1 - \mathfrak{a}) + \cdots + y_n(\mathfrak{a}_n - \mathfrak{a})$$

darzustellen.

Es möge nun (1) die Gleichung der die Punkte $\mathfrak{a}_1, \dots \mathfrak{a}_n$ enthaltenden Ebene in ihrer Hauptform für den Punkt $\mathfrak{a}$ vorstellen. Werden die Ausdrücke (2) für die relativen Coordinaten eines beliebigen Punktes $\mathfrak{x}$ in Bezug auf $\mathfrak{a}$ in diese Gleichung eingeführt, so geht ihre linke Seite, indem sie für $\mathfrak{a}_1, \dots \mathfrak{a}_n$ Null wird, in $(1 - y_1 - \cdots - y_n)\alpha$ über, und da nun α von Null verschieden ist, nimmt die Bedingung für die Punkte $\mathfrak{x}$ in dieser Ebene selbst den Ausdruck an:

(3) $$1 - y_1 - \cdots - y_n = 0.$$

II. Mit Rücksicht hierauf und auf (2) sind für die Punkte dieser Ebene selbst die Werthe $y_1, \dots y_n$ offenbar unabhängig davon, welchen Punkt ausserhalb dieser Ebene der Punkt $\mathfrak{a}$ vorstellt. Der Bereich derjenigen Punkte in dieser Ebene, welche ausser (3) noch die Ungleichungen

(4) $$y_1 \geqq 0, \dots y_n \geqq 0$$

erfüllen, wird danach von $\mathfrak{a}_1, \dots \mathfrak{a}_n$ allein abhängen, welches hierbei beliebige n Punkte sein dürfen, durch die nur eine Ebene möglich ist. Ein Bereich von dieser Entstehungsweise möge eine Flächenzelle und die zu Grunde liegenden n Punkte $\mathfrak{a}_1, \dots \mathfrak{a}_n$ deren Ecken heissen; ein solcher Bereich liegt also namentlich ganz in einer einzigen Ebene.

Mittelst der Gleichungen

(5) $$y_1 = z_1, \quad y_2 = z_2 - z_1, \dots y_n = z_n - z_{n-1},$$

deren Determinante 1 ist, gehen die Bedingungen (3) und (4) für einen solchen Bereich über in:

(6) $$0 \leqq z_1 \leqq \cdots \leqq z_{n-1} \leqq 1, \quad z_n = 1$$

dabei stellen dann $z_1, \ldots z_n$, ebenso wie es $y_1, \ldots y_n$ thaten, ganze homogene lineare Ausdrücke in $x_1 - a_1, \ldots x_n - a_n$ mit nicht verschwindender Determinante vor. Sind umgekehrt $a_1, \ldots a_n$ irgend n Constanten und $z_1, \ldots z_n$ Ausdrücke der hier bezeichneten Art in $x_1 - a_1, \ldots x_n - a_n$, so führen diese Ausdrücke vermöge (5) zu Gleichungen wie (2) und damit zu bestimmten n Punkten

$$a_1^{(k)}, \ldots a_n^{(k)} \qquad (k = 1, \ldots n),$$

durch die nur eine Ebene geht, und es erweisen sich dann die Ungleichungen (6) genau als der Ausdruck für die Flächenzelle mit diesen Punkten als Ecken.

Der Bereich derjenigen Punkte der durch (3) und (4) definirten Flächenzelle, für welche noch $y_h = 0$ ist, unter h irgend eine feste der Zahlen $1, \ldots n$ verstanden, möge die h^{te} Randpartie dieser Flächenzelle heissen. Für diese Punkte erfahren, wie aus (2) hervorgeht, die Werthe $y_1, \ldots y_n$ keine Aenderung, wenn $\mathfrak{a}$ und $\mathfrak{a}_h$ irgendwie abgeändert werden, doch so, dass $\mathfrak{a}, \mathfrak{a}_1, \ldots \mathfrak{a}_n$ nicht zusammen in eine Ebene zu liegen kommen, und hängt danach dieser Bereich von Punkten nur von den $n-1$ Punkten $\mathfrak{a}_k$ ($k = 1, \ldots n$ mit Ausnahme von h) ab.

Endlich möge der Bereich derjenigen Punkte, welche die Ungleichungen:

$$(7) \qquad \begin{gathered} y_1 \geqq 0, \ldots y_n \geqq 0, \\ 1 \geqq y_1 + \cdots + y_n, \end{gathered}$$

oder, was dasselbe ist, die Ungleichungen:

$$(8) \qquad 0 \leqq z_1 \leqq \cdots \leqq z_{n-1} \leqq z_n \leqq 1$$

erfüllen, schlechtweg eine Zelle, der Punkt $\mathfrak{a}$ deren Spitze und die durch (3) und (4) (oder durch (6)) definirte Flächenzelle deren Basis heissen. Offenbar besteht eine solche Zelle aus der Spitze, welche kein Punkt der Ebene der Basis ist, und dazu in jeder Richtung von der Spitze nach einem Punkte der Basis aus allen Punkten mit nicht grösserer Spanne von der Spitze als der Punkt der Basis. Wird $\mathfrak{a}$ festgehalten, und werden $\mathfrak{a}_1, \ldots \mathfrak{a}_n$ geändert, doch so, dass sie von $\mathfrak{a}$ verschieden und die Richtungen von $\mathfrak{a}$ nach ihnen dieselben bleiben, so bleibt auch die Gesammtheit der Richtungen von $\mathfrak{a}$ nach der Flächenzelle mit $\mathfrak{a}_1, \ldots \mathfrak{a}_n$ als Ecken ungeändert.

Wird $1 - y_1 - \cdots - y_n = y$ gesetzt, so kann die Formel nach Gleichung (2) geschrieben werden:

$$\mathfrak{x} = y\mathfrak{a} + y_1\mathfrak{a}_1 + \cdots + y_n\mathfrak{a}_n;$$

und hierin gehen nun die $n + 1$ Punkte $\mathfrak{a}, \mathfrak{a}_1, \ldots \mathfrak{a}_n$ in gleicher Weise ein, so dass auch an der Zelle keiner dieser Punkte an sich ausgezeichnet ist. Bei einer derartigen Auffassung der Zelle mögen diese $n+1$ Punkte die Ecken derselben heissen. Aus der letzten Formel und den Ungleichungen (7) ist zu entnehmen: Die Punkte $\mathfrak{x}$ der Zelle mit den Ecken $\mathfrak{a}, \mathfrak{a}_1, \ldots \mathfrak{a}_n$ oder der Flächenzelle mit den Ecken $\mathfrak{a}_1, \ldots \mathfrak{a}_n$ oder der h^{ten} Randpartie dieser Flächenzelle haben beziehungsweise die Eigenschaft, dass jede Ebene, welche die Punktmenge

$$\mathfrak{a},\ \mathfrak{a}_1,\ \ldots\ \mathfrak{a}_n \text{ oder } \mathfrak{a}_1,\ \ldots\ \mathfrak{a}_n \text{ oder } \mathfrak{a}_1,\ \ldots\ \mathfrak{a}_{h-1},\ \mathfrak{a}_{h+1}\ \ldots\ \mathfrak{a}_n$$

nicht durchschneidet, jedesmal auch die betreffende Punktmenge mit Hinzunahme von $\mathfrak{x}$ nicht durchschneidet.

Andererseits ist jeder Punkt $\mathfrak{x}$, der diese Eigenschaft in Bezug auf die Ebenen $y=0,\ y_1=0,\ \ldots\ y_n=0$ oder in Bezug auf alle Ebenen $y=\text{const.},\ y_1=0, \ldots\ y_n=0$, oder in Bezug auf alle Ebenen $y=\text{const.},\ y_h=\text{const.},\ y_1=0,\ \ldots\ y_{h-1}=0,\ y_{h+1}=0,\ \ldots\ y_n=0$ besitzt, ein Punkt in dem ersten oder zweiten oder dritten jener Bereiche. Aus der vorigen Bemerkung folgt auch, dass an diesen Bereichen die zu ihrer Ableitung dienenden und in ihnen enthaltenen $n+1$ oder n oder $n-1$ Punkte so ausgezeichnet sind, dass sie sich aus den Bereichen eindeutig ergeben. Beispielsweise kann die Flächenzelle mit den Ecken $\mathfrak{a}_1, \ldots\ \mathfrak{a}_n$ nicht zugleich eine Flächenzelle mit einem anderen Systeme von Ecken $\mathfrak{b}_1, \ldots\ \mathfrak{b}_n$ sein. Denn käme unter den letzteren Punkten etwa $\mathfrak{a}_h$ nicht vor, so müssten, da wegen (3) und (4) in dieser Flächenzelle die Gleichung $y_h=1$ nur für einen Punkt, nämlich für $\mathfrak{a}_h$, gilt, die Werthe von y_h für die Punkte $\mathfrak{b}_1, \ldots\ \mathfrak{b}_n$ durchweg <1 sein, und dann könnte eine solche Ebene $y_h=\text{const.}$ angegeben werden, welche die Punktmenge $\mathfrak{b}_1, \ldots\ \mathfrak{b}_n$ nicht durchschneidet, aber $\mathfrak{a}_h$ von diesen Punkten trennt; also gehörte $\mathfrak{a}_h$ nicht der Flächenzelle mit den Ecken $\mathfrak{b}_1, \ldots\ \mathfrak{b}_n$ an.

10.

Zellen im Aichkörper.

Der in 8. I. bewiesene Satz lässt folgende Verallgemeinerung zu:

Eine Zelle mit der Spitze im Nullpunkte und den n Basisecken auf der Aichfläche gehört mit jedem Punkte dem Aichkörper an.

Denn es seien in irgend n unabhängigen Richtungen von $\mathfrak{o}$ aus $\mathfrak{a}_1, \ldots\ \mathfrak{a}_n$ die Punkte auf der Aichfläche, für die also:

$$S(\mathfrak{o}\mathfrak{a}_1)=1,\ \ldots\ S(\mathfrak{o}\mathfrak{a}_n)=1$$

ist. Dann gehört nach 9. zu jedem beliebigen Punkte $\mathfrak{x}$ ein einziges Werthsystem $y_1, \ldots\ y_n$, welches der Formel

$$\mathfrak{x} - \mathfrak{o} = y_1(\mathfrak{a}_1 - \mathfrak{o}) + \cdots + y_n(\mathfrak{a}_n - \mathfrak{o})$$

genügt, die n Gleichungen zusammenfasst. Für die Punkte $\mathfrak{o}, \mathfrak{a}_1, \ldots \mathfrak{a}_n$ können diese Werthsysteme $y_1, \ldots y_n$ offenbar keine anderen sein als:

$$0, 0, \ldots 0; \; 1, 0, \ldots 0; \ldots 0, 0, \ldots 1.$$

Die Zelle mit $\mathfrak{o}$ als Spitze und $\mathfrak{a}_1, \ldots \mathfrak{a}_n$ als Basisecken ist nun der Bereich derjenigen Punkte $\mathfrak{x}$, für die man

$$y_1 \geqq 0, \ldots y_n \geqq 0, \quad y_1 + \cdots + y_n \leqq 1$$

hat. Es sei $\mathfrak{x}$ irgend ein Punkt dieser Zelle, und es bedeute sodann $\mathfrak{x}_h$ für $h = 1, \ldots n-1$ jedesmal denjenigen Punkt, für den die ersten h der ihm zugehörigen Werthe $y_1, \ldots y_n$ dieselben sind wie für $\mathfrak{x}$ und die übrigen dieser Werthe sämmtlich gleich Null. Dann wird nach der Eigenschaft einhelliger Strahldistanzen sein:

$$S(\mathfrak{o}\mathfrak{x}) \leqq S(\mathfrak{o}\mathfrak{x}_1) + S(\mathfrak{x}_1\mathfrak{x}_2) + \cdots + S(\mathfrak{x}_{n-1}\mathfrak{x}).$$

In dem h^{ten} der rechts stehenden Ausdrücke ($h = 1, \ldots n$) erweisen sich nun die relativen Coordinaten des zweiten Punktes in Bezug auf den ersten gleich den relativen Coordinaten von $\mathfrak{a}_h$ in Bezug auf $\mathfrak{o}$, multiplicirt mit y_h, und danach wird dieser Ausdruck, weil $y_h \geqq 0$ sein soll, $= y_h S(\mathfrak{o}\mathfrak{a}_h) = y_h$ sein. Die ganze rechts stehende Summe ergiebt sich so $= y_1 + \cdots + y_n$, d. i. nach der letzten oben hingeschriebenen Bedingung für die Punkte der Zelle $\leqq 1$, also findet sich $S(\mathfrak{o}\mathfrak{x}) \leqq 1$.

11.

Die Aichfläche als Begrenzung des Aichkörpers.

In 5. ist auseinandergesetzt, was man unter einer Häufungsstelle einer Punktmenge versteht. Eine Punktmenge, welche alle Punkte, die Häufungsstellen von ihr sind, selbst enthält, wird abgeschlossen genannt.

In Bezug auf eine irgendwie gegebene Punktmenge P kann ein gegebener Punkt $\mathfrak{a}$ von dreierlei Art sein*). Es stelle P_1 die Menge aller Punkte vor (soweit solche vorhanden sind), welche nicht zu P gehören. Sodann stelle P' die Menge aller Punkte vor (soweit solche vorhanden sind), welche Häufungsstellen für P sind, und P_1' die Menge aller Häufungsstellen für P_1 (soweit solche vorhanden sind). Es ist dabei zuzulassen, dass für eine oder zwei der Mengen P_1, P', P_1' überhaupt kein Punkt vorhanden ist, was bei der folgenden Betrachtung

---

*) C. Jordan, Remarques sur les intégrales définies, Journ. de Math., 4. série, tome 8, 1892, p. 72.

nicht stören wird; dann ist eben jeder bestimmte Punkt $\mathfrak{a}$ als nicht zu der betreffenden Menge gehörig anzusehen.

Entweder gehört $\mathfrak{a}$ zur Menge P, dabei aber nicht zur Menge P_1' dann existirt nach dem Begriffe einer Häufungsstelle für $\mathfrak{a}$ eine positive Grösse ε so, dass kein Punkt mit einer Spanne $< \varepsilon$ von $\mathfrak{a}$ zu P_1 gehört, jeder solche Punkt also ein Punkt von P ist. In diesem Falle heisst $\mathfrak{a}$ ein innerer Punkt von P (oder ein Punkt im Inneren von P). Dann wird zugleich ein jeder Punkt mit einer Spanne $< \varepsilon$ von $\mathfrak{a}$ ein innerer Punkt von P sein.

Oder $\mathfrak{a}$ gehört zu P_1, aber nicht zu P'. Dann existirt eine positive Grösse ε so, dass kein Punkt mit einer Spanne $< \varepsilon$ von $\mathfrak{a}$ zu P, jeder solche Punkt also zu P_1 gehört. In diesem Falle heisst $\mathfrak{a}$ ein äusserer Punkt von P. Zugleich wird dann ein jeder Punkt mit einer Spanne $< \varepsilon$ von $\mathfrak{a}$ ein äusserer Punkt von P sein.

Oder endlich $\mathfrak{a}$ gehört zu einer der Mengen P, P_1 und ist gleichzeitig eine Häufungsstelle der anderen dieser Mengen. Die Menge aller Punkte $\mathfrak{a}$ dieser Art heisst die Begrenzung von P.

Es wird später (in 20.) gezeigt werden, dass, wenn P nicht gerade die Menge aller möglichen Punkte vorstellt, es immer Punkte der Begrenzung von P giebt. Aber schon jetzt leuchtet ein, dass die Begrenzung einer Punktmenge P, wenn sie existirt und für sie Häufungsstellen da sind, alle eigenen Häufungsstellen selbst enthalten, also immer eine abgeschlossene Punktmenge sein wird. Denn ist $\mathfrak{a}$ ein innerer oder ein äusserer Punkt von P, so giebt es, wie bemerkt, eine positive Grösse ε so, dass alle Punkte mit einer Spanne $< \varepsilon$ von $\mathfrak{a}$ durchweg innere oder durchweg äussere Punkte von P, jedenfalls also nicht Punkte der Begrenzung von P sind, und danach kann ein innerer oder ein äusserer Punkt von P auch niemals Häufungsstelle für die Begrenzung von P sein, also sind als solche Häufungsstellen nur Punkte der Begrenzung selbst denkbar.

Wenn P eine abgeschlossene Punktmenge vorstellt, ein Fall, der zumeist in Betracht kommen wird, wenn also alle Punkte von P' zugleich auch Punkte von P selbst sind, ist jeder einzige Punkt, der nicht zu P gehört, ein äusserer Punkt von P, und besteht die Begrenzung von P genau aus denjenigen Punkten von P, die Häufungsstellen der äusseren Punkte von P sind.

Der Aichkörper einhelliger Strahldistanzen stellt eine abgeschlossene Punktmenge vor, und die Begrenzung derselben bildet genau die Aichfläche. Denn der Aichkörper ist der Bereich derjenigen Punkte $\mathfrak{x}$, für die $S(\mathfrak{o}\mathfrak{x}) \leqq 1$ ist. Die Function $S(\mathfrak{o}\mathfrak{x})$ hat aber hier nach 4. die

Eigenschaft, dass, wenn $\mathfrak{a}$ irgend einen Punkt und σ eine positive Grösse bedeutet, abs $(S(\mathfrak{o}\mathfrak{x}) - S(\mathfrak{o}\mathfrak{a})) < \sigma$ bleibt, solange die Spanne $E(\mathfrak{a}\mathfrak{x}) \dot{<} \frac{\sigma}{G}$ ist. Danach wird zunächst jeder Punkt $\mathfrak{a}$, für den $S(\mathfrak{o}\mathfrak{a}) > 1$ ist, ein äusserer Punkt des Aichkörpers sein, niemals ein Punkt seiner Begrenzung; also stellt der Aichkörper eine abgeschlossene Punktmenge vor. Ferner wird jeder Punkt $\mathfrak{a}$, für den $S(\mathfrak{o}\mathfrak{a}) < 1$ ist, ein innerer Punkt des Aichkörpers sein. Die Begrenzung des Aichkörpers kann nunmehr nur aus Punkten der Aichfläche bestehen; jeder Punkt $\mathfrak{a}$ der Aichfläche aber gehört zu dieser Begrenzung, indem dann die Punkte in der Richtung $\mathfrak{o}\mathfrak{a}$ von $\mathfrak{o}$ über $\mathfrak{a}$ hinaus nicht zum Aichkörper gehören.

Eine Vereinigung aus einer beschränkten Anzahl abgeschlossener Punktmengen, und ebenso die einer beschränkten Anzahl von abgeschlossenen Punktmengen gemeinsame Punktmenge stellen wieder abgeschlossene Punktmengen vor; denn jede Häufungsstelle der Vereinigung wird auch für mindestens eine der Theilmengen und jede Häufungsstelle der gemeinsamen Menge für jede einzelne, der dieselbe enthaltenden Mengen Häufungsstelle sein. Indem die Punktmenge, für welche ein ganzer linearer Ausdruck in $x_1, \ldots x_n \geqq 0$ ausfällt, offenbar abgeschlossen ist, geht hieraus hervor, dass jede Zelle, jede Flächenzelle, jede Strecke eine abgeschlossene Punktmenge vorstellt.

Wenn eine Punktmenge ganz in einer Ebene enthalten ist, wie z. B. eine Flächenzelle, so gehört auch die Begrenzung der Menge ganz der Ebene an, und giebt es keinen einzigen inneren Punkt der Menge. Dann soll jeder Punkt $\mathfrak{a}$ der Menge, für den eine positive Grösse ε vorhanden ist, so dass wenigstens in der Ebene, in der die Menge liegt, ein jeder Punkt mit einer Spanne $< \varepsilon$ von $\mathfrak{a}$ zur Menge gehört, ein inwendiger Punkt der Menge heissen; und unter dem Rand der Punktmenge sollen sämmtliche Punkte der Begrenzung der Menge verstanden werden, welche keine inwendigen Punkte der Menge sind.

12.

Ein Hülfssatz über die Begrenzung einer Vereinigung von Zellen.

Für die weitere Untersuchung der Aichfläche einhelliger Strahldistanzen bedarf es nunmehr eines Hülfssatzes über die Begrenzung solcher Bereiche, die durch Vereinigung einer endlichen Anzahl von Zellen entstehen.

I. Zunächst kann in Bezug auf eine einzelne Zelle, $\mathfrak{C}$, für jeden Punkt $\mathfrak{x}$ eine positive Grösse, $E(\mathfrak{x}\mathfrak{C})$, angegeben werden, von der sich

Folgendes aussagen lässt: In jeder Richtung von $\mathfrak{x}$ aus gehören die Punkte mit einer Spanne $< E(\mathfrak{x}\mathfrak{C})$ und > 0 von $\mathfrak{x}$ entweder sämmtlich zu $\mathfrak{C}$ oder es gehört keiner dieser Punkte zu $\mathfrak{C}$.

Nämlich es seien $\mathfrak{a}, \mathfrak{a}_1, \ldots \mathfrak{a}_n$ die $n+1$ Ecken der Zelle $\mathfrak{C}$, und $\alpha, \alpha_1, \ldots \alpha_n$ die kleinsten Spannen von diesen einzelnen Punkten nach der jedesmal durch die übrigen der Punkte gehenden Ebene; ferner seien $y, y_1, \ldots y_n$ diejenigen durch den Punkt $\mathfrak{x}$ eindeutig bestimmten Werthe, welche die Formel

$$\mathfrak{x} = y\mathfrak{a} + y_1\mathfrak{a}_1 + \cdots + y_n\mathfrak{a}_n$$

erfüllen und als Summe 1 ergeben. Dann stellen die absoluten Beträge von $y\alpha, y_1\alpha_1, \ldots y_n\alpha_n$ die kleinsten Spannen von $\mathfrak{x}$ nach den genannten Ebenen vor, und jede dieser Grössen selbst ist regelmässig $\geqq 0$ oder < 0, je nachdem $\mathfrak{x}$ durch die betreffende Ebene von der ausser ihr liegenden Ecke von $\mathfrak{C}$ nicht getrennt oder getrennt wird. Eine Bestimmung von $E(\mathfrak{x}\mathfrak{C})$ ergiebt sich daraus in folgender Weise mit Hülfe des Umstandes, dass die kleinsten Spannen von zwei Punkten nach einer und derselben Ebene niemals um mehr als die wechselseitige Spanne der zwei Punkte differiren können.

Gehört $\mathfrak{x}$ nicht der Zelle $\mathfrak{C}$ an, so ist mindestens eine der Grössen $y\alpha, y_1\alpha_1, \ldots y_n\alpha_n$ negativ. In diesem Falle kann für $E(\mathfrak{x}\mathfrak{C})$ das Maximum unter den absoluten Beträgen der vorhandenen negativen dieser Grössen genommen werden. Für jeden Punkt mit einer Spanne $< E(\mathfrak{x}\mathfrak{C})$ von $\mathfrak{x}$ ist dann noch mindestens eine jener Grössen negativ; $\mathfrak{x}$ ist hier ein äusserer Punkt von $\mathfrak{C}$.

Sind $y\alpha, y_1\alpha_1, \ldots y_n\alpha_n$ für $\mathfrak{x}$ sämmtlich positiv, so kann für $E(\mathfrak{x}\mathfrak{C})$ das Minimum dieser Grössen genommen werden, und für jeden Punkt mit einer Spanne $\leqq E(\mathfrak{x}\mathfrak{C})$ von $\mathfrak{x}$ werden noch die entsprechenden Grössen durchweg $\geqq 0$ sein; $\mathfrak{x}$ ist hier ein innerer Punkt von $\mathfrak{C}$.

Indem $y, y_1, \ldots y_n$ als Summe 1 ergeben, also nicht sämmtlich Null sein können, bleibt allein der Fall, dass für $\mathfrak{x}$ ein Theil der Grössen $y\alpha, y_1\alpha_1, \ldots y_n\alpha_n$ Null, die übrigen dieser Grössen positiv sind, in welchem Falle in jeder Richtung von $\mathfrak{x}$ nach einem inneren Punkte von $\mathfrak{C}$ alle Punkte mit nicht grösserer Spanne von $\mathfrak{x}$ als der innere Punkt ebenfalls innere Punkte von $\mathfrak{C}$, und in der entgegengesetzten Richtung von $\mathfrak{x}$ jedesmal alle Punkte äussere Punkte von $\mathfrak{C}$ sein werden. Dann gehört $\mathfrak{x}$ der Begrenzung von $\mathfrak{C}$ an, und für $E(\mathfrak{x}\mathfrak{C})$ kann das Minimum unter den nichtverschwindenden der Grössen $y\alpha, y_1\alpha_1, \ldots y_n\alpha_n$ genommen werden. Die ganze Begrenzung von $\mathfrak{C}$ setzt sich so aus den $n+1$ Flächenzellen mit je n der Punkte $\mathfrak{a}, \mathfrak{a}_1, \ldots \mathfrak{a}_n$ als Ecken zusammen; dieselben mögen die Wände, oder auch eine darunter die Basis, die anderen die Seitenwände der Zelle heissen.

II. Es seien eine beschränkte Anzahl, l, Ebenen gegeben, es sei $\mathfrak{w}$ mit den Coordinaten $w_1, \ldots w_n$ irgend ein Punkt und ε irgend eine positive Grösse. Dann lässt sich in folgender Weise ein Punkt $\mathfrak{c}$ mit einer Spanne $< \varepsilon$ von $\mathfrak{w}$, der keiner dieser Ebenen angehört, ausfindig machen. Für die Ebenen bestehen l Gleichungen:

$$\beta_0 + \beta_1 x_1 + \cdots + \beta_n x_n = 0,$$

und in keiner davon sind $\beta_1, \ldots \beta_n$ sämmtlich Null. Werden $l + 1$ verschiedene Werthe für x_1 betrachtet, so muss mindestens ein Werth darunter sein, für den $\beta_0 + \beta_1 x_1$ in allen denjenigen von diesen Gleichungen, wo $\beta_1 \gtrless 0$ ist, von Null verschieden ausfällt. Wird ein solcher Werth für x_1 festgehalten, und werden dazu $l + 1$ verschiedene Werthe für x_2 betrachtet, so muss hierunter mindestens ein Werth sein, für den $\beta_0 + \beta_1 x_1 + \beta_2 x_2$ in allen von diesen Gleichungen, wo nicht zugleich $\beta_1 = 0$, $\beta_2 = 0$ ist, von Null verschieden ausfällt u. s. f. Danach hat man nur nöthig, eine jede der Grössen $x_1, \ldots x_n$ für sich $l + 1$ solche verschiedene Werthe durchlaufen zu lassen, dass die Beträge abs$(x_1 - w_1)$, ... abs$(x_n - w_n)$ dabei durchweg $< \varepsilon$ sind; und unter den so zu Stande kommenden $(l + 1)^n$ Systemen $x_1, \ldots x_n$ wird mindestens ein Punkt $\mathfrak{c}$ von der gewünschten Beschaffenheit auftreten.

Es sei wieder eine beschränkte Anzahl von Ebenen gegeben, und $\mathfrak{b}$ und $\mathfrak{w}$ seien zwei verschiedene Punkte und ε eine positive Grösse $\leq E(\mathfrak{b}\mathfrak{w})$. Dann lässt sich ein Punkt $\mathfrak{c}$ mit einer Spanne $< \varepsilon$ von $\mathfrak{w}$ bestimmen so, dass die Strecke $\mathfrak{b}\mathfrak{c}$ in keiner dieser Ebenen ganz liegt und, ausser vielleicht in $\mathfrak{b}$, auch keinen Punkt enthält, der zweien dieser Ebenen gleichzeitig angehört.

Denn es seien $\eta_1 = 0$, $\eta_2 = 0, \ldots$ die Gleichungen derjenigen von diesen Ebenen, soweit solche vorhanden sind, welche $\mathfrak{b}$ enthalten, und $\xi_1 = 0$, $\xi_2 = 0$, $\xi_3 = 0, \ldots$ die Gleichungen der übrigen von diesen Ebenen, soweit solche vorhanden sind, ferner $\varkappa_1, \varkappa_2, \varkappa_3, \ldots$ die Werthe von $\xi_1, \xi_2, \xi_3, \ldots$ für den Punkt $\mathfrak{b}$. Die Ausdrücke

$$\frac{\xi_1}{\varkappa_1} - \frac{\xi_2}{\varkappa_2}, \quad \frac{\xi_1}{\varkappa_1} - \frac{\xi_3}{\varkappa_3}, \quad \frac{\xi_2}{\varkappa_2} - \frac{\xi_3}{\varkappa_3}, \ldots,$$

soweit sie zu bilden sind, verschwinden für den Punkt $\mathfrak{b}$, aber nicht identisch, weil die Ebenen $\xi_1 = 0$, $\xi_2 = 0$, $\xi_3 = 0, \ldots$ verschieden sein sollen. Nach dem vorher Bewiesenen kann nun ein Punkt $\mathfrak{c}$ mit einer Spanne $< \varepsilon$ von $\mathfrak{w}$ bestimmt werden, so dass für $\mathfrak{c}$ keiner dieser Ausdrücke und ferner keiner der Ausdrücke $\eta_1, \eta_2, \ldots$ verschwindet. Dann aber werden diese sämmtlichen Ausdrücke, da sie für $\mathfrak{b}$ durchweg

Null sind, für keinen, von $\mathfrak{b}$ verschiedenen Punkt der Strecke $\mathfrak{bc}$ verschwinden, und können danach auch für keinen solchen Punkt zwei der Ausdrücke $\xi_1, \xi_2, \xi_3, \ldots \eta_1, \eta_2, \ldots$ zugleich verschwinden.

III. Es möge nun ein Bereich $\mathfrak{P}$ als die Vereinigung einer endlichen Anzahl von Zellen, $\mathfrak{C}_1, \mathfrak{C}_2, \ldots$ erscheinen, d. h. es soll $\mathfrak{P}$ die Menge aller derjenigen Punkte vorstellen, welche mindestens einer der Zellen $\mathfrak{C}_1, \mathfrak{C}_2, \ldots$ angehören.

Ein Punkt $\mathfrak{a}$, der für mindestens eine der Zellen $\mathfrak{C}_1, \mathfrak{C}_2, \ldots$ ein innerer Punkt ist, ist auch immer für $\mathfrak{P}$ ein innerer Punkt. Ist ferner ein Punkt $\mathfrak{a}$ ein äusserer Punkt für jede der Zellen $\mathfrak{C}_1, \mathfrak{C}_2, \ldots$, so sei $E(\mathfrak{a}\mathfrak{P})$ das Minimum unter den Grössen $E(\mathfrak{a}\mathfrak{C}_1)$, $E(\mathfrak{a}\mathfrak{C}_2), \ldots$, und dann gehört ein jeder Punkt mit einer Spanne $< E(\mathfrak{a}\mathfrak{P})$ von $\mathfrak{a}$ weder zu $\mathfrak{C}_1$, noch zu $\mathfrak{C}_2, \ldots$, also auch nicht zu $\mathfrak{P}$, und $\mathfrak{a}$ ist auch ein äusserer Punkt von $\mathfrak{P}$.

Der Begrenzung von $\mathfrak{P}$ kann danach ein Punkt $\mathfrak{a}$ sicherlich nur dann angehören, wenn er der Begrenzung mindestens einer der Zellen $\mathfrak{C}_1, \mathfrak{C}_2, \ldots$ angehört und für keine derselben ein innerer Punkt ist. Für die nächsten Untersuchungen ist nun folgender Satz von Bedeutung:

Gehört ein Punkt $\mathfrak{a}$ der Begrenzung eines Bereichs $\mathfrak{P}$ an, der sich als die Vereinigung einer beschränkten Anzahl von Zellen $\mathfrak{C}_1, \mathfrak{C}_2, \ldots$ darstellt, so giebt es unter denjenigen Wänden dieser Zellen, welche $\mathfrak{a}$ enthalten, immer mindestens eine, in der ein inwendiger Punkt zur Begrenzung von $\mathfrak{P}$ gehört.

Der Punkt $\mathfrak{a}$, wie er hier vorausgesetzt wird, darf für keine der Zellen $\mathfrak{C}_1, \mathfrak{C}_2, \ldots$ ein innerer Punkt sein und gehört bei mindestens einer derselben den Wänden an. Es sei $E(\mathfrak{a}\mathfrak{P})$ das Minimum unter den Grössen $E(\mathfrak{a}\mathfrak{C}_1)$, $E(\mathfrak{a}\mathfrak{C}_2), \ldots$ Dann gehören in jeder Richtung von $\mathfrak{a}$ aus entweder alle Punkte mit einer Spanne $< E(\mathfrak{a}\mathfrak{P})$ von $\mathfrak{a}$ zu $\mathfrak{P}$, oder es gehört keiner dieser Punkte zu $\mathfrak{P}$. Der Begrenzung von $\mathfrak{P}$ wird danach $\mathfrak{a}$ dann und nur dann angehören, wenn es einen Punkt $\mathfrak{b}$ mit einer Spanne $< E(\mathfrak{a}\mathfrak{P})$ von $\mathfrak{a}$ giebt, der nicht zu $\mathfrak{P}$ gehört. Andernfalls wird $\mathfrak{a}$ ein innerer Punkt von $\mathfrak{P}$ sein. Wie ein solcher Punkt $\mathfrak{b}$ im ersteren Falle ermittelt werden kann, wird in IV. erörtert werden. Jetzt möge ein solcher Punkt $\mathfrak{b}$ einfach vorausgesetzt werden.

Nach der Entstehung der Grösse $E(\mathfrak{a}\mathfrak{P})$ haben in jeder von den Zellen $\mathfrak{C}_1, \mathfrak{C}_2, \ldots$, der $\mathfrak{a}$ nicht angehört, alle Punkte und in den übrigen von diesen Zellen jedenfalls die Wände, die $\mathfrak{a}$ nicht enthalten, in allen Punkten eine Spanne $\geqq E(\mathfrak{a}\mathfrak{P})$ von $\mathfrak{a}$. Punkte mit einer Spanne $< E(\mathfrak{a}\mathfrak{P})$ von $\mathfrak{a}$ in Wänden von Zellen $\mathfrak{C}_1, \mathfrak{C}_2, \ldots$ kommen daher nur in solchen von diesen Wänden vor, die auch $\mathfrak{a}$ enthalten, und können dann den Rändern dieser Wände gewiss nur angehören, wenn sie in mindestens zwei verschiedenen Ebenen liegen, welche solche, mit $\mathfrak{a}$ versehene Wände aufnehmen. Es seien $\xi_1 = 0$, $\xi_2 = 0, \ldots$ die Gleichungen der sämmtlichen in dieser Hinsicht in Betracht kommenden Ebenen.

Sodann sei $\mathfrak{C}$ eine solche von den Zellen $\mathfrak{C}_1$, $\mathfrak{C}_2, \ldots$, welche den Punkt $\mathfrak{a}$ enthält, und in der Richtung von $\mathfrak{a}$ nach irgend einem inneren Punkte von $\mathfrak{C}$ sei $\mathfrak{w}$ ein Punkt mit einer Spanne $< E(\mathfrak{a}\mathfrak{P})$ von $\mathfrak{a}$, also wieder ein innerer Punkt von $\mathfrak{C}$, und deshalb auch von $\mathfrak{P}$. Ganz dieselben Eigenschaften wie hier $\mathfrak{w}$ wird nun auch jeder beliebige Punkt $\mathfrak{c}$ haben, für welchen die Spanne $E(\mathfrak{w}\mathfrak{c}) < E(\mathfrak{w}\mathfrak{C})$ und zugleich $< E(\mathfrak{a}\mathfrak{P}) - E(\mathfrak{a}\mathfrak{w})$ ist. In diesem Spielraume aber kann nach II. der Punkt $\mathfrak{c}$ so bestimmt werden, dass auf der Strecke $\mathfrak{b}\mathfrak{c}$, von $\mathfrak{b}$ abgesehen, in keinem Punkte zwei der Ausdrücke ξ_1, $\xi_2, \ldots$ (wenn deren Anzahl überhaupt zwei erreicht) zugleich verschwinden und auch keiner dieser Ausdrücke in $\mathfrak{b}$ und $\mathfrak{c}$ gleichzeitig Null ist.

Mit $\mathfrak{b}$ und $\mathfrak{c}$ werden nun alle Punkte der Strecke $\mathfrak{b}\mathfrak{c}$ eine Spanne $< E(\mathfrak{a}\mathfrak{P})$ von $\mathfrak{a}$ haben (Satz in 8.). Auf dieser Strecke verschwinden ξ_1, $\xi_2, \ldots$ jedenfalls nur in vereinzelten Punkten. Wenn nun ein Punkt mit einer Spanne $< E(\mathfrak{a}\mathfrak{P})$ von $\mathfrak{a}$ zu $\mathfrak{P}$ gehört und für ihn ξ_1, $\xi_2, \ldots$ sämmtlich von Null verschieden sind, so gehört nach der Bildung der Grösse $E(\mathfrak{a}\mathfrak{P})$ ein jeder Punkt mit einer Spanne $< E(\mathfrak{a}\mathfrak{P})$ von $\mathfrak{a}$, für den keiner der Ausdrücke ξ_1, $\xi_2, \ldots$ ein anderes Vorzeichen hat wie für den ersten Punkt, aber diese Ausdrücke nach Belieben auch Null sein dürfen, ebenfalls zu $\mathfrak{P}$, nämlich gewiss zu denjenigen der Zellen $\mathfrak{C}_1$, $\mathfrak{C}_2, \ldots$, zu denen der erste Punkt gehört. Mit Rücksicht hierauf und ferner mit Rücksicht auf den Umstand, dass $\mathfrak{b}$ nicht zu $\mathfrak{P}$, wohl aber $\mathfrak{c}$ zu $\mathfrak{P}$ gehört, ist klar, dass der Punkt mit kleinster Spanne von $\mathfrak{b}$ auf der Strecke $\mathfrak{b}\mathfrak{c}$, der zu $\mathfrak{P}$ gehört, einer von jenen Punkten sein muss, in dem einer der Ausdrücke ξ_1, $\xi_2, \ldots$ verschwindet. Heisst dieser Punkt $\mathfrak{d}$, so gehört $\mathfrak{d}$ zur Begrenzung von $\mathfrak{P}$, weil alle Punkte der Strecke $\mathfrak{d}\mathfrak{b}$, von $\mathfrak{d}$ abgesehen, nicht zu $\mathfrak{P}$ gehören, und stellt, indem nur ein einziger der Ausdrücke ξ_1, $\xi_2, \ldots$ in $\mathfrak{d}$ verschwindet, einen inwendigen Punkt in einer solchen Wand der Zellen $\mathfrak{C}_1$, $\mathfrak{C}_2, \ldots$ vor, die auch $\mathfrak{a}$ enthält; damit ist der ausgesprochene Satz bewiesen.

IV. Ob ein Punkt $\mathfrak{b}$ mit einer Spanne $< E(\mathfrak{a}\mathfrak{P})$ von $\mathfrak{a}$ existirt, welcher nicht zu $\mathfrak{P}$ gehört, würde in folgender Weise festzustellen sein. Giebt es einen solchen Punkt $\mathfrak{b}$, so trägt jeder Punkt mit einer Spanne von $\mathfrak{b}$, die $< E(\mathfrak{b}\mathfrak{P})$ und gleichzeitig $< E(\mathfrak{a}\mathfrak{P}) - E(\mathfrak{a}\mathfrak{b})$ ist, denselben Charakter, und in diesem Spielraum wird es nach II. immer möglich sein, einen Punkt zu finden, der in keiner der Ebenen $\xi_1 = 0$, $\xi_2 = 0, \ldots$

liegt. Es möge $\mathfrak{b}$ bereits selbst von solcher Art sein, so dass also $\xi_1, \xi_2, \ldots$ für $\mathfrak{b}$ bestimmte Vorzeichen haben.

Dass ein Punkt mit einer Spanne $< E(\mathfrak{a}\mathfrak{P})$ von $\mathfrak{a}$ zu $\mathfrak{C}_1$ gehört, oder zu $\mathfrak{C}_2, \ldots$, ist jedesmal gleichbedeutend damit, dass für gewisse der Ausdrücke $\xi_1, \xi_2, \ldots$ bestimmte Vorzeichencombinationen nicht statthaben; die Gesammtheit aller denkbaren, in dieser Art sowohl bei $\mathfrak{C}_1$, wie bei $\mathfrak{C}_2, \ldots$ ausgeschlossenen Vorzeichencombinationen für $\xi_1, \xi_2, \ldots$ ist dann vollkommen charakteristisch für solche Punkte mit einer Spanne $< E(\mathfrak{a}\mathfrak{P})$ von $\mathfrak{a}$, die weder zu $\mathfrak{C}_1$, noch zu $\mathfrak{C}_2, \ldots$, also überhaupt nicht zu $\mathfrak{P}$ gehören und auch keinen der Ausdrücke $\xi_1, \xi_2, \ldots$ zu Null machen. Um das Vorhandensein eines Punktes wie $\mathfrak{b}$ zu erkennen, ist danach mit Benutzung einer jeden dieser Vorzeichencombinationen das System von Ungleichungen

$$\pm \xi_1 > 0, \ \pm \xi_2 > 0, \ \ldots$$

aufzustellen und auf seine Lösbarkeit zu prüfen. (Vgl. 19.) Stellt sich dabei mindestens einmal ein lösbares System heraus, so giebt es, da diese Ungleichungen homogen in den relativen Coordinaten in Bezug auf den Punkt $\mathfrak{a}$ sind, Punkte mit jeder beliebigen Spanne von $\mathfrak{a}$, die dem betreffenden Systeme genügen, und also auch solche Punkte $\mathfrak{b}$, die darauf schliessen lassen, dass $\mathfrak{a}$ zur Begrenzung von $\mathfrak{P}$ gehört. Erweist sich keines jener Systeme als lösbar, so ist $\mathfrak{a}$ ein innerer Punkt von $\mathfrak{P}$.

13.

Annäherung an die Aichfläche durch eingeschriebene Flächenzellen.

Wie in 6. bedeute Ω irgend eine positive ganze Zahl. Der Bereich der Punkte mit der Spanne Eins vom Nullpunkte, $\mathfrak{W}$, wurde dort in die $2n\,(2\Omega)^{n-1}$ Bereiche vom Ausdrucke:

$$x_h = \vartheta_h, \quad 0 \leqq \vartheta_{h_1}(x_{h_1} - w_{h_1}) \leqq \frac{1}{\Omega}, \ \ldots\ 0 \leqq \vartheta_{h_{n-1}}(x_{h_{n-1}} - w_{h_{n-1}}) \leqq \frac{1}{\Omega}$$

zerlegt; darin ist jedesmal einzusetzen für h eine der Zahlen $1, \ldots n$, für $h_1, \ldots h_{n-1}$ sodann die übrigen dieser Zahlen, für jede der Grössen $\vartheta_h, \vartheta_{h_1}, \ldots \vartheta_{h_{n-1}}$ entweder 1 oder -1, für jede der Grössen $w_{h_1}, \ldots w_{h_{n-1}}$ endlich irgend eine der Mitten der Ω Intervalle von der Breite $\frac{2}{\Omega}$, in welche sich das Intervall von -1 bis 1 zerlegt. Jeder dieser Bereiche ist von solcher Art, dass die Spanne irgend zweier Punkte in ihm nicht $\frac{1}{\Omega}$ übersteigt. Diese Eigenschaft wird nun, wenn die Bereiche noch weiter zerlegt werden, für die neu einzuführenden Bereiche bestehen bleiben.

Es zerlegt sich nun jeder dieser Bereiche sehr einfach in $(n-1)!$ Bereiche nach den $(n-1)!$ möglichen Anordnungen, welche für die Punkte in ihm die Ausdrücke

$$\vartheta_{h_1}(x_{h_1} - w_{h_1}), \ldots \vartheta_{h_{n-1}}(x_{h_{n-1}} - w_{h_{n-1}})$$

der Grösse nach darbieten können. Der Bereich $\mathfrak{W}$ zerlegt sich damit in die, insgesammt $n!2^n\Omega^{n-1}$ Bereiche:

$$(1) \quad x_h = \vartheta_h, \quad 0 \leqq \vartheta_{h_1}(x_{h_1} - w_{h_1}) \leqq \cdots \leqq \vartheta_{h_{n-1}}(x_{h_{n-1}} - w_{h_{n-1}}) \leqq \frac{1}{\Omega},$$

wo nun für $h, h_1, \ldots h_{n-1}$ alle möglichen $n!$ Permutationen der Zahlen $1, 2, \ldots n$ einzutreten haben. Diese Bereiche stellen nach einer Bemerkung bei (6) in 9. lauter Flächenzellen vor; sie mögen die Flächenzellen $\mathfrak{C}$ heissen; sie sind nach ihrer Entstehung in ihren inwendigen Punkten durchweg von einander verschieden. Die n Randpartien (vgl. 9.) jeder Flächenzelle $\mathfrak{C}$ mögen nach der Ordnung der Ungleichheitszeichen in den vorstehenden Ungleichungen numerirt werden. Zu jeder Flächenzelle $\mathfrak{C}$ giebt es dann in Bezug auf jede ihrer n Randpartien eine bestimmte andere solche Flächenzelle, welche mit ihr genau diese Randpartie, also auch die in derselben gelegenen $n-1$ Ecken gemein hat. Gelten die Beziehungen (1) für die erste Flächenzelle $\mathfrak{C}$, so ergeben sich daraus die Beziehungen für diese andere Flächenzelle, wenn es sich um die erste Randpartie handelt, durch Einführen von $-\vartheta_{h_1}$ für ϑ_{h_1}, bei der zweiten Randpartie durch Vertauschung von h_1 und $h_2, \ldots$ bei der $n-1^{\text{ten}}$ durch Vertauschung von h_{n-2} und h_{n-1}, bei der n^{ten} endlich, entweder indem in (1) $\vartheta_{h_{n-1}}$ durch $-\vartheta_{h_{n-1}}$ ersetzt und $w_{h_{n-1}} + \frac{2\vartheta_{h_{n-1}}}{\Omega}$ anstatt $w_{h_{n-1}}$ geschrieben, oder aber, falls gerade $w_{h_{n-1}} = \vartheta_{h_{n-1}}\left(1 - \frac{1}{\Omega}\right)$ ist, indem h_{n-1} mit h und umgekehrt vertauscht und $w_h = \vartheta_h\left(1 - \frac{1}{\Omega}\right)$ eingeführt wird.

Nun werde die Aichfläche irgendwelcher einhelliger Strahldistanzen $S(\mathfrak{ab})$ betrachtet. Aus jeder Flächenzelle $\mathfrak{C}$ mögen diejenigen n Punkte abgeleitet werden, die in den Richtungen von $\mathfrak{o}$ nach den n Ecken von $\mathfrak{C}$ auf dieser Aichfläche liegen. Indem solche n Richtungen immer n unabhängige Richtungen vorstellen, können diese neuen n Punkte wieder als Ecken einer Flächenzelle dienen; diese Flächenzellen mögen die Flächenzellen $\mathfrak{S}$ heissen; und jede solche Flächenzelle $\mathfrak{S}$ ist weiter geeignet, die Basis für eine bestimmte Zelle mit $\mathfrak{o}$ als Spitze abzugeben, die dann $\mathfrak{oS}$ heissen möge. Indem die inneren Punkte einer Zelle $\mathfrak{oS}$ in den Richtungen von $\mathfrak{o}$ nach den inwendigen Punkten von $\mathfrak{S}$ oder auch der auf $\mathfrak{S}$ führenden Flächenzelle $\mathfrak{C}$ liegen, sind verschiedene der Zellen $\mathfrak{o}\mathfrak{S}$ stets in ihren inneren Punkten durchaus verschieden. Der durch Vereinigung aller dieser Zellen $\mathfrak{o}\mathfrak{S}$ entstehende Bereich endlich möge der Körper P heissen. Nach dem Satze in 10. gehört jede Zelle $\mathfrak{o}\mathfrak{S}$ mit allen Punkten dem Aichkörper der Strahldistanzen an, und so ergiebt sich:

Der Körper P ist vollständig im Aichkörper enthalten.

Durch den Satz in 12. III. erlangt man nun Aufschluss über die Begrenzung des Körpers P. Die Begrenzung einer einzelnen Zelle $\mathfrak{o}\mathfrak{S}$ besteht aus der Basis $\mathfrak{S}$ und n Seitenwänden; letztere entsprechen den einzelnen Randpartien von $\mathfrak{S}$ in der Weise, dass sie jedesmal aus den Strecken von $\mathfrak{o}$ nach den Punkten einer solchen Randpartie zusammengesetzt erscheinen. Nach dem, was vorhin über die Flächenzellen $\mathfrak{E}$ bemerkt wurde, und nach der Ableitung der Flächenzellen $\mathfrak{S}$ aus den Flächenzellen $\mathfrak{E}$, wird nun zu jeder Zelle $\mathfrak{o}\mathfrak{S}$ in Bezug auf jede ihrer n Seitenwände immer eine bestimmte andere solche Zelle vorhanden sein, welche mit ihr genau diese Seitenwand gemeinschaftlich hat. Danach kann niemals ein inwendiger Punkt $\mathfrak{a}$ in einer solchen Seitenwand der Begrenzung von P angehören. Denn es seien $\mathfrak{Z}'$ und $\mathfrak{Z}''$ die Zellen $\mathfrak{o}\mathfrak{S}$, welche die betreffende Seitenwand gemeinschaftlich haben, und $\mathfrak{c}'$ und $\mathfrak{c}''$ die nicht in der Seitenwand gelegenen Ecken von $\mathfrak{Z}'$ und $\mathfrak{Z}''$. Dann gehören alle Punkte mit einer Spanne $< E(\mathfrak{a}\mathfrak{Z}')$ von $\mathfrak{a}$, die nicht durch die Ebene der Seitenwand von $\mathfrak{c}'$ getrennt werden, zu $\mathfrak{Z}'$, und alle Punkte mit einer Spanne $< E(\mathfrak{a}\mathfrak{Z}'')$ von $\mathfrak{a}$, die durch diese Ebene nicht von $\mathfrak{c}''$ getrennt werden, zu $\mathfrak{Z}''$. Da nun $\mathfrak{Z}'$ und $\mathfrak{Z}''$ keine inneren Punkte gemein haben dürfen, müssen $\mathfrak{c}'$ und $\mathfrak{c}''$ durch jene Ebene getrennt sein, und dann gehört jeder Punkt mit einer Spanne von $\mathfrak{a}$, die gleichzeitig $\leq E(\mathfrak{a}\mathfrak{Z}')$ und $\leq E(\mathfrak{a}\mathfrak{Z}'')$ ist, mindestens einer der Zellen $\mathfrak{Z}'$ und $\mathfrak{Z}''$, also immer dem Körper P an, und ist also $\mathfrak{a}$ ein innerer Punkt von P.

Nach dem Satze in 12. III. können nunmehr nur Punkte in den Flächenzellen $\mathfrak{S}$ der Begrenzung von P angehören. In jeder Richtung von $\mathfrak{o}$ aus aber giebt es immer nur einen einzigen Punkt, welcher den Flächenzellen $\mathfrak{S}$ angehört, und der alsdann gewiss ein Punkt der Begrenzung von P sein wird, weil die Punkte über ihn hinaus in der Richtung dann nicht zu P gehören. Sollten nämlich in einer und derselben Richtung von $\mathfrak{o}$ aus verschiedene Punkte in verschiedenen Flächenzellen $\mathfrak{S}$ vorhanden sein, so wäre doch die Anzahl dieser Punkte jedenfalls endlich, und es seien dann unter ihnen, wie sie nach der Grösse ihrer Spanne von $\mathfrak{o}$ aufeinanderfolgen, $\mathfrak{a}'$ und $\mathfrak{a}''$ zwei benachbarte Punkte, $\mathfrak{a}'$ derjenige mit kleinerer Spanne von $\mathfrak{o}$, und $\mathfrak{S}'$ und $\mathfrak{S}''$ solche von den Flächenzellen $\mathfrak{S}$, welchen diese Punkte angehörten.

Dann würde jeder von $\mathfrak{a}'$ und $\mathfrak{a}''$ verschiedene Punkt der Strecke $\mathfrak{a}'\mathfrak{a}''$ einerseits nicht zur Begrenzung von P gehören, da er in keiner Flächenzelle $\mathfrak{S}$ läge, andererseits würde er doch dieser Begrenzung angehören, da auf einer Strecke von ihm nach irgend einem inwendigen Punkte von $\mathfrak{S}'$ alle Punkte, von den Endpunkten abgesehen, äussere Punkte von P wären, indem sie von $\mathfrak{o}$ aus in Richtungen nach inwendigen Punkten von $\mathfrak{S}'$ lägen, aber doch nicht zur Zelle $\mathfrak{o}\mathfrak{S}'$ gehörten.

Es besteht so die Begrenzung des Körpers P aus den sämmtlichen Flächenzellen $\mathfrak{S}$, und die Vereinigung dieser Flächenzellen bietet einen einzigen Punkt in jeder Richtung von $\mathfrak{o}$ aus dar.

14.

Weitere Annäherung an die Aichfläche.

Es soll jetzt gezeigt werden, dass durch jede Ecke von den Flächenzellen $\mathfrak{S}$ eine Ebene geht, welche den Körper P nicht durchschneidet.

Es mögen alle Punkte, welche Ecken von Flächenzellen $\mathfrak{S}$ sind, zusammengefasst und aus ihrer Mitte auf alle möglichen Arten n solche herausgegriffen werden, die in n unabhängigen Richtungen von $\mathfrak{o}$ aus liegen; je n solche Punkte können immer mit $\mathfrak{o}$ zusammen als Ecken für eine Zelle dienen; diese neuen Zellen werden aber nicht mehr in ihren inneren Punkten durchweg verschieden sein. Die Vereinigung aller so zu bildenden Zellen möge der Körper Q heissen. Der Körper Q wird den Körper P ganz in sich enthalten und selbst, wie dieser, nach dem Satze in 10. ganz im Aichkörper enthalten sein.

Es ist nun vor Allem die Begrenzung von Q festzustellen, wobei wieder der Satz in 12. III. dienlich ist. Die einzelnen Zellen, deren Vereinigung Q vorstellt, besitzen jede als Begrenzung eine Basis, die $\mathfrak{o}$ nicht enthält, und dazu n Seitenwände. In diesen S e i t e n w ä n d e n nun kann niemals ein inwendiger Punkt zur Begrenzung von Q gehören; denn indem die Ebene einer solchen Seitenwand den Punkt $\mathfrak{o}$ enthält, $\mathfrak{o}$ aber ein innerer Punkt von P ist, durchschneidet die Ebene den Körper P, trennt also Punkte von P, und dann auch mindestens zwei von den Basisecken derjenigen Zellen $\mathfrak{o}\mathfrak{S}$, welchen diese Punkte angehören; zwei solche Ecken aber bestimmen, als $n+1^{\text{te}}$ Ecke zu den n Ecken in der vorausgesetzten Seitenwand genommen, zwei unter den Zellen aus Q, welche genau die betreffende Seitenwand und sonst keine Punkte gemein haben; und nach einer Betrachtung in 13. sind dann die inwendigen Punkte der Seitenwand nothwendig innere Punkte für die Vereinigung dieser zwei Zellen, umsomehr also für den Körper Q, in welchen beide Zellen eingehen.

Es seien $\mathfrak{o}$, $\mathfrak{a}_1$, ... $\mathfrak{a}_n$ die Ecken irgend einer der zur Ableitung von Q verwandten Zellen. Hinsichtlich der Basis mit den Ecken $\mathfrak{a}_1$, ... $\mathfrak{a}_n$ sind dann zwei Fälle zu unterscheiden:

I. Entweder durchschneidet die Ebene dieser Basis den Körper Q. Dann ist, da diese Ebene $\mathfrak{o}$ nicht enthält, ein solcher Punkt von Q zu finden, der durch diese Ebene von $\mathfrak{o}$ getrennt wird; der Punkt gehört mindestens einer der Zellen an, deren Vereinigung Q vorstellt, und dann muss auch mindestens eine Ecke der Zelle durch die nämliche Ebene von $\mathfrak{o}$ getrennt sein. Es bedeute $\mathfrak{b}$ eine solche Ecke; dann gehört $\mathfrak{b}$ zu den Ecken der Zellen $\mathfrak{S}$. Nun wird gezeigt werden, dass die Zelle mit den Ecken $\mathfrak{b}$, $\mathfrak{a}_1$, ... $\mathfrak{a}_n$ ganz in Q enthalten ist, und daraus geht dann wieder hervor, indem diese Zelle mit der Ausgangszelle die Wand mit den Ecken $\mathfrak{a}_1$, ... $\mathfrak{a}_n$ und sonst keine Punkte gemein hat, dass auch in dieser Wand kein inwendiger Punkt der Begrenzung von Q angehört.

Nach 9. giebt es für jeden beliebigen Punkt $\mathfrak{x}$ ganz bestimmte Werthe, für die man

$$(1) \qquad \begin{aligned} \mathfrak{x} &= y\mathfrak{o} + y_1\mathfrak{a}_1 + \cdots + y_n\mathfrak{a}_n\,, \\ 1 &= y \;+\; y_1 \;+ \cdots +\; y_n \end{aligned}$$

hat; die betreffenden Werthe für den Punkt $\mathfrak{b}$ mögen q, q_1, ... q_n heissen. Dass die Ebene durch $\mathfrak{a}_1$, ... $\mathfrak{a}_n$, d. h. die Ebene $y = 0$ die Punkte $\mathfrak{o}$ und $\mathfrak{b}$ trennt, findet seinen Ausdruck darin, dass q eine negative Grösse wird; unter den Grössen q_1, ... q_n, welche mit q die Summe 1 ergeben, muss dann mindestens eine positiv sein. Wird aus (1) und aus:

$$(2) \qquad \mathfrak{b} = q\mathfrak{o} + q_1\mathfrak{a}_1 + \cdots + a_n\mathfrak{a}_n$$

das Zeichen $\mathfrak{o}$ eliminirt, so ergiebt sich

$$\mathfrak{x} = \frac{y}{q}\mathfrak{b} + \left(y_1 - q_1\frac{y}{q}\right)\mathfrak{a}_1 + \cdots + \left(y_n - q_n\frac{y}{q}\right)\mathfrak{a}_n\,,$$

wobei die Summe der Coefficienten der Punkte auf der rechten Seite wieder, wie in (1) und (2), gleich der entsprechenden Grösse für die linke Seite, also $= 1$ sein wird. Die Punkte in der Zelle mit den Ecken $\mathfrak{b}$, $\mathfrak{a}_1$, ... $\mathfrak{a}_n$ sind nun durch die Bedingungen:

$$\frac{y}{q} \geqq 0\,, \quad y_1 - q_1\frac{y}{q} \geqq 0\,, \quad \ldots\; y_n - q_n\frac{y}{q} \geqq 0$$

charakterisirt; nach diesen ist, unter h jede der Zahlen 1, ... n verstanden: $y_h \geqq 0$, wenn $q_h = 0$ ist; $\frac{y_h}{q_h} \geqq \frac{y}{q}$, wenn $q_h > 0$ ist; $\frac{y_h}{q_h} < \frac{y}{q}$, wenn $q_h < 0$ ist; und endlich ist noch $\frac{y}{q} \geqq 0$.

Sowie nun für einen Werth k ($= 1, \ldots n$) die Grösse q_k von Null verschieden ist, liegt $\mathfrak{b}$ nicht in der Ebene durch $\mathfrak{o}$ und die $n - 1$ von $\mathfrak{a}_k$ verschiedenen der Punkte $\mathfrak{a}_1, \ldots \mathfrak{a}_n$, und kommt daher unter den zur Bildung von Q verwandten Zellen auch die Zelle mit den Ecken $\mathfrak{o}$, $\mathfrak{b}$, $\mathfrak{a}_h$ ($h = 1, \ldots n$ mit Ausnahme von k) vor. Um die Bedingungen für die Punkte dieser Zelle zu erhalten, hat man aus (1) und (2) $\mathfrak{a}_k$ zu eliminiren; dadurch entsteht die Formel

$$\mathfrak{x} = \left(y - q\frac{y_k}{q_k}\right)\mathfrak{o} + \frac{y_k}{q_k}\mathfrak{b} + \cdots + \left(y_h - q_h\frac{y_k}{q_k}\right)\mathfrak{a}_h + \cdots$$

$$(h = 1, \ldots n \text{ mit Ausnahme von } k),$$

aus der für die Punkte dieser Zelle

$$y - q\frac{y_k}{q_k} \geqq 0, \quad \frac{y_k}{q_k} \geqq 0, \ldots y_h - q_h\frac{y_k}{q_k} \geqq 0, \cdots \quad (h \gtrless k)$$

folgt, d. i. $\frac{y_k}{q_k} > 0$ und $\frac{y_k}{q_k} \geqq \frac{y}{q}$, ferner für ein $h \gtrless k$, wenn $q_h = 0$ ist, $y_h \geqq 0$; wenn $q_h > 0$ ist, $\frac{y_h}{q_h} \geqq \frac{y_k}{q_k}$; wenn $q_h < 0$ ist, $\frac{y_h}{q_h} < \frac{y_k}{q_k}$.

Beziehen sich nun die Werthe $y, y_1, \ldots y_n$ auf einen Punkt $\mathfrak{x}$ in der Zelle mit den Ecken $\mathfrak{b}$, $\mathfrak{a}_1, \ldots \mathfrak{a}_n$, und wird unter k ein solcher der Werthe $1, \ldots n$ verstanden, für den $q_k > 0$ und dabei $\frac{y_k}{q_k}$ so klein als nur möglich ist, so gehört der betreffende Punkt $\mathfrak{x}$ offenbar auch der im Vorstehenden definirten Zelle und damit dem Körper Q an. Also gehört hier in der That die Zelle mit den Ecken $\mathfrak{b}$, $\mathfrak{a}_1, \ldots \mathfrak{a}_n$ vollständig dem Körper Q an.

II. Die zweite Möglichkeit für die Flächenzelle mit den Ecken $\mathfrak{a}_1, \ldots \mathfrak{a}_n$ ist, dass die Ebene dieser Flächenzelle den Körper Q nicht durchschneidet. Dann ist jeder Punkt dieser Flächenzelle ein Punkt der Begrenzung von Q, indem in der Richtung von $\mathfrak{o}$ nach dem Punkte über ihn hinaus nur äussere Punkte von Q vorhanden sind. Ferner wird für jeden inwendigen Punkt $\mathfrak{x}$ dieser Flächenzelle deren Ebene immer die einzige Ebene durch $\mathfrak{x}$ sein, welche Q nicht durchschneidet. Denn es giebt dann für $\mathfrak{x}$ immer eine solche positive Grösse ε, dass alle Punkte mit einer Spanne $< \varepsilon$ von $\mathfrak{x}$ in dieser Ebene ebenfalls noch der Flächenzelle angehören; der so definirte Bereich von Punkten aber würde von jeder anderen durch $\mathfrak{x}$ gelegten Ebene durchschnitten werden.

Um die Begrenzung von Q zu erhalten, hat man so mit Rücksicht auf den Satz in 12. III. unter allen Zellen, aus denen Q abgeleitet wird, diejenigen aufzusuchen, bei welchen die Ebene der Basis die endliche Punktmenge aus den sämmtlichen Ecken der Zellen $\mathfrak{S}$ nicht durchschneidet. Die verschiedenen Ebenen, in welchen diese besonderen Zellen ihre Basis liegen haben, sind dann die für die Begrenzung von Q wesentlichen Ebenen und bestimmen diese Begrenzung folgendermassen. Erstens muss jeder Punkt der Begrenzung von Q in diesen Ebenen liegen. Nun muss in jeder Richtung von $\mathfrak{o}$ aus mindestens ein Punkt der Begrenzung von Q vorhanden sein; denn jede von den zur Bildung von Q verwandten Zellen, welche in der betreffenden Richtung von $\mathfrak{o}$ aus überhaupt Punkte enthält, hat in der Richtung auch einen Punkt ihrer Basis liegen und von allen derartigen Punkten ist der mit grösster Spanne von $\mathfrak{o}$ gewiss ein Punkt der Begrenzung von Q. Es giebt also zweitens in jeder Richtung von $\mathfrak{o}$ aus mindestens einen Punkt in jenen Ebenen; unter allen solchen Punkten in einer und derselben Richtung von $\mathfrak{o}$, welche jenen Ebenen angehören, ist dann drittens derjenige mit kleinster Spanne von $\mathfrak{o}$ und nur dieser ein Punkt der Begrenzung von Q, denn über ihn hinaus können keine Punkte von Q mehr vorhanden sein, da alle jene Ebenen Q nicht durchschneiden. Wenn viertens Ebenen in beschränkter Anzahl gefordert werden, welche zusammen jeden Punkt der Begrenzung von Q enthalten und dabei Q niemals durchschneiden sollen, so sind die in Rede stehenden Ebenen dazu offenbar ausreichend, aber es kann auch keine jener Ebenen dabei entbehrt werden; denn jede von ihnen enthält mindestens eine Flächenzelle, welche ganz der Begrenzung von Q angehört, und ist dann, wie oben bemerkt wurde, für jeden inwendigen Punkt derselben die einzige Ebene durch den Punkt, welche Q nicht durchschneidet. Die Menge sämmtlicher Punkte von Q in einer wesentlichen Stützebene von Q soll als eine Wand von Q bezeichnet werden.

Die Ecken der Zellen $\mathfrak{S}$ müssen nun sämmtlich der Begrenzung von Q angehören; denn sie gehören der Begrenzung des Aichkörpers, der Aichfläche, an, und der Aichkörper enthält den Körper Q. Die zur Begrenzung von Q wesentlichen Ebenen ergeben so Stützebenen durch sämmtliche Ecken von Zellen $\mathfrak{S}$ an den Körper Q, und da dieser den Körper P enthält, auch an den Körper P.

15.

Annäherung an die Aichfläche vom Aeusseren des Aichkörpers her.

Der Körper P war ganz in dem Aichkörper enthalten. Nun soll durch eine Dilatation (s. 7.) des Körpers P vom Nullpunkte aus ein Körper gewonnen werden, der wieder seinerseits den Aichkörper enthält.

Es bedeute $\mathfrak{c}$ einen beliebigen Punkt mit der Spanne Eins von $\mathfrak{o}$, also im Bereiche $\mathfrak{W}$, und es sei in der Richtung $\mathfrak{oc}$ von $\mathfrak{o}$ aus $\mathfrak{b}$ der Punkt auf der Begrenzung des Körpers P und $\mathfrak{a}$ der Punkt auf der Aichfläche. Es wird dann jedenfalls $E(\mathfrak{oa}) \geqq E(\mathfrak{ob})$ sein. Zu dem angegebenen Zwecke bedarf es einer oberen Grenze für das Verhältniss $\frac{E(\mathfrak{oa})}{E(\mathfrak{ob})}$ bei beliebiger Wahl der Richtung $\mathfrak{oc}$. Dieses Verhältniss wird mit dem Verhältniss der Strahldistanzen $\frac{S(\mathfrak{oa})}{S(\mathfrak{ob})}$ identisch sein.

Wie der Bereich $\mathfrak{W}$ in die Flächenzellen $\mathfrak{E}$ zerlegt wurde, hat in einer Flächenzelle $\mathfrak{E}$ eine Coordinate x_h einen festen Werth (1 oder -1), und sind die übrigen der Coordinaten dem absoluten Betrage nach $\leqq 1$. In der aus $\mathfrak{E}$ abgeleiteten Flächenzelle $\mathfrak{S}$ wird dann ebenfalls die Coordinate x_h in jedem Punkte keinen kleineren absoluten Betrag ergeben als die übrigen Coordinaten, also für die Spanne von $\mathfrak{o}$ massgebend sein, und danach wird in einer Flächenzelle $\mathfrak{S}$ das Minimum der Spanne von $\mathfrak{o}$ gewiss bei mindestens einer der Ecken (wenn auch vielleicht noch in anderen Punkten) eintreten.

In einer und derselben Flächenzelle $\mathfrak{S}$ mit dem zu betrachtenden Punkte $\mathfrak{b}$ bedeute nun $\mathfrak{v}$ eine Ecke mit einem Minimum der Spanne von $\mathfrak{o}$, so dass gewiss $E(\mathfrak{ov}) \leqq E(\mathfrak{ob})$ ist; sodann sei in der Richtung $\mathfrak{ov}$ von $\mathfrak{o}$ aus $\mathfrak{w}$ derjenige Punkt, für den $E(\mathfrak{ow}) = E(\mathfrak{oc}) = 1$ ist und $\mathfrak{u}$ derjenige Punkt, für den $E(\mathfrak{ou}) = E(\mathfrak{oa})$ ist; es ergiebt sich dann

$$\frac{E(\mathfrak{ou})}{E(\mathfrak{ov})} \geqq \frac{E(\mathfrak{oa})}{E(\mathfrak{ob})},$$

und damit ist

$$\frac{S(\mathfrak{ou})}{S(\mathfrak{ov})} \geqq \frac{S(\mathfrak{oa})}{S(\mathfrak{ob})}$$

identisch; ferner wird $S(\mathfrak{ou}) \geqq S(\mathfrak{ov})$ sein. Da nun $\mathfrak{w}$ und $\mathfrak{c}$ in einer und derselben Flächenzelle $\mathfrak{E}$ liegen, so wird nach 13. $E(\mathfrak{cw}) \leqq \frac{1}{\Omega}$ sein, unter Ω die für die Flächenzellen $\mathfrak{E}$ charakteristische ganze Zahl verstanden. Nun gehen die Coordinaten von $\mathfrak{a}$ aus denen von $\mathfrak{c}$ durch Multiplication mit $E(\mathfrak{oa})$ und die Coordinaten von $\mathfrak{u}$ aus denen von $\mathfrak{w}$ durch Multiplication mit $E(\mathfrak{ou})$ hervor, und es ist $E(\mathfrak{ou}) = E(\mathfrak{oa})$. Also wird nach der Eigenschaft von Strahldistanzen

$$E(\mathfrak{au}) = E(\mathfrak{oa})\, E(\mathfrak{cw})$$

sein. Weil ferner $\mathfrak{a}$ der Aichfläche angehört, ist $S(\mathfrak{oa}) = 1$, also nach 6. $E(\mathfrak{oa}) \leqq \frac{1}{g}$, und so folgt $E(\mathfrak{au}) \leqq \frac{1}{\Omega g}$ und weiter nach 6. $S(\mathfrak{au}) \leqq \frac{G}{\Omega g}$. Aus $S(\mathfrak{ou}) \leqq S(\mathfrak{oa}) + S(\mathfrak{au})$ ergiebt sich sodann $S(\mathfrak{ou}) \leqq 1 + \frac{G}{\Omega g}$, und indem $\mathfrak{v}$ als Ecke einer Flächenzelle $\mathfrak{S}$ wieder der Aichfläche angehört, also $S(\mathfrak{o}\mathfrak{v}) = 1$ ist, endlich $1 + \frac{G}{\Omega g} > \frac{S(\mathfrak{o}\mathfrak{u})}{S(\mathfrak{o}\mathfrak{v})}$, welch letzteres Verhältniss $> \frac{S(\mathfrak{o}\mathfrak{a})}{S(\mathfrak{o}\mathfrak{b})}$ war. Danach entsteht durch Dilatation des Körpers P vom Nullpunkte aus im Verhältniss $1 + \frac{G}{\Omega g} : 1$ ein Körper, der den Aichkörper ganz in sich enthält. Dieser Körper heisse P_1.

Ferner sei Q_1 der Körper, der aus dem Körper Q durch dieselbe Dilatation vom Nullpunkte aus hervorgeht. Weil der Körper Q den Körper P enthält, wird der Körper Q_1 den Körper P_1 und also wieder den Aichkörper enthalten. Bei der Dilatation wird aus der Begrenzung von Q die Begrenzung von Q_1. Also sind für Q_1 eine beschränkte Anzahl von Ebenen vorhanden, welche Stützebenen an Q_1 sind, jeden Punkt der Begrenzung von Q_1 aufnehmen und von denen zu diesem Zwecke auch keine entbehrt werden kann; die Stützebenen an Q_1 aber werden solche Ebenen sein, welche den Aichkörper nicht durchschneiden.

Für eine spätere Anwendung ist noch zu bemerken, dass, wenn der Aichkörper zu sich selbst symmetrisch in Bezug auf den Nullpunkt ist, der Körper Q_1 sich in derselben Weise herausstellt.

16.

Die Stützebenen der Aichfläche.

Es sei, anknüpfend an die Bezeichnungen in 15., $\mathfrak{v}_1$ derjenige Punkt auf der Begrenzung von P_1, der bei der Dilatation von P in P_1 aus dem Punkte $\mathfrak{v}$ entsteht, der also von $\mathfrak{o}$ aus in der Richtung $\mathfrak{o}\mathfrak{v}$ so liegt, dass $S(\mathfrak{o}\mathfrak{v}_1) \underset{0}{=} 1 + \frac{G}{\Omega g}$ ist. Der Punkt $\mathfrak{u}$, für den $\frac{S(\mathfrak{o}\mathfrak{u})}{S(\mathfrak{o}\mathfrak{v})} \geqq 1$ und $\leqq 1 + \frac{G}{\Omega g}$ war, gehört dann nothwendig der Strecke $\mathfrak{v}\mathfrak{v}_1$ an. Weil $\mathfrak{v}$ als Ecke einer Flächenzelle $\mathfrak{S}$ der Begrenzung von Q angehört, wird $\mathfrak{v}_1$ der Begrenzung von Q_1 angehören, und wird also mindestens eine der wesentlichen Stützebenen von Q_1 durch $\mathfrak{v}_1$ gehen. Es sei nun für eine solche, durch $\mathfrak{v}_1$ gehende Ebene

$$(1) \qquad f(\mathfrak{x}) = \beta_0 - \beta_1 x_1 - \cdots - \beta_n x_n$$

der daselbst verschwindende lineare Ausdruck in $x_1, \ldots x_n$ und zwar in der Form, dass

$$(2) \qquad \operatorname{abs} \beta_1 + \cdots + \operatorname{abs} \beta_n = 1$$

und $\beta_0 > 0$ ist; die Ebene geht nicht durch den Nullpunkt. Indem diese Ebene nun nach 15. den Aichkörper nicht durchschneidet, wird für jeden Punkt $\mathfrak{x}$ des Aichkörpers

(3) $$f(\mathfrak{x}) \geqq 0 \qquad (S(\mathfrak{o}\mathfrak{x}) \leqq 1)$$

sein. Sind nun $\mathfrak{a}_1, \ldots \mathfrak{a}_n$ die Coordinaten des Punktes $\mathfrak{a}$, und wird $f(\mathfrak{x})$ auf die Form

$$\beta - \beta_1(x_1 - a_1) - \cdots - \beta_n(x_n - a_n)$$

gebracht, so wird $\beta \geqq 0$ sein, weil auch $\mathfrak{a}$ einen Punkt des Aichkörpers vorstellt, und nach 9. wird β die kleinste Spanne von $\mathfrak{a}$ nach dieser Ebene bedeuten. Diese Spanne ist nun, da die Ebene durch $\mathfrak{v}_1$ geht, $\leqq E(\mathfrak{a}\mathfrak{v}_1) \leqq E(\mathfrak{a}\mathfrak{u}) + E(\mathfrak{u}\mathfrak{v}_1)$, und hierin ist nach 15. $E(\mathfrak{a}\mathfrak{u}) \leqq \frac{1}{\Omega g}$; weil ferner $\mathfrak{u}$ ein Punkt der Strecke $\mathfrak{v}\mathfrak{v}_1$ ist, ergiebt sich

$$E(\mathfrak{u}\mathfrak{v}_1) \leqq E(\mathfrak{v}\mathfrak{v}_1) \leqq \frac{G}{\Omega g g},$$

indem $S(\mathfrak{v}\mathfrak{v}_1) = \frac{G}{\Omega g}$ war. Schliesslich findet sich also

(4) $$0 \leqq \beta \leqq \frac{1}{\Omega g}\left(1 + \frac{G}{g}\right).$$

Hier ist nun für Ω eine bestimmte positive ganze Zahl zu Grunde gelegt; $\mathfrak{a}$ stellt einen völlig beliebigen Punkt der Aichfläche vor, $\mathfrak{v}$ bedeutet eine, aus $\mathfrak{a}$ in gewisser Weise abgeleitete Ecke der Flächenzellen $\mathfrak{S}$. Durch die vorstehende Betrachtung sind, wenn die Wahl von $\mathfrak{v}$ und die Wahl der durch $\mathfrak{v}_1$ gehenden Stützebene an Q_1 auf alle hier zulässigen Arten geschieht, für $\mathfrak{a}$ eine beschränkte Anzahl ganz bestimmter Ausdrücke $f(\mathfrak{x})$ angewiesen, welche die Bedingungen bei (2), (3) und (4) erfüllen. Und nun kann auf Grund der in 5. auseinandergesetzten Principien geschlossen werden, dass durch den Punkt $\mathfrak{a}$ mindestens eine Stützebene an den Aichkörper vorhanden ist.

Stellt man sich die hier angewiesene Gruppe von Ausdrücken $f(\mathfrak{x})$ für $\Omega = 1$, $\Omega = 2$, u. s. f., für alle positiven ganzzahligen Werthe von Ω vor, so sind nur zwei Möglichkeiten denkbar. Entweder treten in allen diesen Gruppen zusammengenommen nur eine endliche Anzahl verschiedener Systeme $\beta_1, \ldots \beta_n$ auf, dann muss mindestens eines davon in diesen Gruppen unendlich oft wiederkehren, und es sei $\varphi_1, \ldots \varphi_n$ ein solches System; oder aber in diesen sämmtlichen Ausdrücken $f(\mathfrak{x})$ treten unendlich viele verschiedene Systeme $\beta_1, \ldots \beta_n$ auf; dann muss es für diese Systeme, weil sie immer der Bedingung (2) genügen, also abs $\beta_1, \ldots$ abs β_n in ihnen gewiss $\leqq 1$ sind, mindestens eine Häufungsstelle geben, und es bedeute jetzt $\varphi_1, \ldots \varphi_n$ eine solche Stelle. In beiden Fällen giebt es dann, wie eine positive Grösse ε und eine positive ganze Zahl Ω auch angenommen werden mögen, in jenen Gruppen, selbst wenn man sie erst von der Ω^{ten} an betrachtet, immer noch mindestens einen Ausdruck $f(\mathfrak{x})$, in dem die Coefficienten $\beta_1, \ldots \beta_n$ die Bedingungen

(5) $$\text{abs}(\varphi_1 - \beta_1) < \varepsilon, \ \ldots \ \text{abs}(\varphi_n - \beta_n) < \varepsilon$$

erfüllen. Daraus folgt dann zunächst mit Rücksicht auf (2)

$$1 - n\varepsilon < \text{abs}\,\varphi_1 + \cdots + \text{abs}\,\varphi_n < 1 + n\varepsilon.$$

Indem die hier in Grenzen eingeschlossene Summe einen bestimmten Werth hat, ε aber beliebig klein angenommen werden kann, vermag diese Summe nicht von 1 verschieden zu sein, ist also mindestens eine der Grössen $\varphi_1, \ldots \varphi_n$ von Null verschieden, und stellt so

$$-\varphi_1(x_1 - a_1) - \cdots - \varphi_n(x_n - a_n) = 0$$

eine bestimmte Ebene durch den Punkt $\mathfrak{a}$ vor.

Ist sodann $\mathfrak{x}$ irgend ein bestimmter Punkt des Aichkörpers, so folgt aus $E(\mathfrak{a}\mathfrak{x}) \leq E(\mathfrak{a}\mathfrak{o}) + E(\mathfrak{o}\mathfrak{x}) < \frac{2}{g}$ (vgl. 6), dass die absoluten Beträge von $\mathfrak{x}$ in Bezug auf $\mathfrak{a}$ sämmtlich $\leqq \frac{2}{g}$ sind; aus (3), (4) und (5) geht dann hervor, dass die linke Seite der zuletzt hingeschriebenen Gleichung für den Punkt $\mathfrak{x}$

$$\geqq -\frac{1}{\Omega g}\left(1 + \frac{G}{g}\right) - \frac{2n\varepsilon}{g}$$

ausfallen muss. Indem nun diese Seite für $\mathfrak{x}$ einen ganz bestimmten Werth hat, Ω aber hier beliebig gross, ε beliebig klein angenommen werden kann, vermag der betreffende Werth nicht eine negative Grösse zu sein und ist also $\geqq 0$. Danach ist hier in der That eine Stützebene an den Aichkörper durch den Punkt $\mathfrak{a}$ angezeigt, der ein ganz beliebiger Punkt der Aichfläche war.

17.

Die nirgends concaven Flächen.

1. Es sei ein Punkt $\mathfrak{e}$ und eine Punktmenge F mit folgenden Eigenschaften gegeben:

(A.) In jeder Richtung von $\mathfrak{e}$ aus soll mindestens ein Punkt von F liegen (es ist ein Punkt mit bestimmten endlichen Coordinaten und verschieden von $\mathfrak{e}$ gemeint, denn zu einer Richtung bedarf es zweier verschiedener Punkte, vgl. 2).

(B.) Durch jeden Punkt von F soll mindestens eine Ebene vorhanden sein, welche die Punktmenge F nicht durchschneidet.

Unter diesen Voraussetzungen gehört der Punkt $\mathfrak{e}$ gewiss nicht zu F; denn es müsste sonst auch durch $\mathfrak{e}$ eine Ebene gehen, welche F nicht durchschneidet. Werden aber irgend zwei einander entgegengesetzte Richtungen betrachtet, die in dieser Ebene nicht vorkommen, und in diesen Richtungen von $\mathfrak{e}$ aus zwei Punkte von F aufgesucht, so würde die Ebene diese Punkte trennen, also F durchschneiden. Es geht daraus zugleich hervor, dass es überhaupt keine Ebene durch $\mathfrak{e}$ geben kann, welche F nicht durchschneidet, und nun zeigt sich, dass in einer und derselben Richtung von $\mathfrak{e}$ aus auch niemals mehr als ein Punkt von F liegen kann. Denn gäbe es zwei verschiedene Punkte aus F in derselben Richtung von $\mathfrak{e}$ aus, $\mathfrak{v}$ und $\mathfrak{w}$, so möge von $\mathfrak{e}$ aus etwa $\mathfrak{v}$ vor $\mathfrak{w}$ liegen, und es sei $\mathfrak{w}^*$ ein Punkt von F in der zur Richtung $\mathfrak{e}\mathfrak{w}$ entgegengesetzten Richtung von $\mathfrak{e}$ aus. Dann würde entgegen der Voraussetzung (B.) eine jede Ebene durch $\mathfrak{v}$ die Punktmenge F durchschneiden; denn nach dem soeben Bemerkten würde solches eintreten, so oft die Ebene den Punkt $\mathfrak{e}$ enthielte, und andernfalls enthielte die Ebene von der Strecke $\mathfrak{w}\mathfrak{w}^*$, auf welcher $\mathfrak{e}$ und $\mathfrak{v}$ liegen, gewiss nur den Punkt $\mathfrak{v}$ und würde zum mindesten $\mathfrak{w}$ und $\mathfrak{w}^*$ von einander trennen.

Es möge nunmehr $\mathfrak{e}F$ die Punktmenge aus allen Strecken von $\mathfrak{e}$ nach den Punkten von F bedeuten. Eine jede Ebene durch einen Punkt von F, welche F nicht durchschneidet, wird auch $\mathfrak{e}F$ nicht durchschneiden (vgl. die letzten Bemerkungen in 8.).

Eine Punktmenge F mit den zwei oben angegebenen Eigenschaften soll eine nirgends concave Fläche um den Punkt $\mathfrak{e}$ heissen.

II. Nach den Ergebnissen in 16. stellt die Aichfläche einhelliger Strahldistanzen immer eine nirgends concave Fläche um den Nullpunkt vor. Umgekehrt gilt nun der Satz:

Jede nirgends concave Fläche um den Nullpunkt kann als Aichfläche für einhellige Strahldistanzen dienen.

Denn es sei F irgend eine nirgends concave Fläche um den Nullpunkt; indem eine solche sich nach I. aus je einem Punkte in jeder Richtung vom Nullpunkte zusammensetzt, ist sie nach 7. Aichfläche für ganz bestimmte Strahldistanzen $S(\mathfrak{a}\mathfrak{b})$, und es ist nun zu zeigen, dass infolge der besonderen Voraussetzung über F diese Strahldistanzen sich als einhellig erweisen müssen. Es sei $\mathfrak{u}$ irgend ein Punkt aus F; eine Stützebene an F durch $\mathfrak{u}$ hat dann immer die Eigenschaft, dass für jeden beliebigen Punkt $\mathfrak{x}$ dieser Ebene $S(\mathfrak{o}\mathfrak{x}) \geqq 1$, also $S(\mathfrak{o}\mathfrak{x}) \geqq S(\mathfrak{o}\mathfrak{u})$ ist. Es möge nun für einen Augenblick eine jede Stützebene an F durch $\mathfrak{u}$ und eine jede, zu einer solchen parallele Ebene eine zur Richtung $\mathfrak{o}\mathfrak{u}$ gehörende Ebene heissen; alle diese Ebenen enthalten die Richtung $\mathfrak{o}\mathfrak{u}$ nicht. Aus der Natur von Strahldistanzen folgt dann:

Sind $\mathfrak{a}$ und $\mathfrak{b}'$ irgend zwei verschiedene Punkte und wird durch $\mathfrak{b}'$ eine zur Richtung $\mathfrak{a}\mathfrak{b}'$ gehörende Ebene gelegt, so gilt für jeden beliebigen Punkt $\mathfrak{b}$ in dieser Ebene die Ungleichung $S(\mathfrak{a}\mathfrak{b}) \geq S(\mathfrak{a}\mathfrak{b}')$. Indem ferner Ebene und gerade Linie zu sich selbst symmetrisch in Bezug auf jeden ihrer Punkte sind, kann hinzugefügt werden: Ist $\mathfrak{c}$ irgend ein Punkt in der Richtung $\mathfrak{a}\mathfrak{b}'$ von $\mathfrak{a}$ über $\mathfrak{b}'$ hinaus, so ist für jeden Punkt $\mathfrak{b}$ einer durch $\mathfrak{b}$ gelegten, zur Richtung $\mathfrak{a}\mathfrak{b}'$ (oder $\mathfrak{b}'\mathfrak{c}$) gehörenden Ebene $S(\mathfrak{b}\mathfrak{c}) \geq S(\mathfrak{b}'\mathfrak{c})$.

Sind nun $\mathfrak{a}$, $\mathfrak{b}$, $\mathfrak{c}$ irgend drei Punkte, und ist $\mathfrak{b}$ von $\mathfrak{a}$ und $\mathfrak{c}$ verschieden, so besteht die Ungleichung

$$S(\mathfrak{a}\mathfrak{c}) \leqq S(\mathfrak{a}\mathfrak{b}) + S(\mathfrak{b}\mathfrak{c})$$

jedenfalls, wenn bereits $S(\mathfrak{a}\mathfrak{c}) \leqq S(\mathfrak{a}\mathfrak{b})$ oder $S(\mathfrak{a}\mathfrak{c}) \leqq S(\mathfrak{b}\mathfrak{c})$ ist. Ist aber

$$S(\mathfrak{a}\mathfrak{c}) > S(\mathfrak{a}\mathfrak{b}), \quad S(\mathfrak{a}\mathfrak{c}) > S(\mathfrak{b}\mathfrak{c}),$$

so werde eine zur Richtung $\mathfrak{a}\mathfrak{c}$ gehörende Ebene durch $\mathfrak{b}$ gelegt; da eine solche die betreffende Richtung niemals enthält, wird diese Ebene mit der, durch $\mathfrak{a}$ und $\mathfrak{c}$ gehenden geraden Linie einen bestimmten Punkt $\mathfrak{b}'$ gemein haben. Dann muss $\mathfrak{b}'$ von $\mathfrak{c}$ verschieden sein und kann auch nicht in der Richtung $\mathfrak{a}\mathfrak{c}$ von $\mathfrak{a}$ über $\mathfrak{c}$ hinaus liegen, weil sonst $S(\mathfrak{a}\mathfrak{b}) \geqq S(\mathfrak{a}\mathfrak{b}') \geqq S(\mathfrak{a}\mathfrak{c})$ wäre; und ebenso muss $\mathfrak{b}'$ von $\mathfrak{a}$ verschieden sein und kann auch nicht in der Richtung $\mathfrak{c}\mathfrak{a}$ von $\mathfrak{c}$ über $\mathfrak{a}$ hinaus liegen, weil sonst $S(\mathfrak{b}\mathfrak{c}) \geqq S(\mathfrak{b}'\mathfrak{c}) \geq S(\mathfrak{a}\mathfrak{c})$ wäre; also ist $\mathfrak{b}'$ ein von $\mathfrak{a}$ und $\mathfrak{c}$ verschiedener Punkt der Strecke $\mathfrak{a}\mathfrak{c}$, und dann ergiebt sich nach dem Obigen:

$$S(\mathfrak{a}\mathfrak{b}) \geqq S(\mathfrak{a}\mathfrak{b}'), \quad S(\mathfrak{b}\mathfrak{c}) \geqq S(\mathfrak{b}'\mathfrak{c}).$$

Weil nun die Richtungen $\mathfrak{a}\mathfrak{b}'$, $\mathfrak{b}'\mathfrak{c}$, $\mathfrak{a}\mathfrak{c}$ identisch sind, ist nach der Eigenschaft von Strahldistanzen:

$$S(\mathfrak{a}\mathfrak{b}') + S(\mathfrak{b}'\mathfrak{c}) = S(\mathfrak{a}\mathfrak{c}),$$

und so folgt auch hier:

$$S(\mathfrak{a}\mathfrak{b}) + S(\mathfrak{b}\mathfrak{c}) \geqq S(\mathfrak{a}\mathfrak{c}).$$

Damit ist nun das Wesen der Functionalbedingungen in 1. auf's vollständigste aufgeklärt.

III. Hinsichtlich der nirgends concaven Flächen jedoch erübrigt noch Folgendes zu leisten: Es sei eine nirgends concave Fläche F um einen Punkt $\mathfrak{e}$ gegeben; es sollen alle möglichen Punkte $\mathfrak{f}$ bezeichnet werden von solcher Art, dass F eine nirgends concave Fläche um $\mathfrak{f}$ vorstellt.

Da die zweite der nach I. für F vorauszusetzenden Eigenschaften vom Punkte $\mathfrak{e}$ unabhängig ist, handelt es sich hier nur darum, welche Punkte $\mathfrak{f}$ die Eigenschaft haben, dass in jeder Richtung von ihnen aus Punkte von F vorhanden sind. Bedeutet nun $\mathfrak{f}$ zunächst einen Punkt, der nicht zur Punktmenge $\mathfrak{e}F$ gehört oder aber einen Punkt aus F selbst, so giebt es in der Richtung $\mathfrak{ef}$ von $\mathfrak{f}$ aus keinen Punkt von F, und erfüllt also F in Bezug auf $\mathfrak{f}$ nicht die nämlichen Bedingungen wie in Bezug auf $\mathfrak{e}$.

Nach dem in II. Bewiesenen giebt es bestimmte einhellige Strahldistanzen $S(\mathfrak{ab})$, bei welchen F als die Fläche der Strahldistanz Eins von $\mathfrak{e}$ erscheint. Dem Satze in 11. zufolge stellt deshalb F die Begrenzung der Punktmenge $\mathfrak{e}F$ vor. Ferner werden die wechselseitigen Spannen der Punkte in $\mathfrak{e}F$ nicht über eine bestimmte Grösse hinausgehen, nicht über $\frac{2}{g}$, wenn g eine positive untere Grenze der Quotienten $\frac{S(\mathfrak{ab})}{E(\mathfrak{ab})}$ bedeutet. Jetzt sei $\mathfrak{f}$ irgend ein Punkt aus der Punktmenge $\mathfrak{e}F$, aber nicht aus F selbst; dann werden also in jeder Richtung von $\mathfrak{f}$ aus alle Punkte mit einer Spanne $> \frac{2}{g}$ von $\mathfrak{f}$ gewiss nicht mehr zu $\mathfrak{e}F$ gehören. Nun wird an einer späteren Stelle (in 20.) bewiesen werden, dass bei einer beliebigen Punktmenge, die nicht aus allen möglichen Punkten besteht, auf jeder Strecke von irgend einem Punkte der Menge nach irgend einem Punkte, der nicht der Menge angehört, immer mindestens ein Punkt der Begrenzung der Menge liegt; und danach muss in dem gegenwärtig betrachteten Falle in jeder Richtung von $\mathfrak{f}$ aus mindestens ein Punkt von F vorhanden sein.

Die Menge derjenigen Punkte $\mathfrak{f}$, für welche F eine nirgends concave Fläche um $\mathfrak{f}$ vorstellt, stimmt so mit der Menge der inneren Punkte von $\mathfrak{e}F$ überein, und danach ist die Punktmenge $\mathfrak{e}F$, welche ausser aus ihren inneren Punkten nur noch aus den Punkten von F selbst besteht, durch F allein vollkommen bestimmt und hängt von dem Punkte $\mathfrak{e}$ gar nicht ab. Es soll nun eine Punktmenge F schlechthin eine nirgends concave Fläche heissen, wenn sie eine nirgends concave Fläche um einen geeignet angenommenen Punkt $\mathfrak{e}$ vorstellt, und die durch die Fläche allein vollständig bestimmte Punktmenge $\mathfrak{e}F$ soll ein nirgends concaver Körper heissen.

18.

Die überall convexen Flächen.

Eine nirgends concave Fläche soll als überall convex bezeichnet werden, wenn jede Stützebene an die Fläche mit derselben nur einen Punkt gemein hat. Diese Bedingung lässt sich noch anders ausdrücken.

Es sei F eine nirgends concave Fläche um einen Punkt $\mathfrak{e}$. Existirt eine Stützebene an F, welche zwei verschiedene Punkte von F enthält, so gehört jeder dritte Punkt der dieselben verbindenden Strecke einerseits mit Rücksicht auf den Satz in 8. zur Punktmenge $\mathfrak{e}F$, andererseits, weil er in einer Stützebene von $\mathfrak{e}F$ liegt, gewiss nicht zu den inneren Punkten von $\mathfrak{e}F$, also wieder zu F, und es giebt also drei Punkte von F in gerader Linie. Umgekehrt, giebt es auf einer nirgends concaven Fläche F drei Punkte, die in gerader Linie liegen, so ist darunter ein Punkt da, von dem aus die beiden anderen in entgegengesetzten Richtungen liegen, und eine Stützebene an F durch diesen Punkt muss dann die beiden anderen Punkte enthalten, um sie nicht zu trennen, und enthält also mehr als nur einen Punkt von F. Also ist eine nirgends concave Fläche dann und nur dann überall convex, wenn es auf ihr keine drei Punkte in gerader Linie giebt.

Es sei nun die Aichfläche von Strahldistanzen $S(\mathfrak{a}\mathfrak{b})$ überall convex. Ist dann $\mathfrak{u}$ ein beliebiger Punkt der Aichfläche, so enthält eine Stützebene durch $\mathfrak{u}$ an die Fläche keinen zweiten Punkt der Fläche, und findet sich deshalb für jeden, von $\mathfrak{u}$ verschiedenen Punkt $\mathfrak{x}$ einer solchen Ebene: $S(\mathfrak{o}\mathfrak{x}) > S(\mathfrak{o}\mathfrak{u})$. Die Betrachtungen aus 17. ergeben dann, dass für irgend drei Punkte $\mathfrak{a}$, $\mathfrak{b}$, $\mathfrak{c}$, bei welchen $\mathfrak{b}$ von $\mathfrak{a}$ und $\mathfrak{c}$ verschieden ist und die Richtungen $\mathfrak{a}\mathfrak{b}$ und $\mathfrak{b}\mathfrak{c}$ verschieden sind, immer die Ungleichung gilt:

$$S(\mathfrak{a}\mathfrak{c}) < S(\mathfrak{a}\mathfrak{b}) + S(\mathfrak{b}\mathfrak{c}).$$

Sind umgekehrt einhellige Strahldistanzen gegeben, für welche in der Ungleichung

$$S(\mathfrak{a}\mathfrak{c}) \leqq S(\mathfrak{a}\mathfrak{b}) + S(\mathfrak{b}\mathfrak{c})$$

das Gleichheitszeichen nur dann statthat, wenn entweder $\mathfrak{b}$ mit $\mathfrak{a}$ oder $\mathfrak{c}$ identisch ist oder aber die Richtungen $\mathfrak{a}\mathfrak{b}$ und $\mathfrak{b}\mathfrak{c}$ identisch sind, so ist die Aichfläche dieser Strahldistanzen nothwendig überall convex. Denn nach 8. würde jetzt, wenn irgend zwei verschiedene Punkte der Aichfläche betrachtet werden, (die immer zugleich in verschiedenen Richtungen von $\mathfrak{o}$ aus liegen), für jeden dritten Punkt der sie verbindenden Strecke die Strahldistanz vom Nullpunkte < 1 folgen, und danach liegen niemals drei Punkte auf der Aichfläche in gerader Linie.

19.

Anhang über lineare Ungleichungen.

Es möge hier noch die Auflösung eines beliebigen Systems von linearen Ungleichungen in endlicher Anzahl auseinandergesetzt werden, ein Gegenstand, der mit den Untersuchungen dieses Kapitels in engem Zusammenhange steht und dessen Kenntniss späterhin mehrfach, namentlich im siebenten Kapitel erfordert werden wird.

1. Es sei ein · dliche Anzahl von Ausdrücken $\xi_1, \xi_2, \dots$, jeder .. von der Form

$$U_1 x_1 + \cdots + U_n x_n$$

mit irgend welchen Constanten $U_1, \dots U_n$, gegeben; es sollen alle Systeme $x_1, \dots x_n$ bestimmt werden, welche das System von Ungleichungen

(1) $$\xi_1 \geqq 0,\ \xi_2 \geqq 0,\ \dots$$

erfüllen.

Es genügt den Fall zu betrachten, wo unter den linearen Formen $\xi_1, \xi_2, \dots$ sich n unabhängige finden. Denn ist die höchste Anzahl von unabhängigen unter ihnen $= h < n$, so seien $y_1, \dots y_h$ h unabhängige Formen darunter. Es können dann $n - h$ weitere lineare Formen in $x_1, \dots x_n$ bestimmt werden, $y_{h+1}, \dots y_n$ so, dass $y_1, \dots y_n$ sich als n unabhängige Formen erweisen und also als neue Variabeln an Stelle von $x_1, \dots x_n$ eingeführt werden können. Dann erscheint das System (1) von $y_1, \dots y_h$ allein abhängig, und lässt man die übrigen der neuen Variabeln, deren Werthe durch dieses System gar nicht berührt werden, ausser Acht, so stellt nun (1) ein System mit ebenso vielen unabhängigen linearen Formen als Variabeln vor.

Es seien also unter den Formen $\xi_1, \xi_2, \dots$ n unabhängige vorhanden. Von der selbstverständlichen Lösung $x_1 = 0, \dots x_n = 0$ von (1) werde hier abgesehen, und nur jede andere Lösung von (1) möge als eine *wirkliche* Lösung gelten. Stellt nun $x_1 = a_1, \dots x_n = a_n$ oder A eine wirkliche Lösung von (1) vor, und sind $\xi_1(A), \xi_2(A), \dots$ die Werthe von $\xi_1, \xi_2, \dots$ für diese Lösung, so muss wegen der über $\xi_1, \xi_2, \dots$ getroffenen Voraussetzung unter diesen Werthen mindestens einer von Null verschieden, also positiv ausfallen; und daraus folgt dann, dass

$$x_1 = \tau a_1, \dots x_n = \tau a_n,$$

was mit τA bezeichnet werden und ein *Vielfaches* von A heissen möge, für jeden positiven Werth von τ wieder eine wirkliche Lösung von (1) sein, aber für jeden negativen Werth von τ keine Lösung von (1) vorstellen wird. Zwei wirkliche Lösungen, die Vielfache von einander sind, sollen als *nicht wesentlich verschieden* gelten. Sind ferner A oder $x_1 = a_1, \dots x_n = a_n$ und B oder $x_1 = b_1, \dots x_n = b_n$ zwei wirkliche Lösungen von (1), so stellt auch

$$x_1 = a_1 + b_1, \dots x_n = a_n + b_n,$$

was mit $A + B$ bezeichnet werden und die *Summe* von A und B heissen möge, eine wirkliche Lösung von (1) vor.

Eine wirkliche Lösung von (1) soll eine **äusserste** Lösung genannt werden, wenn es nicht möglich ist, sie als die Summe zweier wesentlich verschiedener Lösungen von (1) darzustellen.

Zunächst kann gezeigt werden: Ist eine wirkliche Lösung A von (1) so beschaffen, dass für sie $n-1$ linear unabhängige unter den Formen $\xi_1, \xi_2, \ldots$ gleich Null ausfallen, so ist die Lösung sicher eine äusserste Lösung. Denn soll A als die Summe zweier wirklicher Lösungen A' und A'' erscheinen, so muss, wenn ξ die einzelnen Formen $\xi_1, \xi_2, \ldots$ durchläuft, immer $\xi(A) = \xi(A') + \xi(A'')$ sein; und da nun $\xi(A') \geqq 0$ und $\xi(A'') \geqq 0$ gedacht ist, muss daher, so oft $\xi(A) = 0$ ausfällt, sich auch $\xi(A') = 0$ und $\xi(A'') = 0$ herausstellen, müssen also alle diejenigen der Formen $\xi_1, \xi_2, \ldots$, die für A Null sind, auch für A' und für A'' verschwinden. Da nun aber unter diesen Formen sich $n-1$ unabhängige finden sollen und solche durch ihr Verschwinden ganz bestimmte Verhältnisse der $x_1, \ldots x_n$ bedingen, muss danach A' sowohl wie A'' ein Vielfaches von A sein und können somit auch A' und A'' nicht wesentlich verschiedene wirkliche Lösungen von (1) vorstellen.

Nun sei A oder $x_1 = a_1, \ldots x_n = a_n$ eine solche wirkliche Lösung von (1), dass die höchste Anzahl von linear unabhängigen unter denjenigen Formen $\xi_1, \xi_2, \ldots$, die für A Null sind, sich $< n-1$ erweist; es sei m diese Anzahl; dabei ist zuzulassen, dass m den Werth Null hat, d. h. dass für A keines der Gleichheitszeichen in (1) eintritt. Es mögen dann unter den Formen $\xi_1, \xi_2, \ldots$ n unabhängige ausgewählt werden so, dass darunter m Formen vorhanden sind, die für A verschwinden; letztere Formen mögen $\eta_1, \ldots \eta_m$, die übrigen der ausgewählten Formen $\zeta_1, \ldots \zeta_{n-m}$ heissen. Es können diese n Formen als neue Variabeln an Stelle von $x_1, \ldots x_n$ eingeführt werden, und dann erweisen sich alle diejenigen der Formen $\xi_1, \xi_2, \ldots$, die für A Null sind, als allein von $\eta_1, \ldots \eta_m$ abhängig. Da nach Voraussetzung $n-m$ hier mindestens gleich 2 ist, können den Grössen $\zeta_1, \ldots \zeta_{n-m}$ gewiss solche Werthe vorgeschrieben werden, die weder sämmtlich Null noch überhaupt proportional mit den Werthen $\zeta_1(A), \ldots \zeta_{n-m}(A)$ sind; wird dann gleichzeitig $\eta_1 = 0, \ldots \eta_m = 0$ festgesetzt, so gewinnt man auf diese Art ein bestimmtes System $x_1 = d_1, \ldots x_n = d_n$, für das alle diejenigen unter den Formen $\xi_1, \xi_2, \ldots$, die für A Null sind, ebenfalls verschwinden und das dabei kein Vielfaches des Systems A ist. Für die Systeme von der Form

$$x_1 = a_1 + l d_1, \ldots x_n = a_n + l d_n$$

geht nun eine jede von den Ungleichungen (1), in der für das System

A das Gleichheitszeichen eintritt, in $0 = 0$ über, und nimmt dagegen jede andere jener Ungleichungen einen Ausdruck $\alpha + l\delta \geqq 0$ an, worin α immer > 0 ist; und mindestens einmal muss dabei δ von Null verschieden ausfallen, denn unter den Werthen von δ kommen insbesondere die Werthe von $\zeta_1, \ldots \zeta_{n-m}$ für das System $d_1, \ldots d_n$ vor. Indem nun die Anzahl dieser Ausdrücke $\alpha + l\delta$ endlich ist, wird es daher einen oder zwei solche Werthe für l geben, für welche alle diese Ausdrücke noch > 0 ausfallen, aber mindestens einer unter ihnen $= 0$ ausfällt, und mit einem solchen Werth l stellt dann das System

$$a_1 + l d_1, \ldots a_n + l d_n$$

eine wirkliche Lösung B von (1) vor, für welche mindestens $m + 1$ linear unabhängige unter den Formen $\xi_1, \xi_2, \ldots$ verschwinden und für welche insbesondere alle von diesen Formen verschwinden, die für A Null sind.

Wenn nun für B noch nicht $n - 1$ linear unabhängige unter den Formen $\xi_1, \xi_2, \ldots$ Null sind, so kann nach derselben Methode eine wirkliche Lösung Γ von (1) bestimmt werden, für welche unter diesen Formen eine jede, die für B Null ist, aber dazu noch mindestens eine weitere Form verschwindet. Es ist nun einleuchtend, dass schliesslich auch eine solche wirkliche Lösung Ψ von (1) wird gefunden werden können, für welche $n - 1$ linear unabhängige unter den Formen $\xi_1, \xi_2, \ldots$ Null sind, die also nach dem Obigen eine äusserste Lösung vorstellen wird, und für welche insbesondere alle diejenigen dieser Formen verschwinden, die für A verschwinden.

Dann wird für die Systeme $A - \mu\Psi$, unter μ irgend eine Grösse verstanden, wieder eine jede von den Ungleichungen (1), in der für A das Gleichheitszeichen statthat, in $0 = 0$ übergehen und jede andere dieser Ungleichungen einen Ausdruck $\alpha - \mu\psi \geqq 0$ annehmen, worin α immer > 0 und ψ stets $\geqq 0$ und mindestens einmal > 0 sein wird. Es existirt dann ein bestimmter positiver Werth μ, für den die Ausdrücke $\alpha - \mu\psi$ noch sämmtlich $\geqq 0$ sind, aber mindestens einer darunter $= 0$ ausfällt, und mit diesem Werthe μ stellt dann $A - \mu\Psi = A_1$ eine solche wirkliche Lösung von (1) vor, für welche mindestens $m + 1$ linear unabhängige unter den Formen $\xi_1, \xi_2, \ldots$ Null sind.

Aus $A = \mu\Psi + A_1$ geht hervor, dass A in dem jetzt betrachteten Falle keine äusserste Lösung vorstellt, und endlich durch einen Schluss von kleineren auf grössere Werthe von m, dass die Lösung A als Summe von höchstens $n - m$ solchen wirklichen Lösungen dargestellt werden kann, von welchen eine jede $n - 1$ linear unabhängige unter den Formen $\xi_1, \xi_2, \ldots$ zu Null macht.

Es kann immer nur eine beschränkte Anzahl wesentlich verschiedener äusserster Lösungen geben; denn werden unter den Formen $\xi_1, \xi_2, \ldots$ auf alle möglichen Arten $n-1$ unabhängige herausgesucht und gleich Null gesetzt, so ist dadurch jedesmal ein System von Verhältnissen der $x_1, \ldots x_n$ bestimmt; wenn dann unter den Werthen von $\xi_1, \xi_2, \ldots$ für Coordinaten $x_1, \ldots x_n$ mit diesen Verhältnissen sich nicht gleichzeitig positive und negative Werthe finden, giebt es äusserste Lösungen von (1) mit diesen Verhältnissen von $x_1, \ldots x_n$, und auf solche Art muss sich ein Vielfaches einer jeden irgend vorhandenen äussersten Lösung von (1) ermitteln lassen.

Ein System von wesentlich verschiedenen äussersten Lösungen von (1), in welchem jede vorhandene derartige Lösung durch ein Vielfaches vertreten ist, möge ein **vollständiges System äusserster Lösungen** von (1) heissen. Der Ausdruck für die allgemeinste Lösung von (1) ist nun $\Sigma \mu \Psi^r$, wenn in dieser Summe Ψ^r ein vollständiges System von äussersten Lösungen von (1) durchläuft und die Coefficienten μ darin beliebige nicht negative Werthe erhalten. —

Ob einer endlichen Anzahl von Ungleichungen von der allgemeineren Form

(2) $$U_0 + U_1 x_1 + \cdots + U_n x_n \geqq 0,$$

(in der noch ein constantes Glied auftritt), gleichzeitig genügt werden kann, wird davon abhängen, ob das daraus abzuleitende System der homogenen Ungleichungen mit $n+1$ Variabeln $x_0, x_1, \ldots x_n$:

(3) $$U_0 x_0 + U_1 x_1 + \cdots + U_n x_n \geqq 0$$

Lösungen besitzt, in welchen $x_0 > 0$ ist; die Entscheidung hierüber lässt sich jedesmal aus dem Ausdrucke für die allgemeinste Lösung von (3) ohne Schwierigkeit entnehmen.

II. Es seien wieder $\xi_1, \xi_2, \ldots$ eine endliche Anzahl von ganzen homogenen linearen Ausdrücken in $x_1, \ldots x_n$, und unter diesen Ausdrücken seien wieder n unabhängige vorhanden. Mit Hülfe der äussersten Lösungen von (1) kann auch entschieden werden, ob das System von Ungleichungen

(4) $$\xi_1 > 0, \quad \xi_2 > 0, \ldots$$

eine Lösung zulässt. Es wird dazu offenbar nothwendig und hinreichend sein, dass überhaupt äusserste Lösungen von (1) existiren, und dass keine einzige der Formen $\xi_1, \xi_2, \ldots$ für sämmtliche vorhandenen äussersten Lösungen ausnahmslos verschwindet.

Jetzt soll ermittelt werden, ob in dem Systeme von Ungleichungen

(1) $\xi_1 \geqq 0, \quad \xi_2 \geqq 0, \ldots$

etwa eine oder die andere Ungleichung sich als eine Folge der übrigen darstellt. Dabei möge angenommen werden, dass das System (4) eine Lösung zulässt. Wenn dieses nicht der Fall sein sollte, hat das System (1) sicher auch Gleichungen zur Folge; denn es verschwinden dann gewisse der Formen $\xi_1, \xi_2, \ldots$ für alle irgend vorhandenen äussersten Lösungen von (1) und damit überhaupt für jede Lösung von (1); die höchste Anzahl von linear unabhängigen unter diesen Formen sei $n-k$; wenn es überhaupt wirkliche Lösungen von (1) giebt, was jedenfalls vorausgesetzt werden möge, ist $k>0$. Nun mögen unter den Formen $\xi_1, \xi_2, \ldots$ n unabhängige, $z_1, \ldots z_n$, so ausgewählt werden, dass die letzten $n-k$ darunter zu diesen Formen gehören, die für jede Lösung von (1) verschwinden; dann hat das System (1) die Gleichungen $z_{k+1}=0, \ldots z_n=0$ zur Folge, und werden $z_1, \ldots z_n$ als neue Variable an Stelle von $x_1, \ldots x_n$ eingeführt, so geht bei Benutzung dieser Gleichungen ein Theil der Ungleichungen (1) in $0=0$ über, und die übrig bleibenden stellen ein solches System von Ungleichungen in $z_1, \ldots z_k$ vor, das Lösungen besitzt, wobei alle linken Seiten des Systems >0 ausfallen.

Lässt nun das System (4) eine Lösung zu, so kann es keine lineare Form φ in $x_1, \ldots x_n$ geben, welche für alle äussersten Lösungen von (1) verschwindet und doch nicht identisch verschwindet. Denn bedeutet $x_1=a_1, \ldots x_n=a_n$ irgend eine Lösung von (4) und ε das Minimum unter den kleinsten Spannen vom Punkte $a_1, \ldots a_n$ nach den Ebenen $\xi_1=0, \xi_2=0, \ldots$, so würde ε eine positive Grösse sein, und es würden alle Punkte mit einer Spanne $\leqq \varepsilon$ von $a_1, \ldots a_n$ gleichfalls noch dem Systeme (1) genügen; in diesem Bereiche von Punkten aber würden stets solche existiren, für die φ von Null verschieden wäre, es sei denn, dass alle Coefficienten von φ Null wären.

Es mögen irgend $n-1$ wirkliche Lösungen von (1) unabhängig heissen, wenn durch die $n-1$ Punkte, welche diese Lösungen repräsentiren, und durch den Nullpunkt nur eine einzige Ebene möglich ist. Dann zeigt sich zunächst: Ist φ eine solche lineare Form in $x_1, \ldots x_n$, dass man für alle äussersten Lösungen von (1) $\varphi \geqq 0$ hat, und dass es unter diesen Lösungen $n-1$ unabhängige giebt, für die $\varphi=0$ ausfällt, dass aber φ nicht identisch Null ist, so ist φ nothwendig ein positives Vielfaches einer der Formen $\xi_1, \xi_2, \ldots$, sodass also eine der Ungleichungen aus (1) auf $\varphi>0$ hinausläuft. Denn es bedeute das System $a_1, \ldots a_n$ eine Summe von irgend $n-1$, in der Ebene $\varphi=0$ enthaltenen unabhängigen wirklichen Lösungen von (1); dann können für $a_1, \ldots a_n$ nicht alle Formen $\xi_1, \xi_2, \ldots>0$ ausfallen, denn sonst würden nach dem vorhin Bemerkten noch alle Punkte, deren Spanne von $a_1, \ldots a_n$ eine gewisse positive Grösse ε nicht überschritte, dem Systeme (1) genügen, unter diesen Punkten fänden sich aber auch solche, für die $\varphi < 0$ wäre. Es muss also für $a_1, \ldots a_n$ mindestens eine der Formen $\xi_1, \xi_2, \ldots$ Null sein. Die nämliche Form muss dann für jede einzelne von den $n - 1$ Lösungen, deren Summe $a_1, \ldots a_n$ vorstellt, verschwinden, da sie für keine von ihnen negativ ausfällt, und sie kann deshalb, indem die $n - 1$ Punkte, die diesen Lösungen entsprechen, und der Nullpunkt nur in der einen Ebene $\varphi = 0$ zusammen enthalten sind, von der Form φ nur durch einen Factor verschieden sein, der dann durch die nicht der Ebene $\varphi = 0$ angehörigen Lösungen von (1) sich als positiv erweist.

Nun möge ein vollständiges System von äussersten Lösungen von (1) bestimmt werden, und es bedeute $X_1, \ldots X_n$ ein beliebiges Element dieses Systems. Erweist eine Form $\varphi = u_1 x_1 + \cdots + u_n x_n$ sich für alle äussersten Lösungen von (1) als $\geqq 0$, so genügen in ihr die Coefficienten den sämmtlichen Ungleichungen

$$u_1 X_1 + \cdots + u_n X_n \geqq 0;$$

und umgekehrt bringt jede Lösung $u_1, \ldots u_n$ dieser Ungleichungen einen Ausdruck φ hervor, der für alle äussersten Lösungen von (1) und also überhaupt für jede Lösung von (1) sich $\geqq 0$ erweist. Unter den linken Seiten dieser Ungleichungen sind nun n unabhängige vorhanden; denn nach dem Obigen macht nur das System $u_1 = 0, \ldots u_n = 0$ diese linken Seiten sämmtlich gleich Null. Nach den Entwicklungen in I. wird nun jede wirkliche Lösung $u_1, \ldots u_n$ dieser Ungleichungen als Summe von solchen wirklichen Lösungen derselben darstellbar sein, für welche $n - 1$ unabhängige von den linken Seiten dieser Ungleichungen verschwinden; danach sind alle diejenigen von den Formen $\xi_1, \xi_2, \ldots$, welche nicht für $n - 1$ unabhängige äusserste Lösungen von (1) verschwinden, als Summen von positiven Vielfachen solcher unter diesen Formen darstellbar, welchen ein derartiger Charakter zukommt und welche so die allein wesentlichen unter den Ungleichungen (1) vorstellen.

Zweites Kapitel.

Vom Volumen der Körper.

20.

Untere und obere Grenze einer Menge von Grössen.

Eine untere (obere) Grenze für eine irgendwie wohldefinirte Menge von reellen Grössen heisse hier jede Grösse von solcher Art, dass in der Menge keine kleinere (keine grössere) Grösse vorhanden ist.

Eine Menge von Grössen, für die überhaupt eine untere (obere) Grenze vorhanden ist, besitzt immer eine bestimmte grösste untere (kleinste obere) Grenze.

Es sei γ_0 eine untere Grenze für eine gegebene Menge von Grössen, und $\gamma_0 + \tau$ eine solche Grösse, dass mindestens eine Grösse in der Menge $< \gamma_0 + \tau$ ist; τ ist dann jedenfalls positiv. Es werde eine unbegrenzte Reihe von positiven ganzen Zahlen angenommen:

$$\Omega_0 = 1,\ \Omega_1,\ \Omega_2,\ \ldots,$$

welche mit 1 beginne und in der jede spätere Zahl ein Vielfaches der ihr vorangehenden und grösser als diese sei. Das Intervall der Grössen $\geqq \gamma_0$ und $< \gamma_0 + \tau$ enthält mindestens eine Grösse der Menge, und keine Grösse der Menge ist $< \gamma_0$. Dieses Intervall werde in Ω_1 an einander anschliessende Intervalle von gleicher Breite getheilt und jedes dieser Intervalle immer mit Einschluss seiner (grössten) unteren, mit Ausschluss seiner (kleinsten) oberen Grenze aufgefasst. Dann muss unter diesen Intervallen in ihrer natürlichen Reihenfolge, wobei jedes folgende Intervall grössere Werthe enthält als das vorangehende, ein bestimmtes erstes vorhanden sein, das Grössen der Menge enthält, und dieses Intervall steht dann zu der Menge in analoger Beziehung wie das Intervall $> \gamma_0$ und $< \gamma_0 + \tau$; die im Intervall vorhandene kleinste Grösse ist eine untere Grenze für die Grössen der Menge, und das gesammte Intervall enthält mindestens eine Grösse der Menge.

Nun operire man mit diesem Intervall und dem Verhältniss $\Omega_2 : \Omega_1$ wie mit dem zunächst vorausgesetzten Intervall und dem Verhältniss $\Omega_1 : 1$, und man kommt auf ein bestimmtes drittes Intervall u. s. f.

Es ist so eine unbegrenzte Reihe von Intervallen durch ein bestimmtes Gesetz definirt. Nun seien

$$\gamma_0, \gamma_1, \gamma_2, \ldots$$

die kleinsten Grössen dieser einzelnen Intervalle, so sind für $l = 0, 1, 2, \ldots$ jedesmal die sämmtlichen Differenzen $\gamma_{l+1} - \gamma_l$, $\gamma_{l+2} - \gamma_l$, $\ldots > 0$ und $< \frac{\tau}{\Omega_l}$; danach und indem die Zahlen Ω_l mit ihrem Index beständig grösser werden, convergirt die Reihe der Grössen γ_l nach einem bestimmten Grenzwerthe γ. Dann ist regelmässig $\gamma > \gamma_l$ und $\gamma_l + \frac{\tau}{\Omega_l} > \gamma$. Wie nun die Grössen γ_l bestimmt sind, giebt es in der Menge keine Grösse, die $< \gamma_l$, aber mindestens eine solche, die $< \gamma_l + \frac{\tau}{\Omega_l}$ ist; also wird um so mehr keine Grösse der Menge $< \gamma - \frac{\tau}{\Omega_l}$, aber mindestens eine in ihr $< \gamma + \frac{\tau}{\Omega_l}$ sein. Indem nun $\frac{\tau}{\Omega_l}$ mit wachsendem l unter jede positive Grösse sinkt, vermag danach keine Grösse der Menge $< \gamma$ zu sein, giebt es aber, wie eine positive Grösse ε auch angenommen wird, immer mindestens eine Grösse in der Menge, die $< \gamma + \varepsilon$ ist; und danach ist γ die grösste mögliche untere Grenze für die Grössen der Menge.

In analoger Weise ergiebt sich, dass jede Grössenmenge, für die überhaupt eine obere Grenze da ist, eine bestimmte kleinste obere Grenze besitzt. —

Es bedeute P irgend eine Punktmenge, die nicht aus allen möglichen Punkten besteht, und es sei P_1 die Menge aller in P nicht enthaltenen Punkte. I s t $\mathfrak{a}$ i r g e n d e i n P u n k t a u s P, $\mathfrak{b}$ i r g e n d e i n P u n k t a u s P_1, s o l i e g t a u f d e r S t r e c k e $\mathfrak{ab}$ i m m e r m i n d e s t e n s e i n P u n k t d e r B e g r e n z u n g v o n P. (Dieser Satz ist bereits in 17. zur Sprache gekommen.)

Die Punkte der Strecke $\mathfrak{ab}$ sind nach 8. durch $(1 - t)\mathfrak{a} + t\mathfrak{b}$ für die sämmtlichen Werthe $t \geqq 0$ und $\leqq 1$ dargestellt. Werden alle diejenigen dieser Werthe von t betrachtet, die Punkten aus P_1 entsprechen, so haben diese Werthe jedenfalls Null als untere Grenze und besitzen deshalb nach dem letzten Satze eine bestimmte grösste untere Grenze γ. Es sei $\mathfrak{c}$ der Punkt der Strecke $\mathfrak{ab}$, der dem Werthe $t = \gamma$ entspricht. Gehört dann $\mathfrak{c}$ zu P_1, so ist $\mathfrak{c}$ von $\mathfrak{a}$ verschieden, und weil dann alle Punkte der Strecke $\mathfrak{ac}$ bis auf $\mathfrak{c}$ zu P gehören müssen, ist $\mathfrak{c}$ eine Häufungsstelle für die Punkte von P; gehört aber $\mathfrak{c}$ nicht zu P_1, also zu P, so muss es nach dem Begriffe einer grössten unteren Grenze, wie klein auch eine positive Grösse ε angenommen wird, auf der Strecke $\mathfrak{ab}$ immer mindestens einen Punkt aus P_1 geben, für den der Werth $t < \gamma + \varepsilon$ ist, und erscheint danach $\mathfrak{c}$ als Häufungsstelle von P_1. In jedem Falle bildet also der Punkt $\mathfrak{c}$ gewiss eine Häufungsstelle für diejenige der Mengen P, P_1, der er nicht angehört; dies aber ist gerade die charakteristische Eigenschaft für die Punkte der Begrenzung von P (vgl. 11).

Es geht aus diesem Satze nebenbei hervor, dass für jede Punktmenge, ausser der Menge aller möglichen Punkte, immer Punkte der Begrenzung vorhanden sind; die gesammte Menge solcher Punkte ist dann, wie bereits in 11. bemerkt wurde, immer abgeschlossen, d. h. enthält alle ihre Häufungsstellen selber.

21.

Verhalten einer stetigen Function in Bezug auf die Grenzen ihrer Werthe.

Es sei eine Punktmenge P gegeben und eine reelle Function $f(\mathfrak{x})$ für die sämmtlichen Punkte $\mathfrak{x}$ von P definirt. Diese Function soll in P in jedem Punkte stetig sein, d. h. ist $\mathfrak{a}$ irgend ein Punkt aus P, so soll immer zu jeder positiven Grösse σ eine solche positive Grösse ε existiren, dass für alle Punkte $\mathfrak{x}$ aus P mit einer Spanne $< \varepsilon$ von $\mathfrak{a}$, soweit solche Punkte von P vorhanden sind, die Ungleichung gilt:

$$\text{abs}\,(f(\mathfrak{x}) - f(\mathfrak{a})) > \sigma.$$

Kommen in einem Würfel mit endlicher Kante Punkte von P vor, gehören alle für die Menge dieser Punkte irgend vorhandenen Häufungsstellen selbst zu diesen Punkten, und haben die Werthe von $f(\mathfrak{x})$ für diese Punkte Null als grösste untere Grenze, so giebt es in dem Würfel mindestens einen Punkt von P, für welchen $f(\mathfrak{x})$ den Werth Null besitzt*).

Es werde wieder eine unbegrenzte Reihe von positiven ganzen Zahlen angenommen:

$$\Omega_0 = 1,\ \Omega_1,\ \Omega_2, \ldots,$$

deren erste 1 und von denen jede folgende durch die vorangehende theilbar und grösser als diese sei. Es sei $\mathfrak{p}_0$ der Mittelpunkt, $2t$ die Kante des Würfels, in welchem nach Voraussetzung Punkte von P enthalten sind und die Werthe von $f(\mathfrak{x})$ für diese Punkte Null als grösste untere Grenze haben. Es werde dieser Würfel wie in 5. in $\Omega_1{}^n$ Würfel von der Kante $\frac{2t}{\Omega_1}$ zerlegt. Dann muss auch mindestens

*) Ein Satz von Weierstrass, vgl. die Anmerkung in dem Aufsatze von G. Cantor in Crelle's Journal Bd. 72, S. 141.

einer dieser neuen Würfel Punkte von P enthalten, und so oft solches bei einem dieser Würfel der Fall ist, besitzen die Werthe von $f(\mathfrak{x})$ für die sämmtlichen in ihm enthaltenen Punkte von P, indem diese Werthe durchweg $\geqq 0$ sein sollen, nach 20. jedesmal auch eine bestimmte grösste untere Grenze, die sich > 0 oder $= 0$ herausstellen kann. Es kann nun diese Grenze nicht für alle von jenen $\Omega_1{}^n$ Würfeln, welche Punkte von P enthalten, > 0 ausfallen, weil das Minimum ihrer Werthe in diesen Würfeln zugleich die grösste untere Grenze der Functionswerthe von $f(\mathfrak{x})$ für die sämmtlichen Punkte von P in dem Ausgangswürfel darstellt und diese Grenze $= 0$ sein sollte. Es möge nun aus allen von jenen $\Omega_1{}^n$ Würfeln, welche Punkte von P enthalten und in welchen zugleich die grösste untere Grenze der Werthe von $f(\mathfrak{x})$ für diese Punkte sich gleich Null ergiebt, nach irgend einem sicheren Principe, etwa wie in 5., ein Würfel ausgewählt werden; es sei $\mathfrak{p}_1$ sein Mittelpunkt, seine Kante ist $\frac{2t}{\Omega_1}$. Die Punktmenge P und die Function $f(\mathfrak{x})$ haben dann zu diesem Würfel ganz entsprechende Beziehungen wie zum Ausgangswürfel.

Nun kann aus $\mathfrak{p}_1$ nach demselben Verfahren und unter Benutzung des Verhältnisses $\Omega_2 : \Omega_1$ anstatt $\Omega_1 : 1$ ein bestimmter Punkt $\mathfrak{p}_2$ abgeleitet werden u. s. f. Es entspringt so eine gesetzmässig fortschreitende unendliche Reihe von Punkten

$$\mathfrak{p}_0, \mathfrak{p}_1, \mathfrak{p}_2, \ldots;$$

indem dann immer die Spannen von $\mathfrak{p}_l$ nach $\mathfrak{p}_{l+1}, \mathfrak{p}_{l+2}, \ldots < \frac{t}{\Omega_l}$ sind und die Zahlen Ω_l unbegrenzt wachsen, convergirt diese Reihe nach einem bestimmten Grenzpunkte $\mathfrak{p}$. Die Spanne von $\mathfrak{p}$ nach $\mathfrak{p}_l$ ist dann jedesmal $\leqq \frac{t}{\Omega_l}$, und indem dieses auch für $l = 0$ gilt, liegt $\mathfrak{p}$ im Ausgangswürfel.

Wie die Punkte $\mathfrak{p}_l$ bestimmt werden, liegt in dem Würfel mit $\mathfrak{p}_l$ als Mittelpunkt und mit der Kante $\frac{2t}{\Omega_l}$ mindestens ein Punkt aus P, und haben die Functionswerthe $f(\mathfrak{x})$ für alle Punkte aus P in diesem Würfel Null als grösste untere Grenze. Die Spannen von $\mathfrak{p}$ nach allen diesen Punkten werden nun durchweg $\leqq \frac{2t}{\Omega_l}$ sein, indem die Spannen von $\mathfrak{p}_l$ nach ihnen $\leqq \frac{t}{\Omega_l}$ sind und die Spanne von $\mathfrak{p}$ nach $\mathfrak{p}_l$ ebenfalls $\leqq \frac{t}{\Omega_l}$ ist. Wie klein nun auch eine positive Grösse ε angenommen wird, kann l so gross gewählt werden, dass $\frac{2t}{\mathfrak{Q}_l} < \varepsilon$ ist; es folgt daraus zunächst, dass in dem Ausgangswürfel dann immer mindestens ein Punkt aus P mit einer Spanne $< \varepsilon$ von $\mathfrak{p}$ da ist; danach muss nun der Punkt $\mathfrak{p}$, falls er keine Häufungsstelle für die Punkte aus P in dem Ausgangswürfel ist, selbst zu P gehören, ist er aber eine solche Häufungsstelle, so gehört er wieder nach der Voraussetzung, dass die Häufungsstellen für die Punkte aus P in dem Ausgangswürfel zu diesen Punkten selbst gehören sollen, zu den Punkten von P. In jedem Falle ist also $\mathfrak{p}$ ein Punkt aus P.

Nun muss der Werth der Function $f(\mathfrak{x})$ für $\mathfrak{p}$ gleich Null sein. Denn wäre $f(\mathfrak{p}) > 0$, so sei σ eine positive Grösse $< f(\mathfrak{p})$. Wegen der vorausgesetzten Stetigkeit der Function $f(\mathfrak{x})$ muss es dann eine solche positive Grösse ε geben, dass für alle Punkte $\mathfrak{x}$ aus P mit einer Spanne $< \varepsilon$ von $\mathfrak{p}$ insbesondere

$$f(\mathfrak{p}) - f(\mathfrak{x}) < \sigma, \quad \text{also} \quad f(\mathfrak{x}) > f(\mathfrak{p}) - \sigma$$

ist. Zu diesen Punkten $\mathfrak{x}$ aber würden, wenn der Index l so gross gewählt wird, dass $\frac{2t}{\mathfrak{Q}_l} < \varepsilon$ ist, auch alle Punkte aus P mit einer Spanne $\leqq \frac{t}{\mathfrak{Q}_l}$ von $\mathfrak{p}_l$ gehören, und es würden dann die Werthe von $f(\mathfrak{x})$ für diese Punkte die positive Grösse $f(\mathfrak{p}) - \sigma$ als eine untere Grenze haben, und könnten daher nicht als grösste untere Grenze Null haben. Also muss $f(\mathfrak{p}) = 0$ sein.

22.

Gleichmässige Stetigkeit in abgeschlossenen Punktmengen.

Es sei eine Punktmenge Q ganz in einem Würfel mit endlicher Kante enthalten und ferner von solcher Art, dass jede für Q irgend vorhandene Häufungsstelle zu Q selbst gehöre, und es sei eine Function eines variablen Punktes, $f(\mathfrak{x})$, in Q in jedem Punkte stetig (vgl. 21). Dann ist $f(\mathfrak{x})$ in Q auch gleichmässig stetig, d. h. giebt es zu jeder positiven Grösse σ eine solche positive Grösse ε, dass für beliebige zwei Punkte $\mathfrak{x}$ und $\mathfrak{y}$ aus Q mit einer wechselseitigen Spanne $< \varepsilon$ immer abs $(f(\mathfrak{y}) - f(\mathfrak{x})) < \sigma$ ist*).

Es sei d die Kante des Würfels, der Q ganz enthält; dann wird die Spanne irgend zweier Punkte in Q immer $\leq d$ sein. Bedeutet $\mathfrak{a}$ irgend einen Punkt aus Q, so giebt es nach der Voraussetzung, dass $f(\mathfrak{x})$ in Q in jedem Punkte stetig ist, zu einer beliebig angenommenen

*) Lüroth, Math. Annalen Bd. 6, S. 319.

positiven Grösse σ immer auch eine solche positive Grösse v, dass für jeden Punkt $\mathfrak{x}$ aus Q mit einer Spanne $< v$ von $\mathfrak{a}$ die Ungleichung abs $(f(\mathfrak{x}) - f(\mathfrak{a})) < \frac{\sigma}{2}$ besteht; dann wird für beliebige zwei Punkte $\mathfrak{x}$ und $\mathfrak{y}$ aus Q mit einer Spanne $< v$ von $\mathfrak{a}$ sicherlich immer die Ungleichung

(1) $$\text{abs}\,(f(\mathfrak{y}) - f(\mathfrak{x})) < \sigma$$

gelten. Nun möge u im Intervall der Werthe > 0 und $\leqq d$ variabel sein, und es bedeute jedesmal (u) in Beziehung zum festgehaltenen Punkte $\mathfrak{a}$ entweder die Grösse u, falls für beliebige zwei Punkte $\mathfrak{x}$ und $\mathfrak{y}$ aus Q mit einer Spanne $< u$ von $\mathfrak{a}$ immer die Ungleichung (1) gilt, oder aber, wenn dieses nicht immer der Fall ist, so sei $(u) = 0$. Unter den Werthen von (u) kommt dann die Grösse v vor, und alle Werthe von (u) sind $< d$. Infolge des letzteren Umstandes existirt nach 20. für die sämmtlichen möglichen Werthe von (u) eine bestimmte kleinste obere Grenze, die $\varphi(\mathfrak{a})$ heissen möge. Diese Grösse $\varphi(\mathfrak{a})$ ist dann $\geqq v$, also positiv, und sie ist vollständig dadurch charakterisirt, dass sie $\leqq d$ ist, dass für irgend zwei Punkte $\mathfrak{x}$ und $\mathfrak{y}$ aus Q mit einer Spanne $< \varphi(\mathfrak{a})$ von $\mathfrak{a}$ immer die Ungleichung (1) gilt, dass aber, falls $\varphi(\mathfrak{a}) < d$ ist, solches nicht immer für je zwei Punkte $\mathfrak{x}$ und $\mathfrak{y}$ aus Q mit einer Spanne $< \Phi$ von $\mathfrak{a}$ der Fall ist, wenn Φ irgend eine Grösse $> \varphi(\mathfrak{a})$ vorstellt.

Es hat so $\varphi(\mathfrak{a})$ für jeden Punkt $\mathfrak{a}$ aus Q einen bestimmten positiven Werth. Diese Function $\varphi(\mathfrak{a})$ stellt nun eine stetige Function in der Punktmenge Q vor. Denn bedeutet δ irgend eine positive Grösse, so hat man abs $(\varphi(\mathfrak{b}) - \varphi(\mathfrak{a})) < \delta$ für beliebige zwei Punkte $\mathfrak{a}$ und $\mathfrak{b}$ aus Q, für welche die wechselseitige Spanne $E(\mathfrak{a}\mathfrak{b}) < \delta$ ist. Denn es sei etwa $\varphi(\mathfrak{b}) \leqq \varphi(\mathfrak{a})$. Stellt φ irgend eine positive Grösse vor, so haben alle Punkte mit einer Spanne $< \varphi$ von $\mathfrak{b}$ eine Spanne $< \varphi + E(\mathfrak{a}\mathfrak{b})$ von $\mathfrak{a}$; sollte nun $\varphi + E(\mathfrak{a}\mathfrak{b}) \leqq \varphi(\mathfrak{a})$ sein, so würde danach die Ungleichung (1) insbesondere auch für beliebige zwei Punkte $\mathfrak{x}$ und $\mathfrak{y}$ aus Q mit einer Spanne $< \varphi$ von $\mathfrak{b}$ gelten, und würde also gewiss nicht $\varphi > \varphi(\mathfrak{b})$ sein. Danach kann $\varphi(\mathfrak{a}) - E(\mathfrak{a}\mathfrak{b})$, falls es positiv ist, nicht $> \varphi(\mathfrak{b})$ sein, während es anderenfalls sicherlich $< \varphi(\mathfrak{b})$ ist; in jedem Falle ergiebt sich $\varphi(\mathfrak{a}) - \varphi(\mathfrak{b}) \leqq E(\mathfrak{a}\mathfrak{b})$, also $< \delta$, wofern $E(\mathfrak{a}\mathfrak{b}) < \delta$ ist.

Die Werthe von $\varphi(\mathfrak{a})$ für die sämmtlichen Punkte von Q haben, indem sie immer positiv sind, die Grösse Null als eine untere Grenze und besitzen deshalb nach 20. auch eine bestimmte grösste untere Grenze, die ε heissen möge. Diese Grösse ε muss sich nun > 0 herausstellen, denn fände sie sich $= 0$, so müsste wegen der Voraussetzung, dass alle Häufungsstellen von Q zu Q selbst gehören, nach dem Satze in 21. in Q mindestens ein Punkt $\mathfrak{a}$ existiren, für welchen man $\varphi(\mathfrak{a}) = 0$ hätte, was nicht der Fall ist. Nunmehr wird für jeden beliebigen Punkt $\mathfrak{a}$ aus Q stets $\varphi(\mathfrak{a}) \geqq \varepsilon$ sein und deshalb dann für zwei Punkte $\mathfrak{x}$ und $\mathfrak{y}$ aus Q mit einer Spanne $< \varepsilon$ von $\mathfrak{a}$ immer die Ungleichung (1) bestehen. Wird darin dann für $\mathfrak{x}$ speciell $\mathfrak{a}$ gesetzt, so zeigt sich, dass ε zu der Grösse σ, die beliebig angenommen war, in derjenigen Beziehung steht, welche der zu beweisende Satz fordert.

Es möge nun zu irgend einer positiven Grösse σ eine solche positive Grösse ε bestimmt werden, welche die in diesem Satze genannte Beziehung zu σ hat. Sodann sei Ω eine solche positive ganze Zahl, dass $\frac{d}{\Omega} < \varepsilon$ ist, und es werde der Würfel mit der Kante d, welcher die Punktmenge Q ganz enthält, in Ω^n, in ihren inneren Punkten verschiedene Würfel von der Kante $\frac{d}{\Omega}$ zerlegt. In jedem von diesen Würfeln, welcher mindestens einen Punkt von Q enthält, werde irgend ein derartiger Punkt $\mathfrak{a}$ aufgesucht; alle in demselben Würfel sonst etwa enthaltenen Punkte von Q besitzen dann eine Spanne $< \varepsilon$ von diesem Punkte $\mathfrak{a}$, und differirt daher für sie der Werth der Function $f(\mathfrak{x})$ um weniger als σ von dem Werthe $f(\mathfrak{a})$. Wird das Maximum und das Minimum der Werthe $f(\mathfrak{a})$ für diese, hier höchstens in der Anzahl Ω^n auftretenden Punkte $\mathfrak{a}$ bestimmt, so ist daher dieses Maximum $+ \sigma$ eine obere, dieses Minimum $- \sigma$ eine untere Grenze der sämmtlichen Werthe von $f(\mathfrak{x})$ für die Punkte aus Q, und nach 20. giebt es dann für diese Werthe eine bestimmte kleinste obere und eine bestimmte grösste untere Grenze; diese mögen Γ und γ heissen. Dann sind $f(\mathfrak{x}) - \gamma$ und $-(f(\mathfrak{x}) - \Gamma)$ zwei in der Punktmenge Q stetige Functionen, von denen eine jede als grösste untere Grenze ihrer Werthe in Q die Grösse Null hat, und es kann auf sie der Satz in 21. in Anwendung gebracht werden. Man gewinnt so folgenden Satz:

Ist eine Punktmenge Q ganz in einem Würfel mit endlicher Kante enthalten und gehören alle Häufungsstellen von Q zu Q selbst, so giebt es für jede Function $f(\mathfrak{x})$, die in einem jeden Punkte von Q stetig ist, in Q mindestens einen Punkt, in dem sie nicht kleiner, und mindestens einen Punkt, in dem sie nicht grösser ausfällt als in allen anderen Punkten von Q.

23.

Bemerkungen über Bereiche, die aus Würfeln zusammengesetzt sind.

I. Es seien zwei Bereiche, $\mathfrak{A}$ und $\mathfrak{U}$, gegeben, von denen ein jeder sich als die Vereinigung einer endlichen Anzahl von solchen Würfeln darstelle, die unter einander in ihren inneren Punkten durchweg verschieden sind, und es sei $\mathfrak{A}$ vollständig in $\mathfrak{U}$ enthalten. Dann ist die für $\mathfrak{A}$ gebildete Summe

(1) $$\Sigma d^n,$$

worin d die Kante eines jeden einzelnen der in $\mathfrak{A}$ eingehenden Würfel durchlaufen soll, kleiner oder gleich der entsprechenden für $\mathfrak{U}$ gebildeten Summe, je nachdem $\mathfrak{U}$ noch andere Punkte enthält als $\mathfrak{A}$ oder mit $\mathfrak{A}$ identisch ist.

Denn in einem Würfel (vgl. 2) findet sich immer eine jede Coordinate x_h $(h = 1, \ldots n)$ auf ein bestimmtes Intervall mit Einschluss beider Grenzen verwiesen. Wird nun eine bestimmte Coordinate x_h in's Auge gefasst, so kommen für sie als Grenzen solcher Intervalle in der beschränkten Anzahl von Würfeln, die zur Erzeugung von $\mathfrak{A}$ und von $\mathfrak{U}$ gegeben sind, ebenfalls nur eine beschränkte Anzahl von bestimmten Werthen x_h in Betracht. Es mögen nun alle verschiedenen dieser Werthe, die bei $\mathfrak{A}$ und die bei $\mathfrak{U}$ auftretenden zusammengenommen, der Grösse nach geordnet werden, und es mögen r_h und s_h ein beliebiges Paar aufeinanderfolgender Werthe darunter vorstellen. Werden dann alle möglichen Systeme von Ungleichungen

$$r_h \leqq x_h \leqq s_h \qquad (h = 1, \ldots n$$

mit je einem solchen Werthepaar r_h, s_h für jeden Index $h = 1, \ldots n$ gebildet, so definiren diese einzelnen Systeme gewisse Bereiche, die unter einander in ihren inneren Punkten durchweg verschieden sind, und jeder bei $\mathfrak{A}$ oder bei $\mathfrak{U}$ in Betracht kommende Würfel erscheint aus bestimmten dieser Bereiche zusammengesetzt. Dabei ergiebt die Summe über die Producte $(s_1 - r_1) \ldots (s_n - r_n)$ für alle diejenigen dieser Bereiche, welche genau einen Würfel zusammensetzen, die n^{te} Potenz der Kante des Würfels, sodass die Summe (1) für $\mathfrak{A}$ oder für $\mathfrak{U}$ auch als die Summe $\Sigma(s_1 - r_1) \ldots (s_n - r_n)$ über alle von diesen Bereichen, die im Inneren Punkte von $\mathfrak{A}$ oder von $\mathfrak{U}$ enthalten, aufgefasst werden kann, und daraus geht dann die Richtigkeit der obigen Behauptung ohne Weiteres hervor.

II. Es seien $\mathfrak{c}$ und $\mathfrak{q}$ irgend zwei Punkte, δ irgend eine positive Grösse, ferner bedeute $\mathfrak{o}$ den Nullpunkt; unter der Orientirung des Würfels mit $\mathfrak{q}$ als Mittelpunkt und δ als Kante in Bezug auf den

Punkt $\mathfrak{c}$ soll derjenige Punkt $\mathfrak{w}$ verstanden werden, der (im Sinne von 8.) die Formel

$$\mathfrak{w} - \mathfrak{o} = \frac{\mathfrak{q} - \mathfrak{c}}{\delta}$$

erfüllt.

Es seien $q_1, \ldots q_n$ die Coordinaten von $\mathfrak{q}$, und die n Zeichen $l_1, \ldots l_n$ mögen, ein jedes für sich, alle ganzen Zahlen $(\ldots -2, -1, 0, 1, 2, \ldots)$ durchlaufen. Die sämmtlichen Würfel von der Kante δ mit den verschiedenen Punkten

$$q_1 + l_1\delta, \ldots q_n + l_n\delta$$

als Mittelpunkten nehmen dann jeden einzigen Punkt $x_1, \ldots x_n$ in sich auf, und diese Würfel sind dabei unter einander in ihren inneren Punkten durchweg verschieden. Eine solche Menge von Würfeln soll ein Würfelnetz heissen; ein derartiges Würfelnetz ist festgelegt durch die für alle seine Würfel gleiche Kante und durch den Mittelpunkt irgend eines seiner Würfel oder auch die Orientirung eines seiner Würfel in Bezug auf irgend einen gegebenen Punkt.

III. Ist $a_1, \ldots a_n$ oder $\mathfrak{a}$ irgend ein Punkt, so kann in Bezug auf das durch δ und $\mathfrak{q}$ bestimmte Würfelnetz für $\mathfrak{a}$ eine solche positive Grösse ϑ angegeben werden, dass jeder Punkt mit einer Spanne $\leqq \vartheta$ von $\mathfrak{a}$ sich noch in den Würfeln des Netzes findet, denen $\mathfrak{a}$ angehört. Es bedeute ϑ_h für $h = 1, \ldots n$, wenn a_h nicht von der Form $q_h + l_h\delta + \frac{\delta}{2}$ mit einer ganzen Zahl l_h ist, diejenige positive Grösse $\leqq \frac{\delta}{2}$, für welche mindestens eine der zwei Grössen $a_h \pm \vartheta_h$ von dieser Form wird, und anderenfalls die Grösse δ; dann ist das Minimum unter diesen n positiven Grössen ϑ_h der grösste mögliche Werth für die in Rede stehende Grösse ϑ.

IV. Es sei $\mathfrak{c}$ irgend ein Punkt und g eine positive Grösse. Von den Würfeln des durch δ und $\mathfrak{q}$ bestimmten Würfelnetzes können nur eine beschränkte Anzahl Punkte mit einer Spanne $< \frac{1}{g}$ von $\mathfrak{c}$ enthalten, nämlich gewiss nur solche, deren Mittelpunkt von $\mathfrak{c}$ eine Spanne $< \frac{1}{g} + \frac{\delta}{2}$ besitzt. Jede einzelne der Coordinaten $q_1 + l_1\delta, \ldots q_n + l_n\delta$ für diese Mittelpunkte findet sich dadurch auf ein Intervall von der Breite $\frac{2}{g} + \delta$ verwiesen, und die Anzahl der von einer festen Grösse um ganzzahlige Vielfache von δ verschiedenen Grössen in einem solchen Intervall ist höchstens $= \frac{2}{g\delta} + 2$, nämlich höchstens um 1 grösser als der Quotient aus der Breite des Intervalls und δ.

24.

Strahlenkörper.

Wie in 1. bedeute jetzt $S(\mathfrak{ab})$ eine Function von variablen zwei Punkten $\mathfrak{a}$ und $\mathfrak{b}$, die positiv sei, wenn $\mathfrak{b}$ von $\mathfrak{a}$ verschieden ist, und gleich Null, wenn $\mathfrak{b}$ denselben Punkt wie $\mathfrak{a}$ vorstellt, und welche ferner die Forderung erfülle:

Stehen vier Punkte $\mathfrak{a}$, $\mathfrak{b}$, $\mathfrak{c}$, $\mathfrak{d}$ mit den Coordinaten $a_1, \ldots a_n$; $b_1, \ldots b_n$; $c_1, \ldots c_n$; $d_1, \ldots d_n$ in solcher Beziehung, dass

$$(1) \qquad d_1 - c_1 = t(b_1 - a_1), \ldots d_n - c_n = t(b_n - a_n)$$

und t darin positiv ist, so soll immer $S(\mathfrak{cd}) = tS(\mathfrak{ab})$ sein.

Anstatt der Functionalungleichung in 1. aber möge jetzt nur die weniger einschneidende Forderung gestellt werden:

Es soll $S(\mathfrak{ab})$ eine stetige Function der Coordinaten von $\mathfrak{a}$ und von $\mathfrak{b}$ sein.

Diese Forderungen können offenbar auch so formulirt werden:

Es soll $S(\mathfrak{ab})$ allein von den relativen Coordinaten von $\mathfrak{b}$ in Bezug auf $\mathfrak{a}$, also von den Verbindungen $b_1 - a_1, \ldots b_n - a_n$, abhängen, und wird $S(\mathfrak{ab}) = f(b_1 - a_1, \ldots b_n - a_n)$ gesetzt, so soll diese Function $f(y_1, \ldots y_n)$ die Eigenschaften haben, erstens nur für das System $y_1 = 0, \ldots, y_n = 0$ Null, sonst immer positiv zu sein und dazu der Functionalgleichung

$$f(ty_1, \ldots ty_n) = tf(y_1, \ldots y_n)$$

für positive t zu genügen, und zweitens soll $f(y_1, \ldots y_n)$ eine stetige Function von $y_1, \ldots y_n$ sein.

Ist $\mathfrak{c}$ irgend ein Punkt, so giebt es auf Grund der ersten Bedingungen, wie bereits in 7. erörtert wurde, in jeder Richtung von $\mathfrak{c}$ aus einen bestimmten Punkt $\mathfrak{d}$, für den $S(\mathfrak{cd}) = 1$ ist, und ist dann für alle Punkte $\mathfrak{x}$ vor diesem $S(\mathfrak{cx}) < 1$, für alle Punkte $\mathfrak{x}$ über $\mathfrak{d}$ hinaus $S(\mathfrak{cx}) > 1$. Die Menge aller Punkte $\mathfrak{x}$, für welche $S(\mathfrak{cx}) \leqq 1$ ist, möge mit K bezeichnet werden, und eine Punktmenge von dieser Entstehungsweise aus einer Function f mit den angegebenen Eigenschaften soll ein Strahlenkörper vom Punkte $\mathfrak{c}$ aus heissen. Infolge der für $f(y_1, \ldots y_n)$ geforderten Stetigkeit stellt ein solcher Strahlenkörper $S(\mathfrak{cx}) \leqq 1$ immer eine abgeschlossene Punktmenge vor, und wird seine Begrenzung von denjenigen Punkten $\mathfrak{x}$ gebildet, für die $S(\mathfrak{cx}) = 1$ ist, sein Inneres von denjenigen Punkten $\mathfrak{x}$, für die $S(\mathfrak{cx}) < 1$ ist und zu denen $\mathfrak{c}$ selbst gehört (vgl. 11). Ein nirgends concaver Körper (vgl. 17) stellt einen Strahlenkörper von jedem seiner inneren Punkte aus dar;

umgekehrt, wenn ein Strahlenkörper von einem bestimmten Punkte aus zugleich einen Strahlenkörper von jedem seiner inneren Punkte aus darstellt, ist die Begrenzung des Strahlenkörpers nothwendig eine nirgends concave Fläche (s. 8.).

Nun werde zuvörderst der Bereich der sämmtlichen Punkte mit einer Spanne $= 1$ vom Nullpunkte $\mathfrak{o}$ in's Auge gefasst; dieser Bereich stellt eine abgeschlossene Punktmenge vor, und für jeden Punkt $\mathfrak{x}$ dieses Bereichs ist $S(\mathfrak{o}\mathfrak{x})$ wesentlich positiv. Wegen der vorausgesetzten Stetigkeit von $S(\mathfrak{o}\mathfrak{x})$ als Function der Coordinaten von $\mathfrak{x}$ giebt es daher nach 22. für die Werthe von $S(\mathfrak{o}\mathfrak{x})$ in diesem Bereiche obere und untere Grenzen und zwar noch wesentlich positive untere Grenzen. Es sei g eine positive untere, G eine obere Grenze für die Werthe von $S(\mathfrak{o}\mathfrak{x})$ in diesem Bereiche. Nach der Eigenschaft (1) gelten dann allgemein, für beliebige Punkte $\mathfrak{a}$ und $\mathfrak{b}$, die Ungleichungen:

$$gE(\mathfrak{a}\mathfrak{b}) \leqq S(\mathfrak{a}\mathfrak{b}) \leqq GE(\mathfrak{a}\mathfrak{b}),$$

wenn wieder $E(\mathfrak{a}\mathfrak{b})$ die Spanne von $\mathfrak{a}$ nach $\mathfrak{b}$ bedeutet. Daraus geht dann hervor, dass der Strahlenkörper K vom Punkte $\mathfrak{c}$ aus den Würfel mit $\mathfrak{c}$ als Mittelpunkt von der Kante $\frac{2}{G}$ vollständig enthält und selbst vollständig in dem Würfel mit $\mathfrak{c}$ als Mittelpunkt von der Kante $\frac{2}{g}$ enthalten ist.

25.

Volumen eines Strahlenkörpers.

I. Es werde jetzt irgend ein Würfelnetz betrachtet, es sei δ die Kante seiner Würfel, $\mathfrak{w}$ die Orientirung irgend eines der Würfel in Bezug auf den Punkt $\mathfrak{c}$. Von den Würfeln des Netzes können nach 23. IV. nur eine beschränkte Anzahl Punkte des soeben betrachteten Körpers K enthalten. Es sei nun $a(\delta, \mathfrak{w})$ die Anzahl aller derjenigen Würfel dieses Netzes, welche ganz aus inneren Punkten von K bestehen, d. h. in welchen für jeden einzigen Punkt $\mathfrak{x}$ die Ungleichung $S(\mathfrak{c}\mathfrak{x}) < 1$ gilt. Solche Würfel braucht es nicht durchaus zu geben, es kann unter Umständen auch $a(\delta, \mathfrak{w}) = 0$ sein. Es bedeute ferner $\mathfrak{A}$ den Bereich dieser Würfel, und es werde $a(\delta, \mathfrak{w})\delta^n = A$ gesetzt. Sodann sei $u(\delta, \mathfrak{w})$ die Anzahl aller derjenigen Würfel des Netzes, welche überhaupt mindestens einen Punkt des Körpers K enthalten, es bedeute $\mathfrak{U}$ den Bereich dieser Würfel, und es werde $u(\delta, \mathfrak{w})\delta^n = U$ gesetzt. Es wird jedenfalls $U > A$ sein.

Es können A und U offenbar auch als die Summen über die n^{ten} Potenzen der Kanten aller, in $\mathfrak{A}$ oder in $\mathfrak{U}$ eingehenden Würfel des Netzes gedeutet werden. Der Bereich $\mathfrak{A}$ besteht, falls er überhaupt Punkte enthält, aus lauter inneren Punkten von K, und jeder Punkt von K ist (vgl. 23. III.) ein innerer Punkt des Bereichs $\mathfrak{U}$. Daraus geht hervor, dass, wenn die Bereiche $\mathfrak{A}$ und $\mathfrak{U}$ in Bezug auf mehrere Würfelnetze aufgesucht werden, jeder Bereich $\mathfrak{U}$ alle Bereiche $\mathfrak{A}$ enthalten und dabei niemals mit einem derselben identisch sein wird; nach dem Satze in 23. I. wird dann jede Grösse U grösser als alle Grössen A sein.

Die Punkte von K besitzen durchweg eine Spanne $\leqq \frac{1}{g}$ von $\mathfrak{c}$, und die Punkte des Bereichs $\mathfrak{U}$ können deshalb niemals eine grössere Spanne von $\mathfrak{c}$ als $\frac{1}{g} + \delta$ haben. Danach ist $\mathfrak{U}$ ganz enthalten in dem Würfel mit $\mathfrak{c}$ als Mittelpunkt von der Kante $\frac{2}{g} + 2\delta$, und aus dem Satze in 23. I. folgt:

(1) $$U \leqq \left(\frac{2}{g} + 2\delta\right)^n.$$

Wenn ferner die Kante $\delta < \frac{1}{G}$ ist, wird jeder Punkt mit einer Spanne $< \frac{1}{G} - \delta$ von $\mathfrak{c}$ gewiss nur in solchen Würfeln des Netzes vorkommen, in denen alle Punkte eine Spanne $< \frac{1}{G}$ von $\mathfrak{c}$ haben, die also aus lauter inneren Punkten von K bestehen, also gewiss nur in den Würfeln aus $\mathfrak{A}$. Die Punkte mit einer Spanne $= \frac{1}{G} - \delta$ von $\mathfrak{c}$ werden dann als Häufungsstellen der ersteren Punkte noch in den nämlichen Würfeln, wenn vielleicht gleichzeitig auch in anderen Würfeln des Netzes vorkommen. Danach wird der Würfel mit $\mathfrak{c}$ als Mittelpunkt und von der Kante $\frac{2}{G} - 2\delta$ ganz im Bereiche $\mathfrak{A}$ enthalten sein; nach 23. I. folgt daraus, wenn $\frac{1}{G} > \delta$ ist:

(2) $$A \geqq \left(\frac{2}{G} - 2\delta\right)^n.$$

II. Die Grössen A und U convergiren, wenn die Kante δ sich der Grenze Null nähert, unabhängig von dem Punkte $\mathfrak{w}$, nach einem bestimmten, und beide Grössen nach dem nämlichen Grenzwerthe.

Es sei σ irgend eine Grösse > 0 und < 1. Alle Punkte $\mathfrak{x}$, für die $S(\mathfrak{c}\mathfrak{x}) \leqq 1 + \sigma$ ist, gehören jedenfalls dem Würfel mit $\mathfrak{c}$ als Mittelpunkt und von der Kante $\frac{2}{g}(1 + \sigma)$ an. Dieser Würfel stellt nun eine abgeschlossene Punktmenge vor, und ist daher die Function $S(\mathfrak{c}\mathfrak{x})$, die nach Voraussetzung in jedem Punkte $\mathfrak{x}$ stetig ist, in diesem Würfel nach 22. auch gleichmässig stetig, d. h. giebt es positive Grössen ε von solcher Art, dass für irgend zwei Punkte, $\mathfrak{d}$ und $\mathfrak{x}$, in diesem Würfel mit einer Spanne $E(\mathfrak{d}\mathfrak{x}) < \varepsilon$ immer die Ungleichung

$$\text{abs}\,(S(\mathfrak{c}\mathfrak{x}) - S(\mathfrak{c}\mathfrak{d})) < \sigma$$

besteht. Wenn K einen nirgends concaven Körper vorstellt, kann für ε nach 4. $\frac{\sigma}{G}$ eingeführt werden. Eine solche Grösse ε, die selbstverständlich noch beliebig klein angenommen werden kann, vorausgesetzt, sei die Kante δ des zu betrachtenden Würfelnetzes, die schliesslich nach Null convergiren soll, bereits $< \varepsilon$.

Jeder in den Bereich $\mathfrak{U}$ eingehende Würfel des Netzes enthält mindestens einen Punkt $\mathfrak{d}$, für den $S(\mathfrak{c}\mathfrak{d}) \leqq 1$ ist, und da für irgend zwei Punkte, $\mathfrak{d}$ und $\mathfrak{x}$, in einem solchen Würfel die Spanne $E(\mathfrak{d}\mathfrak{x})$ immer $\leqq \delta < \varepsilon$ ist, wird danach für jeden Punkt $\mathfrak{x}$ im Bereiche $\mathfrak{U}$ die Ungleichung $S(\mathfrak{c}\mathfrak{x}) < 1 + \sigma$ gelten, d. h. die sämmtlichen Würfel in $\mathfrak{U}$ bestehen aus lauter inneren Punkten des Körpers $S(\mathfrak{c}\mathfrak{x}) \leqq 1 + \sigma$. Denkt man sich nun diesen Körper und das ganze betrachtete Würfelnetz von $\mathfrak{c}$ aus im Verhältnisse $1 : 1 + \sigma$ dilatirt (s. 7), so entsteht daraus wieder der Körper K und ein Würfelnetz mit der Kante $\frac{\delta}{1+\sigma}$, wobei die zur weiteren Bestimmung des Netzes dienende Orientirung $\mathfrak{w}$ dieselbe geblieben ist, und man schliesst:

$$(3) \qquad u(\delta, \mathfrak{w}) < a\left(\frac{\delta}{1+\sigma}, \mathfrak{w}\right).$$

Der Körper $S(\mathfrak{c}\mathfrak{x}) \leqq 1 - \sigma$ ferner ist ganz in K enthalten, und können seine Punkte also gewiss nur in solchen Würfeln des Netzes vorkommen, die in den Bereich $\mathfrak{U}$ eingehen. Nun enthält von den Würfeln des Netzes, die $\mathfrak{U}$ mehr aufweist als $\mathfrak{A}$, jeder mindestens einen Punkt $\mathfrak{d}$, für den $S(\mathfrak{c}\mathfrak{d}) = 1$ ist, und gilt dann für alle Punkte $\mathfrak{x}$ in diesen Würfeln die Ungleichung $S(\mathfrak{c}\mathfrak{x}) > 1 - \sigma$. Also kommen die Punkte des Körpers $S(\mathfrak{c}\mathfrak{x}) < 1 - \sigma$ in keinen anderen Würfeln des Netzes vor, als in denen, die den Bereich $\mathfrak{A}$ ergeben. Dilatirt man nun diesen Körper und das betrachtete Würfelnetz von $\mathfrak{c}$ aus im Verhältnisse $1 : 1 - \sigma$, so kommt man wieder auf den Körper K und auf ein Würfelnetz mit der Kante $\frac{\delta}{1-\sigma}$, wobei die Orientirung $\mathfrak{w}$ sich nicht ändert, und man schliesst daraus:

$$(4) \qquad u\left(\frac{\delta}{1-\sigma}, \mathfrak{w}\right) \leqq a(\delta, \mathfrak{w}).$$

Wird nun neben dem durch δ und $\mathfrak{w}$ bestimmten Würfelnetze noch irgend ein zweites Würfelnetz betrachtet, und bedeuten δ^*, A^*, U^* die den Grössen δ, A, U entsprechenden Grössen für dieses Netz, so hat man nach der schon vorhin gemachten Bemerkung, dass bei irgend zwei Würfelnetzen die Grösse A für das eine immer kleiner als die Grösse U für das andere ist:

$$A^* < U, \quad A < U^*, \tag{5}$$

und mit Rücksicht auf denselben Umstand hat man:

$$A^* < u\left(\frac{\delta}{1-\sigma}, \mathfrak{w}\right)\left(\frac{\delta}{1-\sigma}\right)^n, \quad a\left(\frac{\delta}{1+\sigma}, \mathfrak{w}\right)\left(\frac{\delta}{1+\sigma}\right)^n < U^*,$$

woraus mit Hülfe von (4) und (3)

$$A^*(1-\sigma)^n < A, \quad U < U^*(1+\sigma)^n \tag{6}$$

hervorgeht.

Ist nun auch $\delta^* < \varepsilon$, so kann man hierin A mit A^* und U mit U^* vertauschen, und man findet mit Benutzung von (1):

$$\begin{aligned} &\text{abs}\,(A^* - A) < (1-(1-\sigma)^n)\left(\frac{2}{g}+2\varepsilon\right)^n, \\ &\text{abs}\,(U - U^*) < ((1+\sigma)^n - 1)\left(\frac{2}{g}+2\varepsilon\right)^n. \end{aligned} \tag{7}$$

Wird ferner die erste Ungleichung in (6) in der Weise angewandt, dass als zweites Netz das durch $\frac{\delta}{1+\sigma}$ und $\mathfrak{w}$ charakterisirte dient und wird dazu (3) benutzt, oder wird die zweite Ungleichung in (6) so angewandt. dass als zweites Netz das durch $\frac{\delta}{1-\sigma}$ und $\mathfrak{w}$ charakterisirte dient und wird dazu (4) benutzt, so folgt:

$$U(1-\sigma)^n < A(1+\sigma)^n, \tag{8}$$

und daraus mit Hülfe von (1) und indem $U > A$ ist:

$$0 < U - A < ((1+\sigma)^n - (1-\sigma)^n)\left(\frac{2}{g}+2\varepsilon\right)^n. \tag{9}$$

Wie nun auch eine positive Grösse ι angenommen werden möge, kann nach den Ungleichungen (7) und (9) stets eine solche Grösse ε durch Vermittlung einer geeigneten Grösse σ bestimmt werden, dass unter den sämmtlichen Grössen A und U in Bezug auf alle möglichen Würfelnetze mit Kanten, die $< \varepsilon$ sind, beliebige zwei Grössen immer um weniger als ι verschieden sind, und danach convergiren mit abnehmendem ε sowohl A wie U nach einem bestimmten und zwar nach dem nämlichen Grenzwerthe. Dieser Grenzwerth heisse J.

Aus (5) folgt dann, dass für jedes Würfelnetz die Differenzen $J - A$ und $U - J \geq 0$ sind; ferner ergiebt sich aus (1) und (2):

$$(10) \qquad \left(\frac{2}{G}\right)^n \leqq J \leqq \left(\frac{2}{g}\right)^n,$$

sodann aus (6):

$$J(1-\sigma)^n \leqq A, \quad U \leqq J(1+\sigma)^n,$$

und also:

$$(11) \quad J - A \leqq (1-(1-\sigma)^n)\left(\frac{2}{g}\right)^n, \quad U - J \leqq ((1+\sigma)^n - 1)\left(\frac{2}{g}\right)^n.$$

Wenn K einen nirgends concaven Körper vorstellt, kann einer oben gemachten Bemerkung zufolge σ hierin durch jede Grösse $> G\delta$ ersetzt werden (auch durch $G\delta$ selbst, da in diesen Ungleichungen noch das Gleichheitszeichen steht). Beschränkt man sich dann auf Werthe von δ, die irgend eine feste Grösse δ_0 nicht übersteigen, so kann eine solche, nur vom Körper K abhängige, von δ aber unabhängige positive Constante J' bestimmt werden, dass sich aus diesen Ungleichungen die einfachere Folgerung

$$(12) \qquad U - A \leqq J'\delta \qquad (\delta \leqq \delta_0)$$

entnehmen lässt.

Eine jede Punktmenge, die ganz in einem Würfel mit endlicher Kante enthalten ist, vertheilt sich in einem beliebigen Würfelnetze (nach 23. IV.) immer nur auf eine beschränkte Anzahl von Würfeln, und können dann jedesmal diejenigen Würfel des Netzes gezählt werden, die ganz im Inneren der Punktmenge aufgehen, und wieder alle, die überhaupt mindestens einen Punkt der Menge aufnehmen, und können aus diesen Anzahlen durch Multiplication mit der n^{ten} Potenz der Kante des Netzes, wie hier für einen Strahlenkörper, zwei bestimmte Grössen A und U hergeleitet werden. Herr C. Jordan*) hat nachgewiesen, dass dann immer mit abnehmender Kante des Würfelnetzes die Grösse A und desgleichen die Grösse U je nach einem bestimmten Grenzwerth convergiren; doch kann der Grenzwerth für U dabei anders ausfallen als der für A. Stellt es sich bei einer Punktmenge heraus, dass für sie A und U auf die bezeichnete Art nach einem und demselben Grenzwerthe convergiren, wie solches hier für einen Strahlenkörper dargethan ist, so soll der betreffende Grenzwerth das Volumen der Punktmenge in $x_1, \ldots x_n$ heissen oder, wo der letztere Zusatz überflüssig erscheint, auch schlechthin das Volumen der Punktmenge.

Es ist einleuchtend, dass das Volumen eines Strahlenkörpers $S(\mathfrak{x}) \leqq t$, unter t irgend eine positive Grösse verstanden, das t^n-fache des Volumens des Strahlenkörpers $S(\mathfrak{x}) \leqq 1$ sein wird, indem bei dem ersteren Körper die Würfelnetze von der Kante $t\delta$ auf dieselben An-

---

*) Remarques sur les intégrales définies, Journ. de Math. 4. série, tome 8, 1892, p. 77.

zahlen a und u führen, wie bei dem letzteren die Würfelnetze von der Kante δ, und $t\delta$ und δ sich gleichzeitig der Null nähern. Ferner werden die Volumina eines Strahlenkörpers $S(\mathfrak{c}\mathfrak{x}) \leqq 1$ von einem Punkte $\mathfrak{c}$ aus und des zugehörigen Strahlenkörpers $S(\mathfrak{o}\mathfrak{x}) \leqq 1$ vom Nullpunkte $\mathfrak{o}$ aus identisch sein.

Das Volumen eines Würfels ergiebt sich, indem für einen Würfel $g = G =$ dem Reciproken der halben Kante genommen werden kann, aus (1) und (2) gleich der n^{ten} Potenz der Kante.

III. Es ist noch die folgende speciellere Bedeutung des Volumens eines Strahlenkörpers $S(\mathfrak{c}\mathfrak{x}) \leqq 1$ zu erwähnen.

Es sei Ω irgend eine positive Grösse und j die Anzahl aller solchen Punkte $\mathfrak{x}$, für welche jede der Coordinaten $x_1, \ldots x_n$ eine ganze Zahl ist und dabei die Ungleichung $S(\mathfrak{c}\mathfrak{x}) \leqq \Omega$ gilt. Dann convergirt der Quotient $\frac{j}{\Omega^n}$ mit unbegrenzt wachsendem Ω nach dem Volumen des Körpers $S(\mathfrak{c}\mathfrak{x}) \leqq 1$.

Denn denkt man sich den Körper $S(\mathfrak{c}\mathfrak{x}) \leqq \Omega$ und die Menge aller Punkte mit lauter ganzzahligen Coordinaten $x_1, \ldots x_n$ vom Punkte $\mathfrak{c}$ aus im Verhältnisse $1 : \Omega$ dilatirt, so entstehen daraus der Körper $S(\mathfrak{c}\mathfrak{x}) \leqq 1$ und die Mittelpunkte der sämmtlichen Würfel eines gewissen Würfelnetzes von der Kante $\frac{1}{\Omega}$, und j bedeutet dann die Anzahl derjenigen unter diesen Mittelpunkten, die der Ungleichung $S(\mathfrak{c}\mathfrak{x}) < 1$ genügen. Darunter finden sich nun die Mittelpunkte aller von diesen Würfeln, die nach I. den Bereich $\mathfrak{A}$ ergeben, und sicherlich nur die Mittelpunkte solcher von diesen Würfeln, die nach I. in den Bereich $\mathfrak{U}$ eingehen, und daraus folgt dann in Bezug auf dieses Würfelnetz von der Kante $\frac{1}{\Omega}$:

$$(13) \qquad A \leqq \frac{j}{\Omega^n} \leqq U.$$

Diese Ungleichungen nun beweisen mit Rücksicht auf die Resultate aus II. die aufgestellte Behauptung.

Unter gewissen Umständen, wie beispielsweise, wenn $S(\mathfrak{c}\mathfrak{x}) < 1$ einen nirgends concaven Körper vorstellt, kann man noch über die Differenz $\frac{j}{\Omega^n} - J$ eine bemerkenswerthe Aussage machen. Nämlich in dem genannten Falle giebt es, wenn Ω_0 irgend eine positive Grösse bedeutet, nach (12) immer eine solche Constante J', dass man für alle Würfelnetze mit Kanten $\frac{1}{\Omega}$, die $\leqq \frac{1}{\Omega_0}$ sind,

$$U - A \leqq \frac{J'}{\Omega}$$

hat, und daraus folgt dann mit Rücksicht auf (13):

(14) $$\text{abs}\,(j - J\Omega^n) \leqq J'\Omega^{n-1} \qquad (\Omega > \Omega_0).$$

26.

Volumen einer Vereinigung von Strahlenkörpern.

I. Es seien K_1, K_2, ... eine endliche Anzahl von Strahlenkörpern, die nach Belieben aufeinander fallen können, und es bedeute K die Punktmenge, welche durch Vereinigung der Punkte aller dieser Körper entsteht. Dann hat auch K ein bestimmtes Volumen.

Denn es werde irgend ein Würfelnetz betrachtet, man bilde in Bezug auf dieses gemäss 25. II. die Grössen A und U für K, und es seien A_1, U_1, A_2, U_2, ... die entsprechenden Grössen für K_1, K_2, ... Dann stellt die Differenz $U - A$ das Volumen aller derjenigen Würfel des Netzes vor, die mindestens einen Punkt der Begrenzung von K enthalten, und $U_1 - A_1$, $U_2 - A_2$, ... haben die entsprechende Bedeutung für K_1, K_2, ...; jeder Punkt der Begrenzung von K aber muss auch bei mindestens einem der Körper K_1, K_2, ... der Begrenzung angehören, indem ein solcher Punkt für keinen dieser Körper ein innerer Punkt und auch nicht für alle zugleich ein äusserer Punkt sein kann, und danach ergiebt sich:

$$(U - A) \leqq (U_1 - A_1) + (U_2 - A_2) + \cdots.$$

Mit abnehmender Kante des Netzes convergirt nach 24. (9) jeder der Summanden rechts nach Null, und wird dasselbe also auch mit der Differenz auf der linken Seite der Fall sein, d. h. wie eine positive Grösse ι auch angenommen wird, existirt stets eine solche positive Grösse ε, dass man in Bezug auf jedes Würfelnetz mit einer Kante $< \varepsilon$ hat:

$$U - A < \iota.$$

Nun mögen A, U sich auf irgend ein erstes Würfelnetz beziehen, und es mögen A^*, U^* die entsprechenden Grössen für K in Bezug auf irgend ein zweites Würfelnetz sein. Nach 23. I. ist dann immer $A^* < U$, $A < U^*$, also

$$A^* - A < U - A, \quad U - U^* < U - A,$$

und wenn beide Würfelnetze je eine Kante $< \varepsilon$ haben, geht so

$$\text{abs}\,(A^* - A) < \iota, \quad \text{abs}\,(U - U^*) < \iota$$

hervor. Die gefundenen Ungleichungen zeigen, dass mit abnehmender

Kante des Netzes sowohl A wie U nach einem bestimmten und beide nach demselben Grenzwerthe convergiren.

II. Es sei eine endliche Anzahl von Punktmengen gegeben, $K_1, K_2, \ldots$, die in ihren inneren Punkten durchweg verschieden seien und von denen jede ein bestimmtes Volumen habe, und es sei K eine Punktmenge ebenfalls mit bestimmtem Volumen, welche jede der Punktmengen $K_1, K_2, \ldots$ enthalte. Wird in Bezug auf irgend ein Würfelnetz für K die Grösse A nach 25. II. gebildet, und sind $A_1, A_2, \ldots$ die entsprechenden Grössen für $K_1, K_2, \ldots$, so ist dann immer:

$$A_1 + A_2 + \cdots \leqq A;$$

denn die Würfel des Netzes, die aus lauter inneren Punkten von K_1 bestehen, diejenigen, die aus lauter inneren Punkten von K_2 bestehen, u. s. w., alle diese Würfel sind unter einander durchweg verschieden, und sie gehören sämmtlich zu den Würfeln des Netzes, die aus lauter inneren Punkten von K bestehen. Diese Ungleichung führt dann, wenn man die Kante des Würfelnetzes sich der Null nähern lässt, zu der Folgerung, dass das Volumen von K nicht kleiner als die Summe der Volumina von $K_1, K_2, \ldots$ ist.

III. Es seien $K, K_1, K_2, \ldots$ eine endliche Anzahl von Punktmengen, von denen jede ein bestimmtes Volumen habe, und es sei K ganz enthalten in der Vereinigung aus $K_1, K_2, \ldots$ Wird in Bezug auf irgend ein Würfelnetz für K die Grösse U nach 25. II. gebildet, und sind $U_1, U_2, \ldots$ die entsprechenden Grössen für $K_1, K_2, \ldots$, so ergiebt sich immer:

$$U \leqq U_1 + U_2 + \cdots;$$

denn jeder Punkt aus K gehört mindestens einer der Punktmengen $K_1, K_2, \ldots$ an, und kommt infolgedessen jeder Würfel des Netzes, der sein Volumen zur Grösse U beiträgt, auch bei der Bildung mindestens einer der Grössen $U_1, U_2, \ldots$ in Betracht. Diese Ungleichung führt dann zu der Folgerung, dass das Volumen von K nicht grösser als die Summe der Volumina von $K_1, K_2, \ldots$ ist.

27.

Volumen eines Parallelepipedum.

I. Es seien

$$(1) \qquad \begin{aligned} \xi_1 &= a_{11}x_1 + \cdots + a_{n1}x_n, \\ &\cdots\cdots\cdots\cdots \\ \xi_n &= a_{1n}x_1 + \cdots + a_{nn}x_n \end{aligned}$$

n lineare Formen in $x_1, \ldots x_n$ mit reellen Coefficienten und einer von Null verschiedenen Determinante; dieselbe heisse D. Durch solche

Gleichungen werden alle möglichen Werthsysteme $x_1, \ldots x_n$ und alle möglichen Werthsysteme $\xi_1, \ldots \xi_n$ eindeutig auf einander bezogen, und unter einem Punkt kann nun zu gleicher Zeit ein System $x_1, \ldots x_n$ und das vermöge (1) dazu gehörige System $\xi_1, \ldots \xi_n$ verstanden werden. Es mögen ferner für die Systeme $\xi_1, \ldots \xi_n$ die Begriffe Spanne, Richtung, Würfel in analoger Weise definirt werden wie in 2. für die Systeme $x_1, \ldots x_n$, und zur Unterscheidung dieser neuen Begriffe von den gleich benannten, die sich auf Systeme $x_1, \ldots x_n$ beziehen, möge bei letzteren der Zusatz „in $x_1, \ldots x_n$“, bei ersteren der Zusatz „in $\xi_1, \ldots \xi_n$“ gemacht werden. Bedeuten $\mathfrak{a}$ und $\mathfrak{b}$ zwei verschiedene Punkte, so sind dann die Spannen von $\mathfrak{a}$ nach $\mathfrak{b}$ und ebenso die Richtungen $\mathfrak{ab}$ in $x_1, \ldots x_n$ und in $\xi_1, \ldots \xi_n$ eindeutig durch einander bestimmt, und es entsprechen ferner einander Paare entgegengesetzter Richtungen in $x_1, \ldots x_n$ und in $\xi_1, \ldots \xi_n$. Daraus geht dann hervor, dass jeder Strahlenkörper, jede nirgends concave Fläche, jede Punktmenge mit Mittelpunkt in $\xi_1, \ldots \xi_n$ denselben Charakter auch in $x_1, \ldots x_n$ trägt und umgekehrt.

Die Würfel in $\xi_1, \ldots \xi_n$, wenn $\xi_1, \ldots \xi_n$ irgendwie in der bei (1) angegebenen Weise von $x_1, \ldots x_n$ abhängen, sind diejenigen Bereiche, welche Parallelepipeda in der Mannigfaltigkeit der Systeme $x_1, \ldots x_n$ heissen. Es soll jetzt das Volumen eines beliebigen Parallelepipedum in $x_1, \ldots x_n$ bestimmt werden. Es wird nach einer Bemerkung am Schlusse von 25. II. genügen, ein Parallelepipedum mit dem Nullpunkte als Mittelpunkt zu betrachten.

II. Der Bereich

$$-1 \leqq \xi_1 \leqq 1, \ldots -1 \leqq \xi_n < 1 \tag{2}$$

repräsentirt, wenn $\xi_1, \ldots \xi_n$ die bei (1) angegebene Bedeutung haben, bereits ein beliebiges Parallelepipedum mit dem Nullpunkt als Mittelpunkt. Es mögen diejenigen Strahldistanzen $S(\mathfrak{ab})$ eingeführt werden, für welche dieses Parallelepipedum den Aichkörper, den Körper $S(\mathfrak{o}\mathfrak{x}) \leqq 1$, darstellt. Dann bedeutet $S(\mathfrak{ab})$ das Maximum unter den absoluten Beträgen von $\xi_1, \ldots \xi_n$, wenn in diese Formen für $x_1, \ldots x_n$ die relativen Coordinaten von $\mathfrak{b}$ in Bezug auf $\mathfrak{a}$ eingesetzt werden. Die in 3. eingeführte Grösse $\frac{G}{n}$ erweist sich gleich dem Maximum unter den absoluten Beträgen der n^2 Coefficienten a_{hk} in (1).

Die Auflösung der Gleichungen (1) nach $x_1, \ldots x_n$ laute:

$$x_h = \alpha_{h1} \xi_1 + \cdots + \alpha_{hn} \xi_n \qquad (h = 1, \ldots n), \tag{3}$$

und es sei $\frac{\Gamma}{n}$ das Maximum unter den absoluten Beträgen der n^2 Coefficienten α_{hk}. Für jeden Punkt $\mathfrak{x}$ der Fläche $S(\mathfrak{o}\mathfrak{x}) = 1$, d. i. auf der

Begrenzung des Parallelepipedum (2), gelten, wie überall in diesem Parallelepipedum, die Ungleichungen abs $\mathfrak{x}_1 \leqq 1, \ldots$ abs $\mathfrak{x}_n \leqq 1$, und ergiebt sich aus (3) dann das Maximum unter den absoluten Beträgen der Coordinaten $x_1, \ldots x_n$ von $\mathfrak{x}$, d. i. die Spanne $E(\mathfrak{o}\mathfrak{x})$, jedesmal $\leqq \Gamma$. Nach der Natur von Strahldistanzen ist dann Γ zugleich eine obere Grenze für alle Quotienten $\frac{E(\mathfrak{a}\mathfrak{b})}{S(\mathfrak{a}\mathfrak{b})}$, und kann daher für die Grösse g in 24., d. i. als positive untere Grenze der Distanzcoefficienten, die Grösse $\frac{1}{\Gamma}$ verwandt werden.

III. Die gestellte Aufgabe soll nun zunächst unter der Annahme erledigt werden, dass die n^2 Coefficienten a_{hk} aus den Formen $\mathfrak{x}_1, \ldots \mathfrak{x}_n$ in lauter rationalen Verhältnissen zu einander stehen. Dann wird es eine positive Grösse λ von solcher Art geben, dass die Producte λa_{hk} sämmtlich gleich ganzen Zahlen werden.

Es bedeute Ω irgend eine positive Grösse und j die Anzahl aller Punkte mit lauter ganzzahligen Coordinaten $x_1, \ldots x_n$, welche der Bedingung $S(\mathfrak{o}\mathfrak{x}) \leqq \Omega$ genügen. Nach 25. III. ist das Volumen des Körpers $S(\mathfrak{o}\mathfrak{x}) \leqq 1$ identisch mit der Grenze des Quotienten $\frac{j}{\Omega^n}$ für ein unbegrenzt wachsendes Ω. Um die Anzahl j angenähert zu erhalten, bemerke man, dass, wenn in einer linearen Substitution

$$x_h = l_{h1} y_1 + \cdots + l_{hn} y_n \qquad (h = 1, \ldots n) \tag{4}$$

zur Einführung von neuen Variabeln $y_1, \ldots y_n$ an Stelle von $x_1, \ldots x_n$ die Coefficienten l_{hk} sämmtlich ganze Zahlen sind und ihre Determinante $= \pm 1$ ist, durch die Substitution die verschiedenen ganzzahligen Systeme $x_1, \ldots x_n$ eindeutig den verschiedenen ganzzahligen Systemen $y_1, \ldots y_n$ zugeordnet werden; es wird dann j zugleich die Anzahl derjenigen ganzzahligen Systeme $y_1, \ldots y_n$ sein, welche der Bedingung $S(\mathfrak{o}\mathfrak{x}) \leqq \Omega$ genügen, nachdem in dieser für die Coordinaten $x_1, \ldots x_n$ von $\mathfrak{x}$ die Ausdrücke (4) eingeführt sind. Wenn nun die Coefficienten a_{hk} in lauter rationalen Verhältnissen zu einander stehen, kann eine solche Substitution (4) mit ganzzahligen Coefficienten und einer Determinante ± 1 gefunden werden, dass die Formen $\mathfrak{x}_1, \ldots \mathfrak{x}_n$ in $y_1, \ldots y_n$ Ausdrücke erlangen:

$$\begin{aligned} \mathfrak{x}_1 &= b_{11} y_1, \\ &\cdot \quad \cdot \quad \cdot \quad \cdot \\ \mathfrak{x}_n &= b_{1n} y_1 + \cdots + b_{nn} y_n, \end{aligned} \tag{5}$$

welche die Bedingungen erfüllen:

$$b_{hk} = 0 \quad (h > k), \quad b_{hh} > 0 \quad (h, k = 1, \ldots n).$$

Nach dem Multiplicationssatze der Determinanten wird dabei $b_{11} \dots b_{nn}$ gleich dem absoluten Betrage von D werden.

Um den Beweis für diese Behauptung zu erbringen, hat man nur nöthig, die Wirkung folgender vier speciellen Substitutionen mit ganzzahligen Coefficienten und mit einer Determinante ± 1 auf die Formen $\xi_1, \dots \xi_n$ in (1) zu erwägen. Die neuen Variabeln in diesen Substitutionen mögen $u_1, \dots u_n$ heissen, und es möge in der ersten Substitution $x_h = u_h - u_k$, in der zweiten $x_h = u_h + u_k$, in der dritten $x_h = u_m$, $x_m = u_h$, in der vierten $x_m = -u_m$ gesetzt werden, unter h und k oder h und m zwei verschiedene oder unter m irgend eine der Zahlen $1, \dots n$ verstanden; die hier nicht genannten der Variabeln $x_1, \dots x_n$ aber mögen jede einfach gleich der neuen Variable mit demselben Index gesetzt werden. Das quadratische Schema der Coefficienten von $\xi_1, \dots \xi_n$ nach diesen Substitutionen geht dann aus dem Schema der Coefficienten in (1):

$$\begin{vmatrix} a_{11}, & \dots & a_{n1} \\ . & . & . \\ a_{1n}, & \dots & a_{nn} \end{vmatrix}$$

hervor, bei der ersten Substitution, indem hier in jeder Horizontalreihe von der k^{ten} Grösse die h^{te} subtrahirt wird, bei der zweiten, indem in jeder Horizontalreihe zu der k^{ten} Grösse die h^{te} addirt wird, bei der dritten, indem in jeder Horizontalreihe die h^{te} und m^{te} Grösse vertauscht werden, bei der vierten, indem in jeder Horizontalreihe die m^{te} Grösse mit -1 multiplicirt wird.

Wenn nun die Formen $\xi_1, \dots \xi_n$ in (1) nicht schon die bei (5) bezeichneten Bedingungen erfüllen, so sei unter ihnen ξ_m die erste Form, die diesen Bedingungen nicht entspricht; falls $m > 1$ ist, sind dann gemäss (5) in $\xi_1, \dots \xi_{m-1}$ insbesondere die Coefficienten vom m^{ten} an durchweg Null, und es können alsdann, und ebenso wenn $m = 1$ ist, nicht die Coefficienten $a_{mm}, \dots a_{nm}$ in ξ_m sämmtlich Null sein, indem sich sonst die Determinante von $\xi_1, \dots \xi_n$ gleich Null herausstellen würde. Sind nun unter diesen Coefficienten mindestens zwei von Null verschieden, z. B. a_{hm} und a_{km} $(h \geqq m,\ k > m,\ h \gtrless k)$ und ist etwa abs $a_{hm} <$ abs a_{km}, so tritt bei Anwendung der ersten oder zweiten Substitution, je nachdem a_{hm} und a_{km} gleiche oder verschiedene Vorzeichen haben, eine Verringerung in der Function abs λa_{km} der Ausdrücke (1) ein, die eine ganze Zahl ist; wenn ferner unter jenen Coefficienten nur einer von Null verschieden ist, dies jedoch nicht a_{mm}, sondern etwa a_{hm} $(h > m)$ ist, bewirkt die dritte Substitution eine Vertauschung dieses Coefficienten mit dem m^{ten}, und endlich, wenn von jenen Coefficienten der m^{te} allein von Null verschieden, aber negativ ist, ersetzt ihn die vierte Substitution durch die entgegengesetzte positive Grösse. Falls $m > 1$ ist, erfahren bei allen diesen Substitutionen die der Form ξ_m in der Reihe $\xi_1, \ldots \xi_n$ vorangehenden Formen wegen des schon oben hervorgehobenen Umstandes keine Aenderung in ihren Coefficienten.

Wenn nun nach der für jeden Fall hier bezeichneten Substitution die neuen Ausdrücke von $\xi_1, \ldots \xi_n$ in $u_1, \ldots u_n$ noch nicht den Bedingungen bei (5) entsprechen, kann nach demselben Principe mit diesen Ausdrücken weiter operirt werden; und aus dem Umstande, dass eine positive ganze Zahl nur eine beschränkte Anzahl von Verringerungen zulässt, nach denen sie diesen Charakter behält, und andererseits, dass die Zahl m hier nur eine beschränkte Anzahl von Vergrösserungen zulässt, leuchtet ein, dass nach einer endlichen Anzahl derartiger Operationen an Stelle von $x_1, \ldots x_n$ solche Variabeln $y_1, \ldots y_n$ durch eine ganzzahlige Substitution mit einer Determinante ± 1 werden eingeführt sein, dass in ihnen $\xi_1, \ldots \xi_n$ wie in (5) ausfallen.

Nun mögen für $\xi_1, \ldots \xi_n$ die Ausdrücke (5) zu Grunde gelegt werden; j bedeutet die Anzahl der ganzzahligen Systeme $y_1, \ldots y_n$, die den Bedingungen

$$-\Omega \leqq \xi_1 \leqq \Omega, \ldots \quad -\Omega \leqq \xi_n \leqq \Omega$$

genügen. Von diesen Bedingungen enthält jetzt die erste nur y_1, die zweite nur y_1 und y_2, u. s. w. Die erste dieser Bedingungen kann

$$-\frac{\Omega}{b_{11}} \leqq y_1 \leqq \frac{\Omega}{b_{11}}$$

geschrieben werden. Die Anzahl der ganzen Zahlen y_1, welche ihr genügen, ist jedenfalls $\leqq \frac{2\Omega}{b_{11}} + 1$ und $> \frac{2\Omega}{b_{11}} - 1$. Zu jeder dieser Zahlen y_1 kann es Zahlen y_2 geben, die der zweiten Bedingung genügen, u. s. f. Ist $m \leqq n$ und stellt $y_1, \ldots y_{m-1}$ irgend ein bestimmtes System von ganzen Zahlen vor, welches die $m-1$ ersten jener Bedingungen erfüllt, so ergiebt sich die Anzahl der ganzen Zahlen y_m, welche mit diesem Systeme verbunden, die m^{te} Bedingung erfüllen, $\leqq \frac{2\Omega}{b_{mm}} + 1$ und $\geqq \frac{2\Omega}{b_{mm}} - 1$. Nun möge die Grösse Ω, die schliesslich über jede Grenze wachsen soll, bereits grösser als alle n Grössen $\frac{b_{11}}{2}, \cdots \frac{b_{nn}}{2}$ sein. Dann ergiebt sich daraus die Anzahl j

$$< \left(\frac{2\Omega}{b_{11}} + 1\right) \cdots \left(\frac{2\Omega}{b_{nn}} + 1\right) \quad \text{und} \quad > \left(\frac{2\Omega}{b_{11}} - 1\right) \cdots \left(\frac{2\Omega}{b_{nn}} - 1\right),$$

und als Grenze des Quotienten $\frac{j}{\Omega^n}$ für ein unbegrenzt wachsendes Ω findet man $\frac{2^n}{b_{11} \ldots b_{nn}}$.

Danach ist das Volumen des Parallelepipedum (2) gleich $\frac{2^n}{\text{abs } D}$.

IV. Dieses Resultat ist zunächst nur unter der Annahme bewiesen, dass die Coefficienten in den Formen $\xi_1, \ldots \xi_n$ in lauter rationalen Verhältnissen zu einander stehen. Nun seien diese Coefficienten a_{hk} beliebige reelle Grössen. Es sei ε irgend eine positive Grösse, und es mögen irgend n^2 Grössen ε_{hk} $(h, k = 1, \ldots n)$ angenommen werden, für die durchweg abs $\varepsilon_{hk} \leqq \varepsilon$ ist; sodann werde

$$\eta_k = (a_{1k} + \varepsilon_{1k})\, x_1 + \cdots + (a_{nk} + \varepsilon_{nk})\, x_n \qquad (k = 1, \ldots n),$$

also

$$\eta_k = \xi_k + \varepsilon_{1k} x_1 + \cdots + \varepsilon_{nk} x_n \qquad (k = 1, \ldots n)$$

gesetzt. Auf der Begrenzung des Parallelepipedum (2), auf der Fläche $S(\mathfrak{o}\mathfrak{x}) = 1$, sind in jedem Punkte $\mathfrak{x}$ die Grössen abs $\xi_1, \ldots$ abs ξ_n sämmtlich $\leqq 1$ und ist beständig mindestens eine unter ihnen gleich 1, und sind ferner nach II. abs $x_1, \ldots$ abs x_n sämmtlich $\leqq \Gamma$. In jedem Punkte $\mathfrak{x}$ auf dieser Fläche werden infolgedessen die Grössen

$$\text{abs } \eta_1, \ldots \text{abs } \eta_n$$

sämmtlich $< 1 + n\varepsilon\Gamma$, und wird immer mindestens eine unter ihnen $\geqq 1 - n\varepsilon\Gamma$ sein. Nun möge $\varepsilon < \frac{1}{n\Gamma}$ gewählt sein; dann können $\eta_1, \ldots \eta_n$ in keinem Punkte $\mathfrak{x}$ auf dieser Fläche und daher überhaupt in keinem, vom Nullpunkte verschiedenen Punkte sämmtlich verschwinden. Die Determinante $|a_{hk} + \varepsilon_{hk}|$ dieser Formen ist dann also für alle möglichen Werthe ε_{hk} mit absoluten Beträgen $\leqq \varepsilon$ von Null verschieden, und da sie von jeder dieser Grössen linear abhängt (als stetige Function dieser Grössen) auch stets von demselben Vorzeichen, also dem Vorzeichen von $|a_{hk}| = D$; es kann ferner eine positive, nur von ε, nicht von den ε_{hk} abhängige Grösse δ angegeben werden, die mit ε zugleich nach Null convergirt, so dass immer abs$(|a_{hk} + \varepsilon_{hk}| - |a_{hk}|) \leqq \delta$ ist.

Nun mögen für einen Augenblick mit $T(\mathfrak{a}\mathfrak{b})$ diejenigen Strahldistanzen bezeichnet werden, für welche das Parallelepipedum

$$-1 \leqq \eta_1 \leqq 1, \ldots -1 \leqq \eta_n \leqq 1$$

den Aichkörper vorstellt. Auf der Fläche $S(\mathfrak{o}\mathfrak{x}) = 1$ ist dann nach dem vorhin Bemerkten in jedem Punkte $T(\mathfrak{o}\mathfrak{x}) < 1 + n\varepsilon\Gamma$ und $T(\mathfrak{o}\mathfrak{x}) > 1 - n\varepsilon\Gamma$. Also wird das Parallelepipedum $S(\mathfrak{o}\mathfrak{x}) \leqq 1$ das

Parallelepipedum $T(\mathfrak{o}\mathfrak{x}) \leqq 1 - n\varepsilon\Gamma$ ganz in sich enthalten und selbst ganz in dem Parallelepipedum $T(\mathfrak{o}\mathfrak{x}) < 1 + n\varepsilon\Gamma$ enthalten sein, und wird deshalb das gesuchte Volumen des ersten Parallelepipedum, J, gewiss nicht kleiner als das Volumen des an zweiter Stelle, nicht grösser als das Volumen des an dritter Stelle genannten Parallelepipedums sein (vgl. 26. II. oder III). Wie man nun auch ε angenommen hat, können die Grössen ε_{hk} in dem durch die Ungleichungen abs $\varepsilon_{hk} \leqq \varepsilon$ gegebenen Spielraume stets so gewählt werden, dass alle n^2 Summen $a_{hk} + \varepsilon_{hk}$ rationale Zahlen werden; dann können die Volumina der zwei letzten Parallelepipeda nach III. berechnet werden, und man erhält:

$$\frac{2^n(1 - n\varepsilon\Gamma)^n}{\text{abs}\,|a_{hk} + \varepsilon_{hk}|} \leqq J \leqq \frac{2^n(1 + n\varepsilon\Gamma)^n}{\text{abs}\,|a_{hk} + \varepsilon_{hk}|}$$

Indem nun ε beliebig klein gewählt und damit zugleich $|a_{hk} + \varepsilon_{hk}|$ der Grösse $|a_{hk}| = D$ beliebig genähert werden kann, geht daraus $J = \frac{2^n}{\text{abs}\,D}$ hervor. Nachdem dieser Ausdruck für das Volumen eines Parallelepipedum als allgemein gültig erkannt ist, gilt die vorstehende Ungleichung auch für beliebige ε_{hk}, für die man abs $\varepsilon_{hk} \leqq \varepsilon$ hat, und es giebt dies noch zu folgender nützlichen Bemerkung Anlass: Ist ε eine positive Grösse $< \frac{1}{n\Gamma}$ und werden irgend n^2 Grössen ε_{hk} mit absoluten Beträgen $\leqq \varepsilon$ angenommen, so liegt der Werth der Determinante $|a_{hk} + \varepsilon_{hk}|$ immer in dem durch $|a_{hk}|(1 - n\varepsilon\Gamma)^n$ und $|a_{hk}|(1 + n\varepsilon\Gamma)^n$ begrenzten Intervalle, die Grenzen eingeschlossen.

28.

Verhalten der Volumina bei linearer Transformation der Coordinaten.

Es sei

$$x_h = c_{h1}z_1 + \cdots + c_{hn}z_n \qquad (h = 1, \ldots n) \tag{1}$$

eine lineare Substitution mit reellen Coefficienten und einer von Null verschiedenen Determinante $|c_{hk}|$, und es sei K eine Punktmenge mit bestimmtem Volumen in $z_1, \ldots z_n$, welches J_z heissen möge. Dann besitzt K auch ein bestimmtes Volumen in $x_1, \ldots x_n$, und zwar ist dieses $= J_z \text{ abs } |c_{hk}|$. Denn es werde irgend ein Würfelnetz in $z_1, \ldots z_n$ betrachtet, es sei $\varkappa$ die Kante seiner Würfel, und es seien $K_1, \ldots K_a$ diejenigen Würfel des Netzes, die ganz aus inneren Punkten von K bestehen, und $K_{a+1}, \ldots K_u$ die sonstigen Würfel des Netzes, welche mindestens einen Punkt von K enthalten. Der Voraussetzung nach kann dadurch, dass $\varkappa$ unter einer geeigneten Grenze angenommen wird, erzielt werden, dass $a\varkappa^n$ und $u\varkappa^n$ von J_z beliebig wenig differiren. Die Würfel $K_1, \ldots K_u$ stellen in $x_1, \ldots x_n$ Parallelepipeda vor, und von diesen sind $K_1, \ldots K_a$ ganz in K enthalten und dazu in ihren inneren Punkten durchweg verschieden, und andererseits ist K ganz in $K_1, \ldots K_u$ enthalten.

Wird nun irgend ein Würfelnetz in $x_1, \ldots x_n$ betrachtet, und werden in Bezug auf dasselbe nach 25. II. für K die Grössen A und U gebildet, und werden die entsprechenden Grössen für $K_1, \ldots$ mit $A_1, U_1, \ldots$ bezeichnet, so findet man (nach 26. II. und III):

$$A_1 + \cdots + A_a \leqq A, \quad U < U_1 + \cdots + U_u.$$

Mit abnehmender Kante dieses Würfelnetzes nun werden sich nach dem in 27. Bewiesenen die Grössen $A_1, \ldots A_a$; $U_1, \ldots U_u$ eine jede der Grösse $\varkappa^n \operatorname{abs} |c_{hk}|$ nähern, und nähern sich damit die hier enthaltene untere Grenze für A und obere Grenze für U zwei Grössen, die von $J_\varkappa \operatorname{abs} |c_{hk}|$ Differenzen haben, die durch Verkleinerung von $\varkappa$ beliebig klein zu machen sind. Daraus geht nun in der That hervor, dass die Punktmenge K in $x_1, \ldots x_n$ ein bestimmtes Volumen $= J_\varkappa \operatorname{abs} |c_{hk}|$ besitzt.

Mit Hülfe dieses Satzes kann beispielsweise das Volumen einer Zelle (vgl. 9.) gefunden werden. Eine Zelle mit der Spitze im Nullpunkte wird nach 9. durch Ungleichungen

$$0 \leqq z_1 \leqq \cdots \leqq z_n \leqq 1$$

definirt, in welchen $z_1, \ldots z_n$ mit $x_1, \ldots x_n$ durch Gleichungen von der Form (1) zusammenhängen; die Determinante dieser Gleichungen ist dabei gleich der Determinante aus den n Reihen der Coordinaten der n Basisecken der Zelle. Das Volumen der Zelle in $x_1, \ldots x_n$ ist dann gleich dem absoluten Betrage dieser Determinante, multiplicirt in das Volumen der Zelle in $z_1, \ldots z_n$. Letzteres Volumen erweist sich, indem man solche Würfelnetze in $z_1, \ldots z_n$ betrachtet, die als Mittelpunkt eines der Würfel den Nullpunkt haben, als gleich für die $n!$ Zellen, die durch

$$0 \leqq z_{h_1} \leqq \ldots \leqq z_{h_n} \leqq 1$$

dargestellt werden, unter $h_1, \ldots h_n$ eine jede Permutation von $1, \ldots n$ verstanden. Diese $n!$ Zellen sind nun in ihren inneren Punkten durchweg verschieden und ergeben zusammengenommen genau den Bereich

$$0 \leqq z_1 < 1, \ldots \quad 0 < z_n \leqq 1$$

vom Volumen 1 in $z_1, \ldots z_n$; das Volumen jeder einzelnen dieser Zellen ergiebt sich daraus nach den Sätzen in 26. II. und III. gleich $\frac{1}{n!}$.

Untere Grenze für einhellige Distanzcoefficienten.

Für die Distanzcoefficienten bei einhelligen Strahldistanzen hatte sich in 3. eine gewisse obere Grenze G sehr einfach ergeben. Es verdient nun Erwähnung, dass sich aus dem Volumen des Aichkörpers der Strahldistanzen, welches J heissen möge, und dieser Grösse G auch eine positive untere Grenze für die Distanzcoefficienten ohne Weiteres entnehmen lässt. Die Bedeutung von G (vgl. 3.) war wesentlich die, dass die $2n$ Punkte, für welche jedesmal eine der Coordinaten $x_1, \ldots x_n$ gleich $\pm \frac{n}{G}$ ist und die $n-1$ übrigen Coordinaten gleich Null sind, sämmtlich dem Aichkörper angehören, und, worauf es indess hier nicht ankommt, dass mindestens einer dieser Punkte auf der Aichfläche liegt.

Es sei γ die grösste untere Grenze für die Distanzcoefficienten, dann giebt es auf der Aichfläche mindestens einen Punkt $\mathfrak{c}$ mit einer Spanne $\frac{1}{\gamma}$ vom Nullpunkte. Es seien $c_1, \ldots c_n$ die Coordinaten eines solchen Punktes $\mathfrak{c}$, und es habe etwa c_h einen absoluten Betrag $= \frac{1}{\gamma}$; sodann durchlaufe k die $n-1$ von h verschiedenen der Zahlen $1, \ldots n$, und es bedeute ϑ_k jedesmal entweder 1 oder -1. Der durch

$$x_h = c_h y_h, \quad x_k = c_k y_h + \frac{\vartheta_k n}{G} y_k \quad \binom{k = 1, \ldots n}{\text{mit Ausn. von } h}$$

$$y_1 \geqq 0, \ldots y_n \geqq 0, \quad y_1 + \cdots + y_n \leqq 1$$

definirte Bereich stellt dann eine Zelle mit einer Ecke im Nullpunkte, einer Ecke in $\mathfrak{c}$ und den $n-1$ weiteren Ecken in den vorhin genannten Punkten vor, und da die letzten n Ecken sämmtlich dem Aichkörper angehören, ist nach 10. diese Zelle jedesmal vollständig im Aichkörper enthalten. Alle so zu bildenden 2^{n-1} Zellen sind nun in ihren inneren Punkten durchweg verschieden; denn für einen inneren Punkt einer solchen Zelle ist regelmässig $y_k > 0$ und sind dann aus

$$\frac{G}{n}\left(x_k - \frac{c_k}{c_h} x_h\right) = \vartheta_k y_k$$

die für die Zelle charakteristischen Vorzeichen ϑ_k sicher zu entnehmen. Jede dieser Zellen hat nach 28. ein Volumen $\frac{n^{n-1}}{n!\, G^{n-1}\gamma}$. Ferner ist in allen diesen Zellen $\frac{x_h}{c_h} \geqq 0$, und der Aichkörper enthält noch innere Punkte, für die $\frac{x_h}{c_h} < 0$ ist. Nach 26. II. geht daraus nun

$$\frac{(2n)^{n-1}}{n!\, G^{n-1}\, \gamma} < J$$

hervor, sodass die positive Grösse $\frac{(2n)^{n-1}}{n!\, G^{n-1}\, J}$ sich $< \gamma$ und also als eine specielle positive untere Grenze der Distanzcoefficienten herausstellt.

Sind noch die Strahldistanzen wechselseitig, so hat der Aichkörper den Nullpunkt als Mittelpunkt und gehört der Bereich, der zu dem Bereiche der soeben betrachteten 2^{n-1} Zellen in Bezug auf den Nullpunkt symmetrisch ist, ebenfalls vollständig dem Aichkörper an, und diese zwei Bereiche sind in ihren inneren Punkten durchweg verschieden, indem $\frac{x_h}{c_h'}$ in dem einen $\geqq 0$, in dem anderen $\leqq 0$ ist. Dann ergiebt sich sogar noch $\frac{2^n n^{n-1}}{n!\, G^{n-1}\, J} \leqq \gamma$.

Drittes Kapitel.

Körper, die infolge ihres Volumens mehr als einen Punkt mit ganzzahligen Coordinaten enthalten.

30.

Arithmetischer Satz über die nirgends concaven Körper mit Mittelpunkt.

Die Menge aller Punkte mit lauter ganzzahligen Coordinaten, d. i. aller Systeme $x_1, \ldots x_n$, in welchen sowohl x_1 u. s. f. wie x_n ganze Zahlen sind, möge das Zahlengitter genannt werden. Ein einzelner Punkt aus dieser Menge soll kurzweg ein Gitterpunkt heissen. Die relativen Coordinaten der sämmtlichen Gitterpunkte in Bezug auf einen festen Gitterpunkt ergeben jedesmal von Neuem alle möglichen Werthsysteme von n ganzen Zahlen. In diesem und den nächsten Kapiteln sollen einige Eigenschaften des Zahlengitters entwickelt werden, die sich ebenso durch Anschaulichkeit auszeichnen wie sie mannigfache wichtige Anwendungen zulassen.

Es mögen mit $S(\mathfrak{ab})$ irgend welche Strahldistanzen bezeichnet werden, d. h. nach den Erklärungen in 1., es soll $S(\mathfrak{ab})$ für einen beliebigen Punkt $\mathfrak{a}$ und einen beliebigen Punkt $\mathfrak{b}$ immer einen bestimmten Werth vorstellen, und zwar einen positiven Werth, wenn $\mathfrak{a}$ und $\mathfrak{b}$ verschieden sind, und sonst den Werth Null, und es soll bei verschiedenen Punkten $\mathfrak{a}$ und $\mathfrak{b}$ der Quotient $\frac{S(\mathfrak{ab})}{E(\mathfrak{ab})}$, unter $S(\mathfrak{ab})$ die Spanne von $\mathfrak{a}$ nach $\mathfrak{b}$ verstanden (vgl. 2.), allein von der Richtung $\mathfrak{ab}$ abhängen; dieser Quotient hat die Benennung Distanzcoefficient der Richtung $\mathfrak{ab}$ erhalten.

Es möge ferner angenommen werden, dass für die sämmtlichen Distanzcoefficienten eine positive untere Grenze g vorhanden sei. Dann giebt es unter den sämmtlichen Strahldistanzen von einem festen Gitterpunkte nach allen anderen Gitterpunkten immer eine bestimmte kleinste Grösse. Denn wie in 3. bedeute $\frac{G}{n}$ das Maximum unter den $2n$ Strahldistanzen vom Nullpunkte $\mathfrak{o}$ nach denjenigen $2n$ Gitterpunkten, welche jedesmal eine der Coordinaten $x_1, \ldots x_n$ gleich ± 1 und die $n-1$ übrigen gleich Null haben. Die Spanne von $\mathfrak{o}$ nach jedem dieser Gitterpunkte beträgt Eins; Eins ist offenbar auch die kleinste Spanne, die von einem Gitterpunkte nach anderen Gitterpunkten möglich ist. Es existiren also sicherlich Gitterpunkte, die vom Nullpunkte verschieden sind und nach welchen die Strahldistanz vom Nullpunkte $\leqq \frac{G}{n}$ ist. Solche Gitterpunkte giebt es aber gewiss nur in beschränkter Anzahl, denn nach Punkten mit einer Strahldistanz $\leqq \frac{G}{n}$ vom Nullpunkte muss die Spanne vom Nullpunkte $\leqq \frac{G}{ng}$ sein, d. h. für solche Punkte müssen alle n Coordinaten $x_1, \ldots x_n$ absolute Beträge $\leqq \frac{G}{ng}$ haben, und dieser Bedingung können nur eine beschränkte Anzahl von ganzen Zahlen $x_1, \ldots x_n$ entsprechen. Man kann hiernach sämmtliche, von $\mathfrak{o}$ verschiedenen Gitterpunkte ausfindig machen, die eine Strahldistanz $\leqq \frac{G}{n}$ von $\mathfrak{o}$ haben, und unter diesen dann diejenigen heraussuchen, für welche die betreffende Strahldistanz den kleinsten Werth hat; der betreffende kleinste Werth heisse M. Dann ist M die kleinstmögliche Strahldistanz vom Nullpunkte nach anderen Gitterpunkten und offenbar überhaupt die **kleinstmögliche Strahldistanz im Zahlengitter**, d. h. von irgend einem Gitterpunkte nach anderen Gitterpunkten. Indem die Spanne zweier verschiedener Gitterpunkte immer $\geqq 1$ ist, wird M jedenfalls $\geqq g$ sein.

Nun möge weiter vorausgesetzt werden, dass die Strahldistanzen $S(\mathfrak{ab})$ **einhellig** seien, dass also für irgend drei Punkte $\mathfrak{a}, \mathfrak{b}, \mathfrak{c}$ immer

$$S(\mathfrak{ac}) \leqq S(\mathfrak{ab}) + S(\mathfrak{bc})$$

gelte. Wie in 6. bewiesen ist, zieht diese Forderung die Existenz einer positiven unteren Grenze g für die sämmtlichen Distanzcoefficienten nach sich. Es möge nun für irgend einen Gitterpunkt $\mathfrak{a}$ der Körper der Strahldistanzen $\leqq \frac{M}{2}$ **von** $\mathfrak{a}$ (vgl. 7) und für irgend einen **anderen** Gitterpunkt $\mathfrak{c}$ der Körper der Strahldistanzen $\leqq \frac{M}{2}$ **nach** $\mathfrak{c}$ construirt werden. Dann kann der erstere Körper keinen inneren Punkt mit dem letzteren Körper gemein haben, denn für einen Punkt $\mathfrak{b}$ im Inneren des ersteren Körpers hat man stets $S(\mathfrak{ab}) < \frac{M}{2}$; wäre nun einmal $S(\mathfrak{bc}) \leqq \frac{M}{2}$, so würde daraus $S(\mathfrak{ac}) < M$ folgen, während nach der Bedeutung von M doch $S(\mathfrak{ac}) \geqq M$ sein muss.

Endlich möge noch vorausgesetzt werden, dass die Strahldistanzen $S(\mathfrak{ab})$ auch **wechselseitig** seien, dass also stets $S(\mathfrak{ba}) = S(\mathfrak{ab})$ ist;

dann dient also als Aichfläche der Strahldistanzen (als Fläche $S(\mathfrak{o}\mathfrak{x}) = 1$) ein beliebige nirgends concave Fläche mit dem Nullpunkt als Mittelpunkt, und es sind die Flächen constanter Strahldistanz von einem Punkte $\mathfrak{a}$ immer mit den Flächen derselben Strahldistanzen nach $\mathfrak{a}$ identisch. Daraus geht dann mit Rücksicht auf das soeben Bewiesene hervor, dass, wenn für jeden einzigen Gitterpunkt $\mathfrak{a}$ der Körper der Strahldistanz $\leqq \frac{M}{2}$ von $\mathfrak{a}$ construirt wird, beliebige zwei von diesen Körpern immer in ihren inneren Punkten durchweg verschieden sein werden. Dieser Umstand bewirkt nun, dass für die kleinste Strahldistanz im Zahlengitter, für M, eine obere Grenze existirt, die allein vom Volumen des Aichkörpers der Strahldistanzen, des Körpers $S(\mathfrak{o}\mathfrak{x}) \leqq 1$, abhängt, ein Satz, der nach meinem Dafürhalten zu den fruchtbarsten in der Zahlenlehre zu rechnen ist.

Es bedeute Ω irgend eine positive ganze und zwar gerade Zahl, und es mögen alle vorhandenen Gitterpunkte betrachtet werden, welche eine Spanne $\leqq \frac{\Omega}{2}$ vom Nullpunkte $\mathfrak{o}$ haben. Es sind dies diejenigen Gitterpunkte, für welche jede der Coordinaten $x_1, \ldots x_n$ einer der Zahlen $0, \pm 1, \pm 2, \ldots \pm \frac{\Omega}{2}$ gleich ist; die Anzahl dieser Gitterpunkte beträgt also $(\Omega + 1)^n$. Für jeden dieser Gitterpunkte werde der Körper der Strahldistanzen $\leqq \frac{M}{2}$ von dem betreffenden Punkte construirt. Jeder solche Körper ist, indem man nach dem Obigen $M < \frac{G}{n}$ hat, immer in dem Körper der Spannen $\leqq \frac{G}{2ng}$ von dem nämlichen Gitterpunkte enthalten, und jene $(\Omega + 1)^n$ Körper insgesammt werden daher vollständig in dem Körper der Spannen $< \frac{\Omega}{2} + \frac{G}{2ng}$ vom Nullpunkte, d. i. in dem Würfel mit der Kante $\Omega + \frac{G}{ng}$ und dem Nullpunkte als Mittelpunkt, enthalten sein. Da nun jene Körper in ihren inneren Punkten durchweg verschieden sind, kann daher nach 26. II. das Volumen des letzteren Würfels nicht kleiner als die Summe der Volumina jener $(\Omega + 1)^n$ Körper sein. Das Volumen jedes einzelnen dieser Körper ist $\left(\frac{M}{2}\right)^n J$, unter J das Volumen des Aichkörpers, d. i. des Körpers $S(\mathfrak{o}\mathfrak{x}) < 1$, verstanden. Danach ergiebt sich die Ungleichung:

$$\left(\Omega + \frac{G}{ng}\right)^n \geqq (\Omega + 1)^n \left(\frac{M}{2}\right)^n J,$$

oder:

$$\left(\frac{1 + \frac{G}{ng\Omega}}{1 + \frac{1}{\Omega}}\right)^n \geqq \left(\frac{M}{2}\right)^n J$$

Indem nun hierin M und J bestimmte Werthe bedeuten, für Ω aber jede, noch so grosse positive gerade ganze Zahl gesetzt werden kann, enthält diese Ungleichung einen Widerspruch gegen jede Annahme über M und J, aus der $\left(\frac{M}{2}\right)^n J > 1$ folgen würde, und gestattet so den Schluss, dass

$$1 \geqq \left(\frac{M}{2}\right) J$$

ist. Es muss danach, wenn $J = 2^n$ ist, $M \leqq 1$, und, wenn $J > 2^n$ ist, $M < 1$ sein; dieses Resultat lässt sich in folgender Weise aussprechen unter Hinzunahme des Umstandes, dass das Zahlengitter wie in Bezug auf den Nullpunkt so in Bezug auf jeden seiner Punkte zu sich selbst symmetrisch ist:

Ein nirgends concaver Körper mit einem Mittelpunkt in einem Punkte des Zahlengitters und von einem Volumen $= 2^n$ enthält immer noch mindestens zwei weitere Punkte des Zahlengitters, sei es im Inneren, sei es auf der Begrenzung.

Ein nirgends concaver Körper mit einem Mittelpunkt in einem Punkte des Zahlengitters und von einem Volumen $> 2^n$ enthält immer noch mindestens zwei weitere Punkte des Zahlengitters im Inneren.

Es ist evident, dass ein Würfel mit einem Gitterpunkt als Mittelpunkt und von einem Volumen $< 2^n$, d. i. also von einer Kante < 2, keine weiteren Gitterpunkte mehr enthält.

Diesen Sätzen kann die folgende, rein analytische Fassung gegeben werden (vgl. 24.):

Es sei $f(x_1, \ldots x_n)$ irgend eine Function von $x_1, \ldots x_n$, welche für das eine System $x_1 = 0, \ldots x_n = 0$ den Werth Null hat und für jedes andere System $x_1, \ldots x_n$ einen bestimmten positiven Werth besitzt, welche ferner in vollem Umfange die Functionalbedingungen erfüllt:

(I) $$f(tx_1, \ldots tx_n) = tf(x_1, \ldots x_n), \text{ wenn } t > 0 \text{ ist},$$

(II) $$f(y_1 + z_1, \ldots y_n + z_n) \leqq f(y_1, \ldots y_n) + f(z_1, \ldots z_n),$$

(III) $$f(-x_1, \ldots -x_n) = f(x_1, \ldots x_n).$$

Nach 25. besitzt dann das n-fache Integral $\int dx_1 \ldots dx_n$, mit lauter positiven Integrationsrichtungen über den Bereich $f(x_1, \ldots x_n) \leqq 1$ erstreckt, immer einen bestimmten Werth; dieser Werth heisse J. Dann giebt es immer mindestens ein System von ganzen Zahlen $l_1, \ldots l_n$, für das man

$$0 < f(l_1, \ldots l_n) \leqq \frac{2}{\sqrt[n]{J}}$$

hat. Dieselbe Relation wird zufolge (III) jedesmal auch für das entgegengesetzte System $-l_1, \ldots -l_n$ gelten.

31.

Stufen im Zahlengitter.

Von jetzt an wird, mit Ausnahme des letzten Kapitels, nur noch von solchen Strahldistanzen die Rede sein, welche sowohl einhellig wie wechselseitig sind. Bestimmte derartige Strahldistanzen vorausgesetzt, mögen die Körper der Strahldistanzen $\leqq \frac{M}{2}$ von den einzelnen Gitterpunkten, die nach 30. durchweg in ihren inneren Punkten verschieden sind, aber unter einander Punkte der Begrenzungen gemein haben, Stufen im Zahlengitter genannt werden, und zwar möge ein einzelner dieser Körper die Stufe um denjenigen Gitterpunkt heissen, welchen der Körper enthält. Ein solches System von Stufen im Zahlengitter ist durch die Stufe um den Nullpunkt immer vollständig bestimmt, und zur Stufe um den Nullpunkt eignet sich jeder nirgends concave Körper mit dem Nullpunkt als Mittelpunkt, der im Inneren ausser dem Nullpunkte keinen Punkt mit Coordinaten $\frac{l_1}{2}, \ldots \frac{l_n}{2}$ enthält, worin $l_1, \ldots l_n$ ganze Zahlen sind, der aber solche Punkte auf der Begrenzung liegen hat. Mit einer bestimmten ersten Stufe haben genau diejenigen anderen Stufen mindestens einen Punkt gemein, deren Gitterpunkte vom Gitterpunkte der ersten die kleinstmögliche Strahldistanz M besitzen; diese Stufen mögen der ersten Stufe benachbart heissen.

Nach dem Satze in 30. ist in einem Systeme von Stufen im Zahlengitter das Volumen einer jeden Stufe $\leqq 1$. Die nirgends concaven Flächen mit Mittelpunkt geben aber nicht allein zu Ungleichungen Anlass, in denen ganze Zahlen figuriren; sie bieten auch Eigenschaften dar, die sich in Congruenzen ausdrücken.

Nach der Bedeutung von M hat der Körper der Strahldistanzen $< M$ vom Nullpunkte keinen Gitterpunkt ausser dem Nullpunkte im Inneren liegen, aber mindestens zwei Gitterpunkte auf der Begrenzung. Die Anzahl der verschiedenen Gitterpunkte, die der Begrenzung dieses Körpers angehören, ist nach den Betrachtungen am Anfange von 30. jedenfalls eine beschränkte; diese Anzahl heisse A. Die Richtungen vom Nullpunkte nach diesen A Gitterpunkten stellen die Richtungen kleinster Strahldistanz im Zahlengitter vor, insofern als von einem jeden Gitterpunkte $\mathfrak{l}$ aus in diesen Richtungen und in keinen sonst sich andere Gitterpunkte mit der Strahldistanz M von $\mathfrak{l}$ vorfinden. Zugleich ist dann A die Anzahl der einer festen Stufe benachbarten Stufen.

Es sei $a_1, \ldots a_n$ ein beliebiger der A Gitterpunkte auf der Fläche der Strahldistanz M vom Nullpunkte, dann liegt auf dieser, in Bezug auf den Nullpunkt zu sich selbst symmetrischen Fläche gleichzeitig der Punkt $-a_1, \ldots -a_n$; die genannten A Richtungen bestehen so aus lauter Paaren entgegengesetzter Richtungen, und ist danach A jedenfalls eine gerade Zahl.

Bedeutet q irgend eine ganze Zahl > 1, so können niemals $a_1, \ldots a_n$ sämmtlich durch q aufgehen, also nicht $\equiv 0, \ldots 0 \pmod q$ sein; denn sonst würde auch $\frac{a_1}{q}, \ldots \frac{a_n}{q}$ einen Gitterpunkt vorstellen derselbe wäre vom Nullpunkte verschieden, und die Strahldistanz vom Nullpunkte nach ihm wäre $= \frac{M}{q} < M$, was gegen die Bedeutung von M streitet.

Bedeutet ferner p eine ganze Zahl > 2, so können, wenn es auf der Fläche der Strahldistanz M vom Nullpunkte noch einen dritten, von $a_1, \ldots a_n$ und $-a_1, \ldots -a_n$ verschiedenen Gitterpunkt $b_1, \ldots b_n$ giebt, niemals zu gleicher Zeit die sämmtlichen Congruenzen bestehen:

$$b_1 \equiv a_1, \ldots b_n \equiv a_n \pmod p.$$

Denn mit $-a_1, \ldots -a_n$ und $b_1, \ldots b_n$ gehört, nach der Natur der nirgends concaven Körper, jeder einzige Punkt der diese beiden verbindenden Strecke, also auch der Punkt $\frac{b_1 - a_1}{2}, \ldots \frac{b_n - a_n}{2}$ dem Körper der Strahldistanzen $\leqq M$ vom Nullpunkte an. Die Strahldistanz vom Nullpunkte nach dem Punkte $\frac{b_1 - a_1}{p}, \ldots \frac{b_n - a_n}{p}$ wird dann $\leqq \frac{2}{p} M < M$ sein, und es kann deshalb dieser Punkt, da er vom Nullpunkte verschieden ist, zufolge der Bedeutung von M kein Gitterpunkt sein, was zu beweisen war. Desgleichen bestehen, wenn $p < 2$ ist, nach dem vorhin Bemerkten auch niemals auf einmal die n Congruenzen:

$$-a_1 \equiv a_1, \ldots -a_n \equiv a_n \pmod p.$$

Danach ist jede Richtung vom Nullpunkte nach einem Gitterpunkte mit der Strahldistanz M vom Nullpunkte immer schon durch die Reste der Coordinaten des betreffenden Gitterpunktes in Bezug auf einen beliebigen Modul $p > 2$ eindeutig bestimmt.

Wird beispielsweise $p = 3$ angenommen, so kommen für die Reste $a_1, \ldots a_n \pmod 3$ bei jenen A Gitterpunkten, indem noch das eine System $0, \ldots 0 \pmod 3$ bei ihnen ausgeschlossen ist, im Ganzen $3^n - 1$ Systeme in Betracht, von denen jedes bei höchstens einem jener Punkte auftreten kann, und ergiebt sich danach:

$$A \leqq 3^n - 1.$$

Ein nirgends concaver Körper mit einem Mittelpunkt in einem Punkte des Zahlengitters und ohne weitere Gitterpunkte im Inneren enthält niemals mehr als $3^n - 1$ Gitterpunkte auf der Begrenzung.

Der Würfel mit dem Nullpunkt als Mittelpunkt und von der Kante 2 ist ein Körper von der hier in Rede stehenden Art; auf seiner Begrenzung liegen alle diejenigen Gitterpunkte, für welche jede der n Coordinaten einen der drei Werthe $0, 1, -1$ hat und nicht alle Coordinaten zugleich Null sind; das sind genau $3^n - 1$ Gitterpunkte. Bedeuten ferner l_{hk} $(h, k = 1, \ldots n)$ irgend n^2 ganze Zahlen mit einer Determinante $|l_{hk}| = \pm 1$ und sind dazu $l_1, \ldots l_n$ beliebige ganze Zahlen, so entsprechen vermöge der Substitution

$$x_h = l_{h1} y_1 + \cdots + l_{hn} y_n + l_h \qquad (h = 1, \ldots n)$$

den ganzzahligen Systemen $x_1, \ldots x_n$ ganzzahlige Systeme $y_1, \ldots y_n$ und umgekehrt, und wird daher das durch

$$-1 \leqq y_1 \leqq 1, \ldots -1 \leqq y_n \leqq 1$$

definirte Parallelepipedum regelmässig ebenfalls von solcher Art sein, dass es den Mittelpunkt als einzigen Gitterpunkt im Inneren und auf der Begrenzung genau $3^n - 1$ Gitterpunkte enthält.

Die letzte Betrachtung hat nichts in Bezug auf den Modul 2 ergeben. Nun bedeute wieder $a_1, \ldots a_n$ einen beliebigen der A Gitterpunkte auf der Fläche der Strahldistanz M vom Nullpunkte. Für den gleichzeitig auf dieser Fläche gelegenen Gitterpunkt $-a_1, \ldots -a_n$ hat man dann gewiss:

$$-a_1 \equiv a_1, \ldots -a_n \equiv a_n \pmod 2.$$

Soll nun auf dieser Fläche ein dritter, von diesen beiden verschiedener Gitterpunkt $b_1, \ldots b_n$ existiren, für den

$$b_1 \equiv a_1, \ldots b_n \equiv a_n \pmod 2$$

ist, so würde sich auch $\frac{b_1 - a_1}{2}, \ldots \frac{b_n - a_n}{2}$ als ein Gitterpunkt und zwar nach dem Obigen mit einer Strahldistanz $\leqq M$ vom Nullpunkte erweisen; da nun dieser Gitterpunkt vom Nullpunkte verschieden wäre, müsste dann seine Strahldistanz vom Nullpunkte ebenfalls $= M$ sein; ferner würde dieser Punkt auf der Strecke von $-a_1, \ldots -a_n$ nach $b_1, \ldots b_n$ liegen, von diesen Endpunkten aber verschieden sein. Also würde es auf der Fläche der Strahldistanz M vom Nullpunkte drei verschiedene Punkte in gerader Linie geben.

Nach 18. ist Letzteres bei einer überall convexen Fläche ausgeschlossen. Wenn also zunächst die in Rede stehende Fläche diesen Charakter trägt, können auf ihr immer nur je zwei, in Bezug auf den Nullpunkt symmetrische Gitterpunkte dieselben Reste der Coordinaten modulo 2 ergeben, und da für diese Reste noch das eine System $0, \ldots 0 \pmod 2$ ausgeschlossen ist, also nur $2^n - 1$ Systeme möglich sind, folgt daraus:

Ein von einer überall convexen Fläche begrenzter Körper mit einem Mittelpunkt in einem Gitterpunkt und ohne weitere Gitterpunkte im Inneren enthält niemals mehr als $2^{n+1} - 2$ Gitterpunkte auf der Begrenzung.

Allgemein würde aus den zuletzt angenommenen Congruenzen noch Folgendes zu schliessen sein. Es müsste sowohl $\frac{b_1 - a_1}{2}, \ldots \frac{b_n - a_n}{2}$ wie $\frac{b_1 + a_1}{2}, \ldots \frac{b_n + a_n}{2}$ je einen Gitterpunkt auf der Fläche der Strahldistanz M vom Nullpunkte vorstellen; durch jeden dieser Punkte würde sich dann mindestens eine Stützebene an diese Fläche construiren lassen, d. h. eine Ebene, welche diese Fläche nicht durchschneidet (vgl. 8.); eine solche Ebene durch den ersten Punkt müsste, weil derselbe ein von den Endpunkten verschiedener Punkt der Strecke von $-a_1, \ldots -a_n$ nach $b_1, \ldots b_n$ wäre, diese zwei Punkte enthalten, und eine solche Ebene durch den zweiten Punkt müsste aus dem entsprechenden Grunde die Punkte $a_1, \ldots a_n$ und $b_1, \ldots b_n$ enthalten. Nun kann eine Stützebene an jene Fläche nicht den Nullpunkt, und also auch nicht $a_1, \ldots a_n$ und $-a_1, \ldots -a_n$ zugleich enthalten. Also würden durch $b_1, \ldots b_n$ mindestens zwei verschiedene Stützebenen an jene Fläche möglich sein. Daraus ergiebt sich die später anzuwendende Folgerung: Ist durch einen Gitterpunkt $b_1, \ldots b_n$ auf der Fläche der Strahldistanz M vom Nullpunkte nur eine einzige Stützebene an diese Fläche möglich, so giebt es auf dieser Fläche ausser diesem Punkte und dem Punkte $-b_1, \ldots -b_n$ keinen weiteren Gitterpunkt mit den nämlichen Resten der Coordinaten modulo 2 wie dieser Punkt.

32.

Stufen grössten Volumens.

Es diene wieder irgend ein nirgends concaver Körper mit einem Mittelpunkt im Nullpunkt als Aichkörper von Strahldistanzen $S(\mathfrak{a}\mathfrak{b})$, es sei J das Volumen dieses Körpers und M die kleinste Strahldistanz im Zahlengitter; dann gilt nach 30. die Ungleichung

(1) $$M^n J \leqq 2^n.$$

Es soll nun untersucht werden, unter welchen Umständen in dieser Ungleichung das Gleichheitszeichen statthat, also wann Stufen im Zahlengitter das grösste für sie mögliche Volumen, ein Volumen $= 1$, besitzen. Derartige Stufen sollen Stufen grössten Volumens heissen; es kommen ihnen eine Reihe von ausgezeichneten Eigenschaften zu, die kennen zu lernen von grossem Interesse ist. Zunächst kann gezeigt werden: In der Ungleichung (1) hat dann und nur dann das Gleichheitszeichen statt, wenn die Körper der Strahldistanzen $\leqq \frac{M}{2}$ von den einzelnen Gitterpunkten, also die Stufen im Zahlengitter, jeden beliebigen Punkt $x_1, \ldots x_n$ in sich aufnehmen, die Mannigfaltigkeit der $x_1, \ldots x_n$ sozusagen lückenlos überdecken.

I. Um dieses nachzuweisen, bedarf es vor Allem eines Kriteriums, aus dem das Eintreten der zuletzt genannten Erscheinung ersehen werden kann. Jedem beliebigen Punkt $\mathfrak{x}$ nun kommt eine bestimmte kleinste Strahldistanz von den Punkten des Zahlengitters zu, d. h. ein Minimum der Werthe $S(\mathfrak{l}\mathfrak{x})$, während $\mathfrak{l}$ die sämmtlichen Gitterpunkte durchläuft. Denn stellt man sich die Würfel von der Kante 1 mit den einzelnen Gitterpunkten als Mittelpunkten vor, so nimmt dieses Netz von Würfeln jeden beliebigen Punkt $\mathfrak{x}$ in sich auf, d. h. jeder Punkt $\mathfrak{x}$ gehört mindestens einem dieser Würfel zu. Vom Mittelpunkte eines solchen, $\mathfrak{x}$ enthaltenden Würfels nach $\mathfrak{x}$ ist dann die Spanne $\leqq \frac{1}{2}$, die Strahldistanz also $\leqq \frac{1}{2} G$. Danach giebt es immer mindestens einen Gitterpunkt, von dem nach $\mathfrak{x}$ die Strahldistanz $\leqq \frac{1}{2} G$ ist; dieser Bedingung aber genügen gewiss nur diejenigen Gitterpunkte, von welchen nach $\mathfrak{x}$ die Spanne $\leqq \frac{G}{2g}$ ist, also nur eine endliche Anzahl von Gitterpunkten, und das Minimum unter den Strahldistanzen von allen diesen Gitterpunkten nach $\mathfrak{x}$ ist dann die kleinstmögliche Strahldistanz vom Zahlengitter nach $\mathfrak{x}$; dieses Minimum heisse $\varphi(\mathfrak{x})$. Es wird $\varphi(\mathfrak{x}) = 0$ oder > 0 sein, je nachdem $\mathfrak{x}$ selbst ein Gitterpunkt ist oder nicht.

Diese Function $\varphi(\mathfrak{x})$ nun stellt eine stetige Function der Coordinaten von $\mathfrak{x}$ vor. Denn bedeutet $\mathfrak{y}$ einen zweiten Punkt, so ist die Strahldistanz nach $\mathfrak{y}$ von einem solchen Gitterpunkte, von dem sie nach $\mathfrak{x}$ gleich $\varphi(\mathfrak{x})$ ist, jedenfalls $\leqq \varphi(\mathfrak{x}) + S(\mathfrak{x}\mathfrak{y})$, ergiebt sich also:

$$\varphi(\mathfrak{y}) \leqq \varphi(\mathfrak{x}) + S(\mathfrak{x}\mathfrak{y}),\ \varphi(\mathfrak{y}) - \varphi(\mathfrak{x}) \leqq GE(\mathfrak{x}\mathfrak{y});$$

und danach liegt abs $(\varphi(\mathfrak{y}) - \varphi(\mathfrak{x}))$ unter einer irgendwie angenommenen positiven Grösse σ, so lange die Spanne von $\mathfrak{x}$ nach $\mathfrak{y}$ kleiner als $\varepsilon = \frac{\sigma}{G}$ ist.

Diese Function $\varphi(\mathfrak{x})$ hat ferner für Punkte, bei welchen die entsprechenden Coordinaten sich durchweg um ganze Zahlen unterscheiden, immer denselben Werth, und nimmt danach alle für sie überhaupt möglichen Werthe bereits in dem Würfel mit dem Nullpunkt $\mathfrak{o}$ als Mittelpunkt und von der Kante 1 an. Da nun dieser Würfel eine abgeschlossene Punktmenge ist, existirt daher nach 22. in ihm mindestens ein solcher Punkt $\mathfrak{p}$, für welchen der Werth von $\varphi(\mathfrak{x})$ nicht kleiner ausfällt als in jedem anderen Punkte dieses Würfels, und also überhaupt nicht kleiner als für irgend einen Punkt $\mathfrak{x}$. Es sei dann $\frac{1}{2}\mathsf{M}$ der Werth von $\varphi(\mathfrak{p})$, so ist $\frac{1}{2}\mathsf{M}$ der grösste Betrag, den die kleinste Strahldistanz vom Zahlengitter für irgend einen Punkt anzunehmen im Stande ist. Es wird jedenfalls $\frac{1}{2}\mathsf{M} \geqq \frac{1}{2}M$ sein; denn ist $\mathfrak{x}$ ein beliebiger Punkt, für den $S(\mathfrak{x}\mathfrak{o}) = \frac{M}{2}$ gilt, so muss nach der Bedeutung von M von jedem anderen Gitterpunkte als $\mathfrak{o}$ nach $\mathfrak{x}$ die Strahldistanz $> \frac{M}{2}$ sein, und da ausserdem wechselseitige Strahldistanzen vorausgesetzt sind, ist zugleich $\mathrm{S}(\mathfrak{o}\mathfrak{x}) = S(\mathfrak{x}\mathfrak{o}) = \frac{M}{2}$, und wird danach für einen solchen Punkt $\mathfrak{x}$ immer $\varphi(\mathfrak{x}) = \frac{M}{2}$ sein. Es leuchtet nun ein: Wenn $\frac{1}{2}\mathsf{M}$ sich $= \frac{1}{2}M$ erweist, ist jeder einzige Punkt $\mathfrak{x}$ in mindestens einer der um die Gitterpunkte vorausgesetzten Stufen enthalten, wenn dagegen $\frac{1}{2}\mathsf{M} > \frac{1}{2}M$ ausfällt, ist gewiss der Punkt $\mathfrak{p}$ ein äusserer Punkt für jede dieser Stufen ohne Ausnahme.

Nun werde zuvörderst der Fall $\mathsf{M} = M$ in Betracht gezogen. Die Stufen, die Körper der Strahldistanzen $\leqq \frac{M}{2}$ von den einzelnen Gitterpunkten, überdecken dann die Mannigfaltigkeit der $x_1, \dots x_n$ lückenlos; jede Stufe enthält nun, indem $M \leqq \frac{G}{n}$ ist (vgl. 30.), gewiss nur solche

Punkte, die vom Gitterpunkte der Stufe eine Spanne $\leqq \frac{G}{2ng}$ haben. Es bedeute nun Ω irgend eine solche positive gerade ganze Zahl, dass $\frac{\Omega}{2} > \frac{G}{2ng}$ ist, und man betrachte wie in 30. ausschliesslich die Stufen um diejenigen Gitterpunkte, welche eine Spanne $\leqq \frac{\Omega}{2}$ vom Nullpunkte haben; die Anzahl dieser Gitterpunkte beträgt $(\Omega + 1)^n$. Die Stufen um diese Gitterpunkte sind dann sicherlich die einzigen Stufen, in welchen Punkte eine Spanne $\leqq \frac{\Omega}{2} - \frac{G}{2ng}$ vom Nullpunkte haben können, und wird daher der Körper der Spannen $\leqq \frac{\Omega}{2} - \frac{G}{2ng}$ vom Nullpunkte ganz in diesen $(\Omega + 1)^n$ Stufen enthalten sein müssen. Jede derselben hat ein Volumen $\left(\frac{M}{2}\right)^n J$, unter J das Volumen der Aichkörpers der Strahldistanzen verstanden, und ergiebt sich danach aus 26. III.:

$$(\Omega + 1)^n \left(\frac{M}{2}\right)^n J \geqq \left(\Omega - \frac{G}{ng}\right)^n$$

Indem nun hierin alle Grössen bis auf Ω bestimmte Werthe vorstellen, Ω aber grösser als ein beliebiger Betrag festgesetzt werden kann, widerspricht diese Ungleichung jeder Annahme, die nicht auf

$$M^n J \geqq 2^n$$

hinausläuft, und hat so diese andere Ungleichung zur Folge. Daraus sieht man nun zunächst, da auch die Ungleichung $M^n J \leqq 2^n$ besteht, dass in letzterer Ungleichung das Gleichheitszeichen dann sicher gilt, wenn $\frac{1}{2}\mathsf{M}$, das Maximum, welches die kleinste Strahldistanz vom Zahlengitter für einen Punkt zu erreichen vermag, sich $= \frac{1}{2} M$ erweist.

Ist zweitens $\frac{1}{2}\mathsf{M} > \frac{1}{2} M$, so lässt sich dagegen immer ein bestimmter positiver Betrag anweisen, um den mindestens $M^n J$ kleiner als 2^n sein muss. Denn es bedeute, $\frac{1}{2}\mathsf{M} > \frac{1}{2} M$ vorausgesetzt, wie oben $\mathfrak{p}$ einen solchen Punkt mit einer Spanne $\leqq \frac{1}{2}$ von $\mathfrak{o}$, für den die kleinste Strahldistanz vom Zahlengitter sich $= \frac{1}{2}\mathsf{M}$ herausstellt. Construirt man für $\mathfrak{p}$ und für alle Punkte, welche als relative Coordinaten in Bezug auf $\mathfrak{p}$ lauter ganze Zahlen haben, die Körper der Strahldistanzen $\leqq \frac{1}{2} N$ nach diesen einzelnen Punkten, unter N irgend eine feste positive Grösse $\leqq \mathsf{M} - M$ verstanden, so werden diese Körper niemals innere Punkte mit den Stufen um die Gitterpunkte gemein haben. Wie ferner die letzteren Körper, die Stufen, unter einander in ihren inneren Punkten durchweg verschieden sind, so werden auch die soeben construirten Körper noch unter einander in ihren inneren Punkten durchweg verschieden sein, wenn man $N \leqq M$ wählt; denn die Punkte, welche als relative Coordinaten in Bezug auf $\mathfrak{p}$ lauter ganze Zahlen haben, bieten unter einander offenbar genau dieselben Strahldistanzen dar wie die Gitterpunkte unter einander. Den beiden genannten Bedingungen für N wird man nun gerecht und wählt dabei zugleich N möglichst gross, indem man $N = \mathsf{M} - M$ festsetzt, falls $\mathsf{M} - M \leqq M$ ist, und $N = M$, falls $\mathsf{M} - M > M$ ist; in jedem Falle hat dann N einen bestimmten positiven Werth, und sind dabei die Körper aus den zwei definirten Reihen, alle zusammengenommen, unter einander in ihren inneren Bunkten durchweg verschieden.

Nun werde jeder einzelnen Stufe um einen Gitterpunkt derjenige Körper aus der zweiten Reihe von Körpern zugeordnet, dessen Mittelpunkt in Bezug auf den Gitterpunkt dieselben relativen Coordinaten hat wie $\mathfrak{p}$ in Bezug auf $\mathfrak{o}$. Indem die Spanne von $\mathfrak{o}$ nach $\mathfrak{p} \leqq \frac{1}{2}$ und $N \leqq M \leqq \frac{G}{n}$ ist, wird jedes solche System, bestehend aus einer Stufe uud dem ihr zugeordneten Körper, dann von dem Mittelpunkte der Stufe in allen Punkten eine Spanne $\leqq \frac{1}{2} + \frac{G}{2ng}$ haben. Werden nun allein diejenigen dieser Systeme betrachtet, die sich auf Gitterpunkte mit einer Spanne $\leqq \frac{\Omega}{2}$ vom Nullpunkte beziehen, unter Ω irgend eine positive gerade ganze Zahl verstanden, so werden alle diese Systeme daher vollständig in dem Körper der Spannen $\leqq \frac{\Omega}{2} + \frac{1}{2} + \frac{G}{2ng}$ vom Nullpunkte enthalten sein. Die Anzahl der hier herausgehobenen Gitterpunkte ist $(\Omega + 1)^n$, und von den je zwei Körpern in einem einzelnen Systeme hat regelmässig der eine ein Volumen $\left(\frac{M}{2}\right)^n J$, der andere ein Volumen $\left(\frac{N}{2}\right)^n J$. Nach 26. II. ergiebt sich daraus die Ungleichung:

$$\left(\Omega + 1 + \frac{G}{ng}\right)^n \geqq (\Omega + 1)^n \left(\frac{M}{2}\right)^n J + (\Omega + 1)^n \left(\frac{N}{2}\right)^n J.$$

Indem hier nun wieder alle Grössen bis auf Ω bestimmte Werthe haben, Ω aber grösser als ein beliebiger Werth festgesetzt werden kann, würde diese Ungleichung jeder Annahme, welche der Ungleichung

$$2^n \geqq M^n J + N^n J$$

entgegen wäre, von einer gewissen Grösse der Zahl Ω an widersprechen, und sie gipfelt so in dieser anderen Ungleichung. Nun ist hier N eine wesentlich positive Grösse. Diese Ungleichung zeigt also, dass in dem jetzt betrachteten Falle $M^n J$ mindestens um den positiven

Betrag $N^n J$ kleiner als 2^n ist, und ergiebt so als eine nothwendige Bedingung für Stufen grössten Volumens, was durch die vorige Betrachtung bereits als hinreichendes Merkmal für Stufen dieser Art erkannt worden ist, nämlich dass aus solchen Stufen die Mannigfaltigkeit der $x_1, \ldots x_n$ sich lückenlos aufbaut.

II. Es seien nun irgend welche Stufen im Zahlengitter vom Volumen 1 gegeben, und wie in 31. bedeute A die Anzahl der einer einzelnen Stufe benachbarten Stufen. Stellt $l_1, \ldots l_n$ irgend ein System von n ganzen Zahlen vor, die nicht $\equiv 0, \ldots 0 \pmod 2$ sind, so ist der Punkt mit den Coordinaten $\frac{l_1}{2}, \ldots \frac{l_n}{2}$ kein Gitterpunkt, und es kann nach der Bedeutung von Stufen im Zahlengitter dieser Punkt auch niemals im Innern einer Stufe liegen; denn läge dieser Punkt etwa im Innern der Stufe um einen Gitterpunkt $m_1, \ldots m_n$, so müsste dieser Punkt dann als Mittelpunkt der Strecke vom Gitterpunkt $m_1, \ldots m_n$ nach dem Gitterpunkt $l_1 - m_1, \ldots l_n - m_n$ sich auch im Innern der Stufe um diesen letzteren Gitterpunkt befinden, und hätten danach zwei verschiedene Stufen einen inneren Punkt gemein, was nicht der Fall sein kann. Stufen grössten Volumens nehmen aber, wie gezeigt ist, jeden einzigen Punkt in sich auf, und wird daher ein solcher Punkt $\frac{l_1}{2}, \ldots \frac{l_n}{2}$, für den $l_1, \ldots l_n$ ganze Zahlen, aber nicht sämmtlich gerade sind, da er bei keiner Stufe im Innern liegen kann, immer bei mindestens einer Stufe der Begrenzung angehören müssen; es sei dieses für den fraglichen Punkt der Fall in Bezug auf die Stufe um den Gitterpunkt $m_1, \ldots m_n$; dann wird der Punkt mit den Coordinaten $\frac{l_1}{2} - m_1, \ldots \frac{l_n}{2} - m_n$ der Begrenzung der Stufe um den Nullpunkt angehören, und danach die Stufe um den Gitterpunkt $l_1 - 2m_1, \ldots l_n - 2m_n$ der Stufe um den Nullpunkt benachbart sein; das gleiche wird dann auch von der Stufe um den Gitterpunkt $-l_1 + 2m_1, \ldots - l_n + 2m_n$ gelten. Die Coordinaten dieser zwei Gitterpunkte sind nun $\equiv l_1, \ldots l_n \pmod 2$; es ergiebt sich in dieser Weise, dass unter den Coordinaten der Gitterpunkte in den Stufen, die der Stufe um den Nullpunkt benachbart sind, sich jedes beliebige Restsystem $l_1, \ldots l_n \pmod 2$, das von $0, \ldots 0 \pmod 2$ verschieden ist, mindestens zweimal einstellt, und daraus folgt dann:

$$A \geqq 2^{n+1} - 2.$$

Wenn ein nirgends concaver Körper mit einem Mittelpunkt in einem Gitterpunkt und ohne weitere Gitterpunkte im Inneren ein Volumen $= 2^n$ besitzt, so liegen immer mindestens $2^{n+1} - 2$ Gitterpunkte auf der Begrenzung des Körpers.

33.

Weiteres über den lückenlosen Aufbau von Stufen grössten Volumens.

Das im Vorstehenden entwickelte Kriterium bezüglich des lückenlosen Aufbaus von Stufen grössten Volumens kann durch ein Kriterium über die Begrenzung derartiger Stufen ersetzt werden.

Es seien wieder beliebige, zugleich einhellige wie wechselseitige Strahldistanzen $S(\mathfrak{a}\mathfrak{b})$ gegeben und es mögen für sie J und M die bisherige Bedeutung haben; ferner bedeute wieder $\frac{1}{2}\mathsf{M}$ das Maximum, das die kleinste Strahldistanz vom Zahlengitter nach einem unbestimmten Punkte zu erreichen vermag. Es hatte sich $\mathsf{M} \geqq M$ herausgestellt, und es gilt nach 32. in der Ungleichung $M^n J \leqq 2^n$ das Zeichen $<$ oder $=$, je nachdem $\mathsf{M} > M$ oder $\mathsf{M} = M$ ist. Diese zwei Fälle nun können noch in einer anderen Weise unterschieden werden.

Es bedeute K die Stufe um den Nullpunkt; die Begrenzung von K ist die Fläche der Strahldistanz $\frac{1}{2}M$ vom Nullpunkte. Jeder Punkt $\mathfrak{x}$ dieser Fläche besitzt von denjenigen Gitterpunkten, von welchen die Strahldistanz nach dem Nullpunkte M beträgt, eine Strahldistanz $\leqq \frac{3}{2}M$, und durch eine analoge Betrachtung, wie sie in 32. angestellt wurde, folgt dann, dass für jeden solchen Punkt $\mathfrak{x}$ auch eine bestimmte kleinste Grösse unter den Strahldistanzen nach $\mathfrak{x}$ von allen Gitterpunkten mit Ausschluss des Nullpunkts existirt. Diese Grösse heisse $\psi(\mathfrak{x})$; nach der Bedeutung von M muss sie immer $\geqq \frac{M}{2}$ sein. Aus ähnlichen Gründen, wie sie für die Function $\varphi(\mathfrak{x})$ in 32. vorlagen, stellt sich auch diese Function $\psi(\mathfrak{x})$ als eine stetige Function der Coordinaten von $\mathfrak{x}$ heraus. Nun ist die Fläche der Strahldistanz $\frac{M}{2}$ vom Nullpunkte eine abgeschlossene Punktmenge und ganz enthalten in dem Würfel von der Kante $\frac{G}{\eta g}$ mit dem Nullpunkt als Mittelpunkt. Also existirt nach 22. auf dieser Fläche mindestens ein solcher Punkt $\mathfrak{r}$, in welchem $\psi(\mathfrak{x})$ nicht kleiner ausfällt als in jedem anderen Punkte dieser Fläche, der Werth dieser Function in $\mathfrak{r}$ heisse $\frac{1}{2}\mathsf{R}$. Es ist dann jedenfalls $\mathsf{R} \geqq M$. Es soll nun gezeigt werden, dass die Beziehung $\mathsf{M} = M$ mit $\mathsf{R} = M$ und die Beziehung $\mathsf{M} > M$ mit $\mathsf{R} > M$ identisch ist. Zu diesem Ende wird man darzuthun haben, dass einerseits $\mathsf{R} > M$ nothwendig $\mathsf{M} > M$ und andererseits $\mathsf{M} > M$ nothwendig $\mathsf{R} > M$ nach sich zieht. Danach wird dann für Stufen grössten

Volumens nothwendig und hinreichend sein, dass bei ihnen die Punkte der Begrenzungen durchgehends mindestens zwei Stufen zugleich angehören, eine Auffassung des lückenlosen Aufbaus solcher Stufen, die zur wirklichen Bestimmung derselben leichter hinführt als das für sie in 32. entwickelte Kriterium.

Ist $\mathfrak{R} > M$, so hat derjenige Punkt in der Richtung $\mathfrak{o}\mathfrak{r}$ von $\mathfrak{o}$ über $\mathfrak{r}$ hinaus, der von $\mathfrak{r}$ eine Strahldistanz $= \frac{\mathfrak{R} - M}{4}$ besitzt, von $\mathfrak{o}$ eine Strahldistanz $= \frac{M}{2} + \frac{\mathfrak{R} - M}{4} = \frac{\mathfrak{R} + M}{4}$ und von jedem anderen Gitterpunkte eine Strahldistanz mindestens $= \frac{\mathfrak{R}}{2} - \frac{\mathfrak{R} - M}{4} = \frac{\mathfrak{R} + M}{4}$; danach erweist sich für diesen Punkt $\mathfrak{x}$ die kleinste Strahldistanz von allen Gitterpunkten, der Werth von $\varphi(\mathfrak{x})$, $= \frac{\mathfrak{R} + M}{4} > \frac{M}{2}$, und ist somit in der That auch $\mathsf{M} > M$.

Schwieriger ist der Nachweis, dass aus $\mathsf{M} > M$ nothwendig $\mathfrak{R} > M$ hervorgeht. Die Annahme $\mathsf{M} > M$ besagt, dass die gegebenen Stufen die Mannigfaltigkeit der $x_1, \ldots x_n$ nicht vollständig erfüllen. Es lässt sich dann, wie jetzt zunächst gezeigt werden soll, immer auch ein solches, diese Mannigfaltigkeit ebenfalls nicht vollständig erfüllendes System von Stufen im Zahlengitter construiren, in welchem eine jede Stufe ihre Begrenzung in einer endlichen Anzahl von Ebenen liegen hat und dabei jedesmal die gegebene Stufe um den nämlichen Gitterpunkt ganz enthält.

Es giebt offenbar Gitterpunkte mit einer Strahldistanz $= 2M$ vom Nullpunkte, und die Anzahl aller vorhandenen Gitterpunkte mit einer Strahldistanz $> M$ und $\leqq 2M$ vom Nullpunkte ist endlich; denn für solche Punkte muss die Spanne vom Nullpunkte $\leqq \frac{2M}{g} \leqq \frac{2G}{ng}$ sein. Aus allen Strahldistanzen vom Nullpunkte nach dieser endlichen Anzahl von Gitterpunkten lässt sich dann die nach M nächstgrössere Strahldistanz, die von einem Gitterpunkte nach anderen Gitterpunkten möglich ist, entnehmen. Diese Strahldistanz heisse $M(1 + \vartheta)$; es ist dann ϑ eine bestimmte positive Grösse und zwar $\leqq 1$. Es möge ferner das System $a_1, \ldots a_n$ nach Belieben einen der Gitterpunkte mit der Strahldistanz M vom Nullpunkte bedeuten; die Anzahl dieser Gitterpunkte werde wieder mit A bezeichnet. Allen Punkten mit Coordinaten $\frac{l_1}{2}, \cdots \frac{l_n}{2}$, wobei $l_1, \ldots l_n$ ganze Zahlen sind, dieses System jedoch von $0, \ldots 0$ und von jedem der A Systeme $a_1, \ldots a_n$ verschieden ist, kommen dann Strahldistanzen $\geqq \frac{M}{2}(1 + \vartheta)$ vom Nullpunkte zu.

Nun werde eine positive ganze Zahl Ω so gross angenommen, dass $\frac{M}{2}\left(1+\frac{G}{g\Omega}\right)<\frac{\mathsf{M}}{2}$ und gleichzeitig $\leqq \frac{M}{2}(1+\vartheta)$ ist. Nach 15. lässt sich zu Ω in gewisser Weise ein solcher nirgends concaver Körper Q_1 construiren, der erstens seine Begrenzung ganz in einer endlichen Anzahl von Stützebenen liegen hat, zweitens die Stufe K, den Körper der Strahldistanzen $\leqq \frac{M}{2}$ vom Nullpunkte, ganz enthält, drittens selbst ganz in dem Körper der Strahldistanzen $\leqq \frac{M}{2}\left(1+\frac{G}{g\Omega}\right)$ vom Nullpunkte enthalten ist. Nach der in 15. zur Bildung eines solchen Körpers angegebenen Methode wird, indem K den Nullpunkt als Mittelpunkt hat, auch Q_1 in Bezug auf den Nullpunkt zu sich selbst symmetrisch gerathen (vgl. die letzte Bemerkung in 15).

Die A Punkte, welche unbestimmt mit $\frac{a_1}{2}, \cdots \frac{a_n}{2}$ bezeichnet sind, gehören der Begrenzung von K an; durch jeden dieser A Punkte kann deshalb mindestens eine Stützebene an K construirt werden. Indem der Körper K und ebenso die Menge dieser A Punkte den Nullpunkt als Mittelpunkt haben, wird es auch möglich sein, Stützebenen an K durch diese A Punkte so zu legen, dass sie für je zwei, in Bezug auf den Nullpunkt symmetrische dieser Punkte ebenfalls symmetrisch in Bezug auf den Nullpunkt, d. h. also einander parallel werden. Verbindet man alsdann mit solchen A Ebenen durch diese A Punkte — es brauchen diese Ebenen übrigens nicht durchweg verschieden zu sein — die sämmtlichen, zur Begrenzung von Q_1 wesentlichen Stützebenen an Q_1 (vgl. 15.), so gehen alle diese Ebenen nicht durch den Nullpunkt, und giebt es in jeder Richtung vom Nullpunkte mindestens einen Punkt und immer nur eine endliche Anzahl von Punkten in allen diesen Ebenen und darunter dann jedesmal einen ganz bestimmten Punkt mit kleinster Spanne vom Nullpunkte. Die Menge aller in dieser Art bestimmten Punkte in allen möglichen Richtungen vom Nullpunkte aus besitzt dann unter den sämmtlichen in Rede stehenden Ebenen mindestens eine Stützebene durch jeden ihrer Punkte, und es stellt so diese Menge von Punkten wieder eine solche nirgends concave Fläche um den Nullpunkt vor, die vollständig in einer endlichen Anzahl ihrer Stützebenen enthalten ist. Ihrer Entstehung aus Q_1 und K entsprechend hat diese Fläche auch wieder den Nullpunkt als Mittelpunkt. Es liegt ferner kein Punkt dieser Fläche im Innern von K, und kein Punkt von ihr ist ein äusserer Punkt von Q_1; die A Punkte $\frac{a_1}{2}, \cdots \frac{a_n}{2}$ aber liegen auf dieser Fläche selbst.

Der von dieser Fläche nunmehr umschlossene nirgends concave Körper (vgl. 17.) werde mit K_1 bezeichnet. Dann ist also die Begrenzung von K_1 vollständig in einer endlichen Anzahl von Stützebenen an K_1 enthalten; es enthält der Körper K_1 die Stufe K und ist selbst ganz in Q_1 enthalten; endlich liegt kein Punkt mit Coordinaten $\frac{l_1}{2}, \dots \frac{l_n}{2}$, wenn darin $l_1, \dots l_n$ ganze, aber nicht sämmtlich verschwindende Zahlen sind, im Innern von K_1. Der Körper K_1 ist danach wieder zu einer Stufe um den Nullpunkt geeignet; und reproducirt man um alle einzelnen Gitterpunkte den Körper K_1 um den Nullpunkt (s. 7.), so geht ein System von Stufen im Zahlengitter hervor, das in der That die oben angegebenen Bedingungen erfüllt, nämlich jede dieser neuen Stufen hat ihre Begrenzung ganz in einer endlichen Anzahl von Stützebenen liegen und enthält immer die alte Stufe um denselben Gitterpunkt in sich. Es sei ferner $\mathfrak{p}$ ein solcher Punkt mit einer Spanne $\leqq \frac{1}{2}$ vom Nullpunkte, für den die kleinste Strahldistanz von den Gitterpunkten $= \frac{\mathsf{M}}{2}$ ausfällt, ein Punkt, wie er nach dem oben Ausgeführten gewiss existirt. Da wegen der Bedingung $\frac{M}{2}\left(1 + \frac{G}{g\Omega}\right) < \frac{\mathsf{M}}{2}$ die Punkte in den neuen Stufen immer eine Strahldistanz $< \frac{\mathsf{M}}{2}$ vom Gitterpunkte der Stufe haben, wird dann ein solcher Punkt $\mathfrak{p}$ auch noch ausserhalb jeder der neuen Stufen liegen, werden diese also ebenfalls nicht jeden Punkt in sich aufnehmen.

Auf Grund der Principien aus 12. kann jetzt nachgewiesen werden, dass auf den Begrenzungen der neuen Stufen Punkte existiren, die nur einer einzigen solchen Stufe angehören. Es sollte der Punkt $\mathfrak{p}$ eine Spanne $\leqq \frac{1}{2}$ vom Nullpunkte $\mathfrak{o}$ haben; $\mathfrak{p}$ liegt ausserhalb jeder der neuen Stufen; $\mathfrak{o}$ hingegen liegt im Innern einer solchen Stufe, und das Gleiche wird von allen möglichen Punkten $\mathfrak{q}$ mit einer Spanne $< \frac{g}{2G}$ von $\mathfrak{o}$ gelten, indem diese Punkte sicher eine Strahldistanz $< \frac{g}{2}$ von $\mathfrak{o}$ haben und $g \leqq M$ ist (vgl. 30.). Nun ist $\frac{g}{2G} \leqq \frac{1}{2}$, und es werden deshalb die Strecken von $\mathfrak{p}$ nach allen hier bezeichneten Punkten $\mathfrak{q}$ ebenfalls immer in allen Punkten eine Spanne $\leqq \frac{1}{2}$ von $\mathfrak{o}$ besitzen (vgl. 8.). In einer jeden der neuen Stufen nun haben alle Punkte vom Gitterpunkte der Stufe eine Spanne $\leqq \frac{M}{2g}(1 + \vartheta)$, d. i. $\leqq \frac{G}{ng}$, indem $\vartheta \leqq 1$, $M \leqq \frac{G}{n}$ ist; danach werden die in Rede stehenden Strecken jedenfalls nur Punkte der Begrenzungen solcher von den neuen Stufen aufnehmen können, deren Mittelpunkte eine Spanne $\leq \frac{1}{2} + \frac{G}{ng}$ von $\mathfrak{o}$ haben; das sind nur eine endliche Anzahl der neuen Stufen, und es können dann eine endliche Anzahl von Ebenen angegeben werden, welche die Begrenzungen aller dieser Stufen vollständig aufnehmen.

Nach 12. II lässt sich dann immer ein Punkt $\mathfrak{q}$ in dem bezeichneten Spielraume so bestimmen, dass die Strecke $\mathfrak{p}\mathfrak{q}$ erstlich in keiner der hier in Betracht kommenden Ebenen ganz liegt und zweitens auch niemals zwei verschiedene von diesen Ebenen in einem und demselben Punkte trifft. Dann wird die Strecke $\mathfrak{p}\mathfrak{q}$ diese Ebenen also nur in einer endlichen Anzahl von Punkten und vereinzelt treffen, und unter diesen Punkten wird dann, wenn sie nach wachsender Spanne vom Punkte $\mathfrak{p}$ geordnet werden, ein bestimmter erster Punkt $\mathfrak{t}$ da sein, welcher der Begrenzung einer der neuen Stufen angehört. Dieser Punkt $\mathfrak{t}$ wird dann der Begrenzung nur einer einzigen der neuen Stufen angehören; denn sowie er einer solchen Stufe angehört, stellt er einen inwendigen Punkt in einer bestimmten Wand der Stufe vor (vgl. 14. und 15.), und bedeutet dann ε das Minimum unter den kleinsten Spannen von $\mathfrak{t}$ nach den Ebenen der übrigen Wände der Stufe, so sind alle Punkte mit einer Spanne $< \varepsilon$ von $\mathfrak{t}$, die durch die Ebene der ersten Wand vom Punkte $\mathfrak{p}$ getrennt werden, innere Punkte der Stufe; wenn nun $\mathfrak{t}$ zwei verschiedenen der neuen Stufen angehörte, würden danach diese Stufen innere Punkte gemein haben müssen, was dem Begriffe von Stufen im Zahlengitter zuwider wäre.

Es seien $s_1, \ldots s_n$ die Coordinaten des Gitterpunkts derjenigen der neuen Stufen, welcher $\mathfrak{t}$ angehört; dann wird der Punkt, der $-s_1, \ldots -s_n$ als seine relativen Coordinaten in Bezug auf $\mathfrak{t}$ hat, auf der Begrenzung der neuen Stufe um den Nullpunkt, also von K_1, liegen und keiner der neuen Stufen sonst angehören; und dann wird auch die ganze Strecke von $\mathfrak{o}$ nach diesem Punkte unter den neuen Stufen einzig der Stufe K_1 begegnen, und da jede der neuen Stufen die entsprechende der alten enthält, also auch sicherlich mit keiner der alten Stufen ausser etwa mit K Punkte gemein haben; der Punkt, in dem diese Strecke die Begrenzung von K trifft, wird dann also nur der Begrenzung dieser einen unter den gegebenen Stufen angehören, und ist danach für diesen Punkt $\mathfrak{x}$ der Werth von $\psi(\mathfrak{x}) > \frac{M}{2}$, also ist hier in der That $\mathfrak{R} > M$.

34.

Ebene Begrenzung bei den Stufen grössten Volumens.

Es soll jetzt nachgewiesen werden, was durch die letzten Betrachtungen bereits nahegelegt ist, dass Stufen grössten Volumens immer ihre Begrenzung vollständig in einer endlichen Anzahl von Stützebenen liegen haben.

I. Man denke sich zunächst irgend welche, einhellige und wechselseitige Strahldistanzen $S(\mathfrak{a}\mathfrak{b})$. Es bedeute wie vorhin M die kleinste Strahldistanz im Zahlengitter, A die Anzahl der Gitterpunkte mit der Strahldistanz M vom Nullpunkte, $a_1, \ldots a_n$ nach Belieben einen dieser A Punkte, ferner K den Körper der Strahldistanzen $\leqq \frac{M}{2}$ vom Nullpunkte, endlich $M(1+\vartheta)$ die nach M nächstgrössere Strahldistanz im Zahlengitter, sodass also ϑ eine bestimmte p o s i t i v e Grösse vorstellt.

Wie in 33. werde an K durch jeden der A Punkte $\frac{a_1}{2}, \ldots \frac{a_n}{2}$ auf der Begrenzung von K je eine Stützebene construirt, und zwar wieder so, dass für je zwei von diesen Punkten, die zu einander symmetrisch in Bezug auf den Nullpunkt sind, diese Stützebenen sich ebenfalls zu einander symmetrisch in Bezug auf den Nullpunkt darstellen. Solchen A Ebenen (die nicht durchweg verschieden zu sein brauchen) werde jetzt die Fläche der Strahldistanz $\frac{M}{2}(1+\vartheta)$ vom Nullpunkt zugesellt; diese Fläche ist nirgends concav und lässt also durch jeden ihrer Punkte mindestens eine Stützebene zu, in der dann alle Punkte eine Strahldistanz $\geqq \frac{M}{2}(1+\vartheta)$ vom Nullpunkte haben. Alle Stützebenen dieser Fläche und ebenso die vorhin construirten A Ebenen enthalten den Nullpunkt nicht. In jeder Richtung vom Nullpunkte aus giebt es dann immer e i n e n Punkt in der zuletzt genannten Fläche und niemals mehr als einen Punkt in einer einzelnen von jenen A Ebenen, und danach immer einen ganz bestimmten Punkt, welcher der Vereinigung aus jener Fläche und jenen A Ebenen angehört und dessen Spanne vom Nullpunkte für diesen Umstand die kleinstmögliche ist. Die Menge aller in dieser Art bestimmten Punkte in allen möglichen Richtungen vom Nullpunkte besitzt dann in den sämmtlichen Stützebenen jener Fläche und in jenen A besonderen Ebenen mindestens eine Stützebene durch jeden ihrer Punkte, und es stellt so diese Punktmenge nach 17. wieder eine nirgends concave

Fläche vor und offenbar wieder mit dem Nullpunkte als Mittelpunkt. Der von dieser Fläche umschlossene nirgends concave Körper möge L heissen.

Die Punkte der Begrenzung von L haben nun sämmtlich eine Strahldistanz $\geqq \frac{M}{2}$ vom Nullpunkte, sodass der Körper L die Stufe K ganz enthält. Die A Punkte $\frac{\mathfrak{a}_1}{2}, \cdots \frac{\mathfrak{a}_n}{2}$ auf der Begrenzung von K gehören auch zur Begrenzung von L; indem ferner alle Punkte auf der Begrenzung von L eine Strahldistanz $\leqq \frac{M}{2}(1+\vartheta)$ vom Nullpunkte haben, liegt kein Punkt mit Coordinaten $\frac{l_1}{2}, \cdots \frac{l_n}{2}$, worin $l_1, \ldots l_n$ ganze Zahlen sind, ausser dem Nullpunkte im Innern von L, und trägt auf solche Art der Körper L, ebenso wie K, den Charakter einer Stufe um den Nullpunkt und muss daher ebenfalls noch ein Volumen $\leqq 1$ besitzen.

Nun kann gezeigt werden, dass das Volumen von L wesentlich grösser als das von K sein muss, wofern L und K sich nicht als identisch erweisen. Für jeden Punkt $\mathfrak{x}$ auf der Begrenzung von L hat man $S(\mathfrak{o}\mathfrak{x}) \geqq \frac{M}{2}$ und $\leqq \frac{M}{2}(1+\vartheta) \leqq \frac{G}{n}$. Nun stellt die Begrenzung von L eine abgeschlossene Punktmenge vor (vgl. 11.), und sie ist ganz in dem Würfel mit dem Nullpunkt als Mittelpunkt und von der Kante $\frac{2G}{n}$ enthalten; dazu ist $S(\mathfrak{o}\mathfrak{x})$ eine stetige Function der Coordinaten on $\mathfrak{x}$. Also existirt nach 22. auf der Begrenzung von L mindestens ein solcher Punkt $\mathfrak{h}$, für welchen die Strahldistanz vom Nullpunkte nicht kleiner ausfällt als für jeden anderen Punkt auf dieser Begrenzung, und es sei dann $\frac{M}{2}(1+\lambda)$ der Werth von $S(\mathfrak{o}\mathfrak{h})$, sodass $0 \leqq \lambda \leqq \vartheta$ sein wird. Es leuchtet nun ein, dass K und L identisch oder nicht identisch sein werden, je nachdem sich $\lambda = 0$ oder > 0 herausstellt.

Im letzteren Falle $\lambda > 0$ wird die Strecke $\mathfrak{o}\mathfrak{h}$ mit der Begrenzung von K einen, von $\mathfrak{h}$ verschiedenen Punkt $\mathfrak{e}$ gemein haben. Für einen Augenblick mögen mit $T(\mathfrak{a}\mathfrak{b})$ diejenigen Strahldistanzen bezeichnet werden, für welche L den Körper der Strahldistanzen $\leqq \frac{M}{2}$ vom Nullpunkte darstellt. Für den Punkt $\mathfrak{e}$ hat man dann

$$S(\mathfrak{o}\mathfrak{e}) = \frac{M}{2}, \quad T(\mathfrak{o}\mathfrak{e}) = \frac{M}{2(1+\lambda)},$$

und es wird, indem diese Strahldistanzen $T(\mathfrak{a}\mathfrak{b})$ einhellig sind, noch der Körper $T(\mathfrak{e}\mathfrak{x}) < \frac{M\lambda}{2(1+\lambda)}$ vollständig in dem Körper $T(\mathfrak{o}\mathfrak{x}) \leqq \frac{M}{2}$, d. i. in L, enthalten sein. Nun kann durch $\mathfrak{e}$ eine Stützebene an den Körper $S(\mathfrak{o}\mathfrak{x}) \leqq \frac{M}{2}$, d. i. an K, gelegt werden. Eine solche Ebene lässt aus dem Körper $T(\mathfrak{e}\mathfrak{x}) \leqq \frac{M\lambda}{2(1+\lambda)}$ zwei abgeschlossene, zu einander in Bezug auf $\mathfrak{e}$ symmetrische Bereiche entstehen, von denen dann jeder ein Volumen gleich dem halben Volumen dieses Körpers besitzt. Es geht letzteres aus den Betrachtungen in 26. I, II, III mit Benutzung des leicht zu erweisenden Umstandes hervor, dass eine, ganz in einer Ebene gelegene und dazu ganz in einem Würfel von endlicher Kante enthaltene Punktmenge immer ein Volumen gleich Null besitzt. Die durch $\mathfrak{e}$ an K gelegte Stützebene trennt nun $\mathfrak{o}$ von Punkten in einem der zwei in Rede stehenden Bereiche, und dieser Bereich ist dann in seinen inneren Punkten durchweg von K verschieden; dasselbe gilt dann noch von dem, zu diesem Bereiche in Bezug auf $\mathfrak{o}$ symmetrischen Bereiche, der ebenfalls ganz in L enthalten und zugleich von dem ersteren Bereiche völlig verschieden sein wird. Danach enthält L den Körper K und dazu zwei Bereiche je vom halben Volumen des Körpers $T(\mathfrak{e}\mathfrak{x}) \leqq \frac{M\lambda}{2(1+\lambda)}$, und alle diese drei Bereiche sind in ihren inneren Punkten durchweg verschieden. Wegen 26. II. muss danach das Volumen von L mindestens um den $\left(\frac{\lambda}{1+\lambda}\right)^n$-ten Theil seiner selbst das Volumen von K übersteigen.

II. Soll nun K eine Stufe von grösstem Volumen, also vom Volumen 1, vorstellen, so kann das Volumen von L, da es ebenfalls noch $\leqq 1$ ist, nicht grösser als das Volumen von K sein, also muss dann $\lambda = 0$ und müssen also L und K identisch sein. Dann trägt aber, indem $\vartheta > 0$ ist, zur Begrenzung von L keinen Punkt die Fläche $S(\mathfrak{o}\mathfrak{x}) = \frac{M}{2}(1+\vartheta)$ bei, muss also diese Begrenzung, und das ist jetzt zugleich diejenige von K selbst, immer vollständig aufgenommen werden von beliebigen solchen Stützebenen an K durch die A Punkte $\frac{\mathfrak{a}_1}{2}, \cdots \frac{\mathfrak{a}_n}{2}$, welche eine Configuration von Ebenen mit dem Nullpunkte als Mittelpunkt bilden, jedenfalls also von höchstens A verschiedenen Ebenen.

Unter solchen Ebenen sollen nunmehr die für die Begrenzung von K unumgänglich nothwendigen Ebenen herausgesucht werden, d. h. diejenigen, welche in jedem Falle auftreten müssen, wenn Stützebenen an K durch sämmtliche Punkte der Begrenzung von K gefordert werden. Es wird sich dann herausstellen, dass diese zur Begrenzung von K unentbehrlichen Ebenen schon für sich allein Stützebenen durch sämmtliche Punkte dieser Begrenzung darstellen.

Es mögen die Gleichungen der **wesentlich verschiedenen** unter den in I. zunächst construirt gedachten A Ebenen $\xi_1 = 0$, $\xi_2 = 0, \ldots$ geschrieben werden, und zwar in solcher Form, dass die linken Seiten dieser Gleichungen für den Nullpunkt sämmtlich positiv ausfallen und ferner für je zwei, in Bezug auf den Nullpunkt symmetrische der Ebenen immer gleiche constante Terme enthalten, also dann in einander durch Verwandlung von $x_1, \ldots x_n$ in $-x_1, \ldots -x_n$ übergehen. Bewiesen ist im Vorhergehenden, dass der Körper K identisch sein muss mit dem durch die Ungleichungen

$$\xi_1 \geqq 0, \quad \xi_2 \geqq 0, \ldots$$

definirten Bereiche. Es wird gefragt, wenn man K nun auf irgend eine andere Weise durch derartige Ungleichungen in endlicher Anzahl definirt, welche von den letzten Ungleichungen müssen dabei immer wieder auftreten.

Man betrachte der Reihe nach jeden einzelnen der A Punkte $\frac{a_1}{2}, \cdots \frac{a_n}{2}$ auf der Begrenzung von K, für welche $a_1, \ldots a_n$ lauter ganze Zahlen sind. Es sei zunächst $\mathfrak{d}$ unter diesen Punkten ein solcher, für den nur ein einziger von den Ausdrücken $\xi_1, \xi_2, \ldots$ Null ist, die übrigen also sämmtlich > 0 sind; der betreffende Ausdruck heisse Ξ. Dann ist die Ebene $\Xi = 0$ die einzige Stützebene an K durch den Punkt $\mathfrak{d}$ und kann infolge dessen bei einer Bestimmung von K in der angegebenen Weise niemals entbehrt werden; denn bedeutet ε das Minimum unter den kleinsten Spannen von $\mathfrak{d}$ nach den von $\Xi = 0$ verschiedenen der Ebenen $\xi_1 = 0$, $\xi_2 = 0, \ldots$, so gehören noch alle Punkte mit einer Spanne $\leqq \varepsilon$ von $\mathfrak{d}$ in der Ebene $\Xi = 0$ zu K, und die Menge dieser Punkte würde durch jede, von $\Xi = 0$ verschiedene Ebene durchschnitten werden.

Zweitens sei $\mathfrak{d}$ unter jenen A Punkten ein solcher, falls unter ihnen derartige Punkte überhaupt auftreten, für den mehrere der Ausdrücke $\xi_1, \xi_2, \ldots$ Null seien; die betreffenden Ausdrücke mögen $\xi', \xi'', \ldots$ heissen. Dann wird jedesmal

$$T = \xi' + \xi'' + \cdots$$

gleichfalls ein Ausdruck sein, der für alle Punkte von K sich $\geqq 0$ und für den Punkt $\mathfrak{d}$ sich $= 0$ erweist, und wird also $T = 0$ ebenfalls eine Stützebene durch $\mathfrak{d}$ an K vorstellen.

Wird nun so für jeden unter jenen A Punkten $\frac{a_1}{2}, \cdots \frac{a_n}{2}$, der von der zuerst genannten Art ist, der Ausdruck Ξ, und für jeden unter jenen Punkten, der von der zweiten Art ist, der Ausdruck Υ bestimmt, so stellen die sämmtlichen, dadurch in Betracht kommenden Gleichungen $\Xi = 0$ und $\Upsilon = 0$ (die durch Indices unterschieden werden mögen), wieder Stützebenen an K durch alle jene A Punkte dar, und zwar wird nach der Bestimmung, die am Anfange über die Ausdrücke $\xi_1, \xi_2, \ldots$ getroffen ist, die Configuration aller dieser Ebenen wieder, wie die jener A Punkte, den Nullpunkt als Mittelpunkt haben. Dem oben Bewiesenen zufolge muss dann durch

(1) $$\Xi_1 \geqq 0,\ \Xi_2 \geqq 0,\ \ldots;\quad \Upsilon_1 \geqq 0,\ \Upsilon_2 \geqq 0, \ldots$$

wieder der Körper K dargestellt sein. Es lässt sich nun zeigen, dass der in dieser Weise definirte Bereich identisch sein muss mit dem durch

(2) $$\Xi_1 \geqq 0,\quad \Xi_2 \geqq 0, \ldots$$

bestimmten Bereiche, womit zugleich gesagt ist, dass es Punkte $\mathfrak{b}$ von der zuerst genannten Art, also die auf Formen Ξ führen, immer geben muss, indem anderenfalls unter letzterem Bereiche die Menge aller möglichen Punkte zu verstehen wäre.

Zunächst enthält sicherlich der Bereich (2) den Bereich (1). Nun sei $\mathfrak{p}$ irgend ein nicht zum Bereiche (1) gehörender Punkt. Der Nullpunkt $\mathfrak{o}$ ist ein innerer Punkt des Bereichs (1), d. i. von K; nach 12. II wird man dann in diesem Bereiche auch einen solchen inneren Punkt $\mathfrak{q}$ finden können, dass auf der Strecke $\mathfrak{pq}$, vom Punkte $\mathfrak{p}$ abgesehen, in keinem Punkte zwei der Ausdrücke $\xi_1, \xi_2, \ldots$ gleichzeitig verschwinden. Wird dann auf dieser Strecke, die von einem äusseren Punkte des Bereichs (1) nach einem inneren Punkte dieses Bereichs, eines nirgends concaven Körpers, führt, derjenige Punkt $\mathfrak{r}$ aufgesucht, welcher der Begrenzung dieses Körpers angehört, so kann in $\mathfrak{r}$ keine der Gleichungen $\Upsilon = 0$ gelten, indem für $\mathfrak{r}$ alle Ausdrücke $\xi_1, \xi_2, \ldots \geqq 0$ sein müssen und nicht zwei dieser Ausdrücke zugleich Null sein können. Also muss für $\mathfrak{r}$ nothwendig eine Gleichung $\Xi = 0$ gelten; für $\mathfrak{q}$ als inneren Punkt von (1) ist dann aber das betreffende $\Xi > 0$, und muss also für $\mathfrak{p}$ die Ungleichung $\Xi < 0$ gelten, also gehört $\mathfrak{p}$ auch nicht zum Bereiche (2). Danach ist umgekehrt auch der Bereich (2) im Bereiche (1) enthalten, und sind also diese Bereiche in der That identisch.

Zur Begrenzung der Stufe K von grösstem Volumen sind hiernach nothwendig und auch für sich allein schon hinreichend die Stützebenen an K durch diejenigen von den A Punkten $\frac{\mathfrak{a}_1}{2}, \ldots \frac{\mathfrak{a}_n}{2}$ auf der Begrenzung von K, durch welche nur je eine Stützebene an K möglich ist. Nun wurde am Schlusse von 31. bemerkt, dass, wenn $a_1, \ldots a_n$ einen solchen Gitterpunkt mit der kleinstmöglichen Strahldistanz M vom Nullpunkte vorstellt, durch welchen nur eine Stützebene an den Körper der Strahldistanzen $\leqq M$ vom Nullpunkte möglich ist, dann ausser diesem Punkte und dem Gitterpunkte $-a_1, \ldots -a_n$ kein weiterer Gitterpunkt auf der Begrenzung dieses Körpers Coordinaten $\equiv a_1, \ldots a_n \pmod 2$ haben kann. Danach sind auf der Begrenzung von K höchstens $2^{n+1}-2$ Punkte $\frac{a_1}{2}, \cdots \frac{a_n}{2}$ mit ganzzahligen Werthen $a_1, \ldots a_n$ denkbar, durch welche sich nur je eine Stützebene an K construiren lässt, und eine Stufe grössten Volumens hat so ihre Begrenzung immer vollständig in nicht mehr als $2^{n+1}-2$ Ebenen liegen. Dieser Satz kann auch folgendermassen ausgesprochen werden:

Hat ein nirgends concaver Körper mit einem Mittelpunkt in einem Punkte des Zahlengitters und ohne weitere Gitterpunkte im Inneren ein Volumen $=2^n$, so ist die Begrenzung des Körpers immer vollständig in nicht mehr als $2^{n+1}-2$ Stützebenen enthalten.

Eine specielle Folgerung hieraus ist, dass ein Körper mit überall convexer Begrenzung und einem Mittelpunkt in einem Gitterpunkt bei einem Volumen $=2^n$ stets noch weitere Gitterpunkte im Innern enthalten muss.

35.

Aneinanderfügung der Wände in Stufen grössten Volumens.

I. Es seien Stufen im Zahlengitter vom Volumen 1 gegeben, und K bedeute die Stufe um den Nullpunkt. Nach 34. giebt es dann bestimmte Stützebenen an K in endlicher Anzahl, welche die Begrenzung von K vollständig aufnehmen, und von welchen eine jede mindestens einen Punkt $\frac{a_1}{2}, \cdots \frac{a_n}{2}$ mit ganzzahligen Werthen $a_1, \ldots a_n$ enthält, der in keiner anderen dieser Ebenen vorkommt. Die Menge aller Punkte von K in einer dieser Ebenen möge, wie in 14., eine Wand von K genannt werden. Dafür, dass K thatsächlich ein Volumen $=1$ besitzt, ist nach 33. nothwendig und hinreichend, dass jeder Punkt in den Wänden von K immer noch mindestens einer der mit K benachbarten Stufen angehört. Der besondere Charakter, den hiernach die Wände von K tragen müssen, lässt sich anschaulich beschreiben.

Es seien

$$\Xi_1 = 0,\ \Xi_2 = 0, \ldots$$

die Gleichungen der Ebenen der verschiedenen Wände von K, und zwar mögen diese Gleichungen in solcher Form vorausgesetzt werden, dass die constanten Glieder der linken Seiten durchweg den Werth $\frac{1}{2}$ haben. Es wird K dann durch

$$(1) \qquad \Xi_1 \geqq 0, \quad \Xi_2 > 0, \ldots$$

dargestellt sein, und von diesen Ungleichungen kann keine zur Bestimmung von K entbehrt werden; es giebt, wenn Ξ einen beliebigen der Ausdrücke $\Xi_1, \Xi_2, \ldots$ vorstellt, immer solche Punkte von K, für welche von diesen Ausdrücken ganz allein Ξ Null ist und die übrigen alle positiv ausfallen. Dass K den Nullpunkt als Mittelpunkt hat, bewirkt, dass unter diesen Ausdrücken mit einem Ausdrucke Ξ immer auch der Ausdruck $-\left(\Xi - \frac{1}{2}\right) + \frac{1}{2} = -\Xi + 1$ auftritt, sodass also in K ein jeder Ausdruck Ξ sowohl $\geqq 0$ wie < 1 sein muss.

Es durchlaufe nun $\mathfrak{a}_1, \ldots \mathfrak{a}_n$ oder $\mathfrak{a}$ die sämmtlichen Gitterpunkte, welche Mittelpunkte der mit K benachbarten Stufen sind, und es werde der Punkt $\frac{\mathfrak{a}+\mathfrak{o}}{2}$ oder $\frac{\mathfrak{a}_1}{2}, \cdots \frac{\mathfrak{a}_n}{2}$ jedesmal mit $\mathfrak{d}$ bezeichnet. Die Stufe um einen Punkt $\mathfrak{a}$ ist dann jedesmal zu der Stufe K um $\mathfrak{o}$ in Bezug auf $\mathfrak{d}$ symmetrisch, indem die erste Stufe in $\mathfrak{a}$, die zweite in $\mathfrak{o}$ einen Mittelpunkt hat und $\mathfrak{d}$ Mittelpunkt der Strecke $\mathfrak{o}\mathfrak{a}$ ist.

Es stelle zuerst ein Punkt $\mathfrak{d}$ sich als ein inwendiger Punkt in einer Wand von K dar, und es sei Ξ der dieser Wand entsprechende unter den Ausdrücken in (1); nun gilt für K die Ungleichung $\Xi \geqq 0$ und in der Stufe um den Punkt $\mathfrak{a}$ daher die Ungleichung $\Xi \leqq 0$, und es haben diese zwei Stufen nur Punkte in der Ebene $\Xi = 0$ gemein. Die Menge der Punkte, die in dieser Ebene der Stufe um $\mathfrak{a}$ angehören, wird offenbar in Bezug auf $\mathfrak{d}$ zu der Wand von K in dieser Ebene symmetrisch sein; es möge nun diejenige Punktmenge, welche der Wand von K in dieser Ebene und der zu dieser Wand in Bezug auf $\mathfrak{d}$ symmetrischen Punktmenge gemeinsam ist, kurz die Deckung der betreffenden Wand in Bezug auf den Punkt $\mathfrak{d}$ heissen. Die Stufe um $\mathfrak{o}$ und die Stufe um $\mathfrak{a}$ haben dann genau diese Deckung gemein, und diese Deckung hat offenbar den Punkt $\mathfrak{d}$ als Mittelpunkt und ferner auch als einen inwendigen Punkt, und es wird jeder beliebige inwendige Punkt in ihr keiner anderen Stufe im Zahlengitter als den Stufen um $\mathfrak{o}$ und um $\mathfrak{a}$ angehören können, indem sonst der Widerspruch entstände, dass zwei verschiedene Stufen innere Punkte mit einander gemein haben müssten. Danach werden nun auch, wenn eine Wand von K verschiedene Punkte $\mathfrak{d}$ als inwendige Punkte enthält, die Deckungen der Wand in Bezug auf diese einzelnen Punkte immer unter einander in ihren inwendigen Punkten durchweg verschieden sein.

Ist zweitens ein Punkt $\mathfrak{b}$ nicht ein inwendiger Punkt in einer Wand von K, so gehört $\mathfrak{b}$ zwei oder mehr Wänden von K zugleich an, und es werden dann auch alle Punkte sonst, welche die Stufe K etwa mit der Stufe um $\mathfrak{a}$ gemein hat, jeder von diesen Wänden zugleich angehören, und haben so diese zwei Stufen sicherlich keinen inwendigen Punkt in einer Wand von K gemein. Inwendige Punkte in Wänden von K können danach allein in den zuvor betrachteten Deckungen dieser Wände auftreten; sowie aber dieser Umstand in einer Wand von K für jeden inwendigen Punkt zutrifft, wird auch jeder Punkt des Randes der Wand von den bezüglichen Deckungen der Wand aufgenommen, indem ein solcher Randpunkt auf jeder ihn mit einem inwendigen Punkte der Wand verbindenden Strecke als Häufungsstelle von inwendigen Punkten erscheint. Danach ergiebt sich als nothwendiges und hinreichendes Kennzeichen dafür, dass die Stufe K ein Volumen $= 1$ besitzt: Jede Wand von K muss sich lückenlos aus ihren Deckungen in Bezug auf die ihr angehörenden inwendigen Punkte $\frac{a_1}{2}, \dots \frac{a_n}{2}$ mit ganzzahligen $a_1, \dots a_n$ zusammensetzen.

II. Aus diesem Resultate folgen in den Fällen, wo $n > 2$ ist, bemerkenswerthe Beziehungen unter den Ausdrücken $\Xi_1, \Xi_2, \dots$, welche die Wände von K bestimmen. Diese Ausdrücke waren so angenommen, dass das constante Glied in ihnen immer $= \frac{1}{2}$ ist. Es bedeute Ξ einen beliebigen dieser Ausdrücke, so ergeben die in 12. und 36. entwickelten Principien über lineare Ungleichungen, dass zu der Wand von K in der Ebene $\Xi = 0$ unter den übrigen Wänden von K solche da sind, welche mit dieser Wand gewisse Punkte gemein haben, die keiner dritten Wand von K angehören. Von allen Wänden von K sind dann die hiermit bezeichneten allein wesentlich zur Bestimmung des Randes der Wand in $\Xi = 0$; es seien $H_1, H_2, \dots$ diejenigen von den Ausdrücken $\Xi_1, \Xi_2, \dots$, welche diesen Wänden hier entsprechen; die Wand von K in $\Xi = 0$ wird dann vollkommen definirt sein durch die Bedingungen

(2) $$\Xi = 0;\ H_1 - \Xi \geqq 0,\ H_2 - \Xi > 0, \dots$$

Die Ausdrücke $H_1 - \Xi$, $H_2 - \Xi$ hier sind homogen in $x_1, \dots x_n$, und es können nicht zwei dieser Ausdrücke Vielfache von einander sein; denn bedeutet H einen beliebigen der Ausdrücke $H_1, H_2, \dots$, so giebt es immer Punkte von K, für welche Ξ und H, aber keiner sonst von den letzten Ausdrücken verschwindet. Für jeden solchen Punkt stellt die Ebene $H - \Xi = 0$ dann die einzige Ebene durch den Punkt und gleichzeitig durch den Nullpunkt vor, welche die Menge aller Punkte von K, für die $\Xi = 0$ und $H = 0$ ist, nicht durchschneidet. Man wird deshalb jedesmal, wenn man die Wand von K in $\Xi = 0$ auf irgend eine Weise durch ein System von Bedingungen

$$\Xi = 0;\ T_1 \geqq 0,\ T_2 \geqq 0, \ldots$$

definirt findet, worin $T_1, T_2, \ldots$ eine endliche Anzahl von ganzen homogenen linearen Ausdrücken in $x_1, \ldots x_n$ sind, unter diesen Ausdrücken ein positives Vielfaches von jeder der Formen $H_1 - \Xi$, $H_2 - \Xi, \ldots$ antreffen müssen.

Nun soll gezeigt werden, dass zu jedem Ausdrucke H aus der Reihe $H_1, H_2, \ldots$ immer ein ganz bestimmter zweiter Ausdruck aus dieser Reihe, Z, vorhanden ist, für welchen eine Beziehung

$$\alpha\left(\Xi - \frac{1}{2}\right) = \beta\left(H - \frac{1}{2}\right) + \gamma\left(Z - \frac{1}{2}\right) \tag{3}$$

besteht, worin α, β, γ nicht sämmtlich Null sind.

Zunächst leuchtet ein, dass zu einem gegebenen H jedenfalls nur ein anderer Ausdruck Z jener Reihe in einer derartigen Beziehung stehen kann. Denn zunächst wird dabei γ von Null verschieden sein müssen, indem anderenfalls wegen der Punkte, für die man $\Xi = 0$, $H = 0$ hat, aus (3) zuerst $\alpha = \beta$, und, da α, β, γ nicht sämmtlich Null sein sollen, weiter $\Xi = H$ folgen würde, was nicht sein kann. Desgleichen wird in einer solchen Beziehung (3) β von Null verschieden sein müssen; weiter wird $\frac{\beta + \gamma - \alpha}{2\gamma} > 0$ sein müssen, da man der Bedeutung von $H_1, H_2, \ldots$ zufolge Punkte von K haben wird, für die $\Xi = 0$, $H = 0$, aber $Z \gtrless 0$ und also > 0 ist, und desgleichen wird $\frac{\beta + \gamma - \alpha}{2\beta} > 0$ sein müssen; also werden ferner β und γ dasselbe Vorzeichen haben müssen, und setzt man dann (3) in die Form

$$(H - \Xi) + \frac{\beta + \gamma - \alpha}{\beta}\left(\Xi - \frac{1}{2}\right) = -\frac{\gamma}{\beta}(Z - \Xi),$$

so zeigt sich, dass $\frac{\beta + \gamma - \alpha}{2\beta}$ mit dem grössten Werthe identisch wird, den H in der Wand von K in $\Xi = 0$ annimmt, und danach wird diese Grösse durch Ξ, H und den Körper K vollständig bestimmt sein. Aus der letzten Formel geht dann, indem nicht zwei der Ausdrücke $H_1 - \Xi$, $H_2 - \Xi, \ldots$ Vielfache von einander sein können, in der That hervor, dass zu einem gegebenen H der Ausdruck Z nur ein einziger sein kann. Weil der Körper K den Nullpunkt als Mittelpunkt hat, müssen noch, wie oben bemerkt, H und Z in K stets $\leqq 1$ sein, danach wird in (3) noch $\frac{\beta+\gamma-\alpha}{2\beta} \leqq 1$ und ferner $\frac{\beta+\gamma-\alpha}{2\gamma} \leqq 1$ sein müssen, woraus schliesslich noch, weil β und γ dasselbe Vorzeichen haben sollen, $\frac{\alpha}{\gamma} \geqq 0$ hervorgeht.

Dass nun wirklich zu jedem Ausdrucke H aus der Reihe $H_1, H_2, \ldots$ ein anderer Ausdruck Z dieser Reihe vorhanden ist, welcher zu H die angegebene Beziehung hat, schliesst man folgendermassen. Es durchlaufe $\mathfrak{d}$ alle vorhandenen inwendigen Punkte der Wand von K in $\Xi = 0$, für welche $2\mathfrak{d} - \mathfrak{o}$ einen Gitterpunkt vorstellt. Die Werthe von $H_1, H_2, \ldots$ für $\mathfrak{d}$ mögen jedesmal $\frac{\tau_1}{2}, \frac{\tau_2}{2}, \ldots$ heissen; $\tau_1, \tau_2, \ldots$ sind immer sämmtlich > 0. Die Deckung der Wand von K in $\Xi = 0$ in Bezug auf einen Punkt $\mathfrak{d}$ wird dann durch

$$\Xi = 0; \qquad H_1 - \Xi \geqq 0, \qquad H_2 - \Xi \geqq 0, \ldots,$$
$$-H_1 + \tau_1 + \Xi - 2\tau_1\Xi \geqq 0, \quad -H_2 + \tau_2 + \Xi - 2\tau_2\Xi \geqq 0, \ldots$$

dargestellt sein. Jede Ungleichung hier ist wieder so eingerichtet, dass durch das Eintreten des Gleichheitszeichens in ihr eine Ebene durch den Nullpunkt angezeigt wird. Von diesen sämmtlichen Ebenen ist dann zur Festlegung des hier zunächst durch sie alle definirten Bereichs wieder nur jede solche wesentlich, welche Punkte dieses Bereichs enthält, die in keiner zweiten der Ebenen vorkommen. Nach I. soll nun die Wand von K in $\Xi = 0$ aus den sämmtlichen Bereichen dieser Art in Bezug auf die verschiedenen, für sie in Betracht kommenden Punkte $\mathfrak{d}$ vollständig hervorgehen. Die Anzahl dieser Bereiche ist eine endliche.

Es wird nun in der Wand von K in $\Xi = 0$ ein solcher Punkt $\mathfrak{y}$ bestimmt werden können, für den $H - \Xi = 0$ ist, für den aber kein anderer von den Ausdrücken $H_1 - \Xi$, $H_2 - \Xi, \ldots$ verschwindet und auch kein solcher von den Ausdrücken

(4) $\qquad -H_1 + \tau_1 + \Xi - 2\tau_1\Xi, \quad -H_2 + \tau_2 + \Xi - 2\tau_2\Xi, \ldots$

in Bezug auf die verschiedenen, hier in Betracht kommenden Punkte $\mathfrak{d}$, der nicht ein Vielfaches von $H - \Xi$ ist. Indem in jener Wand überall $H - \Xi > 0$ ist und ihre Deckungen in Bezug auf verschiedene Punkte $\mathfrak{d}$ immer unter einander in ihren inwendigen Punkten durchweg verschieden sind, wird der Punkt $\mathfrak{y}$ nur einer einzigen dieser Deckungen angehören; es heisse $\mathfrak{v}$ der dieser Deckung entsprechende Punkt $\mathfrak{d}$ und $\frac{\tau}{2}$ der Werth von H in $\mathfrak{v}$; zur Definition dieser Deckung ist dann die Ungleichung $H - \Xi > 0$ wesentlich, und wird daher, indem die Deckung den Punkt $\mathfrak{v}$ als Mittelpunkt hat, auch die Ungleichung $-H + \tau + \Xi - 2\tau\Xi \geqq 0$ wesentlich sein. Nun sind zwei Fälle denkbar. Entweder ist die linke Seite der letzten Ungleichung ein Vielfaches eines der Ausdrücke $H_1 - \Xi$, $H_2 - \Xi, \ldots$; der betreffende Ausdruck kann dann nicht $H - \Xi$ sein, da es Punkte giebt, für die man $\Xi = 0$, $H = 0$ hat, und die Grösse τ von Null verschieden ist. Also wird es in diesem Falle unter den Ausdrücken $H_1, H_2, \ldots$ einen von H verschiedenen Ausdruck Z und eine Grösse $\varkappa$ geben, so dass

$$-H + \tau + \Xi - 2\tau\Xi = \varkappa(Z - \Xi)$$

ist, woraus die Relation (3) hervorgeht, wenn man

$$\alpha : \beta : \gamma = 1 - 2\tau + \varkappa : 1 : \varkappa$$

setzt.

Tritt jedoch nicht der hier bezeichnete Fall ein, so kann in jener Deckung in Bezug auf $\mathfrak{v}$ jedenfalls ein solcher Punkt $\mathfrak{y}^*$ bestimmt werden, für den $-H + \tau + \Xi - 2\tau\Xi = 0$ ist, für den aber keiner der Ausdrücke $H_1 - \Xi$, $H_2 - \Xi, \ldots$ verschwindet und auch kein solcher von den Ausdrücken (4) für die verschiedenen hier in Betracht kommenden Punkte $\mathfrak{d}$, der nicht ein Vielfaches jenes ersten Ausdrucks ist. Indem dieser Punkt $\mathfrak{y}^*$ dann einen inwendigen Punkt der Wand von K in $\Xi = 0$ vorstellt, wird er noch einer weiteren von jenen Deckungen angehören, und zwar nur einer solchen, wegen des Umstandes, dass verschiedene der Deckungen in ihren inwendigen Punkten stets verschieden sind; zur Definition dieser Deckung ist dann die Ungleichung $-H + \tau + \Xi - 2\tau\Xi \leqq 0$ wesentlich. Es sei $\mathfrak{v}^*$ der dieser Deckung entsprechende Punkt $\mathfrak{d}$, so wird $-H + \tau + \Xi - 2\tau\Xi$ ein negatives Vielfaches eines der Ausdrücke (4) in Bezug auf $\mathfrak{v}^*$ sein müssen. Es kann dies nicht der zur Form H gehörige Ausdruck sein, weil es Punkte giebt, für die man $\Xi = 0$, $H = 0$ hat, und alle Grössen $\tau_1, \tau_2, \ldots$ positiv sind. Also giebt es in diesem Falle einen von H verschiedenen Ausdruck Z in der Reihe $H_1, H_2, \ldots$ und zwei Grössen τ^* und $\varkappa^*$, so dass

$$-H + \tau + \Xi - 2\tau\Xi = -\varkappa^*(-Z + \tau^* + \Xi - 2\tau^*\Xi)$$

ist, woraus die Relation (3) hervorgeht, wenn man

$$\alpha : \beta : \gamma = 1 - 2\tau + \varkappa^* - 2\varkappa^*\tau^* : 1 : \varkappa^*$$

setzt.

Viertes Kapitel.

Anwendungen der vorhergehenden Untersuchung.

36.

Lineare Formen mit ganzzahligen Unbestimmten und mit beliebigen reellen Coefficienten.

Es sollen nunmehr die Sätze des letzten Kapitels Anwendungen auf specielle Probleme finden.

Zunächst sei an die Definition eines nirgends concaven Körpers mit Mittelpunkt erinnert. Es bedeute $f(x_1, \dots x_n)$ irgend eine Function, welche folgende Bedingungen erfüllt:

$$\text{(A)} \qquad \begin{cases} f(x_1, \dots x_n) > 0, \text{ wenn nicht } x_1 = 0, \dots x_n = 0 \text{ ist,} \\ f(0, \dots 0) = 0, \\ f(tx_1, \dots tx_n) = tf(x_1, \dots x_n), \text{ wenn } t > 0 \text{ ist;} \end{cases}$$

$$\text{(B)} \qquad f(x_1 + y_1, \dots x_n + y_n) \leqq f(x_1, \dots x_n) + f(y_1, \dots y_n);$$

$$\text{(C)} \qquad f(-x_1, \dots -x_n) = f(x_1, \dots x_n).$$

Stellt $\mathfrak{c}$ irgend einen Punkt vor, und versteht man unter $z_1, \dots z_n$ die relativen Coordinaten eines variablen Punktes $\mathfrak{x}$ in Bezug auf $\mathfrak{c}$, so ist es eine Menge von allen solchen Punkten $\mathfrak{x}$, welche eine bestimmte Bedingung $f(z_1, \dots z_n) \leqq 1$ erfüllen, die als ein nirgends concaver Körper mit $\mathfrak{c}$ als Mittelpunkt bezeichnet wird.

Es seien $\xi_1, \dots \xi_\nu$ eine endliche Anzahl von linearen Formen in $x_1, \dots x_n$, also Ausdrücke von der Gestalt

$$\alpha_1 x_1 + \cdots + \alpha_n x_n,$$

und zwar durchweg mit lauter reellen Coefficienten; es sei $\nu > n$, und es mögen sich unter diesen Formen irgend n unabhängige finden, also irgend n Formen mit einer von Null verschiedenen Determinante. Dem Systeme von Gleichungen $\xi_1 = 0, \dots \xi_\nu = 0$ wird alsdann nur durch das eine System $x_1 = 0, \dots x_n = 0$ genügt. Es bedeute $\varphi(x_1, \dots x_n)$ den grössten Werth, der unter den absoluten Beträgen von $\xi_1, \dots \xi_\nu$ bei Einsetzen von festen Werthen für $x_1, \dots x_n$ vorhanden ist. Diese Function φ genügt offenbar den Bedingungen (A) und (C) für eine Function f. Zugleich bedeutet dann $\varphi(x_1, \dots x_n)$ die **kleinste** Grösse, welche **sämmtlichen** ν Ungleichungen

$$\text{abs}\ \xi_h(x_1, \dots x_n) \leqq \varphi(x_1, \dots x_n) \qquad (h = 1, \dots \nu)$$

genügt; indem nun für jede Form ξ_h immer

$$\text{abs}\ \xi_h(x_1 + y_1, \dots x_n + y_n) \leqq \text{abs}\ \xi_h(x_1, \dots x_n) + \text{abs}\ \xi_h(y_1, \dots y_n)$$

ist, wird danach diese Function φ auch der Bedingung (B) für eine Function f genügen (vgl. die Betrachtung auf S. 2). Der Satz aus 30., auf diese Function φ angewandt, besagt nun:

Stellen $\xi_1, \dots \xi_\nu$ eine endliche Anzahl von linearen Formen in $x_1, \dots x_n$ mit beliebigen reellen Coefficienten vor, finden sich darunter irgend n unabhängige Formen, und ist J der Werth des n-fachen Integrals $\int dx_1 \dots dx_n$, mit lauter positiven Integrationsrichtungen über den Bereich

$$-1 \leqq \xi_1 \leqq 1, \dots -1 \leqq \xi_\nu \leqq 1$$

erstreckt, so giebt es immer mindestens ein System von ganzen Zahlen $x_1, \dots x_n$, welche nicht sämmtlich Null sind und die Ungleichungen

$$(1) \qquad \text{abs}\ \xi_1 \leqq \frac{2}{\sqrt[n]{J}}, \dots \text{abs}\ \xi_\nu \leqq \frac{2}{\sqrt[n]{J}}$$

befriedigen.

Das Ergebniss des Abschnitts 15. schliesst den Satz in sich:

Ist f irgend eine Function, die den Bedingungen (A), (B), (C) genügt, und wird eine positive Grösse δ beliebig angenommen, so kann man immer Functionen φ finden, welche in der soeben erörterten Weise aus einer endlichen Anzahl von linearen Formen entspringen (und welche ebenfalls jene Bedingungen (A), (B), (C) erfüllen), dergestalt, dass man für alle möglichen Werthsysteme von $x_1, \dots x_n$ (vom Systeme $0, \dots 0$ abgesehen):

$$1 \leqq \frac{\varphi(x_1, \dots x_n)}{f(x_1, \dots x_n)} < 1 + \delta$$

hat. Dieser Satz ist deshalb besonders bemerkenswerth, weil er offenbar die Functionen f vollständig charakterisirt; mit Rücksicht auf ihn liesse sich der allgemeine Satz des Abschnitts 30. über die Functionen f als eine Folge des soeben entwickelten specielleren Satzes über die Functionen φ darstellen.

Von den Formenpaaren $\pm \xi_1, \dots \pm \xi_\nu$, welche irgend eine Function φ, als das Maximum ihrer Werthe, liefern, sind umgekehrt aus dieser Function φ nur diejenigen Paare mit Sicherheit zu erschliessen, bei welchen es eintritt, dass sie für geeignete Werthe der Coordinaten gleich ± 1 werden, während gleichzeitig alle **anderen** von den Paaren dem absoluten Betrage nach < 1 ausfallen; und die durch diesen Umstand gekennzeichneten Formenpaare bestimmen schon für sich allein als das Maximum ihrer Werthe die Function φ (vgl. namentlich 19. und 34. II.). Es mögen nun alle jene ν Paare in diesem Sinne **wesentlich** zur Festlegung von φ sein. Die Sätze in 32. und 34. lehren dann, dass, wenn kein vom Systeme $0, \ldots 0$ verschiedenes ganzzahliges System $x_1, \ldots x_n$ existirt, für das man

$$\text{(2)} \qquad \text{abs}\, \xi_1 < \frac{2}{\sqrt[n]{J}}, \ldots \text{abs}\, \xi_\nu < \frac{2}{\sqrt[n]{J}}$$

hat, damit insbesondere stets folgende Umstände verknüpft sind: Es muss die Anzahl $\nu \leqq 2^n - 1$ sein; es muss solche ganzzahlige Systeme $x_1, \ldots x_n$ geben, für welche ein beliebiger der hier bezeichneten ν Beträge $= \frac{2}{\sqrt[n]{J}}$ und die $\nu - 1$ übrigen $< \frac{2}{\sqrt[n]{J}}$ sind; endlich muss unter den sämmtlichen, von $0, \ldots 0$ verschiedenen ganzzahligen Systemen $x_1, \ldots x_n$, welche den Ungleichungen (1) genügen und die sich zu Paaren mit dem Systeme $0, \ldots 0$ als Mittelpunkt ordnen, jedes von $0, \ldots 0$ verschiedene Restsystem modulo 2 bei mindestens einem Paare vertreten sein.

37.

Arithmetischer Satz über n lineare Formen mit n Variabeln.

Der einfachste Specialfall des Satzes in 36. wird der sein, dass die Anzahl der dort betrachteten linearen Formen der Anzahl ihrer Variabeln gleich ist. Es seien $\xi_1, \ldots \xi_n$ n lineare Formen in $x_1, \ldots x_n$ mit beliebigen reellen Coefficienten und mit einer von Null verschiedenen Determinante; dieselbe heisse Δ. Der Bereich

$$\text{(1)} \qquad -1 \leqq \xi_1 \leqq 1, \ \ldots \ -1 \leqq \xi_n \leqq 1$$

hat dann nach 27. in $x_1, \ldots x_n$ ein Volumen $= \frac{2^n}{\text{abs}\,\Delta}$; und der Satz aus 36. nimmt für n Formen die Fassung an:

In n ganzen homogenen linearen Formen mit n Variabeln, mit beliebigen reellen Coefficienten und einer von Null verschiedenen Determinante Δ kann man den Variabeln immer solche ganzzahlige Werthe, die nicht sämmtlich Null sind, geben, dass dabei alle Formen absolute Beträge $\leqq \sqrt[n]{\text{abs}\,\Delta}$ erlangen.

Danach wird man in n linearen Formen mit einer Determinante ± 1 den Variabeln immer solche ganzzahlige Werthe, die nicht sämmtlich Null sind, beilegen können, dass dabei die absoluten Beträge aller n Formen $\leqq 1$ werden; und diese Aussage enthält auch nicht weniger als die zuvor gemachte, denn es ergeben

$$\frac{\xi_1}{(\mathrm{abs}\,\Delta)^{\frac{1}{n}}}, \ldots \frac{\xi_n}{(\mathrm{abs}\,\Delta)^{\frac{1}{n}}},$$

wenn Δ die Determinante von $\xi_1, \ldots \xi_n$ ist, als Determinante $\frac{\Delta}{\mathrm{abs}\,\Delta} = \pm 1$. —

Es seien schon $\xi_1, \ldots \xi_n$ selbst von einer Determinante ± 1; es sind dann zwei Fälle denkbar: entweder giebt es auch solche, vom Systeme $0, \ldots 0$ verschiedene ganzzahlige Werthe $x_1, \ldots x_n$, wofür $\mathrm{abs}\,\xi_1, \ldots \mathrm{abs}\,\xi_n$ sämmtlich < 1 ausfallen, oder aber, so oft für ein von $0, \ldots 0$ verschiedenes ganzzahliges System $x_1, \ldots x_n$ die Beträge $\mathrm{abs}\,\xi_1, \ldots \mathrm{abs}\,\xi_n$ sämmtlich $\leqq 1$ ausfallen, stellt sich jedesmal mindestens ein Betrag darunter $= 1$ heraus. Es ist evident, dass der zweite Fall immer eintreten muss, wenn eine lineare Substitution

$$x_h = l_{h1} y_1 + \cdots + l_{hn} y_n \qquad (h = 1, \ldots n)$$

mit ganzzahligen Coefficienten l_{hk} und einer Determinante $= \pm 1$ vorhanden ist, durch deren Anwendung die Formen $\xi_1, \ldots \xi_n$, abgesehen von der Reihenfolge, Ausdrücke erlangen

$$(2) \qquad y_1 + b_{12} y_2 + \cdots + b_{1n} y_n,\; y_2 + \cdots + b_{2n} y_n, \ldots y_n,$$

worin noch die Grössen b_{hk} $(h < k)$ beliebig sein können; denn einem jeden von $0, \ldots 0$ verschiedenen ganzzahligen Systeme $x_1, \ldots x_n$ entspricht dann vermöge dieser Substitution ein ebensolches ganzzahliges System $y_1, \ldots y_n$; ist in letzterem Systeme dann y_k die letzte, von Null verschiedene Zahl, so reducirt sich für dieses System der Werth der k^{ten} jener Formen auf y_k und erlangt damit, indem y_k eine ganze Zahl und von Null verschieden ist, nothwendig einen absoluten Betrag $\geqq 1$. Kommt aber n Formen $\xi_1, \ldots \xi_n$ mit einer Determinante ± 1 nicht der soeben bezeichnete Charakter zu, so ist es immer möglich, sie durch ganzzahlige, von $0, \ldots 0$ verschiedene Werthe ihrer Variabeln sämmtlich gleichzeitig dem absoluten Betrage nach < 1 zu machen. Den Beweis dieses Satzes gedenke ich in Verbindung mit eingehenderen arithmetischen Untersuchungen über n lineare Formen mit n Variabeln, wie ich sie hier (in 45.) nur für $n = 2$ durchführen werde, in einem besonderen Aufsatze zu geben, und ich beschränke mich an dieser Stelle hinsichtlich des hier berührten Grenzfalles, der von grossem Interesse ist, auf wenige Bemerkungen, die allein im Späteren Anwendung finden werden.

Wenn $\xi_1, \ldots \xi_n$ eine Determinante $= \pm 1$ haben, ist das Volumen des Bereichs (1) gleich 2^n, und finden sich deshalb in diesem Bereiche immer ausser dem Nullpunkte noch weitere ganzzahlige Systeme $x_1, \ldots x_n$, die sich dann zu Paaren entgegengesetzter Systeme (d. h. mit dem Nullpunkt als Mittelpunkt) ordnen. Die zuletzt aufgeworfene Frage ist nun die, unter welchen Umständen fallen gar keine von diesen Systemen in's Innere des Parallelepipedum (1), vielmehr alle auf dessen Begrenzung. Wenn solches zutrifft, hat man nach den Bemerkungen am Schlusse von 36. gewiss mindestens ein Paar entgegengesetzter ganzzahliger Systeme $x_1, \ldots x_n$, wofür eine beliebig gewählte der Formen $\xi_1, \ldots \xi_n$ gleich ± 1 wird und die übrigen sämmtlich Beträge < 1 erlangen, und müssen überhaupt auf der Begrenzung von (1) mindestens $2^n - 1$ verschiedene Paare entgegengesetzter ganzzahliger Systeme $x_1, \ldots x_n$ liegen; diese letzte Zahl ist, wenn $n > 1$ ist, immer $> n$.

Sollen z. B. für zwei Formen ξ_1, ξ_2 mit einer Determinante ± 1 keine von 0, 0 verschiedenen ganzzahligen Werthe der Variabeln x_1, x_2 möglich sein, für die man abs $\xi_1 < 1$, abs $\xi_2 < 1$ hat, so müssen mindestens drei Paare entgegengesetzter ganzzahliger Systeme x_1, x_2 von den Beträgen abs ξ_1, abs ξ_2 den einen $= 1$, den anderen < 1 machen; zugleich kann es nach 31. überhaupt nicht mehr als vier Paare von Systemen x_1, x_2 mit dieser Wirkung geben.

Es gilt nun andererseits der Satz: Haben zwei Formen

$$\xi_1 = a_{11} x_1 + a_{12} x_2, \quad \xi_2 = a_{21} x_1 + a_{22} x_2$$

eine von Null verschiedene Determinante, und enthält der Bereich

(3) $$-1 < \xi_1 \leq 1, \quad -1 \leq \xi_2 \leq 1$$

erstens kein ganzzahliges System x_1, x_2 ausser dem Systeme 0, 0 im Inneren, und zweitens drei oder vier Paare entgegengesetzter ganzzahliger Systeme x_1, x_2 auf der Begrenzung, so ist die Determinante von ξ_1, ξ_2 nothwendig ± 1, und tragen ξ_1, ξ_2 den bei (2) bezeichneten Charakter. Denn nach dem Satze am Anfange dieses Abschnitts ist wegen des ersteren Umstandes zunächst gewiss abs $(a_{11}a_{22} - a_{12}a_{21}) \geq 1$. Es können ferner nicht für alle jene sechs oder acht Systeme x_1, x_2 in den vorausgesetzten Paaren immer sowohl ξ_1, wie ξ_2 von Null verschieden ausfallen, denn sonst würde man, indem die Anzahl dieser Systeme jedenfalls > 4 ist, unter ihnen sicher irgend zwei verschiedene Systeme x_1', x_2' und x_1'', x_2'' finden können, bei welchen ξ_1, ξ_2 beidemal dasselbe System von Vorzeichen lieferten, und würde dann

$x_1 = x_1'' - x_1'$, $x_2 = x_2'' - x_2$ ein von 0, 0 verschiedenes System sein, wofür ξ_1, ξ_2 beide dem absoluten Betrage nach < 1 ausfielen. Also wird mindestens eine der Linien $\xi_1 = 0$ und $\xi_2 = 0$ die Begrenzung von (3) in ganzzahligen Systemen x_1, x_2 treffen müssen; so erweise sich etwa $\xi_1 = 1$, $\xi_2 = 0$ als ein ganzzahliges System $x_1 = l_{11}$, $x_2 = l_{21}$. Es kann dann ausser diesem und dem dazu entgegengesetzten Systeme x_1, x_2 kein weiteres ganzzahliges System x_1, x_2 geben, für das man $\xi_1 = \pm 1$, abs $\xi_2 < 1$ hätte, weil sonst wieder ein von 0, 0 verschiedenes ganzzahliges System x_1, x_2 im Inneren von (3) folgen würde, und danach müssen dann die noch übrigen vier oder sechs von jenen Systemen sich auf die Linien $\xi_2 = 1$ und $\xi_2 = -1$ vertheilen; es sei $x_1 = l_{12}$, $x_2 = l_{22}$ ein System unter ihnen auf der ersteren Linie. Durch die Substitution

$$x_1 = l_{11}\, y_1 + l_{12}\, y_2, \quad x_2 = l_{21}\, y_1 + l_{22}\, y_2$$

transformiren sich jetzt ξ_1, ξ_2 in zwei Formen $y_1 + b_{12}\, y_2$, y_2, und dabei wird nach dem Multiplicationssatze der Determinanten

$$(a_{11}\, a_{22} - a_{12}\, a_{21})\,(l_{11}\, l_{22} - l_{12}\, l_{21}) = 1$$

werden. Daraus folgt dann zunächst, dass $l_{11}\, l_{22} - l_{12}\, l_{21}$ von Null verschieden ist, und indem dieser Ausdruck als ganze Zahl dann einen absoluten Betrag $\geqq 1$ hat und, wie oben bemerkt, auch

$$\text{abs}\,(a_{11}\, a_{22} - a_{12}\, a_{21}) \geqq 1$$

ist, weiter

$$a_{11}\, a_{22} - a_{12}\, a_{21} = \pm 1, \quad l_{11}\, l_{22} - l_{12}\, l_{21} = \pm 1,$$

und gewinnen damit ξ_1, ξ_2 in der That den bei (2) besprochenen Charakter.

Die letzte Gleichung zeigt, dass l_{11}, l_{21} keinen gemeinsamen Theiler haben; für $x_1 = l_{11}$, $x_2 = l_{21}$ war $\xi_1 = 1$, $\xi_2 = 0$, und es ergab sich ferner ξ_2 gleich $y_2 = \pm(-l_{21}\, x_1 + l_{11}\, x_2)$. Es ist nun schon ein vollständiges Kennzeichen für den Charakter, den ξ_1, ξ_2 hier tragen, dass sie eine Determinante $= \pm 1$ haben und es zwei ganze Zahlen $x_1 = l_{11}$, $x_2 = l_{21}$ ohne gemeinsamen Theiler giebt, welche ξ_1, ξ_2 abgesehen von der Ordnung gleich $\pm 1, 0$ machen. Denn existirte unter solchen Umständen noch ein von 0, 0 verschiedenes ganzzahliges System $x_1 = l_{12}$, $x_2 = l_{22}$ im Inneren von (1), so würde, weil l_{11}, l_{21} ohne gemeinsamen Theiler vorausgesetzt sind, $l_{11}\, l_{22} - l_{12}\, l_{21}$ jedenfalls von Null verschieden sein müssen, und eine entsprechende Anwendung des Multiplicationssatzes der Determinanten wie soeben würde dann zur Ungleichung

$$\text{abs}\,(a_{11}\, a_{22} - a_{12}\, a_{21})\,(l_{11}\, l_{22} - l_{12}\, l_{21}) < 1$$

führen; diese aber wäre unmöglich, weil beide Factoren links absolute Beträge $\geqq 1$ hätten.

Ebenso ist der für die Formen ξ_1, ξ_2 hier gefundene Charakter schon dadurch ganz bezeichnet, dass ξ_1, ξ_2 eine Determinante $= \pm 1$ haben und mindestens eine dieser Formen als Coefficienten von x_1, x_2 zwei ganze Zahlen ohne gemeinsamen Theiler hat. Denn sind etwa a_{21}, a_{22} zwei ganze Zahlen ohne gemeinsamen Theiler, so hat man dann in $x_1 = a_{22}$, $x_2 = -a_{21}$ zwei ganze Zahlen ohne gemeinsamen Theiler, durch welche ξ_1, ξ_2 gleich $\pm 1, 0$ werden.

38.

Annäherung an reelle Grössen durch rationale Zahlen.

I. Es seien $a_1, \ldots a_{n-1}$ irgend $n-1$ reelle Grössen und t eine beliebige Grösse $\geqq 1$, so giebt es nach dem Satze in 37. und den weiteren Bemerkungen daselbst immer solche ganze Zahlen $x_1, \ldots x_{n-1}, x_n$, die nicht sämmtlich Null sind, und welche von den Ausdrücken

$$(1) \qquad x_1 - a_1 x_n, \; \ldots \; x_{n-1} - a_{n-1} x_n, \; \frac{x_n}{t^n}$$

den $n-1$ ersten durchweg absolute Beträge $< \frac{1}{t}$ und dem n^{ten} einen absoluten Betrag $\leqq \frac{1}{t}$ verschaffen. Unter n solchen Zahlen ist dann nothwendig x_n von Null verschieden; denn $< \frac{1}{t}$ bedeutet nach Voraussetzung gewiss < 1, und würden daher für ein $x_n = 0$ die Beträge der $n-1$ ersten Ausdrücke (1) nur dann sämmtlich $< \frac{1}{t}$ gerathen, wenn man dazu $x_1 = 0, \ldots x_{n-1} = 0$ hätte. Ferner können n Zahlen $x_1, \ldots x_{n-1}, x_n$ der in Rede stehenden Art stets von einem für sie etwa vorhandenen gemeinsamen Theiler befreit und auch sämmtlich durch -1 dividirt werden, und die Quotienten werden noch dasselbe in Bezug auf die Formen (1) leisten. So gelangt man zum Satze:

(A) Sind $a_1, \ldots a_{n-1}$ irgend $n-1$ reelle Grössen und ist t eine beliebige Grösse $\geqq 1$, so giebt es immer mindestens ein System von ganzen Zahlen $x_1, \ldots x_{n-1}, x_n$ ohne gemeinsamen Theiler, für das man $0 < x_n \leqq t^{n-1}$,

$$\operatorname{abs}\left(\frac{x_1}{x_n} - a_1\right) < \frac{1}{x_n t}, \ldots \operatorname{abs}\left(\frac{x_{n-1}}{x_n} - a_{n-1}\right) < \frac{1}{x_n t}$$

hat.

Aus diesen Ungleichungen schliesst man weiter:

$$\text{abs}\left(\frac{x_1}{x_n} - a_1\right) < \frac{1}{x_n^{\frac{n}{n-1}}}, \ldots \text{abs}\left(\frac{x_{n-1}}{x_n} - a_{n-1}\right) < \frac{1}{x_n^{\frac{n}{n-1}}}.$$

Die hierin liegende Annäherung kann man unter zwei Gesichtspunkten auffassen. Man hat hier zunächst den Satz: Sind $a_1, \ldots a_{n-1}$ irgend $n-1$ reelle Grössen, so kann man immer ganze Zahlen $x_1, \ldots x_{n-1}, x_n$ ohne gemeinsamen Theiler und mit positivem x_n finden, sodass die Beträge von $x_1 - a_1 x_n, \ldots x_{n-1} - a_{n-1} x_n$ sämmtlich beliebig klein und gleichzeitig kleiner als ein Ausdruck $\varrho_n x_n^{\frac{-1}{n-1}}$ werden, wobei ϱ_n eine nur von n abhängende Constante bedeutet. In solchem Umfange verdankt man diese Annäherung Herrn Hermite*). Weiter hat sich ergeben: Für ϱ_n ist dabei der Werth 1 statthaft. Dieses Resultat wird eine Verschärfung in II. erhalten durch den Nachweis, dass für ϱ_n hier sogar $\frac{n-1}{n}$ gesetzt werden darf. Für ϱ_2 ist, wie Herr Hurwitz**) aus der Theorie der Kettenbrüche abgeleitet hat, $\frac{1}{\sqrt{5}}$ der kleinste zulässige Werth in der Aussage hier. Den Satz (A) hat Kronecker***), jedoch nur für den Fall ganzzahliger Werthe von t, gegeben und mit Hülfe einer berühmten Dirichlet'schen Methode†) in folgender Art bewiesen:

Es sei t eine positive ganze Zahl, so zerfällt das Intervall $0 < \xi < 1$ in die t Intervalle

$$0 \leqq \xi < \frac{1}{t}, \frac{1}{t} < \xi < \frac{2}{t}, \ldots \frac{t-1}{t} \leqq \xi < 1.$$

Ist nun l irgend ein reeller Werth, so gehören zu l jedesmal ganz bestimmte ganze Zahlen $l_1, \ldots l_{n-1}$, wofür die Differenzen

$$(2) \qquad \xi_1 = l_1 - a_1 l, \ldots \xi_{n-1} = l_{n-1} - a_{n-1} l$$

$\geqq 0$ und < 1 werden, und es sind im Ganzen t^{n-1} Antworten auf die Frage denkbar, in welche von jenen t Intervallen dabei diese einzelnen Differenzen $\xi_1, \ldots \xi_{n-1}$ der Reihe nach fallen. Werden nun für l irgend $1 + t^{n-1}$ Werthe $l^{(0)}, l^{(0)} + 1, \ldots l^{(0)} + t^{n-1}$ verwandt, von denen jeder folgende um 1 grösser als der vorangehende ist, so muss es, weil die Anzahl dieser Werthe grösser als t^{n-1} ist, darunter mindestens zwei Werthe geben, für welche von den ihnen zugehörigen

*) Crelle's Journal Bd. 40, S. 266.

**) Math. Annalen Bd. 39, S. 279.

***) Sitzungsberichte d. Akad. d. Wissensch. zu Berlin, 1884, S. 1073.

†) Werke Bd. I, S. 636 (Verallgemeinerung eines Satzes aus der Lehre von den Kettenbrüchen etc.).

Differenzen (2) immer je zwei mit demselben Index in das gleiche von jenen t Intervallen fallen. Solche zwei unter diesen Werthen l seien l' und l'', und zwar sei $l' < l''$, und es seien $l_1', \dots l_{n-1}'$; $l_1'', \dots l_{n-1}''$ die dazu gehörigen Werthe von $l_1, \dots l_{n-1}$, so wird man in

$$x_1 = l_1'' - l_1', \dots x_{n-1} = l_{n-1}'' - l_{n-1}', \; x_n = l'' - l'$$

offenbar n ganze Zahlen haben, welche die Ungleichungen des Satzes (A) erfüllen. Diese Methode liefert indess, wie bereits bemerkt, den Satz (A) nur für den Fall ganzzahliger Werthe von t.

II. Wo das arithmetische Theorem über nirgends concave Körper mit Mittelpunkt eine Anwendung in einer speciellen Untersuchung zulässt, ist diese Anwendung gewöhnlich nicht bloss auf eine Art möglich.

Es seien wieder $a_1, \dots a_{n-1}$ irgend $n-1$ reelle Grössen, und man betrachte jetzt diejenige Function φ, welche das Maximum unter den absoluten Beträgen der $2n-2$ Formen

$$(3) \qquad \begin{aligned} &x_1 - a_1 x_n + \frac{x_n}{T}, \dots x_{n-1} - a_{n-1} x_n + \frac{x_n}{T}, \\ &x_1 - a_1 x_n - \frac{x_n}{T}, \dots x_{n-1} - a_{n-1} x_n - \frac{x_n}{T} \end{aligned}$$

vorstellt; unter T werde irgend eine positive Grösse verstanden. Setzt man zur Abkürzung

$$x_1 - a_1 x_n = u_1, \dots x_{n-1} - a_{n-1} x_n = u_{n-1}, \; \frac{x_n}{T} = u_n,$$

so hat man als Körper $\varphi(x_1, \dots x_{n-1}, x_n) < 1$ hier den durch

$$(4) \qquad \text{abs}\, u_1 + \text{abs}\, u_n \leqq 1, \dots \text{abs}\, u_{n-1} + \text{abs}\, u_n < 1$$

definirten Bereich. Dieser zerlegt sich in die $(n-1)!\, 2^n$ Zellen (vgl. 9.) vom Ausdrucke:

$$0 \leqq \vartheta_{h_1} u_{h_1} \leqq \dots \leqq \vartheta_{h_{n-1}} u_{h_{n-1}} \leqq \vartheta_{h_{n-1}} u_{h_{n-1}} + \vartheta_n u_n \leqq 1,$$

dabei hat man für $h_1, \dots h_{n-1}$ eine jede Permutation von $1, \dots n-1$ und für jede der Grössen $\vartheta_{h_1}, \dots \vartheta_{h_{n-1}}, \vartheta_n$ entweder 1 oder -1 einzuführen. Eine jede dieser Zellen hat nach 28. in $x_1, \dots x_{n-1}, x_n$ ein Volumen gleich $\frac{T}{n!}$, und so ergiebt sich das Volumen von $\varphi < 1$ gleich $\frac{2^n T}{n}$. Nach dem Satze in 36. wird es nun immer ganze Zahlen $x_1, \dots x_{n-1}, x_n$ geben, die, ohne sämmtlich Null zu sein, die Beträge aller Ausdrücke (3) $\leqq \left(\frac{n}{T}\right)^{\frac{1}{n}}$ ausfallen lassen. Es werde $T > n$ vorausgesetzt, dann kann unter solchen Zahlen niemals $x_n = 0$ sein.

Was nun das Zeichen $\leqq$ in der Aussage hier anbelangt, so darf man es daselbst in den Fällen $n > 2$ durch das blosse Zeichen $<$ ersetzen, indem alsdann dem in 35. II. entwickelten Kriterium zufolge die unter den Körpern $\varphi \leqq$ const. vorhandene Stufe um den Nullpunkt (vgl. 31.) sicher nicht ein Volumen $= 2^n$ hat. Denn der hier betrachtete Körper $\varphi \leqq 1$ besitzt als seine wesentlichen Stützebenen die $4n - 4$ Ebenen

(5) $$\pm u_1 \pm u_n = 1, \ldots \pm u_{n-1} \pm u_n = 1.$$

Bei der Bestimmung der Wand dieses Körpers in der Ebene $u_{n-1} + u_n = 1$ beispielsweise ist dann die Ebene $u_{n-1} - u_n = 1$ wesentlich, die Ebene $-u_{n-1} + u_n = 1$ aber, wenn $n - 1 > 1$ ist, nicht wesentlich, indem diese Ebene mit jener Wand nur einen einzigen Punkt gemein hat, wie aus den Ungleichungen (4) einleuchtet; und unter den übrigen Gleichungen (5) giebt es keine, wie sie nunmehr nach 35. II. bei Eintreten des fraglichen Grenzfalles darunter vorhanden sein müsste, deren linke Seite eine lineare Combination von $u_{n-1} + u_n$ und $u_{n-1} - u_n$ mit einem von Null verschiedenen Coefficienten der zweiten Form wäre.

Im Falle $n - 1 = 1$ hingegen entspringt die hier betrachtete Function φ aus zwei Formen u_1, u_2, ist identisch mit $\operatorname{abs} u_1 + \operatorname{abs} u_2$ und kann unter besonderen Umständen zwar $=$, aber nicht $< \left(\frac{2}{T}\right)^{\frac{1}{2}}$ für ganzzahlige, von $0, 0$ verschiedene Systeme x_1, x_2 werden. Diese Umstände sind nach 37., dass es vier ganze Zahlen $l_{11}, l_{21}; l_{12}, l_{22}$ giebt, welche die Bedingungen

(6) $$l_{11} l_{22} - l_{12} l_{21} = \pm 1,$$

(7) $$\left(\frac{T}{2}\right)^{\frac{1}{2}} \operatorname{abs}(l_{11} - a_1 l_{21}) = \left(\frac{T}{2}\right)^{\frac{1}{2}} \frac{l_{21}}{T} = \frac{1}{2},$$

(8) $$l_{22} \geqq 0, \left(\frac{T}{2}\right)^{\frac{1}{2}} \operatorname{abs}(l_{12} - a_1 l_{22}) + \left(\frac{T}{2}\right)^{\frac{1}{2}} \frac{l_{22}}{T} = 1$$

erfüllen. Sollte sich dabei

$$\left(\frac{T}{2}\right)^{\frac{1}{2}} \operatorname{abs}(l_{12} - a_1 l_{22}) = \left(\frac{T}{2}\right)^{\frac{1}{2}} \frac{l_{22}}{T}$$

herausstellen, so würde aus (8) $l_{22} = \left(\frac{T}{2}\right)^{\frac{1}{2}}$, mit Rücksicht auf (7) also $l_{22} = l_{21}$, aus (6) sodann $l_{21} = 1$, aus (7) endlich $T = 2$, $a_1 = l_{11} \mp \frac{1}{2}$ folgen. Die oben gemachte Voraussetzung $T > n$ schliesst mithin auch diesen Umstand aus, erfordert also eine Ungleichheit der zwei Terme auf der linken Seite der Gleichung in (8). Indem nun $T > 2$ noch $l_{22} > 0$ zur Folge hat, erhält man dann aus (8) mit Hülfe des Satzes, dass das geometrische Mittel zweier ungleicher, nicht negativer Grössen immer kleiner als ihr arithmetisches Mittel ist,

$$\text{(9)} \qquad \operatorname{abs}\left(\frac{l_{12}}{l_{22}} - a_1\right) < \frac{1}{2 l_{22}^2}.$$

Sieht man von dem hier berührten Grenzfalle zunächst ab, so giebt es also, $T > n$ vorausgesetzt, immer n ganze Zahlen $x_1, \ldots x_{n-1}, x_n$, unter welchen x_n von Null verschieden ist und welche die $n - 1$ Ungleichungen

$$\text{(10)} \qquad \operatorname{abs}(x_h - a_h x_n) + \frac{\operatorname{abs} x_n}{T} < \left(\frac{n}{T}\right)^{\frac{1}{n}} \qquad (h = 1, \ldots n - 1)$$

befriedigen. Es kann dabei x_n positiv und es können diese Zahlen ohne gemeinsamen Theiler angenommen werden. Nun hat man, weil das geometrische Mittel von n absoluten Beträgen niemals grösser als ihr arithmetisches Mittel ist*):

$$\left(\operatorname{abs}(x_h - a_h x_n)^{n-1} \frac{(n-1) \operatorname{abs} x_n}{T}\right)^{\frac{1}{n}} \leqq \frac{(n-1)\operatorname{abs}(x_h - a_h x_n) + (n-1)\frac{\operatorname{abs} x_n}{T}}{n},$$

und daraus ergiebt sich mit Benutzung von (10) und indem man noch beachtet, dass zufolge von (10) mit wachsendem T die Ausdrücke $\operatorname{abs}\left(\frac{x_h}{x_n} - a_h\right)$ unter jede positive Grösse sinken, der Satz:

(B) Sind $a_1, \ldots a_{n-1}$ irgend $n - 1$ reelle Grössen, so kann man immer ganze Zahlen $x_1, \ldots x_{n-1}, x_n$ finden, welche ohne gemeinsamen Theiler sind, unter welchen x_n positiv ist, und für welche die Beträge

$$\operatorname{abs}\left(\frac{x_1}{x_n} - a_1\right), \ldots \operatorname{abs}\left(\frac{x_{n-1}}{x_n} - a_{n-1}\right)$$

sämmtlich unter einer beliebig angenommenen positiven Grösse liegen und gleichzeitig sämmtlich

$$< \frac{n-1}{n x_n^{\frac{n}{n-1}}}$$

sind.

Wie Gleichung (9) sehen lässt, besteht für diesen Satz kein Ausnahmefall.

*) Ein Beweis dieses Hülfssatzes wird sich in 40. II. darbieten.

39.

Lineare Formen mit complexen Coefficienten.

Es seien $v_1, \dots v_n$ n lineare Formen mit den Variabeln $x_1, \dots x_n$ und einer von Null verschiedenen Determinante Δ. Diese Formen sollen bestehen aus r Formen $\xi_1, \dots \xi_r$ mit reellen Coefficienten und aus s Paaren von Formen

$$\frac{\eta_1 + i\zeta_1}{\sqrt{2}}, \frac{\eta_1 - i\zeta_1}{\sqrt{2}}; \dots \frac{\eta_s + i\zeta_s}{\sqrt{2}}, \frac{\eta_s - i\zeta_s}{\sqrt{2}} \qquad (i = \sqrt{-1})$$

mit conjugirt imaginären Coefficienten, sodass $r + 2s = n$ ist und $\xi_1, \dots \eta_s, \zeta_s$ als n lineare Formen mit reellen Coefficienten (und mit demselben absoluten Betrag der Determinante wie $v_1, \dots v_n$) erscheinen. Um nicht auf den schon in 37. behandelten Fall zurückzukommen, werde angenommen, dass unter den Formen $v_1, \dots v_n$ mindestens ein Paar mit imaginären Coefficienten wirklich da sei, also $s > 0$ ist; dagegen soll r auch $= 0$ sein dürfen, so dass vielleicht keine Form mit reellen Coefficienten darunter da ist. Indem man für jede Form v_h bei beliebigen Werthen $x_1, \dots x_n$ und $y_1, \dots y_n$ immer

$$\text{abs}\, v_h(x_1 + y_1, \dots x_n + y_n) < \text{abs}\, v_h(x_1, \dots x_n) + \text{abs}\, v_h(y_1, \dots y_n)$$

hat, erkennt man, dass das Maximum unter den absoluten Beträgen der n Formen $v_h(x_1, \dots x_n)$ $(h = 1, \dots n)$ wieder eine den Bedingungen (A), (B), (C) in 36. genügende Function $f(x_1, \dots x_n)$ vorstellt. Der Bereich $f \leqq 1$ ist für sie durch

$$\text{abs}\, v_1 \leqq 1, \dots \text{abs}\, v_n \leqq 1,$$

d. i. durch

$$(1) \qquad \begin{gathered} -1 \leqq \xi_1 \leqq 1, \dots -1 < \xi_r \leqq 1, \\ \frac{\eta_1^2 + \zeta_1^2}{2} \leqq 1, \dots \frac{\eta_s^2 + \zeta_s^2}{2} \leqq 1 \end{gathered}$$

definirt und hat in $\xi_1, \dots \eta_s, \zeta_s$ ein Volumen $= 2^r (2\pi)^s$ und in $x_1, \dots x_n$ infolgedessen nach 28. ein Volumen $= \frac{2^r (2\pi)^s}{\text{abs}\, \Delta}$. Ferner wird die Begrenzung dieses Bereichs, wenn $s > 0$ ist, nicht von einer endlichen Anzahl von Stützebenen vollständig aufgenommen, sodass hier ausser dem Satze in 30. noch der Zusatz aus 34. zur Anwendung kommen wird. Denn es sei η, ζ eines der Paare $\eta_1, \zeta_1, \dots \eta_s, \zeta_s$, die dann ja mindestens in der Anzahl 1 vertreten sind. Sollte nun der Bereich (1) durch eine endliche Anzahl von Ungleichungen

$$d_1 x_1 + \dots + d_n x_n + d \geqq 0$$

mit reellen $d_1, \dots d_n, d$ definirt werden können, so würde daraus, wenn statt $x_1, \dots x_n$ als neue Variabeln die Formen $\xi_1, \dots \eta_s, \zeta_s$ eingeführt und hernach alle von diesen neuen Variabeln bis auf η, ζ gleich Null gesetzt würden, eine entsprechende Definition für den Bereich

$$\frac{\eta^2 + \zeta^2}{2} \leqq 1$$

in η, ζ hervorgehen; solches aber ist nicht möglich, weil die Begrenzung dieses Bereichs in η, ζ überall convex ist. Aus 30. und 34. entnimmt man nunmehr:

Stellen $v_1, \dots v_n$ n lineare Formen in $x_1, \dots x_n$ mit einer von Null verschiedenen Determinante Δ vor, und bestehen diese Formen aus s Paaren mit conjugirt imaginären Coefficienten, wobei $s > 0$ ist, und, wenn $2s < n$ ist, im Uebrigen aus Formen mit reellen Coefficienten, so giebt es immer ganze Zahlen $x_1, \dots x_n$, die nicht sämmtlich Null sind und für welche die absoluten Beträge von $v_1, \dots v_n$ sämmtlich $< \left(\frac{2}{\pi}\right)^{\frac{s}{n}} \operatorname{abs} \Delta^{\frac{1}{n}}$ ausfallen.

Es seien $b_h + ic_h$ $(h = 1, \dots m-1)$ irgend $m-1$ complexe Grössen und t eine beliebige reelle positive Grösse, so wird es danach z. B. immer $2m$ ganze Zahlen y_h, z_h $(h = 1, \dots m-1, m)$ geben, die nicht sämmtlich Null sind und für welche die Beträge von

$$y_h + iz_h - (b_h + ic_h)(y_m + iz_m), \ (h = 1, \dots m-1), \quad \frac{y_m + iz_m}{t^m}$$

sämmtlich $< \frac{2}{\sqrt{\pi}} \frac{1}{t}$ sind.

Das Analogon zum Satze (B) in 38. erhält man durch Betrachtung des Bereichs

$$\operatorname{abs}\Big(y_h + iz_h - (b_h + ic_h)(y_m + iz_m)\Big) + \frac{\operatorname{abs}(y_m + iz_m)}{T} \leqq 1 \quad (h = 1, \dots m-1),$$

unter T einen positiven Parameter verstanden. Dieser Bereich ist ein nirgends concaver Körper in $y_1, \dots z_m$ mit dem Nullpunkt als Mittelpunkt, und zudem wird seine Begrenzung nicht von einer endlichen Anzahl von Stützebenen aufgenommen. Das Volumen dieses Bereichs in $y_1, \dots z_m$ findet man gleich

$$\int_0^1 \Big(\pi(1-x)^2\Big)^{m-1} 2\pi Tx\, T dx = \frac{\pi^m T^2}{m(2m-1)};$$

dieselben Hülfsmittel wie in 38. II führen dann zu dem Satze:

Sind $b_h + ic_h$ $(h = 1, \dots m-1)$ irgend $m-1$ complexe Grössen, so ist man immer im Stande, m complexe ganze Zahlen $y_h + iz_h$ ($h = 1, \ldots m-1, m$) zu finden, unter welchen $y_m + iz_m$ von Null verschieden ist und für welche die Beträge

$$\text{abs}\left(\frac{y_h + iz_h}{y_m + iz_m} - b_h - ic_h\right) \qquad (h = 1, \ldots m-1)$$

sämmtlich unter einer beliebig angenommenen positiven Grösse liegen und gleichzeitig sämmtlich

$$< \frac{m-1}{m}\frac{2}{\sqrt{\pi}}\left(\frac{2m-1}{m}\frac{4}{\pi}\right)^{\frac{1}{2m-2}} \frac{1}{\text{abs}\,(y_m + iz_m)^{\frac{m}{m-1}}}$$

sind.

40.

Summen von Potenzen linearer Formen.

Es seien $v_1, \ldots v_n$ n lineare Formen in $x_1, \ldots x_n$ mit einer von Null verschiedenen Determinante Δ, und sie sollen bestehen aus r Formen mit reellen Coefficienten und aus s Paaren von Formen mit conjugirt imaginären Coefficienten, so dass $r + 2s = n$ ist; dabei soll auch r oder s gleich Null sein dürfen. Es wird $\Delta = \pm i^s \,\text{abs}\, \Delta$ sein.

I. Nun sei p eine beliebige reelle Grösse, sie braucht keine ganze Zahl zu sein; und es werde

$$\left(\frac{(\text{abs}\, v_1)^p + \cdots + (\text{abs}\, v_n)^p}{n}\right)^{\frac{1}{p}} = f(x_1, \ldots x_n)$$

gesetzt, wobei unter den p^{ten} Potenzen und sodann unter der $\frac{1}{p}^{\text{ten}}$ Potenz immer deren reelle und nicht negative Werthe verstanden werden sollen. Es stellt dann $f = 1$, solange $p \geqq 1$ ist, eine nirgends concave Fläche mit dem Nullpunkt als Mittelpunkt vor, und ist diese Fläche, wenn $p > 1$ ist, zudem überall convex.

Dass diese Function f den Bedingungen (A) und (C) in 36. genügt, liegt auf der Hand. Es besteht nun ferner bei beliebigen reellen Werthen $a_1, \ldots a_n$; $b_1, \ldots b_n$ für ein $p \geqq 1$ immer die Ungleichung

(1) $\quad f(a_1 + b_1, \ldots a_n + b_n) \leqq f(a_1, \ldots a_n) + f(b_1, \ldots b_n),$

und tritt darin im Falle eines $p > 1$ das Gleichheitszeichen nur dann ein, wenn entweder $b_1, \ldots b_n$ sämmtlich Null sind oder aber Beziehungen

(2) $\quad a_1 = (\tau - 1)b_1, \ldots a_n = (\tau - 1)b_n, \qquad \tau - 1 \geqq 0$

gelten. Denn bezeichnet man die absoluten Beträge von $v_1, \ldots v_n$ für $x_1 = a_1, \ldots x_n = a_n$ mit $\alpha_1, \ldots \alpha_n$ und für $x_1 = b_1, \ldots x_n = b_n$

mit $\beta_1, \dots \beta_n$, so fallen die entsprechenden Beträge für das System $x_1 = a_1 + b_1, \dots x_n = a_n + b_n$ beziehlich $\leqq \alpha_1 + \beta_1, \dots \leqq \alpha_n + \beta_n$ aus, und es treten hier nur dann sämmtliche n Gleichheitszeichen ein und sind zweitens zu gleicher Zeit entweder $\beta_1, \dots \beta_n$ sämmtlich Null oder haben Beziehungen

$$(3) \qquad \alpha_1 + \beta_1 = \tau\beta_1, \dots \alpha_n + \beta_n = \tau\beta_n, \qquad \tau \geqq 1$$

statt, wenn entweder $b_1, \dots b_n$ sämmtlich Null sind oder aber die Beziehungen (2) statthaben. Daraus ersieht man nun, dass die soeben bei (1) gemachte Behauptung und damit auch die Behauptungen über die Fläche $f = 1$ vollständig erwiesen sein werden, sowie man nur zeigt, dass man für ein $p > 1$ und bei beliebigen $2n$ Grössen $\alpha_1, \dots \alpha_n$; $\beta_1, \dots \beta_n$, die $\geqq 0$ sind, immer

$$(4) \qquad n^{\frac{1}{p}}\psi = \left(\alpha_1^p + \cdots + \alpha_n^p\right)^{\frac{1}{p}} + \left(\beta_1^p + \cdots + \beta_n^p\right)^{\frac{1}{p}} - \left((\alpha_1 + \beta_1)^p + \cdots + (\alpha_n + \beta_n)^p\right)^{\frac{1}{p}} \geqq 0$$

hat und der hier definirte Ausdruck ψ nur dann gleich 0 ist, wenn entweder $\beta_1, \dots \beta_n$ sämmtlich Null sind oder aber die Bedingungen bei (3) statthaben. Im Falle $p = 1$ ist dieser Ausdruck ψ offenbar identisch $= 0$.

Es sei also jetzt $p > 1$. Es mögen $\alpha_1, \dots \alpha_n$ festgehalten werden, und ε sei irgend eine positive Grösse; die Function $\psi = \psi(\beta_1, \dots \beta_n)$ ist dann im Bereiche

$$(5) \qquad 0 \leqq \beta_1 \leqq \varepsilon, \dots 0 \leqq \beta_n \leqq \varepsilon$$

in jedem Punkte stetig. Also muss es nach 22. in diesem Bereiche mindestens ein solches System $\beta_1, \dots \beta_n$ geben, wofür die Function ψ gleich der grössten unteren Grenze ihrer sämmtlichen Werthe in diesem Bereiche wird. Ein derartiges System $\beta_1, \dots \beta_n$ muss dann durchaus so beschaffen sein, dass in ihm entweder $\beta_1, \dots \beta_n$ sämmtlich Null oder aber die Bedingungen bei (3) erfüllt, also $\alpha_1 + \beta_1, \dots \alpha_n + \beta_n$ proportional mit $\beta_1, \dots \beta_n$ sind. Denn hat der erste Fall nicht statt, so ist von den Grössen $\beta_1, \dots \beta_n$ mindestens eine positiv; es sind dann

$$\left(\beta_1^p + \cdots + \beta_n^p\right)^{\frac{1}{p}} = H, \quad \left((\alpha_1 + \beta_1)^p + \cdots + (\alpha_n + \beta_n)^p\right)^{\frac{1}{p}} = Z$$

ebenfalls > 0 und hat man, so oft ein $\beta_k > 0$ ist:

$$n^{\frac{1}{p}} \frac{\partial \psi}{\partial \beta_k} = \left(\frac{\beta_k}{H}\right)^{p-1} - \left(\frac{\alpha_k + \beta_k}{Z}\right)^{p-1}$$

Sind nun auch nicht $\alpha_1 + \beta_1, \dots \alpha_n + \beta_n$ proportional mit $\beta_1, \dots \beta_n$, so bestehen, wenn man

$$\frac{\beta_h}{H} = \gamma_h, \quad \frac{\alpha_h + \beta_h}{Z} = \delta_h \qquad (h = 1, \ldots n)$$

setzt, jedenfalls nicht sämmtliche n Gleichungen

$$\gamma_1 = \delta_1, \ldots \gamma_n = \delta_n.$$

Indem man nun

$$\left(\gamma_1^p + \cdots + \gamma_n^p\right)^{\frac{1}{p}} = 1 = \left(\delta_1^p + \cdots + \delta_n^p\right)^{\frac{1}{p}}$$

findet und, so oft ein $\beta_h = 0$ ist, immer

$$0 = \gamma_h \leqq \delta_h$$

hat, muss dann also mindestens ein Index k vorhanden sein, für welchen man sowohl $\beta_k > 0$ wie $\gamma_k > \delta_k$ und damit, indem $p > 1$ vorausgesetzt ist, weiter

$$\frac{\partial \psi}{\partial \beta_k} > 0$$

hat; und dann würde durch eine geeignete Verringerung der betreffenden Grösse β_k sich ein neues System im Bereiche (5) mit kleinerem Werthe von ψ erzielen lassen. Danach kann das Minimum von ψ im Bereiche (5) sicher nur eintreten, wenn entweder $\beta_1, \ldots \beta_n$ sämmtlich Null oder überhaupt $\alpha_1 + \beta_1, \ldots \alpha_n + \beta_n$ mit $\beta_1, \ldots \beta_n$ proportional sind; dann aber hat ψ stets den Werth Null. Nunmehr muss für jedes System $\beta_1, \ldots \beta_n$, das nicht diesen Bedingungen entspricht, immer $\psi > 0$ sein, indem sich stets ein Bereich (5), der das betreffende System enthält, angeben lässt*).

Bezüglich der Function f im Falle $p = 1$ ergiebt ferner dieselbe Ueberlegung wie in 39., dass, wenn die Formen $v_1, \ldots v_n$ nicht sämmtlich reell sind, also $s > 0$ ist, die Fläche $f = 1$ jedenfalls nicht in einer endlichen Anzahl ihrer Stützebenen ganz enthalten sein kann.

Wenn man weiter $p = 1$ hat und auch $s = 0$, also die Formen $v_1, \ldots v_n$ sämmtlich reell sind, dabei jedoch $n > 2$ ist, findet sich für die unter den Körpern $f \leqq$ const. vorhandene Stufe um den Nullpunkt nicht das Kriterium aus 35. II erfüllt. Denn es besitzt, wenn $p = 1$, $s = 0$ ist, von diesen Körpern z. B. der Körper $f \leqq \frac{1}{n}$ als für ihn wesentliche Stützebenen die 2^n Ebenen

---

*) Es convergirt $\left(\frac{\alpha_1^p + \cdots + \alpha_n^p}{n}\right)^{\frac{1}{p}}$ für ein nach Null abnehmendes positives p gegen $\sqrt[n]{\alpha_1 \cdots \alpha_n}$; aus den Relationen im Texte entnimmt man mit Rücksicht darauf auch den später zu verwendenden Satz: Sind $\alpha_1, \ldots \alpha_n$; $\beta_1, \ldots \beta_n$ positive Grössen, so ist stets $\sqrt[n]{\alpha_1 \cdots \alpha_n} + \sqrt[n]{\beta_1 \cdots \beta_n} \leqq \sqrt[n]{(\alpha_1 + \beta_1) \cdots (\alpha_n + \beta_n)}$ und tritt hier das Gleichheitszeichen nur ein, wenn $\alpha_1, \ldots \alpha_n$ proportional mit $\beta_1, \ldots \beta_n$ sind.

$$(6)\qquad \pm v_1 \pm \cdots \pm v_n = 1;$$

für jedes der n Zeichen $\pm$ hat hier unabhängig von den anderen sowohl $+$ wie $-$ einzutreten. Zur Bestimmung der Wand dieses Körpers etwa in der Ebene

$$(7)\qquad v_1 + \cdots + v_{n-1} + v_n = 1$$

ist dann die Ebene

$$(8)\qquad v_1 + \cdots + v_{n-1} - v_n = 1$$

wesentlich, aber, wenn $n - 1 > 1$ ist, die Ebene

$$-v_1 - \cdots - v_{n-1} + v_n = 1$$

nicht wesentlich, indem diese mit jener Wand, wie leicht zu sehen ist, nur einen einzigen Punkt gemein hat; und unter den übrigen Ebenen (6) findet sich keine, deren linke Seite eine lineare Combination der linken Seiten von (7) und (8) mit einem von Null verschiedenen Coefficienten des Ausdrucks in (8) wäre.

II. Die hier betrachtete Function f zeigt noch einen bemerkenswerthen Charakter, wenn man in ihr p variabel sein lässt. Man halte ein, von $0, \ldots 0$ verschiedenes System $x_1, \ldots x_n$ fest; es sei für dasselbe abs $v_h = \alpha_h$ $(h = 1, \ldots n)$; man findet dann

$$(9)\qquad -\frac{d\,lf}{d\frac{1}{p}} = -l\left(\frac{\alpha_1^p + \cdots + \alpha_n^p}{n}\right) + \frac{\alpha_1^p l\alpha_1^p + \cdots + \alpha_n^p l\alpha_n^p}{\alpha_1^p + \cdots + \alpha_n^p}$$

$$= l\,(n\sigma_1^{\sigma_1} \cdots \sigma_n^{\sigma_n}),$$

wenn man

$$\frac{\alpha_h^p}{\alpha_1^p + \cdots + \alpha_n^p} = \sigma_h \qquad (h = 1, \ldots n)$$

setzt; dabei wird

$$(10)\qquad \sigma_1 \geqq 0, \ldots \sigma_n \geqq 0, \quad \sigma_1 + \cdots + \sigma_n = 1;$$

man muss hier ferner, sowie mindestens eine der Grössen $\alpha_h = 0$ ist, sich auf Werthe $p > 0$ beschränken und hat für jede Grösse $\alpha_h = 0$ immer $\sigma_h^{\sigma_h}$ in (9) durch 1 zu ersetzen. Die hier auftretende Function $\sigma_1^{\sigma_1} \ldots \sigma_n^{\sigma_n}$ nun ist, wenn man für ein $\sigma_h = 0$ in ihr unter $\sigma_h^{\sigma_h}$ immer 1 versteht, im ganzen Bereiche $0 \leqq \sigma_1 \leqq 1, \ldots 0 \leqq \sigma_n \leqq 1$ und also auch gewiss in (10) für jedes System $\sigma_1, \ldots \sigma_n$ stetig, und muss es deshalb nach 22. in (10) mindestens ein System $\sigma_1, \ldots \sigma_n$ geben, wofür diese Function möglichst klein für den Bereich (10) ausfällt. Es kann dies nur das eine System $\sigma_1 = \cdots = \sigma_n = \frac{1}{n}$ sein, wofür diese Function $= \frac{1}{n}$ wird. Denn offenbar trifft solches für $n = 1$ zu, und ist dieser Umstand bereits bis zu einem gewissen Werthe von n ausschliesslich erwiesen, so erkennt man für diesen Werth n zunächst, dass jedes solche System in (10), für das $n-m$ von den Grössen $\sigma_1, \ldots \sigma_n$ Null sind und $n-m>0$ ist, die Function $\sigma_1^{\sigma_1} \ldots \sigma_n^{\sigma_n} \geqq \frac{1}{m}$, also $>\frac{1}{n}$ macht und somit sicher nicht das Minimum dieser Function in (10) ergiebt. Hat man sodann ein System in (10), für das keine von den Grössen $\sigma_1, \ldots \sigma_n$ Null ist, so findet man als vollständiges Differential der betrachteten Function für dieses System

$$\sigma_1^{\sigma_1} \ldots \sigma_n^{\sigma_n}\left((1+l\sigma_1)d\sigma_1+\cdots+(1+l\sigma_n)d\sigma_n\right),$$

und wird es hiernach, sowie nicht $\sigma_1=\cdots=\sigma_n$ ist, immer möglich sein, $d\sigma_1, \ldots d\sigma_n$ so zu wählen, dass dafür $d\sigma_1+\cdots+d\sigma_n=0$, das vorstehende Differential aber <0 ausfällt, und auf solche Weise zu einem neuen Systeme in (10) mit noch kleinerem Werthe von $\sigma_1^{\sigma_1} \ldots \sigma_n^{\sigma_n}$ fortzuschreiten. Danach muss in der That für jedes System in (10) ausser $\sigma_1=\cdots=\sigma_n=\frac{1}{n}$ immer $n\sigma_1^{\sigma_1} \ldots \sigma_n^{\sigma_n}>1$ sein.

Wenn man $\alpha_1=\cdots=\alpha_n$ hat, wird die Function f von p unabhängig; in jedem anderen Falle ist auch nicht $\sigma_1=\cdots=\sigma_n$, und erhält man daher nach dem soeben Bewiesenen immer $-\frac{dlf}{d\frac{1}{p}}>0$, nimmt also f mit zunehmendem p beständig zu, entweder für alle Werthe von p oder, wenn von den Grössen $\alpha_1, \ldots \alpha_n$ mindestens eine gleich Null ist, doch gewiss für alle Werthe $p>0$*).

Sowie nun für einen Werth $p>0$ die Ungleichung

$$\left(\frac{(\operatorname{abs} v_1)^p+\cdots+(\operatorname{abs} v_n)^p}{n}\right)^{\frac{1}{p}} \leqq 1$$

besteht, wird diese Ungleichung daher umsomehr auch für alle kleineren positiven Werthe p gelten. Durch diese Ungleichung wird, für ein festes $p>0$, jedesmal ein Strahlenkörper vom Nullpunkte aus (s. 24.) definirt; dieser Körper heisse K_p und sein Volumen J_p; jeder Körper K_p enthält dann jeden zweiten solchen Körper mit grösserem Werthe des p in sich und weist dabei immer in denjenigen Richtungen vom Nullpunkte aus, in welchen nicht $\operatorname{abs} v_1=\cdots=\operatorname{abs} v_n$ ist, noch innere Punkte ausserhalb des zweiten Körpers auf, sodass hiernach J_p mit zunehmendem p beständig abnimmt für alle Werthe $p>0$.

Bedeutet α den unter den Beträgen $\operatorname{abs} v_1, \ldots \operatorname{abs} v_n$ vorkom-

*) Für die Werthe p, für welche p oder $\frac{1}{p}$ eine positive ganze Zahl vorstellt, ist dieser Satz auf einem anderen Wege von Schlömilch (Zeitschrift für Math. und Physik, Bd. 3. S. 301) abgeleitet worden.

menden grössten Betrag, so hat man für ein $p > 0$ offenbar $f \geqq \frac{\alpha}{n^{\frac{1}{p}}}$ und $\leqq \alpha$. Danach wird aus f für $p = +\infty$ die Grösse α, d. i. die in 39. untersuchte Function f, und der Körper K_p geht dann in den Bereich

$$\text{abs}\, v_1 \leqq 1, \ldots \text{abs}\, v_n \leqq 1$$

über, von dem unmittelbar einleuchtet, dass er in jedem Körper K_p mit endlichem positivem p enthalten ist. Das Volumen von $K_{+\infty}$ ist aus 39. zu ersehen, und man hat danach für jedes endliche $p > 0$:

$$(11) \qquad J_p > \left(\frac{\pi}{2}\right)^s \frac{2^n}{\text{abs}\, \Delta}.$$

Sind $\alpha_1, \ldots \alpha_n$ sämmtlich > 0, so kann man für $h = 1, \ldots n$ immer $\alpha_h^{\,p} = 1 + pl\alpha_h + \cdots$ entwickeln, hat dann

$$f = \left(1 + pl\,(\alpha_1 \cdots \alpha_n)^{\frac{1}{n}} + \cdots\right)^{\frac{1}{p}}$$

und ersieht daraus, dass für ein nach Null abnehmendes positives p der Werth von f in das geometrische Mittel $\sqrt[n]{\alpha_1 \ldots \alpha_n}$ übergeht; ist von den Grössen $\alpha_1, \ldots \alpha_n$ mindestens eine gleich Null, so ist einerseits das letztere Mittel gleich Null, und sieht man andererseits direct ein, dass für ein unendlich abnehmendes positives p auch f nach Null convergirt. In dem allgemeinen, soeben über f abgeleiteten Satze ist nunmehr, wenn man die Werthe $p = 1$ und $p = 0$ in Anwendung bringt, speciell die Ungleichung enthalten, dass das arithmetische Mittel aus irgend n, nicht durchweg einander gleichen Beträgen $\geqq 0$ immer grösser als deren geometrisches Mittel ist.

Es mögen die reellen unter den Formen $v_1, \ldots v_n$ mit $\xi_1, \ldots \xi_r$ bezeichnet und die imaginären Paare darunter

$$\frac{\eta_1 + i\zeta_1}{\sqrt{2}}, \frac{\eta_1 - i\zeta_1}{\sqrt{2}}, \ldots \frac{\eta_s + i\zeta_s}{\sqrt{2}}, \frac{\eta_s - i\zeta_s}{\sqrt{2}}$$

geschrieben werden, so dass $\xi_1, \ldots \eta_s, \zeta_s$ sich als n reelle Formen mit demselben absoluten Betrag der Determinante wie $v_1, \ldots v_n$ darstellen; ferner werde

$$\text{abs}\, \frac{\eta_1 + i\zeta_1}{\sqrt{2}} = \chi_1, \ldots \text{abs}\, \frac{\eta_s + i\zeta_s}{\sqrt{2}} = \chi_s$$

gesetzt. Nach 28. ist J_p gleich $\frac{1}{\text{abs}\, \Delta}$, multiplicirt in das Volumen von K_p in $\xi_1, \ldots \eta_s, \zeta_s$. Letzteres Volumen, welches mit $2^n N_p$ bezeichnet werden möge, findet man

$$= 2^n \pi^s n^{\frac{n}{p}} \int d\xi_1 \cdots d\xi_r\, \chi_1\, d\chi_1 \cdots \chi_s d\chi_s$$

$$= \frac{2^n \pi^s n^{\frac{n}{p}}}{p^{r+s}\, 2^{\frac{2s}{p}}} \int (\xi_1{}^p)^{\frac{1}{p}-1}\, d(\xi_1{}^p) \cdots (2\chi_1{}^p)^{\frac{2}{p}-1}\, d(2\chi_1{}^p) \cdots,$$

wobei die $r + s$-fachen Integrale über den Bereich

$$\xi_1 > 0, \ldots \xi_r \geqq 0, \quad \chi_1 \geqq 0, \ldots \chi_s \geqq 0,$$
$$\xi_1{}^p + \cdots + \xi_r{}^p + 2\chi_1{}^p + \cdots + 2\chi_s{}^p \leqq 1$$

zu erstrecken sind. Für das hier an zweiter Stelle geschriebene Integral besteht bekanntlich folgender Ausdruck durch Γ-Functionen

$$\frac{\Gamma\left(\frac{1}{p}\right)^r \Gamma\left(\frac{2}{p}\right)^s}{\Gamma\left(1 + \frac{n}{p}\right)},$$

und so findet man:

$$J_p \text{ abs } \Delta = 2^n N_p = 2^n \left(\frac{\pi}{2}\right)^s \frac{\left(\Gamma\left(1 + \frac{1}{p}\right)\right)^r 2^{-\frac{2s}{p}} \left(\Gamma\left(1 + \frac{2}{p}\right)\right)^s}{n^{-\frac{n}{p}}\, \Gamma\left(1 + \frac{n}{p}\right)}.$$

Dass der Werth von N_p mit abnehmendem p für alle Werthe $p > 0$ beständig zunimmt, kann auch leicht aus diesem Ausdrucke für N_p geschlossen werden. Man hat, wenn man $\frac{1}{p} = q$ setzt:

$$\frac{d \log N_p}{dq} = r \frac{d \log \Gamma(1 + q)}{dq} - 2s \log 2 + 2s \frac{d \log \Gamma(1 + 2q)}{d(2q)}$$
$$+ n \log n - n \frac{d \log \Gamma(1 + nq)}{d(nq)};$$

mit Hülfe der Beziehungen

$$\log m = \int_0^\infty \frac{e^{-qz} - e^{-mqz}}{z}\, dz, \quad \frac{d \log \Gamma(1 + mq)}{d(mq)} = \int_0^\infty \left(\frac{e^{-z}}{z} - \frac{e^{-(1+mq)z}}{1 - e^{-z}}\right) dz$$
$$\begin{pmatrix} m = 1, 2, n \\ q > 0 \end{pmatrix},$$

und indem $r + 2s = n$ ist, erhält man sodann

$$\frac{d \log N_p}{dq} = \int_0^\infty \frac{e^{-nqz}\left(re^{(n-1)qz} + 2se^{(n-2)qz} - n\right)\left(e^z - 1 - z\right)}{z(e^z - 1)}\, dz,$$

und ist danach, $q > 0$ vorausgesetzt, $\frac{d \log N_p}{dq}$ immer positiv, also N_p um so grösser, je grösser q, je kleiner also p ist.

III. Nach den Ausführungen in I. hat man nun Gelegenheit, auf die hier untersuchte Function f, wenn $p \geqq 1$ ist, die Ergebnisse aus 30., 34., 35., 37. in Anwendung zu bringen, und man gelangt so zu folgendem Satze*):

Es sei $n > 1$, und es seien $v_1, \ldots v_n$ n lineare Formen in $x_1, \ldots x_n$ mit einer von Null verschiedenen Determinante $\varDelta$, und sie sollen bestehen aus r Formen mit reellen Coefficienten und s Paaren von Formen mit conjugirt imaginären Coefficienten, so dass $r + 2s = n$ ist, wobei eine der Zahlen r, s auch gleich Null sein darf; ferner sei p irgend eine reelle Grösse $\geqq 1$ (die keine ganze Zahl zu sein braucht); dann giebt es, bis auf einen Ausnahmefall, immer solche ganze Zahlen $x_1, \ldots x_n$, die nicht sämmtlich Null sind und für welche man

$$(12)\quad \frac{(\text{abs}\, v_1)^p + \cdots + (\text{abs}\, v_n)^p}{n} < \left(\left(\frac{2}{\pi}\right)^s \frac{n^{-\frac{n}{p}}\, \Gamma\left(1+\frac{n}{p}\right)}{\left(\Gamma\left(1+\frac{1}{p}\right)\right)^r 2^{-\frac{2s}{p}} \left(\Gamma\left(1+\frac{2}{p}\right)\right)^s} \text{abs}\, \varDelta \right)^{\frac{p}{n}}$$

hat.

Der Ausnahmefall tritt ein, wenn $p = 1$, $s = 0$, $n = 2$ ist und dazu mindestens eine der zwei Formen $\dfrac{v_1 \pm v_2}{(2\,\text{abs}\,\varDelta)^{\frac{1}{2}}}$ als Coefficienten von x_1 und x_2 zwei ganze Zahlen ohne gemeinsamen Theiler hat; dann giebt es wohl ganze Zahlen x_1, x_2, die nicht beide Null sind und für welche die Summe links in (12) der dort rechts stehenden Grösse gleich wird, aber keine ganzen Zahlen x_1, x_2 ausser 0, 0, für welche jene Summe kleiner als diese Grösse ausfällt.

Für $p = 2$ besagt dieser Satz: Man kann in einer wesentlich positiven quadratischen Form mit n Variabeln und einer Determinante D den Variabeln immer solche ganzzahlige Werthe, die nicht sämmtlich Null sind, beilegen, dass der Werth der Form für sie $< \gamma_n D^{\frac{1}{n}}$ ausfällt, wobei γ_n eine gewisse, nur von n abhängende Constante vorstellt. Dieses specielle Theorem, in dieser Weise ausgesprochen (mit dem Werthe $\left(\frac{4}{3}\right)^{\frac{1}{2}(n-1)}$ für γ_n, wobei im Falle $n = 2$ noch das Zeichen $<$ hier durch $\leqq$ zu ersetzen ist), rührt von Herrn Hermite**) her

*) Diesen Satz habe ich zuerst in einem Briefe an Herrn Hermite (Comptes rendus der Pariser Akademie, 1891, I) ausgesprochen.

**) Crelle's Journal Bd. 40, S. 263.

und hat die erste Anregung zu den Untersuchungen dieses Buches gegeben; die Formel (12) liefert als Constante γ_n den Werth

$$\left(\frac{2^n\,\Gamma\left(1+\frac{n}{2}\right)}{\left(\Gamma\left(\frac{1}{2}\right)\right)^n}\right)^{\frac{2}{n}},$$

der bei grossem n beträchtlich kleiner als $\left(\frac{4}{3}\right)^{\frac{1}{2}(n-1)}$ ist.

Nach der Ungleichung (11) ist die Grösse rechts in (12) immer

$$<\left(\left(\frac{2}{\pi}\right)^s \operatorname{abs}\Delta\right)^{\frac{p}{n}}$$

41.

Die kritischen Primzahlen zu einer algebraischen Zahl.

Die Sätze der letzten Abschnitte ermöglichen es, eine fundamentale Eigenschaft der algebraischen Zahlen festzustellen, zu deren Nachweis die bisherigen Methoden nicht ausreichten.

Bekanntlich versteht man in weiterem Sinne unter einer ganzen Zahl (einer ganzen algebraischen Zahl) jede solche Grösse θ, für welche in der Reihe der Potenzen θ^0, θ^1, θ^2, ... irgend einmal eine Potenz, nach θ^0, sich darstellen lässt als ganze lineare Function der vorangehenden Potenzen mit Coefficienten, die ganze Zahlen im gewöhnlichen Sinne (rationale ganze Zahlen) sind. Eine rationale Zahl, die auf irgend eine Weise als ganze Zahl erscheint, ist nothwendig immer eine ganze Zahl im gewöhnlichen Sinne. Die Summe, die Differenz, das Product zweier ganzer Zahlen sind immer wieder ganze Zahlen*).

Es sei θ irgend eine irrationale ganze Zahl, und es bestehe für sie die Darstellung

(1) $$\theta^n = a_1\theta^{n-1} + \cdots + a_n$$

mit rationalen ganzen Zahlen $a_1, \ldots a_n$; die Zahl n ist dann jedenfalls > 1. Wird

$$t^n - a_1 t^{n-1} - \cdots - a_n = f(t)$$

*) Zu den im Texte nun folgenden Elementen der Theorie der algebraischen Zahlen vgl.: Supplement XI von Dedekind zu den Vorlesungen über Zahlentheorie von Dirichlet (III. Aufl. Braunschweig, 1880), ferner: Kronecker, Grundzüge einer arithmetischen Theorie der algebraischen Grössen, Crelle's Journal Bd. 92.

gesetzt, und sind $t = \theta_1, \ldots \theta_n$ die n Wurzeln von $f(t) = 0$, so dass also θ darunter vorkommt, so erweisen sich durch diese Gleichung offenbar $\theta_1, \ldots \theta_n$ sämmtlich als ganze Zahlen; dabei hat man

$$f(t) = (t - \theta_1) \ldots (t - \theta_n).$$

Die Theorie des grössten gemeinsamen Theilers zweier ganzer Functionen lehrt nun, dass, wenn eine Gleichung in t von niedrigerem als dem n^{ten} Grade mit rationalen Coefficienten und mit $t = \theta$ als Wurzel existirt, es immer auch ein Product aus einem Theile der n Factoren $t - \theta_1, \ldots t - \theta_n$, darunter $t - \theta$ enthalten, geben muss, welches als Function von t mit lauter rationalen Coefficienten erscheint. In jedem der nur in endlicher Anzahl möglichen solchen Producte nun stellen sich, wie die Entwicklung nach den Potenzen von t zeigt, immer alle Coefficienten als ganze algebraische Zahlen dar, und leitet man zugleich für deren absolute Beträge sehr einfach obere Grenzen aus irgend welchen oberen Grenzen für die Beträge von $\theta_1, \ldots \theta_n$ ab. Sollen nun einmal die Coefficienten in einem dieser Producte sämmtlich rational ausfallen, so müssen sie dabei also rationale ganze Zahlen werden; indem aber zugleich obere Grenzen für ihre Beträge da sind, kommen so als Divisoren von $f(t)$ von vornherein nur eine endliche Anzahl ganzer Functionen mit rationalen Coefficienten in Frage. Man wird hiernach im Stande sein, zu entscheiden, ob bereits eine niedrigere Potenz mit positivem Exponenten von θ als die n^{te} sich als ganze lineare Function mit rationalen Coefficienten der ihr vorangehenden Potenzen von der nullten an darstellen lässt, und zugleich ist ersichtlich, dass bei der niedrigsten Potenz, für welche eine solche Darstellung besteht, die betreffenden rationalen Coefficienten jedenfalls, wie in (1) nach Voraussetzung, ganze Zahlen sein werden.

Es sei bereits θ^n selbst die niedrigste Potenz, mittels deren θ sich als ganze Zahl erweist; es sind dann die rationalen Zahlen $a_1, \ldots a_n$ in (1) nothwendig nur eines Systems von Werthen fähig, und weiter sind, nach der Theorie des grössten gemeinsamen Theilers zweier ganzer Functionen, für eine beliebige ganze Function von t mit rationalen Coefficienten, $F(t)$, immer nur diese zwei Fälle denkbar: Entweder ist $F(t)$ theilbar durch $f(t)$, oder es ist die Bildung zweier ganzer Functionen von t mit rationalen Coefficienten, $\varphi(t)$ und $\Phi(t)$, möglich, für die man

$$(2) \qquad \varphi(t)\, F(t) - f(t)\, \Phi(t) = 1$$

hat. Wenn $F(\theta) = 0$ ist, muss der erste Fall, wenn $F(\theta)$ von Null verschieden ist, der zweite Fall eintreten. Der zweite Fall wird danach immer eintreten, wenn der Grad von $F(t)$ kleiner als n ist, beispielsweise also für die Function $f'(t) = \frac{df(t)}{dt}$, und müssen also jetzt die Grössen $\theta_1, \dots \theta_n$ sämmtlich verschieden sein. Der erste Fall zeigt, dass jede Gleichung mit rationalen Coefficienten, die für θ gilt, immer von allen n Wurzeln $\theta_1, \dots \theta_n$ erfüllt wird. Versteht man unter $B(t)$, $B^*(t)$ beliebige solche Quotienten aus je zwei ganzen Functionen von t mit lauter rationalen Coefficienten, wobei die Function im Nenner nicht durch $f(t)$ theilbar ist, so zieht danach eine Gleichung $B(\theta) = B^*(\theta)$ immer die n Gleichungen $B(\theta_h) = B^*(\theta_h)$ $(h = 1, \dots n)$ nach sich, und werden also durch den Werth einer solchen Grösse $B(\theta)$ immer die n Werthe $B(\theta_1), \dots B(\theta_n)$ vollständig bestimmt sein, und insbesondere werden diese n Werthe sämmtlich Null oder sämmtlich ganze Zahlen sein, wenn es $B(\theta)$ ist. Je n solche zusammengehörige Werthe $B(\theta_1), \dots B(\theta_n)$ heissen conjugirte Zahlen und ihr Product $B(\theta_1) \cdots B(\theta_n)$ die Norm von $B(\theta)$, in Zeichen $\mathrm{Nm}\, B(\theta)$. Es ist $\mathrm{Nm}\, B(\theta)$ dann und nur dann Null, wenn $B(\theta)$ Null ist. Man findet insbesondere

$$(3)\quad \mathrm{Nm}\, f'(\theta) = (-1)^{\frac{n(n-1)}{2}} \Pi (\theta_h - \theta_k)^2 \qquad (h < k;\ h, k = 1, \dots n),$$

also von Null verschieden, und dem hier auftretenden Producte erweist sich bekanntlich das Quadrat der Determinante aus den n Reihen $1, \theta_h, \dots \theta_h^{n-1}$ für $h = 1, \dots n$ gleich. Der Inbegriff aller Zahlen $B(\theta)$ heisst der durch θ charakterisirte Gattungsbereich.

Mit Hülfe von (1) und des Satzes bei (2) kann man für jede Zahl $B(\theta)$ einen Ausdruck

$$b_1 \theta^{n-1} + \cdots + b_n$$

mit rationalen Coefficienten $b_1, \dots b_n$ finden; für diese rationalen Coefficienten ist dann sicher jedesmal nur ein Werthsystem möglich. Hat man n Ausdrücke

$$(4)\qquad B_k(\theta) = b_{1k}\, \theta^{n-1} + \cdots + b_{nk} \qquad (k = 1, \dots n)$$

mit rationalen Zahlen b_{hk}, so erweist sich das Quadrat der Determinante aus den n Reihen

$$B_1(\theta_h), \dots B_n(\theta_h) \qquad (h = 1, \dots n),$$

welches Quadrat die Discriminante von $B_1(\theta), \dots B_n(\theta)$ genannt wird, nach dem Multiplicationssatze der Determinanten und zufolge (3) gleich $(-1)^{\frac{n(n-1)}{2}} \mathrm{Nm}\, f'(\theta)$, multiplicirt in das Quadrat der Determinante $|b_{hk}|$; es ist danach diese Discriminante dann und nur dann von Null verschieden, wenn es die Determinante $|b_{hk}|$ ist. Letzteres nun vorausgesetzt, findet man aus (4) zuerst für $\theta^{n-1}, \dots 1$ und damit weiter für jede Zahl $B(\theta)$ eine Darstellung in der Form

(5) $$B(\theta) = y_1 B_1(\theta) + \cdots + y_n B_n(\theta)$$

mittelst rationaler Zahlen $y_1, \dots y_n$; man sieht auch ein, dass für diese Zahlen $y_1, \dots y_n$ hierbei jedesmal nur ein System von Werthen möglich ist. So wird man für jede Zahl $B(\theta)$ durch Betrachtung der Producte $B_k(\theta)\, B(\theta)$ insbesondere n Gleichungen

(6) $$B_k(\theta)\, B(\theta) = l_{1k} B_1(\theta) + \cdots + l_{nk} B_n(\theta) \qquad (k = 1, \dots n)$$

mit rationalen Zahlen l_{hk} finden; diese ziehen dann weiter

$$B_k(\theta_h)\, B(\theta_h) = l_{1k} B_1(\theta_h) + \cdots + l_{nk} B_n(\theta_h) \qquad (h, k = 1, \dots n)$$

nach sich, woraus man durch Hinzufügen von $-\, t B_k(\theta_h)$ auf beiden Seiten, unter t irgend eine Grösse verstanden, noch

$$B_k(\theta_h)\,(B(\theta_h) - t) = l_{1k}\, B_1(\theta_h) + \cdots + l_{nk}\, B_n(\theta_h) - t B_k(\theta_h)$$
$$(h, k = 1, \dots n)$$

ableitet. Nach dem Multiplicationssatze der Determinanten entnimmt man aus den vorstehenden Gleichungen:

$$\begin{vmatrix} B_1(\theta_1), & \dots & B_n(\theta_1) \\ \dots & \dots & \dots \\ B_1(\theta_n), & \dots & B_n(\theta_n) \end{vmatrix} (B(\theta_1) - t) \dots (B(\theta_n) - t)$$
$$= \begin{vmatrix} B_1(\theta_1), & \dots & B_n(\theta_1) \\ \dots & \dots & \dots \\ B_1(\theta_n), & \dots & B_n(\theta_n) \end{vmatrix} \begin{vmatrix} l_{11} - t, & \dots & l_{1n} \\ \dots & \dots & \dots \\ l_{n1}, & \dots & l_{nn} - t \end{vmatrix}$$

und indem die Determinante $|B_k(\theta_h)|$ hier von Null verschieden ist,

(7) $$(B(\theta_1) - t) \dots (B(\theta_n) - t) = \begin{vmatrix} l_{11} - t, & \dots & l_{1n} \\ \dots & & \dots \\ l_{n1}, & \dots & l_{nn} - t \end{vmatrix}$$

Danach sind nun $B(\theta_1), \dots B(\theta_n)$ die n Wurzeln der Gleichung n^{ten} Grades in t, welche durch Nullsetzen der Determinante rechts in (7) entsteht. In dieser Gleichung stellen sich alle Coefficienten als rationale Zahlen dar; sowie $B(\theta)$ eine ganze Zahl ist, erscheinen sie ferner durch die vorstehende Identität sämmtlich als ganze algebraische Zahlen und sind dann also sämmtlich ganze rationale Zahlen. Für $t = 0$ erhält man aus (7):

(8) $$\mathrm{Nm}\, B(\theta) = |\, l_{hk}\, |.$$

Danach ist jede Norm eine rationale Zahl und die Norm einer ganzen Zahl $B(\theta)$, indem sie sich von vorn herein gleichfalls als ganze Zahl darstellt, immer eine ganze rationale Zahl; insbesondere wird deshalb, wenn $B(\theta)$ eine von Null verschiedene ganze Zahl ist, $\mathrm{Nm}\,B(\theta)$ immer einen absoluten Betrag $\geqq 1$ haben. Weiter ist dann jede Discriminante als Product aus $\mathrm{Nm}\,f'(\theta)$ in eine rationale Zahl gleichfalls eine rationale Zahl.

Sind $A_1(\theta), \ldots A_n(\theta)$ irgend n ganze Zahlen, so stellt

$$(9) \qquad x_1 A_1(\theta) + \cdots + x_n A_n(\theta)$$

für rationale ganze Zahlen $x_1, \ldots x_n$ gleichfalls immer eine ganze Zahl vor. Man kann nun in dem durch θ charakterisirten Gattungsbereiche immer n solche ganze Zahlen $A_1(\theta), \ldots A_n(\theta)$ finden, dass durch diese Form (9) für rationale ganze Zahlen $x_1, \ldots x_n$ alle ganzen Zahlen dieses Bereichs ausnahmslos dargestellt werden. Denn zunächst kann man in diesem Gattungsbereiche gewiss n ganze Zahlen $B_1(\theta), \ldots B_n(\theta)$ mit einer von Null verschiedenen Discriminante finden, z. B. stellen $1, \theta, \ldots \theta^{n-1}$ solche n Zahlen vor. Dann ist jede Zahl $B(\theta)$ dieses Bereichs auf eine Weise durch (5) mittelst rationaler Werthe $y_1, \ldots y_n$ darstellbar; nennt man die grössten in diesen Werthen $y_1, \ldots y_n$ enthaltenen ganzen Zahlen $Y_1, \ldots Y_n$, so kann man jedesmal

$$B(\theta) = Y_1 B_1(\theta) + \cdots + Y_n B_n(\theta) + \Psi(\theta)$$

setzen, wobei dann $\Psi(\theta)$ durch (5) mittelst solcher rationaler Werthe $y_1, \ldots y_n$ dargestellt sein wird, die den Bedingungen

$$(10) \qquad 0 \leqq y_1 < 1, \ \ldots \ 0 < y_n < 1$$

genügen; zugleich wird $\Psi(\theta)$ eine ganze Zahl vorstellen, wenn $B(\theta)$ eine ganze Zahl war; es möge $\Psi(\theta)$ der Rest von $B(\theta)$ in Bezug auf den Modul $B_1(\theta), \ldots B_n(\theta)$ heissen. Die Zahl 0 ist sicher die einzige Zahl $\Psi(\theta)$, für welche $y_1, \ldots y_n$ sämmtlich ganze Zahlen sind; besitzen ferner für eine ganze Zahl $\Psi(\theta)$ die ihr zugehörigen rationalen Werthe $y_1, \ldots y_n$ einen Generalnenner $l > 1$, so kann keine der Zahlen $\Psi(\theta), 2\Psi(\theta), \ldots (l-1)\Psi(\theta)$ in Bezug auf den Modul $B_1(\theta), \ldots B_n(\theta)$ Null als Rest ergeben und mit Rücksicht auf diesen Umstand können dann weiter auch nicht zwei dieser Zahlen denselben Rest in Bezug auf diesen Modul ergeben, giebt es dann also (die Zahl 0 eingerechnet) sicher mindestens l verschiedene ganze Zahlen $\Psi(\theta)$. Nun ist die Anzahl aller vorhandenen ganzen Zahlen $\Psi(\theta)$ endlich, denn man kann für sie leicht eine obere Grenze angeben, nämlich für jede Zahl $\Psi(\theta)$ hat man wegen (10):

$$\mathrm{abs}\,\Psi(\theta_h) < \mathrm{abs}\,B_1(\theta_h) + \cdots + \mathrm{abs}\,B_n(\theta_h) \qquad (h = 1, \ldots n),$$

und daraus entnimmt man weiter für die Beträge aller Coefficienten in der Gleichung

$$(t - \Psi(\theta_1)) \ldots (t - \Psi(\theta_n)) = 0,$$

der diese Zahl zu genügen hat, obere Grenzen. Bei einer ganzen Zahl $\Psi(\theta)$ nun müssen nach dem bei (7) Bemerkten die Coefficienten dieser Gleichung sämmtlich ganze rationale Zahlen sein, und dann kommen, weil obere Grenzen für ihre Beträge da sind, für sie nur eine endliche Anzahl von Werthen, für die ganzen Zahlen $\Psi(\theta)$ mithin nur die Wurzeln einer endlichen Anzahl von Gleichungen n^{ten} Grades in Frage. Indem damit dem Obigen zufolge zugleich für die Generalnenner l der Systeme $y_1, \ldots y_n$, die auf ganze Zahlen $\Psi(\theta)$ führen, eine obere Grenze entspringt, wird man nun im Stande sein, eine endliche Anzahl von Zahlen $\Psi(\theta)$ anzugeben, unter welchen alle von diesen Zahlen, die ganz sind, vorkommen müssen, und dann wird man mit Hülfe der Gleichungen (7) für diese Zahlen sämmtliche ganzen unter ihnen aussondern können.

Man stelle sich nun die sämmtlichen, offenbar ebenfalls nur in endlicher Anzahl vorhandenen ganzen Zahlen $B(\theta)$ vor, welche durch (5) mittelst solcher rationaler $y_1, \ldots y_n$ dargestellt werden, die den Bedingungen

$$0 \leqq y_1 < 1, \ldots 0 \leqq y_n \leqq 1$$

genügen; es tritt darunter die Zahl 0 und treten ferner die Zahlen $B_1(\theta), \ldots B_n(\theta)$ auf. Man schliesse die Zahl 0 aus und vertheile im Uebrigen diese sämmtlichen Zahlen nach ihren Werthen $y_1, \ldots y_n$ in n Gruppen so, dass man in die h^{te} Gruppe ($h = 1, \ldots n$) diejenigen von diesen Zahlen aufnimmt, bei welchen y_h unter den Werthen $y_1, \ldots y_n$ der letzte von Null verschiedene ist; dann ist der h^{ten} Gruppe speciell $B_h(\theta)$ zuzuweisen, enthält also jede Gruppe wirklich mindestens eine Zahl. Es sei dann in der h^{ten} Gruppe $A_h(\theta)$ irgend eine Zahl mit möglichst kleinem Werthe von y_h, und der betreffende Werth von y_h für $A_h(\theta)$ heisse d_h. Dann existirt offenbar keine ganze Zahl $B(\theta)$, ausser der Null, für welche in ihrer Darstellung durch (5) mittelst rationaler Werthe $y_1, \ldots y_n$ diese die Ungleichungen

$$(11) \qquad 0 \leqq y_n < d_n, \ldots 0 < y_1 < d_1$$

erfüllen. Nun wird man, wenn man eine beliebige ganze Zahl $B(\theta)$ in der Form (5) mit rationalen Werthen $y_1, \ldots y_n$ voraussetzt, von ihr immer auf eine Weise an erster Stelle ein Multiplum $x_n A_n(\theta), \ldots$ an n^{ter} Stelle ein Multiplum $x_1 A_1(\theta)$ mit derart bestimmten rationalen ganzzahligen Factoren $x_n, \ldots x_1$ abziehen können, dass am Ende eine ganze Zahl $B^*(\theta)$ resultirt, die durch (5) mittelst rationaler, den Bedingungen (11) entsprechender Werthe $y_n, \ldots y_1$ dargestellt erscheint; diese Zahl ist dann nothwendig Null, und tragen damit $A_1(\theta), \ldots A_n(\theta)$ wirklich den Charakter, dass die Form (9) für rationale ganze Zahlen $x_1, \ldots x_n$ alle ganzen Zahlen $B(\theta)$ darstellt.

Es sei nun $A_1(\theta), \ldots A_n(\theta)$ irgend ein System von n ganzen Zahlen des hier bezeichneten Charakters; ihre Discriminante, welche D heissen möge, ist dann eine rationale und andererseits eine ganze Zahl. Bildet man für beliebige n ganze Zahlen $B_1(\theta), \ldots B_n(\theta)$ im Gattungsbereich von θ die Darstellungen

$$(12) \qquad B_k(\theta) = x_{1k} A_1(\theta) + \cdots + x_{nk} A_n(\theta)$$

mit rationalen ganzen Werthen x_{hk}, so findet man die Distriminante von $B_1(\theta), \ldots B_n(\theta)$ gleich dem Product aus dem Quadrat der Determinante $|x_{hk}|$ in D. Indem sich nun n ganze Zahlen $B_k(\theta)$ mit einer von Null verschiedenen Discriminante angeben lassen, muss danach D von Null verschieden sein, und zugleich zeigt sich, dass D einen Factor jeder Discriminante von n ganzen Zahlen (also z. B. auch der Discriminante von $1, \theta, \ldots \theta^{n-1}$, d. i. der Zahl $((-1)^{\frac{n(n-1)}{2}} \mathrm{Nm} f'(\theta))$ bildet. Wenn von den Grössen $\theta_1, \ldots \theta_n$ im Ganzen $2s$ nicht reell sind, ist ferner $(-1)^s$ das Vorzeichen jeder von Null verschiedenen Discriminante, und also auch von D. Es ist so die rationale ganze Zahl D durch θ vollkommen bestimmt als die dem absoluten Betrage nach kleinstmögliche, von Null verschiedene Discriminante, die bei n ganzen Zahlen $B(\theta)$ vorkommen kann; es wird D die Grundzahl von θ (des durch θ charakterisirten Gattungsbereichs) genannt. — Man erkennt noch, dass, sowie n ganze Zahlen $B_1(\theta), \ldots B_n(\theta)$ als Discriminante die Zahl D ergeben, in den für sie geltenden Darstellungen (12) die Determinante der ganzen Zahlen x_{hk} stets gleich ± 1 ist, und man durch Auflösung dieser Gleichungen daher immer $A_1(\theta), \ldots A_n(\theta)$ und damit weiter eine jede ganze Zahl $B(\theta)$ auch in der Form $\Sigma y_h B_h(\theta)$ mittelst rationaler ganzer Werthe y_h dargestellt findet.

Bei einem tieferen Eingehen in das Wesen der ganzen algebraischen Zahlen zeigt es sich, dass die Beziehungen eines Gattungsbereichs $B(\theta)$ zu irgend einer gegebenen natürlichen Primzahl einen wesentlich verschiedenen Charakter tragen, je nachdem die Primzahl in der Grundzahl D des Gattungsbereichs aufgeht oder nicht, so dass es deshalb berechtigt erscheint, die in D enthaltenen Primzahlen als die kritischen Primzahlen für θ zu bezeichnen. Die kritischen Primzahlen für eine irrationale algebraische Zahl spielen eine in gewissem Sinne ähnliche Rolle wie die Verzweigungspunkte für eine irrationale algebraische Function einer Variablen. Von der grössten Bedeutung für die Theorie der algebraischen Zahlen ist nun der Satz:

Für jede irrationale algebraische Zahl ist mindestens eine kritische Primzahl vorhanden, ein Satz, der sich offenbar auch so aussprechen lässt: Die Grundzahl D einer irrationalen algebraischen Zahl θ ist immer verschieden von ± 1. Dieser Satz kann in verschiedener Weise aus den Ergebnissen der letzten Abschnitte gefolgert werden.

I. Es seien von den n Wurzeln $\theta_1, \dots \theta_n$ im Ganzen r reell und $2s$ imaginär, sodass $r + 2s = n$ ist und eine der Zahlen r, s auch gleich Null sein kann; es mögen $\theta_1, \dots \theta_n$ in dieser Reihe so geordnet vorausgesetzt werden, dass darin zuerst die etwa vorhandenen reellen Wurzeln auftreten, dann je eine Wurzel von jedem irgend vorhandenen Paare conjugirt imaginärer Wurzeln und endlich die zweiten Wurzeln der Paare in der entsprechenden Folge, sodass also θ_h für $h = 1, \dots r$ reell ist und ferner für $h = r + 1, \dots r + s$ immer θ_h und θ_{h+s} conjugirt imaginär sind.

Es mögen sodann n positive Grössen $c_1, \dots c_n$ irgendwie so gewählt werden, dass man

$$\text{für } h = r + 1, \dots r + s \text{ immer } c_h = c_{h+s}$$

und überdies noch

$$c_1 \dots c_n = c_1 \dots c_r (c_{r+1} \dots c_{r+s})^2 = 1 \tag{13}$$

hat. Man genügt diesen Bedingungen z. B. durch die Annahme $c_1 = 1, \dots c_n = 1$, und auch nur durch diese, wenn $n = 2$, $s = 1$ ist; in jedem anderen Falle (n immer > 1 vorausgesetzt) ist

$$r + s = \frac{n}{2} + \frac{r}{2} > 1$$

und können von den $r + s$ positiven Grössen $c_1, \dots c_{r+s}$ immer $r + s - 1$ nach Belieben festgesetzt werden.

Nun sei $A_1(\theta), \dots A_n(\theta)$ irgend ein System von n ganzen Zahlen im Gattungsbereich von θ mit der Grundzahl D von θ als Discriminante, und es werde

$$x_1 A_1(\theta_h) + \cdots + x_n A_n(\theta_h) = A(\theta_h), \quad \frac{A(\theta_h)}{c_h} = v_h \qquad (h = 1, \dots n)$$

gesetzt. Es sind dann $v_1, \dots v_n$ n lineare Formen in $x_1, \dots x_n$ mit einer Determinante $= \pm D^{\frac{1}{2}}$; man kann sie der Reihe nach

$$\xi_1, \ldots \xi_r, \frac{\eta_1 + i\zeta_1}{\sqrt{2}}, \ldots \frac{\eta_s + i\zeta_s}{\sqrt{2}}, \frac{\eta_1 - i\zeta_1}{\sqrt{2}}, \ldots \frac{\eta_s - i\zeta_s}{\sqrt{2}}$$

schreiben, und dann sind $\xi_1, \ldots \eta_s, \zeta_s$ n lineare Formen in $x_1, \ldots x_n$ mit lauter reellen Coefficienten und einer Determinante $= \pm \text{abs}\, D^{\frac{1}{2}}$

Nach 37. kann man nun immer rationale ganzzahlige Werthe für $x_1, \ldots x_n$ finden, welche nicht sämmtlich Null sind und dabei die Beträge von $\xi_1, \ldots \eta_s, \zeta_s$ sämmtlich $\leqq \text{abs}\, D^{\frac{1}{2n}}$ machen, und für solche Werthe wird man dann auch

$$(14) \qquad \text{abs}\, v_1 \leqq \text{abs}\, D^{\frac{1}{2n}}, \ldots \text{abs}\, v_n \leqq \text{abs}\, D^{\frac{1}{2n}}$$

haben, während zugleich $A(\theta)$ für sie eine von Null verschiedene ganze Zahl und $\text{Nm}\, A(\theta)$ deshalb dem absoluten Betrage nach mindestens gleich 1 sein wird. Nun hat man mit Rücksicht auf (13)

$$v_1 \ldots v_n = A(\theta_1) \ldots A(\theta_n) = \text{Nm}\, A(\theta),$$

und wird mithin auch $v_1 \ldots v_n$ für jene Werthe einen absoluten Betrag $\geqq 1$ annehmen; es muss dann von den Beträgen $\text{abs}\, v_1, \ldots \text{abs}\, v_n$ entweder mindestens einer > 1 oder sie müssen alle $= 1$ werden. Im ersteren Falle folgt aus (14):

$$1 < \text{abs}\, D.$$

Im letzteren Falle müssten $c_1, \ldots c_n$ den absoluten Beträgen der ganzen algebraischen Zahlen $A(\theta_1), \ldots A(\theta_n)$ gleich sein und damit auch selbst ganze algebraische Zahlen sein. Ein solcher Umstand aber lässt sich, wenn nicht gerade $n = 2$, $s = 1$ ist, immer durch geeignete Festsetzung von $c_1, \ldots c_n$ vermeiden, denn nach dem Obigen kann, von diesem Ausnahmefalle abgesehen, immer über einen Theil jener Grössen willkürlich verfügt werden, und nimmt man darunter beispielsweise eine $= \frac{1}{2}$, so ist sie sicher keine ganze algebraische Zahl. Also ist damit, bis auf den Fall $n = 2$, $s = 1$, erwiesen, dass immer $\text{abs}\, D > 1$, also D von ± 1 verschieden ist. In diesem hier noch nicht erledigten Falle könnte leicht durch directe Aufstellung aller möglichen Grundzahlen D gezeigt werden, dass darunter -1 nicht vorkommt*); doch wird die Ungleichung $D \gtrless \pm 1$ sofort noch auf anderem Wege für alle Fälle ohne Ausnahme erhalten werden.

---

*) Dedekind, a. a. O. Seite 499.

II. Wird zunächst $s > 0$ vorausgesetzt, so kann auf die Formen $v_1, \dots v_n$ der Satz aus 39. in Anwendung gebracht werden: Es giebt dann immer ganze Zahlen $x_1, \dots x_n$, die nicht sämmtlich Null sind und für welche

$$\text{abs}\,\frac{A(\theta_1)}{c_1}, \dots \text{abs}\,\frac{A(\theta_n)}{c_n}$$

sämmtlich

$$< \left(\frac{2}{\pi}\right)^{\frac{s}{n}} \text{abs}\, D^{\frac{1}{2n}} \tag{15}$$

werden. Diese Ungleichungen haben mit Rücksicht auf (13)

$$\text{abs}\,\text{Nm}\,A(\theta) < \left(\frac{2}{\pi}\right)^{s} \text{abs}\, D^{\frac{1}{2}}$$

zur Folge, und indem gleichzeitig abs $\text{Nm}\,A(\theta)$ eine positive rationale ganze Zahl und deshalb $\geqq 1$ wird, entnimmt man daraus

$$\left(\frac{\pi}{2}\right)^{2s} < \text{abs}\, D,$$

umsomehr also, da $\frac{\pi}{2} > 1$ ist, $1 < \text{abs}\, D$. Es ist noch bemerkenswerth, dass diese Folgerung $D \gtrless \pm 1$ aus dem Satze bei (15), unter der hier gemachten Annahme $s > 0$, sogar zu entnehmen gewesen wäre, wenn dort an Stelle des Zeichens $<$ vielmehr, wie es der Satz aus 30. zunächst ergiebt, das Zeichen $\leqq$ figurirte.

Der Satz bei (15) gilt nun mit genau denselben Ausdrücken (mit dem Zeichen $<$) auch noch im Falle $s = 0$ und führt dann hier ebenso zur Ungleichung abs $D > 1$. Es ist dieser Umstand dem besonderen Charakter zu danken, den hier $v_1, \dots v_n$ zufolge ihrer Entstehung aus der algebraischen Zahl θ tragen. Nämlich wenn $s = 0$ ist, sind die Formen $v_1, \dots v_n$ sämmtlich reell; bedeutet dann M den kleinsten Werth der Function, welche durch das Maximum unter den Beträgen abs $v_1, \dots$ abs v_n dargestellt wird, für rationale ganze, von $0, \dots 0$ verschiedene Zahlen $x_1, \dots x_n$, so ist

$$\text{abs}\, v_1 \leqq M, \dots \text{abs}\, v_n \leqq M \tag{16}$$

ein Parallelepipedum, welches im Inneren ausser dem Nullpunkte keinen Punkt mit ganzzahligen Coordinaten, aber solche Gitterpunkte auf der Begrenzung enthält. Nun stellt eine Form $c_h v_h = A(\theta_h)$, unter h jedesmal eine feste der Zahlen $1, \dots n$ verstanden, für verschiedene ganzzahlige Systeme $x_1, \dots x_n$ lauter verschiedene algebraische Zahlen dar, und kann also in einer Ebene $v_h = \text{const.}$ niemals mehr als ein Gitterpunkt liegen; es befinden sich danach auf der Begrenzung des in Rede stehenden Parallelepipedum höchstens $2n$ Gitterpunkte. Indem wegen $n > 1$ immer $2n < 2^{n+1} - 2$ ist, vermag aus diesem Grunde dem Satze in 32. zufolge das Volumen dieses Parallelepipedum nicht $= 2^n$ zu sein, sondern muss $< 2^n$ sein; diese Ungleichung läuft nun auf $M <$ abs $D^{\frac{1}{2n}}$ hinaus, und letzteres ist der Satz bei (15) für den Fall $s = 0$. — Es verdient noch Folgendes bemerkt zu werden. Es seien $\varepsilon_1, \ldots \varepsilon_n$ die Werthe von $v_1, \ldots v_n$ für irgend einen Gitterpunkt auf der Begrenzung von (16); diese Werthe sind dann sämmtlich von Null verschieden und wird

$$\text{abs}\,\frac{v_1}{\varepsilon_1} \leqq 1, \ \ldots \ \text{abs}\,\frac{v_n}{\varepsilon_n} \leqq 1$$

ein in (16) enthaltenes Parallelepipedum mit dem Nullpunkte als Mittelpunkt vorstellen, das auf seiner Begrenzung nur zwei Gitterpunkte, nämlich den hervorgehobenen und den zu ihm in Bezug auf den Nullpunkt symmetrischen liegen hat; und lässt sich dann die Ungleichung abs $D > 1$ für $s = 0$ bereits aus dem leichter zu verificirenden Umstande erschliessen, dass ein solches Parallelepipedum ein Volumen kleiner als 2^n haben muss.

42.

Untere Grenze für den absoluten Betrag einer Discriminante.

Es mögen $v_1, \ldots v_n$ dieselbe Bedeutung wie in 41. haben; es soll jetzt auf diese Formen der Satz aus 40. in Anwendung gebracht werden, der das Minimum von

$$f = \left(\frac{(\text{abs}\, v_1)^p + \cdots + (\text{abs}\, v_n)^p}{n}\right)^{\frac{1}{p}}$$

für rationale ganze Zahlen $x_1, \ldots x_n$, die nicht sämmtlich Null sind, betrifft, wobei für p eine beliebige reelle Grösse > 1 eintreten kann.

Zunächst ist hervorzuheben, dass der in 40. bemerkte Ausnahmefall hier durch die besondere Natur der in Betracht kommenden Formen $v_1, \ldots v_n$ ausgeschlossen erscheint. Jene Ausnahme für $p = 1$ würde eintreten, wenn man $n = 2$, $s = 0$ hat (die Discriminante würde dann einen positiven Werth haben und dürfte nicht das Quadrat einer rationalen Zahl sein), und wenn zugleich eine Substitution

$$x_1 = l_{11} y_1 + l_{12} y_2, \ x_2 = l_{21} y_1 + l_{22} y_2$$

mit rationalen ganzen Coefficienten l_{hk} und einer Determinante ± 1

existirte, durch welche die zwei Formen $\frac{v_1 \pm v_2}{2^{\frac{1}{2}} D^{\frac{1}{4}}}$ in $y_1 + \beta_{12} y_2$, y_2 übergingen. Erlangten durch diese Substitution dann v_1 und v_2 die Ausdrücke $\alpha_{11} y_1 + \alpha_{12} y_2$, $\alpha_{21} y_1 + \alpha_{22} y_2$, so müsste also

$$\text{abs}\, \alpha_{11} = \text{abs}\, \alpha_{21} = 2^{-\frac{1}{2}} D^{\frac{1}{4}},\ \alpha_{11}\alpha_{22} - \alpha_{12}\alpha_{21} = \pm D^{\frac{1}{2}},$$

mithin

$$\frac{\alpha_{22}}{\alpha_{21}} - \frac{\alpha_{12}}{\alpha_{11}} = \pm 2$$

sein. Es würden aber $\frac{\alpha_{12}}{\alpha_{11}}$ und $\frac{\alpha_{22}}{\alpha_{21}}$ als zwei conjugirte Zahlen in den Formen $t + u\sqrt{D}$ und $t - u\sqrt{D}$ mit rationalen Werthen t, u erscheinen, und müsste also $u\sqrt{D} = \mp 1$ werden; solches aber wäre unmöglich, da $\sqrt{D}$ irrational wäre.

Der Satz aus 40. III nun mit der letzten Bemerkung, weiter der Umstand, dass man (vgl. 40. II) immer

$$\text{abs}\, v_1 \ldots v_n \leqq \left(\frac{(\text{abs}\, v_1)^p + \cdots + (\text{abs}\, v_n)^p}{n}\right)^{\frac{n}{p}} \qquad (p > 0)$$

hat, endlich, dass für ganze Zahlen $x_1, \ldots x_n$, die nicht sämmtlich Null sind, immer $\text{abs}\, v_1 \ldots v_n = \text{abs}\, \text{Nm}\, A(\theta) \geqq 1$ ist, führen zur Ungleichung

$$\text{abs}\, D > N_p^2 \qquad (p \geqq 1),$$

wobei unter N_p die in dieser Weise in 40. II. bezeichnete Grösse zu verstehen ist. Wie dort gezeigt wurde, nimmt die Grösse N_p mit abnehmendem p continuirlich zu, und danach fällt die vorstehende Bedingung für D am schärfsten bei der Annahme $p = 1$ aus. Man gelangt so zu dem Satze:

Die Grundzahl D für eine irrationale algebraische Zahl θ, welche einer Gleichung mit rationalen Coefficienten vom n^{ten} Grade mit $2s$ imaginären Wurzeln, und keiner Gleichung von niedrigerem Grade mit rationalen Coefficienten, genügt, hat immer einen absoluten Betrag

$$> \left(\left(\frac{\pi}{4}\right)^s \frac{n^n}{1.2\ldots n}\right)^2$$

Letztere Grösse ist dem bekannten asymptotischen Ausdrucke für $n!$ zufolge sicher grösser als

$$\left(\frac{\pi}{4}\right)^{2s} \frac{e^{2n - \frac{1}{6n}}}{2\pi n}$$

Danach muss z. B. für $n = 2$ eine Grundzahl D, wenn sie negativ ($s = 1$) ist, $< -\frac{\pi^2}{4}$, als ganze Zahl also $\leqq -3$, wenn sie positiv ($s = 0$) ist, > 4, also $\geqq 5$ sein. Die Wurzeln von $\theta^2 + \theta + 1 = 0$ und $\theta^2 + \theta - 1 = 0$ besitzen als Grundzahl -3 beziehlich 5. Für $n = 3$ muss $D > 20, \ldots$ oder $< -12, \ldots$ sein.

Indem die hier für den absoluten Betrag einer Grundzahl ermittelten unteren Grenzen, die von n und s abhängen, mit der Zahl n über jede Grenze wachsen, erkennt man beiläufig: Eine gegebene Zahl D kommt immer nur bei einer endlichen Anzahl von Ordnungen n als Grundzahl algebraischer Zahlen in Betracht.

43.

Einheitswurzeln in einem Gattungsbereich algebraischer Zahlen.

Es möge noch immer an den in 41. eingeführten Bezeichnungen festgehalten werden. Ist $A(\theta)$ eine beliebige von Null verschiedene ganze Zahl in dem durch θ charakterisirten Gattungsbereiche, so hat, wie schon mehrfach benutzt wurde, das Product $A(\theta_1) \cdots A(\theta_n)$ jedesmal einen absoluten Betrag $\geqq 1$, und giebt es infolgedessen unter den conjugirten Zahlen $A(\theta_1), \ldots A(\theta_n)$ entweder mindestens eine mit einem absoluten Betrag > 1 oder haben diese Zahlen alle einen absoluten Betrag $= 1$. Es soll hier untersucht werden, an welche Umstände der letztere Fall geknüpft ist.

Es sei $A_1(\theta), \ldots A_n(\theta)$ ein System von n ganzen Zahlen im Gattungsbereich von θ mit der Grundzahl von θ als Discriminante, sodass jede ganze Zahl $A(\theta)$ dieses Bereichs durch

(1) $$x_1 A_1(\theta) + \cdots + x_n A_n(\theta)$$

mittelst rationaler ganzer Zahlen $x_1, \ldots x_n$ darstellbar ist. Es gehe aus dieser Form mittelst der rationalen ganzen Werthe

$$x_1 = p_1, \ldots x_n = p_n$$

eine Zahl $P(\theta)$ hervor, für welche $P(\theta_1), \ldots P(\theta_n)$ sämmtlich einen absoluten Betrag $= 1$ haben; die Zahl $-P(\theta)$, welche durch diese Form mittelst $x_1 = -p_1, \ldots x_n = -p_n$ dargestellt wird, trägt alsdann gleichfalls den hier in Frage kommenden Charakter. Es können dabei nicht $p_1, \ldots p_n$ sämmtlich gerade sein, denn sonst würde auch $\frac{1}{2}P(\theta)$ eine ganze und von Null verschiedene Zahl vorstellen, und für sie würden die n conjugirten Zahlen $\frac{1}{2}P(\theta_h)$ sämmtlich absolute Beträge < 1 haben.

Giebt es nun ausser $P(\theta)$ und $-P(\theta)$ im Gattungsbereich von θ noch eine weitere ganze Zahl $Q(\theta)$, für welche $Q(\theta_1), \dots Q(\theta_n)$ sämmtlich einen absoluten Betrag $= 1$ haben, so können, wenn $Q(\theta)$ durch (1) mittelst der rationalen ganzen Werthe $x_1 = q_1, \dots x_n = q_n$ dargestellt wird, nicht alle n Congruenzen

$$q_1 \equiv p_1, \dots q_n \equiv p_n \pmod 2$$

auf einmal bestehen. Denn sonst würde offenbar $\frac{Q(\theta) - P(\theta)}{2}$ ebenfalls durch (1) mittelst rationaler g a n z e r Zahlen $x_1, \dots x_n$ dargestellt sein, erwiese sich diese Zahl also als ganze Zahl; sie wäre ferner von Null verschieden; und man würde schliesslich, indem jeder Quotient $\frac{P(\theta_h)}{Q(\theta_h)}$ einen absoluten Betrag $= 1$ hätte, aber von -1 verschieden, also jedenfalls nicht reell und dabei $\leqq 0$ wäre, für jeden Werth $h = 1, \dots n$ die Ungleichung

$$\operatorname{abs} \frac{Q(\theta_h) - P(\theta_h)}{2} < \frac{1}{2} \operatorname{abs} Q(\theta_h) + \frac{1}{2} \operatorname{abs} P(\theta_h),$$

also

$$\operatorname{abs} \frac{Q(\theta_h) = P(\theta_h)}{2} < 1$$

haben. Dieser letzte Umstand aber würde dem Obigen zufolge den zwei zuvor genannten widersprechen.

Aus dieser Betrachtung ist nun ersichtlich, dass ganze Zahlen $A(\theta)$, für welche $A(\theta_1), \dots A(\theta_n)$ sämmtlich einen absoluten Betrag $= 1$ haben, höchstens in der Anzahl $2^{n+1} - 2$ möglich sind (vgl. auch 31.). Da nun dieser Charakter, sowie er einer Zahl $A(\theta)$ zukommt, offenbar auch allen ihren Potenzen $(A(\theta))^0$, $A(\theta)$, $(A(\theta))^2, \dots$ eigenthümlich ist, können dann in einer solchen Reihe von Potenzen auch niemals mehr als $2^{n+1} - 2$ verschiedene Zahlen auftreten, und entnimmt man daraus weiter, dass für eine Zahl $A(\theta)$ von jenem Charakter immer eine Gleichung $(A(\theta))^m = 1$ mit einer Zahl m aus der Reihe $1, \dots 2^{n+1} - 2$ als Exponenten bestehen, somit $A(\theta)$ immer eine Wurzel der Einheit sein muss. Besteht umgekehrt für eine Zahl $A(\theta)$ eine solche Gleichung, so müssen alle n Werthe $A(\theta_1), \dots A(\theta_n)$ diese Gleichung befriedigen, und haben sie dann in der That sämmtlich absolute Beträge $= 1$.

Kommt unter den Wurzeln $\theta_1, \dots \theta_n$ mindestens ein reeller Werth vor, ist also $r > 0$, so ist von je n conjugirten Zahlen $A(\theta_h)$ auch immer mindestens eine reell, und giebt es dann ausser 1 und -1 gewiss keine Zahl $A(\theta)$, welche eine Einheitswurzel wäre.

44.

Theorem von Dirichlet über die complexen Einheiten.

Es sei θ eine irrationale ganze Zahl, sie genüge einer algebraischen Gleichung mit rationalen Coefficienten vom n^{ten} Grade, und keiner solchen Gleichung von niedrigerem Grade; n ist dabei sicher > 1; es seien $\theta_1, \ldots \theta_n$ die sämmtlichen Wurzeln jener Gleichung, und es seien von ihnen r reell und $2s$ imaginär. Eine Einheit im Gattungsbereiche von θ wird jede ganze Zahl $A(\theta)$ daselbst genannt, für welche $\mathrm{Nm}\, A(\theta)$, d. i. das Product $A(\theta_1) \cdots A(\theta_n)$, gleich ± 1 ist.

Wenn $n = 2$ ist und θ_1, θ_2 beide imaginär sind, haben conjugirte Zahlen $A(\theta_1)$, $A(\theta_2)$ immer gleichen absoluten Betrag und müssen also, wenn ihr Product $= \pm 1$ sein soll, beide einen absoluten Betrag $= 1$ haben. In diesem Falle, der durch $r + s = 1$, $(r = 0,\ s = 1)$ charakterisirt ist, sind dann nach 43. die Einheiten $A(\theta)$ nothwendig Einheitswurzeln und höchstens in der Anzahl sechs vorhanden. In allen anderen Fällen aber existiren im Gattungsbereiche von θ immer unendlich viele Einheiten. Diese Thatsache und den Zusammenhang der verschiedenen in einem Gattungsbereiche vorhandenen Einheiten hat Dirichlet aufgedeckt; die Hülfsmittel, deren er sich dabei bediente, sind von bewundernswürdiger Einfachheit. Wie die in 38. mitgetheilte Betrachtung von Kronecker besonders auffällig zeigt, sind ein Theil derjenigen Eigenschaften linearer Formen, welche das arithmetische Theorem über die nirgends concaven Körper mit Mittelpunkt in sich schliesst, bereits durch die einfache Bemerkung zugänglich, dass, wenn eine Anzahl von Werthsystemen in eine kleinere Anzahl von Bereichen fallen, mindestens zwei Systeme darunter in denselben Bereich zu liegen kommen müssen, und dieser so auf der Hand liegende Umstand erscheint bei Dirichlet als die eigentliche Quelle seiner Sätze über die complexen Einheiten. Wie interessant es nun auch ist, dass eine anscheinend triviale Wahrnehmung solch tiefe Folgerungen zulässt, so glaube ich doch, dass das Zustandekommen der Dirichlet'schen Sätze anschaulicher wird, wenn man das allgemeine hier entwickelte Theorem über die nirgends concaven Körper voraussetzen darf.

I. Unter einer Ordnung im Gattungsbereiche von θ versteht man die Menge der durch eine Form

$$(1) \qquad x_1 B_1(\theta) + \cdots + x_n B_n(\theta) = B(\theta)$$

mittelst rationaler ganzer Werthe $x_1, \ldots x_n$ darstellbaren Zahlen, wenn dabei die Coefficienten $B_1(\theta), \ldots B_n(\theta)$ n ganze Zahlen des Gattungsbereichs mit einer von Null verschiedenen Discriminante sind, und wenn zweitens in dieser Menge von Zahlen mit irgend zwei Zahlen immer auch deren Product und drittens insbesondere die Zahl 1 auftritt; die an zweiter Stelle genannte Bedingung läuft offenbar darauf hinaus, dass die n^2 Producte $B_h(\theta)\,B_k(\theta)$ $(h, k = 1, \ldots n)$ sich sämmtlich unter den Zahlen der Ordnung finden sollen. Die Zahlen $B_1(\theta), \ldots B_n(\theta)$ mögen dabei eine Basis der Ordnung heissen. Nach den Entwickelungen in 41. ist die Menge aus allen ganzen Zahlen im Gattungsbereich von θ eine Ordnung; ferner geben die Potenzen $1, \theta, \ldots \theta^{n-1}$ (θ als ganze Zahl vorausgesetzt) immer schon eine Basis für eine Ordnung ab.

Es werde nun irgend eine Ordnung vorausgesetzt, mit einer Basis $B_1(\theta), \ldots B_n(\theta)$, und es sei Δ die Discriminante dieser n Zahlen. Ist $B(\theta)$ eine beliebige Zahl der Ordnung, so giebt es dann insbesondere regelmässig n^2 rationale ganze Zahlen l_{hk} zu den Beziehungen

$$B_k(\theta)\,B(\theta) = l_{1k}\,B_1(\theta) + \cdots + l_{nk}\,B_n(\theta) \qquad (k = 1, \ldots n).$$

Die Determinante dieser Zahlen, $|l_{hk}|$, erweist sich nach 41. (8) gleich $\mathrm{Nm}\,B(\theta)$. Durch Auflösung dieser Beziehungen nach den rechts eingehenden Grössen $B_h(\theta)$ findet man danach immer $B_h(\theta)\,\mathrm{Nm}\,B(\theta)$ gleich dem Product aus $B(\theta)$ in eine Zahl der Ordnung, und somit stellt jeder der n Quotienten $\frac{\mathrm{Nm}\,B(\theta)}{B(\theta)}B_h(\theta)$ und alsdann weiter, wenn man unter $B^*(\theta)$ ebenfalls eine beliebige Zahl der Ordnung versteht, immer auch $\frac{\mathrm{Nm}\,B(\theta)}{B(\theta)}B^*(\theta)$ eine Zahl der Ordnung vor. Dabei kann, weil es sich um eine Ordnung handelt, für $B^*(\theta)$ insbesondere 1 (wie auch -1) genommen werden. Ist jetzt $B(\theta)$ eine in der Ordnung vorkommende Einheit, und nimmt man $B^*(\theta) = \pm 1 = \mathrm{Nm}\,B(\theta)$, so erweist sich auf diese Weise stets der reciproke Werth von $B(\theta)$ gleichfalls als eine Zahl der Ordnung, also als ganze Zahl, und wird nun offenbar wieder eine Einheit; und daraus folgt dann weiter, dass auch jedes Product aus Potenzen von Einheiten in der Ordnung, wobei die Exponenten beliebige rationale ganze Zahlen sein können, immer wieder eine Einheit in der Ordnung vorstellt.

Die n Gleichungen

$$x_1\,B_1(\theta_k) + \cdots + x_n\,B_n(\theta_k) = B(\theta_k) \qquad (k = 1, \ldots n)$$

besitzen in Bezug auf $x_1, \ldots x_n$ die von Null verschiedene Determinante $\Delta^{\frac{1}{2}}$; die Auflösung dieser Gleichungen laute:

(2) $$x_h = \psi_{h1} B(\theta_1) + \cdots + \psi_{hn} B(\theta_n) \qquad (h = 1, \ldots n).$$

Die Zahlen ψ_{hk} dabei hängen allein von der Basis $B_1(\theta), \ldots B_n(\theta)$ ab. Man entnimmt aus diesen Ausdrücken obere Grenzen für die Beträge von $x_1, \ldots x_n$, sowie obere Grenzen für die Beträge von $B(\theta_1), \ldots B(\theta_n)$ gegeben sind, und findet sich durch einen solchen Umstand, wenn $B(\theta)$ eine Zahl der Ordnung sein soll, deshalb diese Zahl schon unter eine endliche Anzahl von Zahlen der Ordnung verwiesen.

Die Wurzeln $\theta_1, \ldots \theta_n$ mögen in dieser Reihe so geordnet erscheinen, dass darin zuerst alle reellen Wurzeln, weiter je eine Wurzel aus jedem Paare imaginärer Wurzeln und schliesslich die zweiten Wurzeln der Paare in entsprechender Folge auftreten. Für jede Zahl $B(\theta)$ des Gattungsbereichs von θ werden dann immer die Beziehungen $\operatorname{abs} B(\theta_k) = \operatorname{abs} B(\theta_{k+s})$ $(k = r + 1, \ldots r + s)$ statthaben. Ist $B(\theta)$ von Null verschieden, so mögen die reellen Werthe von

$$\log \operatorname{abs} B(\theta_1), \ldots \log \operatorname{abs} B(\theta_{r+s})$$

die Functionen $w_1, \ldots w_{r+s}$ von $B(\theta)$ genannt werden. Für eine von Null verschiedene ganze Zahl $B(\theta)$ ist $\operatorname{Nm} B(\theta)$ regelmässig eine von Null verschiedene rationale ganze Zahl und hat also einen absoluten Betrag $\geqq 1$, und fällt danach der Ausdruck

$$f_{r+s} = w_1 + \cdots + w_r + 2w_{r+1} + \cdots + 2w_{r+s}$$

immer entweder > 0 aus oder $= 0$, wenn insbesondere $B(\theta)$ eine Einheit vorstellt.

Von dem Falle $n = 2$, $r = 0$ soll jetzt abgesehen werden. In jedem anderen Falle ($n > 1$ vorausgesetzt) ist $r + s = \frac{n}{2} + \frac{r}{2} > 1$, und lässt sich gewiss eine solche lineare Form in $w_1, \ldots w_{r+s}$:

$$f^* = g_1 w_1 + \cdots + g_{r+s} w_{r+s}$$

aufstellen, die nicht bloss ein Product aus f_{r+s} in eine Constante ist. Man kann dann in der betrachteten Ordnung (1) immer eine Einheit finden, für deren Functionen $w_1, \ldots w_{r+s}$ der Ausdruck f^* nicht verschwindet.

Wenn $c_1, \ldots c_{r+s}$ irgend welche positive Grössen vorstellen, für die man

(3) $$c_1 \ldots c_r (c_{r+1} \ldots c_{r+s})^2 = 1$$

hat, so giebt es nach den Ueberlegungen aus 41. II. in der Ordnung (1) immer mindestens eine von Null verschiedene ganze Zahl $B(\theta)$, für welche

$$\frac{\operatorname{abs} B(\theta_1)}{c_1}, \ldots \frac{\operatorname{abs} B(\theta_{r+s})}{c_{r+s}}$$

sämmtlich $< \left(\frac{2}{\pi}\right)^{\frac{s}{n}} \operatorname{abs} \Delta^{\frac{1}{2n}}$ sind; letztere Grösse möge als Exponentialgrösse e^F geschrieben werden. Die Bemerkungen bei (2) zeigen, dass diesen Bedingungen immer nur eine endliche Anzahl von Zahlen der Ordnung genügen können und wie diese sich alle ermitteln lassen; ihre Normen werden immer absolute Beträge $< e^{nF}$ haben.

Es sei nun $\gamma_1, \ldots \gamma_{r+s}$ ein beliebiges solches System von reellen Werthen, wofür

(4) $$\gamma_1 + \cdots + \gamma_r + 2\gamma_{r+1} + \cdots + 2\gamma_{r+s} = 0,$$

aber

$$g_1\gamma_1 + \cdots + g_{r+s}\gamma_{r+s} = \alpha$$

von Null verschieden ausfällt. Der Bedingung (3) geschieht dann durch

$$c_1 = e^{\gamma_1 u}, \ldots c_{r+s} = e^{\gamma_{r+s} u}$$

Genüge, unter u einen willkürlichen reellen Parameter verstanden. Man wird also bei jedem Werthe von u in der Ordnung (1) immer mindestens eine von Null verschiedene Zahl $B(\theta)$ finden können, deren Norm einen absoluten Betrag $< e^{nF}$ hat und für deren Functionen $w_1, \ldots w_{r+s}$ die Ungleichungen bestehen:

(5) $$w_1 - \gamma_1 u < F, \ldots w_{r+s} - \gamma_{r+s} u < F.$$

Zugleich wird für diese Zahl als ganze Zahl nach dem oben Bemerkten immer $f_{r+s} \geqq 0$, wegen (4) also auch

$$(w_1 - \gamma_1 u) + \cdots + (w_r - \gamma_r u)$$
$$+ 2(w_{r+1} - \gamma_{r+1} u) + \cdots + 2(w_{r+s} - \gamma_{r+s} u) > 0$$

sein, und hieraus gewinnt man mit Hülfe von (5):

(6) $$w_h - \gamma_h u > -(n-1)F \text{ für } h = 1, \ldots r;$$
$$> -\left(\frac{n}{2} - 1\right)F \text{ für } h = r+1, \ldots r+s.$$

Aus (5) und (6) erschliesst man nun sofort je eine Grösse β' und β'', die kleiner, beziehlich grösser als

$$g_1(w_1 - \gamma_1 u) + \cdots + g_{r+s}(w_{r+s} - \gamma_{r+s} u)$$

ist, und man findet die Function f^* für die betreffende Zahl $B(\theta)$ alsdann $> \alpha u + \beta'$ und $< \alpha u + \beta''$

Bringt man nun für u, mit irgend einem Werthe u_0 beginnend, eine Reihe von Werthen in Anwendung, die eine arithmetische Progression mit der Differenz $\frac{\beta''-\beta'}{\alpha}$ $\left(\text{oder auch der Differenz } -\frac{\beta''-\beta'}{\alpha}\right)$ bilden, so wird man für $B(\theta)$ in der hier erörterten Weise nach einander Zahlen $M_0(\theta)$, $M_1(\theta)$, $M_2(\theta)$, ... erlangen, die sämmtlich von Null verschieden sind, deren Normen sämmtlich absolute Beträge $< e^{nF}$ haben und die zudem offenbar so beschaffen sein werden, dass die Function f^* für jede folgende Zahl grösser (beziehlich kleiner) als für die vorhergehende Zahl ausfällt. Jede dieser Zahlen $M_k(\theta)$ wird dabei durch die Form (1) mittelst bestimmter rationaler ganzer Werthe $x_1, \ldots x_n$ dargestellt sein. In dieser Reihe von Zahlen $M_k(\theta)$ $(k = 0, 1, 2, \ldots)$ wird man dann, spätestens wenn der Index k die Summe der n^{ten} Potenzen aller positiven rationalen ganzen Zahlen $< e^{nF}$ erreicht, eine Zahl $M_k(\theta)$ antreffen müssen, für welche erstens die positive rationale ganze Zahl abs Nm $M_k(\theta)$ und zweitens noch die Reste der n zu $M_k(\theta)$ gehörigen Werthe $x_1, \ldots x_n$ nach dieser Zahl abs Nm $M_k(\theta)$ als Modul genau die nämlichen Grössen vorstellen, wie schon für irgend eine frühere Zahl der Reihe, $M_h(\theta)$. Für den Quotienten $\frac{M_k(\theta)}{M_h(\theta)} = Q(\theta)$ wird dann erstens Nm $Q(\theta) = \pm 1$ sein, wird zweitens die Function $f^* > 0$ ausfallen, und endlich wird

$$\frac{M_k(\theta) - M_h(\theta)}{\operatorname{Nm} M_h(\theta)} = M^*(\theta)$$

gleichfalls noch durch (1) mittelst rationaler ganzer Zahlen $x_1, \ldots x_n$ darstellbar, also eine Zahl der Ordnung sein. Nach dem am Anfang Bemerkten wird dann auch $\frac{\operatorname{Nm} M_h(\theta)}{M_h(\theta)} M^*(\theta)$ eine Zahl der Ordnung sein, und da überdies in einer Ordnung immer die Zahl 1 vorkommt, erweist sich schliesslich auch

$$1 + \frac{\operatorname{Nm} M_h(\theta)}{M_h(\theta)} M^*(\theta) = \frac{M_k(\theta)}{M_h(\theta)} = Q(\theta)$$

als eine Zahl der Ordnung, vor Allem also auch als ganze Zahl. In $Q(\theta)$ hat man nun nach Allem diesem eine solche Einheit gewonnen, wie sie als existirend nachgewiesen werden sollte.

II. Es sei nun, $r + s > 1$ vorausgesetzt, f_1 eine beliebige solche lineare Form in $w_1, \ldots w_{r+s}$, welche nicht ein Product aus f_{r+s} in eine Constante ist, und $Q_1(\theta)$ eine Einheit in der Ordnung (1), für deren Functionen $w_1, \ldots w_{r+s}$ die Form $f_1 > 0$ ausfällt. Ist noch $r + s > 2$, so kann man dann zu dieser ersten Einheit nach folgendem Principe successive weitere Einheiten hinzufügen, immer bis man ein

System von $r+s-1$ Einheiten $Q_1(\theta), \ldots Q_{r+s-1}(\theta)$ erlangt: Nachdem man für ein $h-1<r+s-1$ die Bedeutung der Einheiten $Q_1(\theta), \ldots Q_{h-1}(\theta)$ bereits festgelegt hat, kann man noch eine lineare Form f_h in $w_1, \ldots w_{r+s}$ so annehmen, dass sie für die diesen $h-1$ Einheiten zugehörigen Systeme $w_1, \ldots w_{r+s}$ verschwindet und dabei doch nicht ein Product aus f_{r+s} in eine Constante ist, und dann wähle man die Einheit $Q_h(\theta)$ in der Ordnung so, dass für sie $f_h>0$ ausfällt.

Zwischen den $r+s$ Formen $f_1, \ldots f_{r+s-1}, f_{r+s}$, die man in solcher Art einführt, kann dann keine Beziehung

$$\delta_1 f_1+\cdots+\delta_{r+s-1} f_{r+s-1}+\delta_{r+s} f_{r+s}=0$$

mit Constanten δ_h, die nicht sämmtlich Null sind, bestehen; denn es könnte dabei nicht δ_{r+s} allein von Null verschieden sein, und wäre ein früherer Coefficient δ_h der erste von Null verschiedene, so würde die Betrachtung der Einheit $Q_h(\theta)$, für welche $f_{h+1}, \ldots f_{r+s}$ Null sind, aber f_h nicht verschwindet, zu einem Widerspruche führen. Es können infolgedessen umgekehrt $w_1, \ldots w_{r+s}$ durch $f_1, \ldots f_{r+s}$ ausgedrückt werden.

Nun wird man in den folgenden Werthen für die Variabeln w_k:

$$(7)\quad w_k=\varphi_1 \log \operatorname{abs} Q_1(\theta_k)+\cdots+\varphi_{r+s-1} \log \operatorname{abs} Q_{r+s-1}(\theta_k) \quad (k=1, \ldots r+s)$$

bei beliebigen Werthen von $\varphi_1, \ldots \varphi_{r+s-1}$ immer eine Lösung der Gleichung $f_{r+s}=0$ haben, und es entsteht ferner durch Einsetzen dieser Ausdrücke für die Grössen w_k:

$$f_h=\varepsilon_{hh} \varphi_h+\cdots+\varepsilon_{h, r+s-1} \varphi_{r+s-1} \qquad (h=1, \ldots r+s-1)$$

mit Coefficienten ε_{hk}, unter welchen sich immer $\varepsilon_{hh}>0$ ergiebt; es können danach $\varphi_{r+s-1}, \ldots \varphi_1$ successive und immer nur auf eine Art so angenommen werden, dass durch die Ausdrücke (7) die Formen $f_{r+s-1}, \ldots f_1$ beliebig vorgeschriebene Werthe erhalten, und stellen so die Ausdrücke (7) jede mögliche Lösung von $f_{r+s}=0$ und jede nur auf eine Weise dar. Danach gehören nun auch zu jeder Einheit in der Ordnung ganz bestimmte Werthe $\varphi_1, \ldots \varphi_{r+s-1}$, mit welchen die Ausdrücke (7) den Functionen $w_1, \ldots w_{r+s}$ der betreffenden Einheit gleich werden.

Dabei können nur für eine endliche Anzahl von Einheiten — und zu diesen werden die Zahl 1 und die Einheiten $Q_1(\theta), \ldots Q_{r+s-1}(\theta)$ gehören — sich die sämmtlichen Ungleichungen

$$(8)\qquad 0 \leqq \varphi_1 \leqq 1, \ldots 0 \leqq \varphi_{r+s-1} \leqq 1$$

herausstellen. Denn sowie für eine Einheit $Q(\theta)$ diese Ungleichungen bestehen, entnimmt man aus (7):

$$\log \operatorname{abs} Q(\theta_k) \leq \log \operatorname{abs} Q_1(\theta_k) + \cdots + \log \operatorname{abs} Q_{r+s-1}(\theta_k) \quad (k = 1, \ldots r+s)$$

und daraus weiter obere Grenzen für sämmtliche Beträge abs $Q(\theta_k)$, ein Umstand, durch den, wie bei (2) ausgeführt wurde, die Zahl $Q(\theta)$ bereits unter eine nur endliche Anzahl von Zahlen der Ordnung verwiesen wird; aus diesen sind dann leicht durch Bildung der Normen (nach 41. (8)) die Einheiten herauszufinden. Insbesondere werden so in der Ordnung auch nur eine endliche Anzahl von solchen Einheiten $O(\theta)$ vorhanden sein, für welche $\varphi_1, \ldots \varphi_{r+s-1}$ sämmtlich gleich Null ausfallen, oder, was auf das Nämliche hinausläuft, von solchen ganzen Zahlen, für welche $w_1, \ldots w_{r+s}$ sämmtlich Null sind. Da nun mit einer ganzen Zahl $O(\theta)$ dieser Art immer auch alle ihre Potenzen $(O(\theta))^0$, $O(\theta)$, $(O(\theta))^2, \ldots$ eben diesen Charakter tragen, können dann in einer solchen Reihe von Potenzen jedesmal auch nur eine endliche Anzahl verschiedener Zahlen auftreten, d. h. die ganzen Zahlen $O(\theta)$, für welche $w_1, \ldots w_{r+s}$ sämmtlich Null sind, müssen Einheitswurzeln vorstellen (vgl. 43.); umgekehrt leuchtet ein: wenn für eine Zahl $O(\theta)$ eine Gleichung $(O(\theta))^m = 1$ mit positivem rationalem ganzem Exponenten m besteht, genügen $O(\theta_1), \ldots O(\theta_{r+s})$ sämmtlich dieser Gleichung und sind somit die Functionen $w_1, \ldots w_{r+s}$ für $O(\theta)$ immer sämmtlich Null.

Man denke sich nun die endliche Anzahl von Systemen $\varphi_1, \ldots \varphi_{r+s-1}$ im Bereiche (8) aufgesucht, welche Einheiten der Ordnung entsprechen, sehe von dem Systeme $0, \ldots 0$ darunter ab, und vertheile die übrigen dieser Systeme in $r+s-1$ Gruppen so, dass die h^{te} Gruppe jedesmal diejenigen Systeme zugewiesen erhalte, in welchen φ_h von den Werthen $\varphi_1, \ldots \varphi_{r+s-1}$ der letzte von Null verschiedene ist. Insbesondere ist dabei immer das System, zu welchem $Q_h(\theta)$ Veranlassung giebt, in die h^{te} Gruppe aufzunehmen, so dass also jede Gruppe wirklich mindestens ein System aufweisen wird. Man wähle dann in der h^{ten} Gruppe ein solches System aus, worin φ_h möglichst klein ist; es sei Φ_h der dabei eintretende Werth von φ_h und es sei $P_h(\theta)$ irgend eine Einheit in der Ordnung, welche auf das betreffende System $\varphi_1, \ldots \varphi_{r+s-1}$ führt. Es giebt dann kein System $\varphi_1, \ldots \varphi_{r+s-1}$ ausser dem Systeme $0, \ldots 0$, für welches man

$$(9) \qquad 0 \leq \varphi_{r+s-1} < \Phi_{r+s-1}, \ldots 0 \leq \varphi_1 < \Phi_1$$

hat und welches dabei zu Einheiten in der Ordnung gehörte.

Liegt nun eine beliebige Einheit $Q(\theta)$ der Ordnung vor, und betrachtet man die Darstellung (7) für die Functionen $w_1, \ldots w_{r+s}$ dieser Einheit, so wird man nach einander rationale ganze Zahlen

$m_{r+s-1}, \ldots m_1$ und offenbar nur auf eine Weise so bestimmen können, dass in der zu (7) analogen Darstellung für die Grössen

$$w_k^{(0)} = \log \operatorname{abs} Q(\theta_k) - m_{r+s-1} \log \operatorname{abs} P_{r+s-1}(\theta_k) - \cdots - m_1 \log \operatorname{abs} P_1(\theta_k)$$
$$(k = 1, \ldots r+s)$$

Werthe $\varphi_{r+s-1}, \ldots \varphi_1$ auftreten, welche die Bedingungen (9) erfüllen. Die hier geschriebenen Grössen stellen dann aber die Functionen $w_1, \ldots w_{r+s}$ für

$$\frac{Q(\theta)}{(P_{r+s-1}(\theta))^{m_{r+s-1}} \ldots (P_1(\theta))^{m_1}}$$

vor, und wird letzterer Ausdruck ebenfalls eine Einheit in der Ordnung sein; also kann das System der Grössen $w_1^{(0)}, \ldots w_{r+1}^{(0)}$ nur $0, \ldots 0$ sein, und dann ist weiter nach dem oben Ausgeführten die letztere Einheit eine Einheitswurzel. Man ist damit zu folgendem Satze gelangt*):

Genügt θ einer algebraischen Gleichung mit rationalen Coefficienten von einem Grade $n > 1$ mit r reellen und $2s$ imaginären Wurzeln, und keiner Gleichung mit rationalen Coefficienten von niedrigerem Grade, so kann man, wenn $r + s - 1 > 0$ ist, in einer beliebigen Ordnung des durch θ charakterisirten Gattungsbereichs immer $r + s - 1$ Einheiten $P_1(\theta), \ldots P_{r+s-1}(\theta)$ finden von solcher Art, dass durch

$$O(\theta)(P_1(\theta))^{m_1} \ldots (P_{r+s-1}(\theta))^{m_{r+s-1}},$$

wenn $O(\theta)$ alle in der Ordnung vorhandenen Einheitswurzeln und jeder der Exponenten $m_1, \ldots m_{r+s-1}$ alle möglichen rationalen ganzen Zahlen durchläuft, jede Einheit der Ordnung (und zwar jede nur auf eine Weise) dargestellt wird; ist aber $r + s - 1 = 0$, d. i. $n = 2$, $s = 1$, so giebt es im Gattungsbereiche von θ keine Einheit ausser Einheitswurzeln.

Z. B. hat man $r + s - 1 = 1$, wenn $n = 2$, $r = 2$, $s = 0$ oder $n = 3$, $r = 1$, $s = 1$ oder $n = 4$, $r = 0$, $s = 2$ ist; als Einheits-

*) Dirichlet, Monatsberichte der Berliner Akademie 1846 (auch Werke Bd. I. S. 642). Vgl. dazu die Entwickelung dieses Satzes bei Dedekind, Suppl. XI zu den Vorlesungen über Zahlentheorie von Dirichlet. — Vereinfachungen der Theorie der complexen Einheiten hat auch Kronecker in zwei Aufsätzen, Comptes rendus der Pariser Akademie 1883, I und 1884, I zu geben gesucht.

wurzeln $O(\theta)$ treten in den beiden ersten Fällen, wo $r > 0$ ist, sicher nur ± 1, in dem dritten Falle eventuell noch dritte, vierte, fünfte, achte Einheitswurzeln auf. In diesen drei Fällen kann man immer eine Einheit $P(\theta)$ von solcher Art finden, dass alle Einheiten der betrachteten Ordnung in der Form $O(\theta)\,(P(\theta))^m$ für alle rationalen ganzen Zahlen m geliefert werden. Der absolute Betrag einer in dieser Form dargestellten Einheit ist dann $(\text{abs}\, P(\theta))^m$, so dass unter allen diesen Einheiten die Einheiten $O(\theta)\,P(\theta)$ und $O(\theta)\,\frac{1}{P(\theta)}$ den grössten Betrag < 1 beziehlich den kleinsten Betrag > 1 haben werden, und man sieht leicht, dass von den letzteren Einheiten, unter welchen sich $P(\theta)$ selbst findet, auch eine jede die Stelle von $P(\theta)$ hier übernehmen kann. — Die in Rede stehenden Fälle haben z. B. statt, wenn θ durch $\theta^2 = D$, $\theta^3 = \pm D$, $\theta^4 = -D$ definirt ist und D eine beliebige positive rationale ganze Zahl, dabei aber im ersten Falle nicht das Quadrat, im zweiten nicht der Kubus einer rationalen Zahl ist. Die Aufsuchung der Einheiten in der Ordnung mit der Basis $1, \theta, \ldots \theta^{n-1}$ läuft unter diesen Umständen auf die Lösung der Diophantischen Gleichungen

$$x^2 - Dy^2 = \pm 1,\quad x^3 + Dy^3 + D^2z^3 - 3Dxyz = \pm 1,$$
$$\left.\begin{array}{r}(x^2 - Dz^2 + 2Dyt)^2 \\ + D(2xz - y^2 + Dt^2)^2\end{array}\right\} = 1$$

hinaus.

III. Es werde unter $B(\theta)$ wieder die in $x_1, \ldots x_n$ lineare Form (1) verstanden, und man greife in der durch $B(\theta)$ bestimmten Ordnung irgend eine von Null verschiedene Zahl $Z(\theta)$ heraus. Der durch

$$\text{(10)}\qquad \text{abs}\, B(\theta_1) \leqq \text{abs}\, Z(\theta_1),\ \ldots\ \text{abs}\, B(\theta_{r+s}) \leqq \text{abs}\, Z(\theta_{r+s})$$

definirte Körper in $x_1, \ldots x_n$ enthält dann jedesmal nur eine endliche Anzahl von Gitterpunkten, d. h. von ganzzahligen Systemen $x_1, \ldots x_n$. Findet man noch ausser dem Nullpunkte Gitterpunkte im I n n e r e n dieses Körpers, so sei $Z'(\theta)$ der Werth von $B(\theta)$ für irgend einen solchen Gitterpunkt darunter; es enthält dann der in entsprechender Weise aus $Z'(\theta)$ abgeleitete Körper, wie durch (10) aus $Z(\theta)$ ein gewisser Körper abgeleitet ist, jedenfalls weniger ganzzahlige Systeme $x_1, \ldots x_n$ als der erstere Körper. Es leuchtet daraus sofort ein, wie man von der Zahl $Z(\theta)$ aus durch eine endliche Anzahl von Operationen zu mindestens einer von Null verschiedenen ganzen Zahl $M(\theta)$ in der Ordnung wird gelangen können von solcher Art, dass den Bedingungen

$$\text{abs}\, B(\theta_1) < \text{abs}\, M(\theta_1),\ \ldots\ \text{abs}\, B(\theta_{r+s}) < \text{abs}\, M(\theta_{r+s})$$

durch keine von Null verschiedene Zahl $B(\theta)$ der Ordnung mehr genügt wird. Die Zahlen $M(\theta)$ von dieser Natur mögen die **niedrigsten Zahlen** der Ordnung heissen. Nach dem Satze bei (3) ist für jede dieser Zahlen die Function $f_{r+s} = \log \operatorname{abs} \operatorname{Nm} M(\theta)$ immer $< nF$.

Ist $M(\theta)$ eine niedrigste Zahl der Ordnung und $Q(\theta)$ eine Einheit der Ordnung, so ist auch $Q(\theta)M(\theta)$ immer eine niedrigste Zahl der Ordnung.

Denn gäbe es eine von Null verschiedene Zahl $B(\theta)$ der Ordnung, für welche die Functionen $w_1, \ldots w_{r+s}$ sämmtlich kleiner ausfielen als für $Q(\theta)M(\theta)$, so würde auch $\frac{B(\theta)}{Q(\theta)}$ eine von Null verschiedene Zahl der Ordnung sein, und würden für sie diese Functionen sämmtlich kleiner als für $M(\theta)$ ausfallen. Wie die Einheiten $P_1(\theta), \ldots P_{r+s-1}(\theta)$ oben bestimmt wurden, sind für $P_h(\theta)$ immer die Formen $f_{h+1}, \ldots f_{r+s}$ Null und hat f_h einen Werth $F_h = \varepsilon_{hh}\Phi_h > 0$; man wird danach zu einer gegebenen, von Null verschiedenen Zahl $M(\theta)$ immer und nur auf eine Weise rationale ganze Zahlen $m_{r+s-1}, \ldots m_1$ so bestimmen können, dass die Functionen $f_{r+s-1}, \ldots f_1$ für die Zahl

$$\frac{M(\theta)}{(P_{r+s-1}(\theta))^{m_{r+s-1}} \ldots (P_1(\theta))^{m_1}}$$

die Bedingungen erfüllen:

$$0 \leqq f_{r+s-1} < F_{r+s-1}, \ \ldots \ 0 \leqq f_1 < F$$

Die Ermittlung aller vorhandenen niedrigsten Zahlen kommt so auf die Aufsuchung derjenigen unter ihnen heraus, welche die vorstehenden Bedingungen befriedigen. Indem nun zu diesen Bedingungen für eine niedrigste Zahl noch die Bedingung $0 \leqq f_{r+s} < nF$ hinzutritt und durch $f_1, \ldots f_{r+s}$ umgekehrt $w_1, \ldots w_{r+s}$ ausgedrückt werden können, gewinnen für diese besonderen niedrigsten Zahlen $M(\theta)$ alle Beträge $\operatorname{abs} M(\theta_1), \ldots \operatorname{abs} M(\theta_{r+s})$ obere Grenzen, und sind danach diese Zahlen überhaupt nur in endlicher Anzahl vorhanden und lassen sie sich leicht ausfindig machen.

So gelingt die Aufstellung aller möglichen niedrigsten Zahlen, so wie die Einheiten der Ordnung bekannt sind. Man wird nun aber umgekehrt gerade die praktische Bestimmung der Einheiten auf die Betrachtung der niedrigsten Zahlen gründen. Indessen will ich hierauf an dieser Stelle nicht weiter eingehen, und ich begnüge mich im nächsten Abschnitte zu zeigen, dass in solcher Art in der That die Methode von **Lagrange** zur Auflösung der sogenannten **Pell'schen** Gleichung, welche die Einheiten im Falle $r = 2$, $s = 0$ liefert, vorgeht, und ich füge hinzu, dass namentlich die beiden anderen Fälle, in welchen $r + s - 1$ den Werth 1 hat, eine sehr ähnliche Behandlung gestatten.

45.

Arithmetische Theorie eines Linienpaars; Theorie der Kettenbrüche und der reellen quadratischen Irrationalzahlen.

Es sollen in diesem Abschnitte Benennungen Verwendung finden, wie sie in der Geometrie der Ebene, für den Fall $n = 2$, üblich sind.

I. (*Problemstellung.*) Es seien x, y Parallelcoordinaten in der Ebene, $\mathfrak{o}$ ihr Nullpunkt, $\xi = 0$, $\eta = 0$ die Gleichungen zweier verschiedener gerader Linien durch $\mathfrak{o}$, es sei

$$\xi = \alpha x + \beta y, \quad \eta = \gamma x + \delta y,$$

und der Einfachheit wegen werde $\alpha\delta - \beta\gamma = 1$ vorausgesetzt.

λ und μ sollen positive Parameter bedeuten. Ein Parallelogramm

$$-\lambda \leqq \xi \leqq \lambda, \quad -\mu \leqq \eta \leqq \mu$$

möge kurz ein $\{\lambda, \mu\}$, die Punkte darin, für welche $\xi = \lambda$ oder $\xi = -\lambda$ ist, die ξ-Seiten, die Punkte, für welche $\eta = \mu$ oder $\eta = -\mu$ ist, die η-Seiten von $\{\lambda, \mu\}$ heissen. Ist $\lambda \leqq \lambda_1$, $\mu \leqq \mu_1$, so ist immer $\{\lambda, \mu\}$ in $\{\lambda_1, \mu_1\}$ enthalten.

Die Punkte mit ganzzahligen Coordinaten x, y sollen wieder Gitterpunkte genannt und unter einem Paare von Gitterpunkten sollen irgend zwei, von $\mathfrak{o}$ verschiedene und zu einander in Bezug auf $\mathfrak{o}$ symmetrische Gitterpunkte verstanden werden.

Ein $\{\lambda, \mu\}$ enthält immer nur eine endliche Anzahl von Gitterpunkten, immer den Nullpunkt und zwar als Mittelpunkt, und andere Gitterpunkte deshalb gewiss nur in Paaren.

Ein $\{\lambda, \mu\}$, das keine Paare von Gitterpunkten im Inneren enthält, (keine, für die abs $\xi < \lambda$, abs $\eta < \mu$ ist), soll ein freies $\{\lambda, \mu\}$ heissen. Es sollen hier diejenigen freien $\{\lambda, \mu\}$ untersucht werden, welche diesen Charakter (im Inneren ausser dem Nullpunkte keinen Gitterpunkt zu enthalten) bei noch so kleiner Vergrösserung von λ und desgleichen bei noch so kleiner Vergrösserung von μ verlieren, und die deshalb kurz äusserste (freie) $\{\lambda, \mu\}$ heissen mögen. Wenn auch die Existenz mindestens eines äussersten $\{\lambda, \mu\}$ erst zu erweisen ist, so leuchtet doch bereits ein:

Ein äusserstes $\{\lambda, \mu\}$ bedeutet ein $\{\lambda, \mu\}$, das im Inneren keine Paare von Gitterpunkten enthält, aber mindestens ein Paar auf den ξ-Seiten von den Ecken abgesehen und mindestens ein Paar auf den η-Seiten ausserhalb der Ecken.

Danach kann insbesondere ein äusserstes $\{\lambda, \mu\}$ niemals ein anderes äusserstes $\{\lambda, \mu\}$ enthalten; liegen zwei verschiedene äusserste $\{\lambda, \mu\}$ vor, so kann also weder λ noch μ bei beiden übereinstimmen, noch auch das eine Mal sowohl λ wie μ kleiner als das andere Mal sein; man erkennt vielmehr:

(A) Von zwei verschiedenen äussersten $\{\lambda, \mu\}$ muss immer das eine einen grösseren Werth von λ, das andere einen grösseren Werth von μ darbieten.

Im Folgenden wird fast durchweg eine vollständige Symmetrie in Bezug auf ξ und η vorhanden sein; der Kürze wegen soll aber nicht jede auszusprechende Eigenschaft unter Vertauschung von ξ und η und der ihnen zugeordneten Bezeichnungen wiederholt werden.

II. (*Grundlagen der Untersuchung.*) Die Linie $\xi = 0$ geht nur dann noch durch andere Gitterpunkte als o, wenn α und β in rationalem Verhältnisse stehen. Dann sei m derjenige positive Factor, für den $m\alpha$, $m\beta$ ganze Zahlen ohne gemeinsamen Theiler sind; der Gitterpunkt $x = -m\beta$, $y = m\alpha$ wird dasjenige Paar auf $\xi = 0$ anzeigen, für welches abs η am kleinsten ausfällt, offenbar gleich

$$m(\alpha\delta - \beta\gamma) = m;$$

und es kann danach ein $\{\lambda, \mu\}$ gewiss nur in dem Falle ein freies sein, wenn $\mu \leqq m$ ist. Stehen α und β nicht in rationalem Verhältnisse, so werde $m = \infty$ gesetzt.

Stehen γ und δ in rationalem Verhältnisse, so sei l derjenige positive Factor, für den $l\gamma$, $l\delta$ ganze Zahlen ohne gemeinsamen Theiler sind, anderenfalls sei $l = \infty$. Sind l und m beide endlich, so sind $m\alpha$, $m\beta$, $l\gamma$, $l\delta$ sämmtlich ganze Zahlen und ist dann auch $lm(\alpha\delta - \beta\gamma) = lm$ eine ganze Zahl. In allen Fällen ist also $lm > 1$.

(B) In einem freien $\{\lambda, \mu\}$ ist immer $\lambda \leqq l$, $\mu \leqq m$.

Ein $\{\lambda, \mu\}$ hat in x, y den Inhalt $4\lambda\mu$. Die Grundlage für die folgende Untersuchung nun bilden die Ergebnisse aus 37., deren wichtigstes sich so aussprechen lässt:

(C) Für ein freies $\{\lambda, \mu\}$ ist immer $\lambda\mu \leqq 1$.

Es wurde in 37. weiter gefragt, wann sich für ein freies $\{\lambda, \mu\}$ insbesondere $\lambda\mu = 1$ herausstellt. Es zeigte sich, dass $\left\{l, \frac{1}{l}\right\}$ und $\left\{\frac{1}{m}, m\right\}$ — bei endlichem l, beziehlich endlichem m, von diesen Parallelogrammen soll nur unter diesen stillschweigenden Voraussetzungen gehandelt werden — freie $\{\lambda, \mu\}$ vorstellen, und dass man für jedes andere freie $\{\lambda, \mu\}$ immer $\lambda\mu < 1$ hat. — Nach (B) und infolge der Existenz dieser zwei freien Parallelogramme wird in jedem äussersten $\{\lambda, \mu\}$ ferner $\lambda \geqq \frac{1}{m}$, $\mu \geqq \frac{1}{l}$ sein.

Wenn $lm = 1$ ist, hat man in $\left\{l, \frac{1}{l}\right\}$ und $\left\{\frac{1}{m}, m\right\}$ nur ein Parallelogramm; dieses enthält dann zwei Paare von Gitterpunkten in den Mitten der Seiten und zwei Paare in den Ecken, im Ganzen also vier Paare, und ist zufolge (A) und (B) dann das einzig existirende äusserste $\{\lambda, \mu\}$.

Ist l endlich und $lm > 1$, so enthält $\left\{l, \frac{1}{l}\right\}$ nach den Auseinandersetzungen in 37. ein Paar Gitterpunkte in den Mitten der ξ-Seiten, im Ganzen also drei Gitterpunkte auf der Linie $\eta = 0$ (für $\xi = -l, 0, l$), sodann zwei Gitterpunkte auf der Seite $\eta = \frac{1}{l}$, einen für einen Werth $\xi = -l^*$, der $> -l$ und < 0 ist und den anderen dann für $\xi = l - l^*$, endlich die zu diesen in Bezug auf o symmetrischen Gitterpunkte, im Ganzen ausser o drei Paare, keinen Punkt darunter in einer Ecke. Nach der hier auseinandergesetzten Beschaffenheit ist $\left\{l, \frac{1}{l}\right\}$ immer ein äusserstes $\{\lambda, \mu\}$. — Entsprechendes gilt von $\left\{\frac{1}{m}, m\right\}$

Ein freies $\{\lambda, \mu\}$ endlich, in welchem $\lambda\mu < 1$ ist, enthält nach 37. niemals mehr als zwei Paare von Gitterpunkten. Danach wird nun ein jedes äusserste $\{\lambda, \mu\}$, für das man $\lambda < l$, $\mu < m$ hat und für welches dann durchaus $\lambda\mu < 1$ sein muss, genau zwei Paare von Gitterpunkten enthalten, auf jeder Seite je einen Gitterpunkt und zwar niemals in einer Ecke, noch in der Mitte der Seite. Theilt man dann ein solches $\{\lambda, \mu\}$ durch die Linien $\xi = 0$ und $\eta = 0$ in vier Quadranten, so liegt also keiner jener vier Gitterpunkte auf der Grenze zweier dieser Quadranten, und es können auch niemals zwei der vier Gitterpunkte in denselben Quadranten fallen, also gleiche Vorzeichen sowohl von ξ wie von η ergeben, denn wären $x = p$, $y = q$; $x = r$, $y = s$ zwei Punkte unter ihnen in demselben Quadranten, so würde $x = r - p$, $y = s - q$ sich als ein Gitterpunkt im Inneren von $\{\lambda, \mu\}$ erweisen, dabei aber von o verschieden sein.

III. (*Die Existenz mindestens eines äussersten* $\{\lambda, \mu\}$.) Es sei μ irgend ein positiver Werth $< m$, und es enthalte ein $\{\lambda, \mu\}$ mit diesem Werthe μ abgesehen von den ξ-Seiten noch irgend welche Gitterpunkte ausser o, also mit Beträgen abs ξ, die $< \lambda$ sind, wie dies nach II. sicher bei einem Werthe $\lambda \geqq \frac{1}{\mu}$ immer der Fall sein wird. Die betreffenden Gitterpunkte werden dabei jedesmal in endlicher Anzahl vorhanden und wird wegen $\mu < m$ für sie durchweg abs $\xi > 0$ sein. Es sei λ' der kleinste bei ihnen vorkommende Werth von abs ξ; dann ist $\{\lambda', \mu\}$ in $\{\lambda, \mu\}$ enthalten und hat mindestens ein Paar von Gitterpunkten auf seinen ξ-Seiten, aber kein Paar ausserhalb derselben liegen, ist somit ein specielles freies Parallelogramm. Diese Herleitung von $\{\lambda', \mu\}$ aus $\{\lambda, \mu\}$ möge das Senken der ξ-Seiten heissen.

Enthält ein freies $\{\lambda, \mu\}$ kein Paar Gitterpunkte, für das abs $\xi < \lambda$ ist, so hat man nach II. gewiss $\mu < \frac{1}{\lambda}$ und ist also $\{\lambda, \mu\}$ in $\left\{\lambda, \frac{1}{\lambda}\right\}$ enthalten; letzteres Parallelogramm aber enthält nach II. sicher von $\mathfrak{o}$ verschiedene Gitterpunkte auch noch ausserhalb seiner ξ-Seiten, und für alle diese Gitterpunkte in ihm ist dann nothwendig abs $\eta > \mu$ und es sei μ_1 der kleinste bei diesen Punkten anzutreffende Werth von abs η. Dann ist $\{\lambda, \mu\}$ also in $\{\lambda, \mu_1\}$ enthalten, und letzteres Parallelogramm ebenfalls noch frei, aber mit Gitterpunkten auf seinen η-Seiten, und ausserhalb der Ecken, versehen. Dieser Uebergang von $\{\lambda, \mu\}$ zu $\{\lambda, \mu_1\}$ heisse das Heben der η-Seiten.

Entsprechend mögen die Operationen des Senkens der η-Seiten und des Hebens der ξ-Seiten definirt werden.

Ist jetzt λ ein beliebiger positiver Werth $< l$, so kann man mit $\left\{\lambda, \frac{1}{\lambda}\right\}$ das Senken der η-Seiten vornehmen, es entstehe $\{\lambda, \mu\}$; dieses stellt sich dann als ein freies Parallelogramm dar und enthält ausser in $\mathfrak{o}$ noch Gitterpunkte auf den η-Seiten. Enthält es diese Gitterpunkte ausschliesslich in Ecken, so entsteht weiter aus $\{\lambda, \mu\}$ durch Heben der η-Seiten ein $\{\lambda, \mu_1\}$, das offenbar ein äusserstes sein wird. Enthält aber $\{\lambda, \mu\}$ auch Gitterpunkte, für die abs $\xi < \lambda$, abs $\eta = \mu$ ist, so ist jedes $\{\lambda_0, \mu_0\}$, wofür $\lambda_0 \geqq \lambda$, $\mu_0 > \mu$ ist, sicher kein freies Parallelogramm; dann entsteht aus $\{\lambda, \mu\}$ durch Heben der ξ-Seiten ein $\{\lambda_1, \mu\}$, das sich als ein äusserstes darstellt, und kann es der eben gemachten Bemerkung zufolge kein äusserstes $\{\lambda_0, \mu_0\}$ geben, wofür $\lambda_1 > \lambda_0 \geqq \lambda$ wäre, indem für ein solches dann nach (A) $\mu_0 > \mu$ sein müsste. Beachtet man noch das Parallelogramm $\left\{l, \frac{1}{l}\right\}$, so ist nun bewiesen:

(D) Ist λ irgend ein positiver Werth $\leqq l$, so giebt es immer ein bestimmtes äusserstes $\{\lambda_1, \mu_1\}$, worin $\lambda_1 \geqq \lambda$ und dabei möglichst klein ist.

Ist $lm > 1$, so kann man λ gleichzeitig $> \frac{1}{m}$ und $\leqq l$ annehmen, und giebt es dann also noch mindestens ein von $\left\{\frac{1}{m}, m\right\}$ verschiedenes äusserstes Parallelogramm.

IV. (*Die Kette der äussersten Parallelogramme.*) Es möge $lm > 1$ vorausgesetzt werden. Ist dann $\{\lambda, \mu\}$ ein solches äusserstes Parallelogramm, worin $\lambda > \frac{1}{m}$ (also $\mu < m$ nach (A)) ist, so entsteht daraus durch Senken der ξ-Seiten ein $\{\lambda', \mu\}$, das ausser in o nur in Ecken Gitterpunkte enthält, und ist alsdann ein jedes $\{\lambda^0, \mu_0\}$, worin $\lambda^0 > \lambda'$, $\mu_0 > \mu$ ist, gewiss kein freies Parallelogramm. Aus $\{\lambda', \mu\}$ entsteht dann weiter durch Heben der η-Seiten ein $\{\lambda', \mu_1\}$, das wieder ein äusserstes ist, und giebt es kein äusserstes $\{\lambda^0, \mu_0\}$, worin $\lambda > \lambda^0 > \lambda'$ (oder $\mu < \mu_0 < \mu_1$) wäre. Denn hätte man dabei $\mu_0 \leqq \mu$ (oder bei der anderen Annahme $\lambda^0 \leqq \lambda'$), so wäre $\{\lambda^0, \mu_0\}$ in $\{\lambda, \mu\}$ (oder aber in $\{\lambda', \mu_1\}$) enthalten im Widerspruche mit (A), und anderenfalls wäre $\{\lambda^0, \mu_0\}$ nicht einmal ein freies Parallelogramm. Damit ist nun gezeigt:

(E) Zu jedem äussersten $\{\lambda, \mu\}$, worin $\lambda > \frac{1}{m}$ ist, giebt es ein bestimmtes anderes äusserstes $\{\lambda', \mu_1\}$, worin $\lambda' < \lambda$ und dabei möglichst gross ist.

So wird im Falle eines endlichen l zu $\{\lambda, \mu\} = \left\{l, \frac{1}{l}\right\}$, wenn l' den kleinsten Werth unter den in II. erwähnten Grössen l^*, $l - l^*$ bedeutet, $\lambda' = l'$ gehören und somit jedenfalls $l' \geqq \frac{1}{m}$ sein. Entweder ist nun $l^* = l - l^* = \frac{1}{2} l = l'$; in diesem Falle enthält $\left\{l', \frac{1}{l}\right\}$ in allen vier Ecken Gitterpunkte, und kann daraus durch Heben der η-Seiten nach den Bemerkungen in II. nur $\left\{\frac{1}{m}, m\right\}$ hervorgehen, ist dann also $l' = \frac{1}{m}$, $lm = 2$. Oder es ist $l' < \frac{1}{2} l$ und um so mehr dann $lm > 2$. — Indem aus einem freien $\{\lambda, \mu\}$, welches Gitterpunkte in Ecken und nur in solchen enthält, durch Heben der ξ-Seiten immer ein äusserstes Parallelogramm entsteht, leuchtet nach diesen Umständen ein, dass ein derartiges freies $\{\lambda, \mu\}$, wenn $lm > 2$ ist, immer nur in zwei Ecken Gitterpunkte enthalten kann, während im Falle $lm = 2$ das Parallelogramm $\left\{\frac{1}{2} l, \frac{1}{2} m\right\}$ das einzige mit Gitterpunkten in Ecken und zwar in allen vier Ecken sein wird.

(F) Sind w und W irgend zwei positive Werthe und ist $w \leqq W$, so kann es nur eine endliche Anzahl von äussersten $\{\lambda, \mu\}$ geben, für welche $w \leqq \lambda \leqq W$ ist.

Denn indem man für ein äusserstes $\{\lambda, \mu\}$ immer $\mu \leqq \frac{1}{\lambda}$ hat, müssen die fraglichen Parallelogramme sämmtlich in $\left\{W, \frac{1}{w}\right\}$ enthalten sein, und kann danach der Parameter λ für sie nur Werthe von abs ξ für Paare von Gitterpunkten in letzterem Parallelogramm erlangen; in diesem aber liegen nur eine endliche Anzahl von Gitterpunkten.

Nach diesen Sätzen ist nun einleuchtend, dass man alle vorhandenen äussersten $\{\lambda, \mu\}$ in bestimmter Weise nach abnehmendem λ (wachsendem μ) ordnen kann, und dass dann zwei beliebig gegebene äusserste $\{\lambda, \mu\}$ in dieser Reihe, von welcher als der Kette der äussersten $\{\lambda, \mu\}$ gesprochen werden soll, immer entweder benachbart oder doch nur durch eine endliche Anzahl von Gliedern getrennt sein werden. Diese Kette weist ein bestimmtes erstes Glied in $\left\{l, \frac{1}{l}\right\}$ auf, wenn l endlich ist, ein bestimmtes letztes in $\left\{\frac{1}{m}, m\right\}$, wenn m endlich ist, sie hat kein erstes Glied, wenn $l = \infty$, kein letztes, wenn $m = \infty$ ist, und für $l = \infty$, $m = \infty$ ist sie nach beiden Enden unbegrenzt. Von zwei in der Kette benachbarten Parallelogrammen möge das mit grösserem λ als das vorangehende, das mit kleinerem λ als das folgende bezeichnet werden.

V. (*Analytischer Charakter der Kettenglieder und der Kette.*) Die Fälle $lm = 1$ und $lm = 2$ sind durch bisherige Bemerkungen bereits im Wesentlichen erledigt, und es werde von nun an $lm > 2$ vorausgesetzt.

Ist l endlich, so befindet sich in $\left\{l, \frac{1}{l}\right\}$ ein bestimmter Gitterpunkt $x = p$, $y = q$ in der Mitte der Seite $\xi = l$ und auf der Seite $\eta = \frac{1}{l}$ ein bestimmter Gitterpunkt $x = r$, $y = s$, für den abs $\xi = l' > 0$ und $< \frac{1}{2} l$ ist. Durch die Substitution $x = pX + rY$, $y = qX + sY$, es soll dafür auch kurz „durch $\begin{pmatrix} p, & r \\ q, & s \end{pmatrix}$" gesagt werden, erhält man dann

$$\xi = lX + \iota l'Y, \ \eta = \frac{1}{l} Y \quad \left(\iota = \pm 1, \ 0 < l' < \frac{1}{2} l\right)$$

und findet dabei offenbar $ps - qr = 1$.

Ebenso entnimmt man, wenn m endlich ist, aus $\left\{\frac{1}{m}, m\right\}$ eine bestimmte ganzzahlige Substitution $\begin{pmatrix} p, & r \\ q, & s \end{pmatrix}$ mit der Determinante 1, welche

$$\xi = \frac{1}{m} X, \quad \eta = -\iota m' X + m Y \quad \left(\iota = \pm 1,\ 0 < m' < \frac{1}{2} m\right)$$

hervorbringt.

Ein äusserstes $\{\lambda, \mu\}$, welches weder erstes noch letztes Glied der Kette ist, enthält einen bestimmten Gitterpunkt $x = p$, $y = q$ auf der Seite $\xi = \lambda$ und einen bestimmten Gitterpunkt $x = r$, $y = s$ auf der Seite $\eta = \mu$. Indem diese Punkte nicht in den Mitten der Seiten liegen, ist für den ersteren η, für den letzteren ξ von Null verschieden; man setze für diesen $\xi = \iota\lambda'$ $(\iota = \pm 1,\ \lambda' > 0)$, so wird für jenen, indem p, q und ιr, ιs nicht in demselben der durch die Linien $\xi = 0$, $\eta = 0$ gebildeten vier Quadranten von $\{\lambda, \mu\}$ liegen, $\eta = -\iota\mu'$ $(\mu' > 0)$ sein müssen. Indem ferner die Punkte nicht in Ecken liegen, hat man $\lambda' < \lambda$, $\mu' < \mu$. Nun ergiebt sich

$$\begin{vmatrix} \alpha, \beta \\ \gamma, \delta \end{vmatrix} \begin{vmatrix} p, r \\ q, s \end{vmatrix} = \begin{vmatrix} \lambda, & \iota\lambda' \\ -\iota\mu', & \mu \end{vmatrix}, \quad ps - qr = \lambda\mu + \lambda'\mu'.$$

Danach ist zunächst $ps - qr$ positiv. Aus $\lambda'\mu' < \lambda\mu$ und $\lambda\mu < 1$ (vgl. II) folgt sodann

$$ps - qr < 2\lambda\mu < 2$$

und daraus, indem $ps-qr$ eine positive ganze Zahl vorstellt, $ps-qr = 1$, und nebenbei noch $\lambda\mu > \frac{1}{2}$. Es ist so in bestimmter Weise jedem äussersten Parallelogramm je eine ganzzahlige Substitution mit der Determinante 1 zugeordnet. Es besteht nun der wichtige Satz:

(G) Erlangen ξ, η durch eine ganzzahlige Substitution $\begin{pmatrix} p, r \\ q, s \end{pmatrix}$ mit der Determinante 1 Ausdrücke

$$\xi = \lambda X + \iota\lambda' Y, \quad \eta = -\iota\mu' X + \mu Y,$$

in welchen $\iota = \pm 1$, $\lambda > 0$ und ferner entweder $\mu' = 0$, $0 < \frac{\lambda'}{\lambda} < \frac{1}{2}$ oder $0 < \frac{\lambda'}{\lambda} < 1$, $0 < \frac{\mu'}{\mu} < 1$ oder $\lambda' = 0$, $0 < \frac{\mu'}{\mu} < \frac{1}{2}$ ist, so ist zunächst wegen $1 = \lambda\mu\left(1 + \frac{\lambda'\mu'}{\lambda\mu}\right)$ auch $\mu > 0$ und ist sodann immer $\{\lambda, \mu\}$ ein äusserstes Parallelogramm und $\begin{pmatrix} p, r \\ q, s \end{pmatrix}$ die dazu gehörige Substitution.

Man sieht sofort, dass und wie $x = p$, $y = q$ und $x = r$, $y = s$ auf den Seiten dieses $\{\lambda, \mu\}$ liegen, und braucht bloss noch gezeigt zu werden, dass kein Gitterpunkt ausser $\mathfrak{o}$ in's Innere dieses $\{\lambda, \mu\}$ fällt. Nun entsprechen vermöge der vorausgesetzten Substitution den von 0, 0 verschiedenen ganzzahligen Systemen x, y ebensolche Systeme X, Y, und dass man für letztere niemals gleichzeitig

$$\text{abs}\,(\lambda X + \iota\lambda' Y) < \lambda, \quad \text{abs}\,(-\iota\mu' X + \mu Y) < \mu$$

haben kann, folgt zunächst, wenn $\mu' = 0$ oder $\lambda' = 0$ oder $X = 0$ oder $Y = 0$ ist, allein aus dem Umstande, dass eine von Null verschiedene ganze Zahl immer einen absoluten Betrag $\geqq 1$ hat, und wenn alle diese Grössen von Null verschieden sind, unter weiterer Berücksichtigung des Umstandes, dass dann entweder $\frac{\iota\lambda' Y}{\lambda X}$ oder aber $\frac{-\iota\mu' X}{\mu Y}$ positiv ist.

Die in diesen Substitutionen auftretenden Zahlenpaare r, s für sich sind vollständig durch ihre Eigenschaften charakterisirt, dass für sie erstens $\eta > 0$ ist und es zweitens zu einem solchen Zahlenpaare r, s niemals ein, von 0, 0, von r, s und $-r, -s$ verschiedenes Zahlenpaar x, y giebt, für das sowohl abs ξ, wie abs η nicht grösser ausfielen als für r, s. Denn kommen irgend zwei Zahlen r, s diese Eigenschaften zu, so hat man, wenn für sie $\xi = 0$ ausfällt, indem der zweiten Eigenschaft wegen r, s sicher ohne gemeinsamen Theiler sind, in ihnen offenbar die Werthe r, s aus der letzten Substitution der Kette; und anderenfalls sei für diese Zahlen $\xi = \iota\lambda'$ ($\iota = \pm 1$, $\lambda' > 0$) und $\eta = \mu$, so bedeutet die zweite Eigenschaft, dass $\{\lambda', \mu\}$ ausser in $\mathfrak{o}$ nur in den Ecken r, s und $-r, -s$ Gitterpunkte enthält, und entsteht daraus dann durch Heben der ξ-Seiten ein äusserstes $\{\lambda, \mu\}$, in dessen Substitution r, s als die zweite Verticalreihe eingehen.

Die Uebertragung der Sätze aus II. auf solche Parallelogramme, welche die Linien $\xi = 0$ und $\eta = 0$ zu Diagonalen haben, führt mittelst der in 38. II. bezeichneten Schlüsse dazu, dass man immer ganze Zahlen r, s ohne gemeinsamen Theiler finden kann, für welche $\eta > 0$, abs $\xi\eta \leqq \frac{1}{2}$ ist (und zwar so, dass noch abs ξ unter einer beliebig gegebenen positiven Grösse liegt). Ein Zahlenpaar r, s solcher Art nun trägt regelmässig auch den zuletzt besprochenen Charakter. Es ist das evident, wenn man $\xi = 0$ für diese Zahlen $x = r, y = s$ hat; anderenfalls sei für sie $\xi = \iota\lambda'$ ($\iota = \pm 1$, $\lambda' > 0$), $\eta = \mu$, so kann $\{\lambda', \mu\}$ ausser in $\mathfrak{o}$ und in seinen zwei Ecken r, s und $-r, -s$ wegen der Voraussetzung $lm > 2$ nicht bloss noch in seinen zwei anderen Ecken Gitterpunkte enthalten, und enthielte $\{\lambda'\ \mu\}$ sonst wo ein Paar Gitterpunkte p, q; $-p, -q$, so wäre dies, da r, s ohne gemeinsamen Theiler vorausgesetzt sind, sicher nicht auf der Diagonale durch r, s und $-r, -s$ der Fall, und fände sich deshalb der Inhalt

$\pm 2(ps - qr)$ des Parallelogramms mit r, s; $-r, -s$; p, q; $-p, -q$ als Ecken von Null verschieden, also mindestens $= 2$, andererseits aber wäre dieser Inhalt kleiner als der Inhalt von $\{\lambda', \mu\}$, also $< 4\lambda'\mu$, während doch $4\lambda'\mu \leqq 2$ sein sollte. —

Nun seien $\begin{pmatrix} p, & r \\ q, & s \end{pmatrix}$, $\begin{pmatrix} p', & r' \\ q', & s' \end{pmatrix}$ zwei Substitutionen zu irgend zwei aufeinander folgenden Gliedern der Kette, und durch die erste erhalte man:

$$\xi = \lambda X + \iota\lambda' Y, \quad \eta = -\iota\mu' X + \mu Y,$$

so ist, weil $\{\lambda, \mu\}$ nicht das letzte Glied der Kette vorstellt, gewiss $\lambda' > 0$. Auf $\{\lambda, \mu\}$ folgt dann in der Kette ein $\{\lambda', \mu_1\}$, und zwar so, dass der Punkt p', q' mit r, s oder mit $-r, -s$ identisch ist; da man $\xi > 0$ für p', q' haben muss, so wird danach $p' = \iota r$, $q' = \iota s$ sein, und die zweite Substitution deshalb für ξ, η Ausdrücke

$$\xi = \lambda' X' - \iota\lambda'' Y', \quad \eta = \iota\mu X' + \mu_1 Y'$$

hervorbringen. Es geht so zunächst das aus den Grössen $\iota\lambda'$ und $-\iota\mu'$ abgeleitete Vorzeichen ι in der Kette von Glied zu Glied in den entgegengesetzten Werth über. Die Transformation der zuerst hingeschriebenen Ausdrücke für ξ, η in diese anderen geschieht nun durch

$$\begin{pmatrix} \lambda, & \iota\lambda' \\ -\iota\mu', & \mu \end{pmatrix}^{-1} \begin{pmatrix} \lambda', & -\iota\lambda'' \\ \iota\mu, & \mu_1 \end{pmatrix} = \begin{pmatrix} p, & r \\ q, & s \end{pmatrix}^{-1} \begin{pmatrix} p', & r' \\ q', & s' \end{pmatrix}$$

$$= \begin{pmatrix} s, & -r \\ -q, & p \end{pmatrix} \begin{pmatrix} \iota r, & r' \\ \iota s, & s' \end{pmatrix} = \begin{pmatrix} 0, & -\iota \\ \iota, & -qr' + ps' \end{pmatrix};$$

man setze die ganze Zahl $-qr' + ps' = g'$. Aus

$$\begin{pmatrix} \lambda', & -\iota\lambda'' \\ \iota\mu, & \mu_1 \end{pmatrix} = \begin{pmatrix} \lambda, & \iota\lambda' \\ -\iota\mu', & \mu \end{pmatrix} \begin{pmatrix} 0, & -\iota \\ \iota, & g' \end{pmatrix}$$

folgt sodann $\lambda'' = \lambda - \lambda' g'$, $\mu_1 = \mu' + \mu g'$, und die Bedingung $0 \leqq \lambda'' < \lambda'$ zeigt, dass g' sich vollkommen bestimmt als die grösste in $\frac{\lambda}{\lambda'}$ enthaltene ganze Zahl. Man merke noch die Beziehung

$$\text{(H)} \qquad \frac{\lambda'}{\lambda} = \cfrac{1}{g' + \cfrac{\lambda''}{\lambda'}}$$

an. War $\{\lambda, \mu\}$ erstes Glied der Kette, so folgt aus $\lambda' < \frac{1}{2}\lambda$ und, wenn $\{\lambda', \mu_1\}$ letztes Glied der Kette wird, aus $\lambda'' = 0$, $\lambda' < \lambda$, dass dann $g' \geqq 2$ sein muss, endlich, wenn die ganze Kette nur aus $\{\lambda, \mu\}$ und $\{\lambda', \mu_1\}$ besteht, aus $\lambda'' = 0$, $\lambda' < \frac{1}{2}\lambda$ (der Voraussetzung $lm > 2$ entsprechend) noch $g' \geqq 3$. Der Fortgang in der Kette von irgend einem Gliede aus nach dem ξ-Ende hin, das soll heissen, nach dem Ende der Kette hin, wo λ abnimmt, hängt so von der Gleichung $\xi = 0$ und von der zu dem Gliede gehörigen Substitution $\begin{pmatrix} p, & r \\ q, & s \end{pmatrix}$ ab, weiter aber kommen ξ, η dabei nicht in Betracht.

Zu bemerken ist noch, dass, wenn sich ξ, η oder $\begin{pmatrix} \alpha, & \beta \\ \gamma, & \delta \end{pmatrix}$ durch $\begin{pmatrix} p, & r \\ q, & s \end{pmatrix}$ in $\begin{pmatrix} \lambda, & \iota\lambda' \\ -\iota\mu', & \mu \end{pmatrix}$ transformirt, $\begin{pmatrix} \alpha, & -\beta \\ -\gamma, & \delta \end{pmatrix}$ durch $\begin{pmatrix} p, & -r \\ -q, & s \end{pmatrix}$ in $\begin{pmatrix} \lambda, & -\iota\lambda' \\ \iota\mu', & \mu \end{pmatrix}$ übergeht; es geschieht danach in der zu den Formen $\xi^* = \alpha x - \beta y$, $\eta^* = -\gamma x + \delta y$ gehörigen Kette der Fortgang durch genau dieselbe Reihe von ganzen Zahlen g', aber mit den entgegengesetzten Werthen von ι wie in der Kette zu ξ, η.

VI. (*Der Hauptsatz über Ketten.*) Wenn die zu ξ, η gehörige Kette ein bestimmtes letztes Glied hat, so ergeben die Zahlen r, s aus der letzten Substitution $\xi = \iota\lambda' = 0$, und ist dann durch das ξ-Ende der Kette die Linie $\xi = 0$ vollkommen bestimmt. Nun verlaufe diese Kette unbegrenzt nach dem ξ-Ende hin, es sollen also α und β nicht in rationalem Verhältnisse zu einander stehen. Dann gilt der folgende Satz (welcher weiterhin eine nicht unbedeutende Vereinfachung der bisherigen Darstellung der Theorie der Kettenbrüche ermöglichen wird):

(J) Ist $\zeta = 0$ die Gleichung irgend einer von $\xi = 0$ und $\eta = 0$ verschiedenen geraden Linie durch den Nullpunkt — die Determinante von ξ und ζ sei wieder gleich 1 —, so kann man in den zu ξ, η und zu ξ, ζ gehörigen Ketten immer irgend zwei Glieder finden, welchen dieselbe Substitution entspricht. Indem der Fortgang von diesen Gliedern nach dem ξ-Ende hin für jede Kette nur von der betreffenden Substitution und von ξ abhängt, stimmen dann von zwei solchen Gliedern an die Ketten in ihren aufeinanderfolgenden Substitutionen nach dem ξ-Ende hin vollständig überein.

Man wird nämlich $\zeta = \eta + \sigma\xi$ mit irgend einer von Null verschiedenen Constante σ haben. Es sei $\bar{\varrho}$ irgend eine positive Constante, so wird durch die drei Linien $\eta = 0$, $\zeta = 0$, $\xi = \bar{\varrho}$ ein Dreieck mit einer Ecke in $\mathfrak{o}$ bestimmt, und, je nachdem $\sigma > 0$ oder < 0 ist, wird man entweder in diesem Dreiecke $\eta \leq 0$, $\zeta \geq 0$ und in dem dazu in Bezug auf $\mathfrak{o}$ symmetrischen Dreiecke $\eta \geq 0$, $\zeta \leq 0$ oder das Umgekehrte haben. Diese Dreiecke enthalten nun ausser $\mathfrak{o}$ sicher nur eine endliche Anzahl von Gitterpunkten; es werde dann, wenn überhaupt solche Punkte darin anzutreffen sind, ϱ gleich dem kleinsten bei diesen Punkten vorkommenden Werthe von abs ξ gesetzt, anderenfalls aber setze man $\varrho = \bar{\varrho}$. Dann sind bei jedem von 0 verschiedenen Gitterpunkte, für welchen abs $\xi < \varrho$ ist, nothwendig immer sowohl η wie ζ von Null verschieden und beide von gleichem Vorzeichen.

Nun nimmt in der zu ξ, η gehörigen Kette von äussersten $\{\lambda, \mu\}$ nach dem ξ-Ende hin der Parameter λ beständig ab und sinkt, während diese Kette unbegrenzt verläuft, dem Satze (F) zufolge, von welchem Gliede man auch ausgeht, unter eine gegebene positive Grösse immer schon nach einer endlichen Anzahl von Gliedern. Man wird daher unter den Substitutionen dieser Kette nach (F) immer leicht eine solche, $\begin{pmatrix} p, & r \\ q, & s \end{pmatrix}$, ermitteln können, welche Ausdrücke

$$\xi = \lambda X + \iota\lambda' Y, \quad \eta = -\iota\mu' X + \mu Y$$

hervorbringt, wobei $\lambda + \lambda' < \varrho$ ist. Schreibt man alsdann den durch diese Substitution aus ζ hervorgehenden Ausdruck

$$\zeta = -\iota\nu' X + \nu Y,$$

so hat man für $X = -\iota$, $Y = 0$; $X = \iota$, $Y = 1$:

$\xi = -\iota\lambda$, $\eta = \mu'$, $\zeta = \nu'$; $\xi = \iota(\lambda + \lambda')$, $\eta = \mu - \mu'$, $\zeta = \nu - \nu'$; danach ist wegen $\lambda < \varrho$ zunächst μ' von Null verschieden, $\{\lambda, \mu\}$ also gewiss nicht erstes Glied der zu ξ, η gehörigen Kette. Indem dann $\mu' > 0$ und $\mu - \mu' > 0$ ist, folgt wegen $\lambda + \lambda' < \varrho$ weiter $\nu' > 0$ und $\nu - \nu' > 0$, und damit erweist sich nach dem Satze (G) endlich $\begin{pmatrix} p, & r \\ q, & s \end{pmatrix}$ auch als Substitution der zu ξ, ζ gehörigen Kette.

Zufolge der über ξ hier gemachten Voraussetzung ($m = \infty$) ist sicher α von Null verschieden, und man wird nun z. B., wenn η nicht selbst $= \frac{y}{\alpha}$, also $\gamma = 0$ ist, $\zeta = \eta - \frac{\gamma}{\alpha}\,\xi = \frac{y}{\alpha}$ nehmen können. Der letzte Satz ergiebt dann, indem man noch die Ungleichung $\lambda'\nu < 1$ (vgl. II.) hinzunimmt, dass in den Substitutionen $\begin{pmatrix} p, & r \\ q, & s \end{pmatrix}$ der zu ξ, η gehörigen Kette nach dem ξ-Ende hin von einem geeignet gewählten Gliede an $\frac{s}{\alpha}$ immer > 0 ist und beständig zunimmt und ferner $\frac{s}{\alpha}(\alpha r + \beta s)$, absolut genommen, beständig < 1, also $\frac{r}{s} + \frac{\beta}{\alpha}$, absolut genommen, $< \frac{1}{s^2}$ ist. Danach bestimmt sich durch den Verlauf der Kette nach dem ξ-Ende hin das Verhältniss $\frac{\beta}{\alpha}$, also die Linie $\xi = 0$, mit immer grösserer Genauigkeit.

Geht man von solchen Ausdrücken für ξ, η aus, wie sie einem Kettengliede selbst entsprechen, $\xi = \lambda X + \iota\lambda' Y$, $\eta = -\iota\mu' X + \mu Y$, so wird eine Substitution aus der Kette einfach $\begin{pmatrix}1, & 0\\0, & 1\end{pmatrix}$, und ergiebt das letzte Resultat, dass durch die ganzen Zahlen g', g'', ..., welche von da an den Fortgang in der Kette nach dem ξ-Ende hin vermitteln, das Verhältniss $\frac{\lambda'}{\lambda}$ vollkommen bestimmt ist. Ist nun Ξ, H irgend ein anderes System von zwei Formen mit der Determinante 1, und soll in der zu Ξ, H gehörigen Kette der Fortgang von irgend einem Gliede an nach dem Ξ-Ende durch genau dieselbe Reihe von Zahlen g', g'', ... vermittelt werden, wie in der Kette zu ξ, η der Fortgang von irgend einem Gliede an nach dem ξ-Ende, so wird danach eine ganzzahlige Substitution von der Determinante 1 existiren müssen, welche Ξ etwa in einen Ausdruck $\tau(\lambda X \pm \iota\lambda' Y)$ überführt, während gleichzeitig ξ sich durch eine zweite solche Substitution in $\lambda X + \iota\lambda' Y$ überführen lässt, und folgt daraus dann immer eine ganzzahlige Substitution von der Determinante ± 1, welche $\Xi = 0$ in $\xi = 0$ transformirt. Umgekehrt, giebt es eine Substitution von letzterer Art, so seien, falls ihre Determinante -1 ist, Ξ^*, $-H^*$ die Formen, in die Ξ, H durch $\begin{pmatrix}1, & 0\\0, & -1\end{pmatrix}$ übergehen; man erlangt dann, nöthigenfalls noch durch Zusammensetzung mit $\begin{pmatrix}-1, & 0\\0, & -1\end{pmatrix}$, immer auch eine ganzzahlige Substitution von der Determinante 1, welche Ξ oder Ξ^* in $\tau\xi$ transformirt, sodass dabei $\tau > 0$ ist. Durch dieselbe Substitution gehe H beziehlich H^* in $\frac{1}{\tau}\zeta = \frac{1}{\tau}(\eta + \sigma\xi)$ über; die Substitutionen der zu Ξ, H oder zu Ξ^*, H^* gehörigen Kette sind alsdann die Producte aus dieser Substitution in die Substitutionen der zu ξ, ζ gehörigen Kette, und nun geht mit Rücksicht auf den Satz (J) und noch auf die letzte Bemerkung in V. hervor, dass in den zu Ξ, H und zu ξ, η gehörigen Ketten immer sich Glieder bezeichnen lassen, von welchen an in beiden Ketten der Fortgang nach dem Ξ-, beziehlich ξ-Ende durch dieselbe Reihe g', g'', ... erfolgt.

Der Fortgang in einer Kette von einem Gliede zu den vorangehenden wird ähnlich durch eine zweite Reihe von positiven ganzen Zahlen g_1, g_2, ... vermittelt; es leuchtet nun ein, dass dann und nur dann für zwei Ketten, zu zwei Linienpaaren $\Xi = 0$, $H = 0$ und $\xi = 0$, $\eta = 0$ gehörig, die ganzen Reihen ... g_2, g_1, g', g'', ..., von geeigneten Stellen betrachtet, identisch sein werden, wenn mindestens eine ganzzahlige Substitution von der Determinante ± 1 existirt, welche gleichzeitig $\Xi = 0$ in $\xi = 0$ und $H = 0$ in $\eta = 0$ transformirt.

VII. (*Die normalen Kettenbruchentwickelungen.*) Es werde unter θ zunächst nur eine reelle Grösse von solcher Art verstanden, dass der Ueberschuss von θ über die grösste in θ enthaltene ganze Zahl, welche g heissen möge, > 0 und $< \frac{1}{2}$ ist, und man betrachte die zu den Formen $\xi = x - \theta y$, $\eta = y$ gehörige Kette. Man hat für sie $l = 1$, $m > 2$, und gehört zu ihrem ersten Gliede $\left\{l, \frac{1}{l}\right\}$ als Substitution offenbar

$$\begin{pmatrix}1, & g\\ 0, & 1\end{pmatrix} = \begin{pmatrix}0, & 1\\ -1, & 0\end{pmatrix}\begin{pmatrix}0, & -1\\ 1, & g\end{pmatrix},$$

es gehen ξ, η hierdurch in $X - (\theta - g)Y$, Y über und erhält man $\theta = g + \frac{l'}{l}$; die Substitution zum $(k+1)^{\text{ten}}$ Gliede wird sich in der Form

$$\begin{pmatrix}p^{(k)}, & r^{(k)}\\ q^{(k)}, & s^{(k)}\end{pmatrix} = \begin{pmatrix}0, & 1\\ -1, & 0\end{pmatrix}\begin{pmatrix}0, & -1\\ 1, & g\end{pmatrix}\begin{pmatrix}0, & 1\\ -1, & g'\end{pmatrix}\cdots\times\begin{pmatrix}0, & -(-1)^k\\ (-1)^k, & g^{(k)}\end{pmatrix}$$

$$= \begin{pmatrix}p^{(k-1)}, & r^{(k-1)}\\ q^{(k-1)}, & s^{(k-1)}\end{pmatrix}\begin{pmatrix}0, & -(-1)^k\\ (-1)^k, & g^{(k)}\end{pmatrix}$$

darstellen; dabei bedeuten dann $g', \ldots g^{(k)}$ positive ganze Zahlen, und wird speciell $g' \geqq 2$ sein. Die wiederholte Anwendung von (H) führt jedesmal zu einer Relation

$$\theta = g + \cfrac{1}{g' + \ddots + \cfrac{1}{g^{(k)} + \cfrac{l^{(k+1)}}{l^{(k)}}}} \qquad \left(\begin{array}{l} 0 \leqq \dfrac{l^{(k+1)}}{l^{(k)}} \\[2ex] 1 < g^{(k)} + \dfrac{l^{(k+1)}}{l^{(k)}} < g^{(k)} + 1 \end{array}\right)$$

Entweder ist nun θ **rational** (m endlich), dann hat man für irgend einen Werth $k = h$ einmal $l^{(k+1)} = 0$ und dabei zuletzt jedenfalls $g^{(h)} > 2$, und man gelangt zu einer endlichen Entwicklung

$$\theta = g + \cfrac{1}{g' + \ddots + \cfrac{1}{g^{(h)}}}$$

Es soll für einen solchen Kettenbruch bequemer $(g, g', \ldots g^{(h)})$ geschrieben werden. Oder θ ist **irrational**, dann wird ein unendlicher Kettenbruch $(g, g', \ldots)$ zu betrachten sein. Die einzelnen Brüche

(g), (g, g'), ..., soweit sie jedesmal zu bilden sind, heissen erster, zweiter, ... Näherungsbruch dieser Entwicklungen.

Ein Schluss von $k-1$ auf k, durch die Relation

$$(g, g', \dots g^{(k)}) = g + \frac{1}{(g', \dots g^{(k)})}$$

vermittelt, führt dazu, dass man

$$(g, g', \dots g^{(k)}) = \frac{r^{(k)}}{s^{(k)}}$$

hat, wobei $r^{(k)}$. $s^{(k)}$ das in der Formel

$$\begin{pmatrix} -q^{(k)}, & \mp s^{(k)} \\ \pm p^{(k)}, & r^{(k)} \end{pmatrix} = \begin{pmatrix} 0, & \mp 1 \\ \pm 1, & g \end{pmatrix} \times \begin{pmatrix} 0, & \pm 1 \\ \mp 1, & g' \end{pmatrix} \cdots \begin{pmatrix} 0, & \mp(-1)^k \\ \pm(-1)^k, & g^{(k)} \end{pmatrix}$$

liegende Bildungsgesetz befolgen; es ist darin von den doppelten Vorzeichen durchweg das obere oder durchweg das untere zu gebrauchen, welches ist gleichgültig. Danach sind nun die in der $(k+1)^{\text{ten}}$ Substitution der obigen Kette $r^{(k)}$, $s^{(k)}$ genannten Zahlen (welche theilerfremd sind und von denen $s^{(k)} > 0$ ist), identisch mit Zähler und Nenner des aus θ abgeleiteten Bruches $(g, g', \dots g^{(k)})$; man hat sodann für die Zahlen $p^{(k)}$, $q^{(k)}$ in jener Substitution $p^{(k)} = (-1)^k r^{(k-1)}$, $q^{(k)} = (-1)^k s^{(k-1)}$; es entspricht ferner der absolute Betrag von $\frac{r^{(k)}}{s^{(k)}} - \theta$ derjenigen Grösse für diese Substitution, welche nach den oben gebrauchten Bezeichnungen $\frac{\lambda'}{\mu}$ zu schreiben wäre, und sinkt nun zufolge VI. der Betrag dieser Differenz mit wachsendem k unter jede positive Grösse, convergiren mithin auch im Falle, dass θ irrational ist, die Brüche $\frac{r^{(k)}}{s^{(k)}}$ gegen den Werth von θ.

Ein normaler Kettenbruch soll jeder Kettenbruch $(g, g', g'', \dots)$ heissen, in welchem g eine beliebige ganze Zahl, g', g'', ... (die sogenannten Theilnenner) positive ganze Zahlen sind und, wenn eine letzte unter ihnen da ist, diese $\geqq 2$ ist. Aus dem Umstande, dass ein Quotient zweier positiver Grössen mit wachsendem Nenner abnimmt, mit abnehmenden zunimmt, erkennt man, das die Näherungsbrüche $\frac{r^{(k)}}{s^{(k)}}$ eines normalen Kettenbruchs immer folgende Grössenanordnung

$$\frac{r^{(0)}}{s^{(0)}} < \frac{r''}{s''} < \frac{r^{(4)}}{s^{(4)}} < \cdots < \frac{r^{(3)}}{s^{(3)}} < \frac{r'}{s'}$$

zeigen, und dass sie jedenfalls vom $(k+3)^{\text{ten}}$ an, und wenn der $(k+2)^{\text{te}}$ der letzte (weil dann $g^{(k+1)} > 2$) ist, gewiss schon von diesem an, stets zwischen $(g, g', \ldots g^{(k-1)}, g^{(k)})$ und $(g, g', \ldots g^{(k-1)}, g^{(k)} + 1)$, die Grenzen ausgeschlossen, liegen; es ist daraus ersichtlich, dass jede reelle Grösse gewiss nur auf eine Weise sei es nun in einen endlichen normalen Kettenbruch oder in einen unendlichen solchen, dessen Näherungsbrüche gegen die betreffende Grösse convergiren, entwickelt werden kann.

Die Grösse $-\theta$, wenn θ den eingangs angegebenen Charakter trägt, stellt eine beliebige solche reelle Grösse dar, für welche der Ueberschuss über die grösste in ihr enthaltene ganze Zahl (die hier $-g-1$ sein wird) $> \frac{1}{2}$ ist. Infolge der Identität

$$-\frac{1}{\theta'} = -1 + \cfrac{1}{1 + \cfrac{1}{\theta' - 1}}$$

hat man dann für $-\theta$ den normalen Kettenbruch

$$-\theta = -g - 1 + \cfrac{1}{1 + \cfrac{1}{g' - 1 + \cfrac{1}{g'' + \cfrac{1}{g''' + \ldots}}}}$$

bei welchem immer der $(k+1)^{\text{te}}$ Näherungsbruch, von $k+1=2$ an, denselben Nenner und entgegengesetzten Zähler hat wie der k^{te} Näherungsbruch des normalen Kettenbruchs für θ. —

Die Entwicklung einer beliebigen reellen Grösse θ in einen normalen Kettenbruch bedeutet hiernach dasselbe, wie die Bildung der zu $x - \theta y$, y gehörigen Kette, und man hat nun insbesondere den Satz:

(K) Ist θ eine beliebige reelle Grösse, jedoch weder eine ganze Zahl noch auch die Hälfte einer ganzen Zahl, so sind Zähler und Nenner in den Näherungsbrüchen des normalen Kettenbruchs, in welchen θ sich verwandeln lässt (vom ersten Näherungsbruche abgesehen, falls der Ueberschuss von θ über die nächst kleinere ganze Zahl $> \frac{1}{2}$ ist), solche Zahlen r, s, dass $s > 0$ ist und es keine, von $0, 0$, von r, s und von $-r, -s$ verschiedenen ganzen Zahlen x, y giebt, für welche $\operatorname{abs}(x - \theta y) \leq \operatorname{abs}(r - \theta s)$ und $0 \leq y \leq s$ wäre, und sie sind zugleich die einzigen Zahlenpaare r, s von diesem Charakter.

Diese schon von Lagrange*) abgeleitete, aber, wie mir scheint, noch nicht genug gewürdigte Eigenschaft der Näherungsbrüche eines

*) Additions aux éléments d'Algèbre d'Euler, Werke Bd. VII, S. 56.

normalen Kettenbruchs fasst den Begriff einer solchen Entwicklung unabhängig von dem damit verbundenen Algorithmus; und diese Aufgabe ist gewiss zuerst zu erledigen, bevor man eine Verallgemeinerung*) der Ergebnisse der Theorie der Kettenbrüche mit Aussicht auf Erfolg wird unternehmen können.

Indem aus einer Form $X - \Theta Y$ durch eine Substitution $\begin{pmatrix} s, & -r \\ -q, & p \end{pmatrix}$ sich $(q\Theta + s)\left(x - \frac{p\Theta + r}{q\Theta + s} y\right)$ herausstellt, ersieht man aus den Entwicklungen in VI:

(L) Die normalen Kettenbrüche für irgend zwei irrationale Grössen θ und Θ weisen dann und nur dann von irgend welchen Theilnennern an genau den nämlichen Fortgang von Theilnennern auf, wenn zwischen θ und Θ eine Beziehung

$$\theta = \frac{p\Theta + r}{q\Theta + s}$$

mit ganzen Zuhlen p, q, r, s und mit einer Determinante $ps - qr = \pm 1$ möglich ist.

Es ist im Vorstehenden bisher noch nicht dargethan, dass auch jeder normale Kettenbruch immer eine bestimmte Grösse repräsentirt. Von einem endlichen solchen Kettenbruche ist dies selbstverständlich. Es besteht nun bei einem beliebigen normalen Kettenbruche zwischen den Zählern und Nennern zweier aufeinanderfolgender Näherungsbrüche, z. B. des k^{ten} und des $(k+1)^{\text{ten}}$, nach ihrem oben angegebenen Bildungsgesetze immer die Beziehung

$$(-1)^k \left(r^{(k-1)} s^{(k)} - s^{(k-1)} r^{(k)}\right) = 1,$$

und erweist sich dadurch die Differenz zwischen $\frac{r^{(k)}}{s^{(k)}}$ und $\frac{r^{(k-1)}}{s^{(k-1)}}$ immer als ein aliquoter Theil von 1. Indem nun, nach der oben bereits festgestellten Anordnung der Näherungsbrüche nach der Grösse, diese Differenz mit wachsendem k jedenfalls beständig abnimmt, muss sie nach der hier für sie gefundenen Beschaffenheit nothwendig nach Null convergiren; ebenfalls aus jener Anordnung zeigt sich sodann,

*) Ueber einige bisherige Versuche in dieser Richtung, die jedoch gerade den Algorithmus in den Kettenbrüchen als den Kernpunkt behandeln, s. Bachmann, Vorlesungen über die Natur der Irrationalzahlen, X. Vorl. — Eine geometrische Versinnlichung der normalen Kettenbrüche, welche mit der im Text gegebenen verwandt ist, aber das wahre Wesen der Näherungsbrüche weniger trifft, hat Herr Poincaré im Journal de l'École Polytechnique, Cah. 47, 1880 und in den Compt. rend. 1884, II angedeutet.

dass die Näherungsbrüche selbst mit wachsendem Index immer gegen eine bestimmte Grösse convergiren.

Ist nun $\begin{pmatrix} \lambda, & \iota\lambda' \\ -\iota\mu', & \mu \end{pmatrix}$ ein Glied aus irgend einer Kette, doch weder erstes noch letztes Glied, so liefern die ganzen Zahlen $\ldots g_2, g_1, g', g'', \ldots,$ welche den Fortgang in der Kette von diesem Gliede aus vermitteln, zwei normale Kettenbruchentwicklungen

$$\frac{\lambda'}{\lambda} = \cfrac{1}{g' + \cfrac{1}{g'' + \cdots}}, \quad \frac{\mu'}{\mu} = \cfrac{1}{g_1 + \cfrac{1}{g_2 + \cdots}}$$

Indem andererseits nach dem Satze (G) immer ein Glied einer Kette construirt werden kann, für welches $\frac{\lambda'}{\lambda}, \frac{\mu'}{\mu}$ beliebigen Werthen > 0 und < 1 gleich werden, geht aus dem letzten Ergebnisse hervor, dass die Reihe der positiven ganzen Zahlen $\ldots g_2, g_1, g', g'', \ldots$ für eine Kette in der That keiner weiteren Beschränkung unterliegt, als dass sie weder mit einer Zahl $= 1$ anfängt noch mit einer Zahl $= 1$ schliesst.

Der Begriff der Kette wäre nun im Grunde identisch mit der Zusammenfassung zweier normaler Kettenbrüche*); diese Zusammenfassung aber wird nützlich besonders durch den Satz (J).

VIII. *(Periodische Ketten.)* Es seien wieder ξ, η zwei lineare Formen mit einer Determinante $= 1$, und die Glieder der zu ξ, η gehörigen Kette mögen durch die aus ihnen abgeleiteten Substitutionen repräsentirt werden; aus jeder Substitution entsteht die ihr nach dem ξ-Ende hin folgende durch Zusammensetzung mit einer Substitution $\begin{pmatrix} 0, & -\iota \\ \iota, & g' \end{pmatrix}$, welche allein von dem Verhältniss der Coefficienten in dem durch die erste hervorgebrachten Ausdruck für ξ abhängt. Es soll deshalb die zu ξ, η gehörige Kette periodisch auf dem ξ-Ende heissen, wenn es in ihr irgend zwei Substitutionen giebt, durch welche ξ bis auf einen Factor in denselben Ausdruck übergeht. Ist dann K die vom ξ-Ende entferntere, $K' = KO$ die andere von derartigen zwei Substitutionen, so gestaltet sich immer der Fortgang in der Kette von K' aus genau so wie von K aus. Danach muss dann jedenfalls die Kette nach dem ξ-Ende hin unbegrenzt sein, müssen also die Coefficienten α und β aus ξ in irrationalem Verhältnisse stehen.

---

*) Diese Zusammenfassung zweier Kettenbrüche findet sich bereits in den Untersuchungen von Herrn Markoff „Sur les formes quadratiques binaires indéfinies", Math. Ann. Bd. 15, S. 381.

Es gehe ξ durch K in Ξ und durch KO in $\omega\Xi$ über, so wird dabei $0 < \omega < 1$ sein, und wird $\xi = \alpha x + \beta y$ durch KOK^{-1}, welche Substitution mit $\begin{pmatrix} p, & r \\ q, & s \end{pmatrix}$ bezeichnet werden möge, in $\omega(\alpha X + \beta Y)$ übergehen. Daraus folgt dann

$$(1) \qquad (p - \omega)\alpha + q\beta = 0,\ r\alpha + (s - \omega)\beta = 0,$$

$$\begin{vmatrix} p-\omega, & q \\ r, & s-\omega \end{vmatrix} = 1 - (p+s)\omega + \omega^2 = 0,\ \frac{\beta}{\alpha} = \frac{-r}{s-\omega};$$

wegen $0 < \omega < 1$ ist hier der Nenner $s - \omega$ gewiss von Null verschieden, und wird $\frac{\beta}{\alpha}$, ebenso wie ω, die Wurzel einer quadratischen Gleichung mit ganzzahligen Coefficienten sein müssen, und zwar nach dem zuvor Bemerkten einer Gleichung dieser Art mit reellen und irrationalen Wurzeln.

Die zu ξ, η gehörige Kette soll vollkommen periodisch heissen, wenn es in ihr irgend zwei Substitutionen K und KO giebt, durch welche sowohl ξ wie η in je zwei, nur bis auf Factoren verschiedene Ausdrücke übergehen. Gehen ξ und η durch K in Ξ und H und geht ξ durch KO in $\omega\Xi$ über, so wird, weil die Substitutionen gleiche Determinante haben, η durch KO in $\frac{1}{\omega}H$ übergehen müssen. Die Kette muss dann nach beiden Enden unbegrenzt sein und die Reihe der ihr zugehörigen Zahlen $\ldots g_2, g_1, g', g'', \ldots$ in periodischer Wiederholung nach beiden Seiten derjenigen endlichen Folge dieser Zahlen bestehen, welche den Uebergang von K zu KO vermitteln. Für γ und δ, die Coefficienten von η, folgen dann die Gleichungen

$$(2) \qquad \left(p - \frac{1}{\omega}\right)\gamma + q\delta = 0,\quad r\gamma + \left(s - \frac{1}{\omega}\right)\delta = 0,$$

und indem die obige Gleichung für ω als zweite Wurzel $\frac{1}{\omega}$ besitzt, werden nun $\frac{\beta}{\alpha}$ und $\frac{\delta}{\gamma}$ conjugirte Wurzeln einer quadratischen Gleichung mit ganzzahligen Coefficienten, und zwar einer mit reellen irrationalen Wurzeln, sein müssen.

IX. *(Theorie der indefiniten binären quadratischen Formen.)* Die soeben gefundenen Bedingungen für periodische Ketten kennzeichnen diese Ketten auch vollständig.

Denn es sei

$$a\theta^2 + 2b\theta + c = 0$$

eine beliebige quadratische Gleichung mit ganzzahligen Coefficienten a, b, c und mit reellen irrationalen Wurzeln. Es muss dazu die

Discriminante $b^2 - ac = D$ positiv sein und darf nicht das Quadrat einer rationalen Zahl sein; a und c sind dann jedenfalls von Null verschieden. Unter $\sqrt{D}$ werde etwa der positive Werth dieser Wurzel verstanden. Es mögen a, b, c als ganze Zahlen ohne gemeinsamen Theiler vorausgesetzt werden, und es sei ε der grösste gemeinsame Theiler von a, $2b$, c, es ist dann $\varepsilon = 1$ oder $= 2$, letzteres, wenn a, c gerade sind, was dann weiter $b \equiv 1 \pmod 2$, $D = b^2 - ac \equiv 1 \pmod 4$ mit sich bringt.

Man setze nun

$$\xi = x - \left(\frac{-b+\sqrt{D}}{a}\right) y = -\frac{-b+\sqrt{D}}{a}\left(-\left(\frac{-b-\sqrt{D}}{c}\right)x + y\right),$$

$$\frac{2\sqrt{D}}{b+\sqrt{D}}\eta = -\left(\frac{-b+\sqrt{D}}{c}\right)x + y = -\frac{-b+\sqrt{D}}{c}\left(x - \left(\frac{-b-\sqrt{D}}{a}\right)y\right),$$

dabei erlangen ξ, η die Determinante 1. Die zu solchen zwei Formen ξ, η gehörige Kette ist dann immer vollkommen periodisch.

Man hat identisch

$$ax^2 + 2bxy + cy^2 = 2\sqrt{D}\,\xi\eta,$$

und die binäre quadratische Form hier links, welche mit f bezeichnet werden möge, kann, wie ihr Ausdruck durch ξ, η zeigt, für reelle x, y ebensowohl > 0 wie < 0 ausfallen, weshalb sie indefinit genannt wird; sie gilt als einer zweiten Form

$$F = AX^2 + 2BXY + CY^2$$

äquivalent, wenn es eine ganzzahlige Substitution $\begin{pmatrix} p, & r \\ q, & s \end{pmatrix}$ mit der Determinante 1 giebt, durch welche f in F übergeht; dann hat man

$$\left|\begin{matrix} p, & q \\ r, & s \end{matrix}\right| \left|\begin{matrix} a, & b \\ b, & c \end{matrix}\right| \left|\begin{matrix} p, & r \\ q, & s \end{matrix}\right| = \left|\begin{matrix} A, & B \\ B, & C \end{matrix}\right|, \quad \left|\begin{matrix} s, & -q \\ -r, & p \end{matrix}\right| \left|\begin{matrix} A, & B \\ B, & C \end{matrix}\right| \left|\begin{matrix} s, & -r \\ -q, & p \end{matrix}\right| = \left|\begin{matrix} a, & b \\ b, & c \end{matrix}\right|,$$

und man ersieht durch Entwicklung der ersten Beziehungen, dass dann A, B, C ganze Zahlen und $B^2 - AC = D$, also A und C von Null verschieden, ferner A, $2B$, C durch ε theilbar sein müssen, und aus den letzten, dass A, B, C keinen gemeinsamen Theiler und A, $2B$, C keinen grösseren Theiler als ε haben können. Setzt man sodann

$$\Xi = X - \left(\frac{-B+\sqrt{D}}{A}\right) Y, \quad \frac{2\sqrt{D}}{B+\sqrt{D}} H = -\left(\frac{-B+\sqrt{D}}{C}\right) X + Y,$$

so folgt aus $f = F$ zunächst $\xi\eta = \Xi H$; man wird nun Ξ, H auch als

Formen in x, y und weiter in ξ, η ausdrücken können; macht man letzteren Ansatz, so muss man infolge von $\Xi H = \xi\eta$ entweder

(3) $$\Xi = \tau\xi,\ H = \frac{1}{\tau}\eta$$

oder $\Xi = \tau\eta,\ H = \frac{1}{\tau}\xi$ mit irgend einem Coefficienten τ haben; letztere Ausdrücke aber sind dann dadurch ausgeschlossen, dass Ξ, H auch in ξ, η die Determinante 1 besitzen.

Weil nun sowohl in ξ, wie in η die Coefficienten in irrationalem Verhältniss stehen, ist die zu ξ, η gehörige Kette jedenfalls nach beiden Enden unbegrenzt. Für jede Substitution $\begin{pmatrix} p, & r \\ q, & s \end{pmatrix}$ dieser Kette ist $ps - qr = 1$, und hat man nach V. erstens $\lambda > 0$, zweitens $0 < \frac{\lambda'}{\lambda} < 1$, $0 < \frac{\mu'}{\mu} < 1$, d. h. ist erstens

$$p - \left(\frac{-b + \sqrt{D}}{a}\right) q > 0,$$

und sind zweitens, wenn man mit Hülfe der Substitution in der soeben erörterten Weise Ξ, H; F bildet, $\frac{-B + \sqrt{D}}{A}$ und $\frac{-B + \sqrt{D}}{C}$ beide dem absoluten Betrage nach < 1 und von entgegengesetzten Vorzeichen. Es werde nun eine jede indefinite Form F, deren Coefficienten A, B, C und Discriminante D diese letzten Bedingungen erfüllen, reducirt genannt*). Man sieht dann zunächst: es giebt zu der Form f immer äquivalente reducirte Formen.

Ist ferner F irgend eine der Form f äquivalente Form und $\begin{pmatrix} p, & r \\ q, & s \end{pmatrix}$

---

*) Es ist dies der von Gauss (Disqu. arith. art. 183) aufgestellte Begriff einer reducirten indefiniten Form von nichtquadratischer Determinante. Dirichlet (Abhandl. d. Berliner Akad. Jahrg. 1854) hat die von Gauss gegebene Theorie dieser Formen kürzer entwickelt, wirklich durchsichtig aber scheint mir diese Theorie erst vermöge der hier gefundenen einfachen geometrischen Bedeutung der Gaussischen reducirten Formen zu werden. Eine arithmetische Theorie der indefiniten binären quadratischen Formen lässt sich noch auf mannigfache andere Arten entwickeln; man kann sie z. B., mit Rücksicht auf den Satz in 40., auf die Betrachtung aller Bereiche $\operatorname{abs}\left(\frac{\xi}{\lambda}\right)^N + \operatorname{abs}\left(\frac{\eta}{\mu}\right)^N \leqq 1$ gründen, welche den Nullpunkt als einzigen Gitterpunkt im Inneren enthalten, indem man für N irgend einen festen reellen Werth $\geqq 1$ in Anwendung bringt. Für $N = 2$ würde man so auf die Methode von Herrn Hermite (Crelle's Journal Bd. 41, S. 191) verfallen, welche auch die Anregung zu den Entwicklungen im Texte gegeben hat, die dem Falle $N = \infty$ entsprechen. Zu bemerkenswerthen Folgerungen kommt man endlich noch bei der Annahme $N = 1$.

irgend eine ganzzahlige Substitution mit der Determinante 1, durch welche f in F übergeht, so ist $\begin{pmatrix} -p, & -r \\ -q, & -s \end{pmatrix}$ immer eine Substitution von derselben Wirkung; und indem man immer die Wahl zwischen zwei in diesem Sinne entgegengesetzten Substitutionen hat, möge angenommen werden, dass

$$p - \left(\frac{-b + \sqrt{D}}{a}\right) q > 0$$

sei. Dann ist nach dem Satze (G) auch immer $\begin{pmatrix} p, & r \\ q, & s \end{pmatrix}$ eine Substitution der zu ξ, η gehörigen Kette.

Vergleicht man

$$2\sqrt{D}\xi\eta = F \text{ mit } \xi = \lambda X + \iota\lambda' Y,\ \eta = -\iota\mu' X + \mu Y$$

und beachtet die Ungleichung $\lambda\mu < 1$, so erhält man

$$B = \sqrt{D}(\lambda\mu - \lambda'\mu') > 0 \text{ und } < \sqrt{D}$$

und findet ferner $-A$ und C von dem gleichen Vorzeichen ι; sodann besagen $\frac{\lambda'}{\lambda} < 1$, $\frac{\mu'}{\mu} < 1$ mit Rücksicht auf

$$-AC = (\sqrt{D} + B)(\sqrt{D} - B)$$

dasselbe wie

$$\sqrt{D} - B < \text{abs } A < \sqrt{D} + B \text{ oder } \sqrt{D} - B < \text{abs } C < \sqrt{D} + B.$$

Durch diese Ungleichungen sind B, A, C, wenn sie ganze Zahlen sein sollen, von vorn herein unter eine endliche Anzahl von Systemen verwiesen. Es gehören somit zu einer gegebenen positiven ganzzahligen und nichtquadratischen Discriminante D immer nur eine endliche Anzahl verschiedener reducirter Formen mit ganzzahligen Coefficienten und damit dann auch nur eine endliche Anzahl verschiedener Klassen von ganzzahligen Formen, wenn man äquivalente Formen als zu derselben Klasse, nicht äquivalente als zu verschiedenen Klassen gehörig betrachtet.

Man transformire nun f durch die einander folgenden Substitutionen der zu ξ, η gehörigen Kette, mit irgend einer dieser Substitutionen anfangend; jedesmal geht f in eine reducirte Form über; andererseits ist die Anzahl der dabei in Frage kommenden reducirten Formen endlich. Bei gehöriger Fortsetzung der Operation wird es daher einmal eintreten müssen, dass man eine bereits zuvor aus f gewonnene Form ein zweites Mal aus f erhält; es mögen so K und K' zwei Substitutionen der Kette, K die vom ξ-Ende entferntere, sein, welche f in eine und dieselbe reducirte Form überführen. Dann gehen nach Gleichung (3) sowohl ξ wie η durch K und K' in je zwei nur bis auf Factoren verschiedene Ausdrücke über, und ist somit in der That die zu ξ, η gehörige Kette vollkommen periodisch.

Indem mit jedem Gliede in der Kette das Vorzeichen ι von $-A$ und C in den entgegengesetzten Werth übergeht, werden K und K' in der Kette jedenfalls durch eine ungerade Anzahl von Gliedern getrennt sein; es darf verausgesetzt werden, dass von diesen Substitutionen zwischen K und K' keine f in F überführt; es werde $K' = KO$ gesetzt, und es gehe ξ durch KO in das ω-fache des Ausdrucks über, in den ξ durch K übergeht. Die Grössen $\frac{\iota\lambda'}{\lambda}$ und $\frac{-\iota\mu'}{\mu}$, die bei jedem Gliede $\begin{pmatrix}\lambda, & \iota\lambda' \\ -\iota\mu', & \mu\end{pmatrix}$ in der Kette für den Fortgang von da aus nach dem ξ-Ende beziehlich dem η-Ende bestimmend sind, hängen hier einzig von der reducirten Form ab, in die f durch die dem Gliede entsprechende Substitution übergeht; danach leuchtet nun ein, dass die Reihe von reducirten Formen, in welche f durch die gesammte Reihe der Substitutionen der Kette übergeht, sich nach beiden Enden hin als eine fortgesetzte Wiederholung der endlichen Folge derjenigen von diesen Formen darstellen wird, in welche f durch K und die auf K bis zu K' ausschliesslich folgenden Substitutionen übergeführt wird; diese endliche Folge von Formen wird deshalb die zu f gehörige Periode von reducirten Formen genannt. Indem die Substitutionen der Kette und die ihnen entgegengesetzten Substitutionen zusammen genau alle möglichen Substitutionen vorstellen, durch welche überhaupt f in reducirte Formen übergeht, leuchtet der bislang schwierigste Satz der Theorie der indefiniten Formen, dass zwei reducirte Formen, die nicht in einer Periode auftreten, niemals äquivalent sind, hier von selbst ein. Um zu entscheiden, ob zwei gegebene Formen äquivalent sind, hat man nach diesem Satze nur nöthig, für eine von ihnen die ganze Periode der ihr äquivalenten reducirten Formen, für die andere eine solche Form aufzusuchen und sodann nachzusehen, ob diese sich in jener Periode findet.

Insbesondere werden nun ausser K genau die Substitutionen der Kette f in F überführen, welche bei einer Zählung aller Substitutionen der Kette von K aus nach beiden Enden, wobei der Index 1 den K benachbarten Substitutionen zu ertheilen ist, Indices gleich ganzzahligen Vielfachen desjenigen von K' erlangen. Nun geschieht der Uebergang in der Kette von K zu $K' = KO$ in der Weise, dass sich K nacheinander mit gewissen Substitutionen $\begin{pmatrix}0, & -\iota \\ \iota, & g\end{pmatrix}, \ldots$ zusammensetzt;

die — 1ten Potenzen dieser Substitutionen in umgekehrter Folge vermitteln dann den Uebergang von K' zu K. Der weitere Fortgang nach dem ξ-Ende hin von K' aus vollzieht sich dann genau so wie von K aus, und andererseits vermitteln den Fortgang von K aus nach dem η-Ende hin successive genau dieselben Substitutionen, die den Fortgang von K' nach dem η-Ende hin, also zunächst nach K hin, vermittelt haben. Danach leuchtet nun ein, dass alle Substitutionen, welche f in F überführen, genau sein werden: 1) die Substitutionen

$$\ldots KO^{-1}O^{-1},\ KO^{-1},\ K,\ K' = KO,\ K'O = KOO, \ldots,$$

d. i. KO^h für jeden ganzzahligen Exponenten h, und 2) die aus diesen ersten durch Multiplication aller Coefficienten mit -1 entstehenden Substitutionen; diese mögen durch $-KO^h$ angedeutet werden. Aus den sämmtlichen hier aufgezählten Substitutionen gehen dann durch Zusammensetzung mit K^{-1}, also in den Formen $KO^hK^{-1} = (KOK^{-1})^h$ und $-(KOK^{-1})^h$, die sämmtlichen ganzzahligen Substitutionen mit der Determinante 1 hervor, welche f in sich selbst überführen; ξ, η transformiren sich durch die letzteren Substitutionen offenbar in $\omega^h\xi$, $\frac{1}{\omega^h}\eta$, beziehlich $-\omega^h\xi$, $-\frac{1}{\omega^h}\eta$.

Ist nun $\begin{pmatrix} p, & r \\ q, & s \end{pmatrix}$ irgend eine ganzzahlige Substitution mit der Determinante 1, durch welche f in sich selbst und ξ, η etwa in $\varpi\xi$, $\frac{1}{\varpi}\eta$ übergehen, so hat man nach VIII. (1) und (2):

$$\text{(4)}\quad \begin{aligned} &(p-\varpi) - q\left(\frac{-b+\sqrt{D}}{a}\right) = 0, \quad -r\left(\frac{-b-\sqrt{D}}{c}\right) + (s-\varpi) = 0, \\ &\left(p-\frac{1}{\varpi}\right) - q\left(\frac{-b-\sqrt{D}}{a}\right) = 0, \quad -r\left(\frac{-b+\sqrt{D}}{c}\right) + \left(s-\frac{1}{\varpi}\right) = 0, \end{aligned}$$

also:

$$\text{(5)}\quad \frac{1}{2}\left(\frac{1}{\varpi}+\varpi\right) = p + \frac{qb}{a} = \frac{rb}{c} + s,\ \frac{1}{2}\left(\frac{1}{\varpi}-\varpi\right) = \frac{q\sqrt{D}}{a} = \frac{-r\sqrt{D}}{c},$$

und wenn man die zwei Werthe hier gleich $\frac{t}{\varepsilon}$, $\frac{u\sqrt{D}}{\varepsilon}$ setzt:

$$\varpi = \frac{t-\sqrt{D}u}{\varepsilon},\ \frac{1}{\varpi} = \frac{t+\sqrt{D}u}{\varepsilon},\ t^2 - Du^2 = \varepsilon^2,$$

$$q = \frac{au}{\varepsilon},\ r = -\frac{cu}{\varepsilon},\ p = \frac{t-bu}{\varepsilon},\ s = \frac{t+bu}{\varepsilon},\ p-s = \frac{-2bu}{\varepsilon}.$$

Die Ausdrücke für $q, r, p-s$ hier zeigen, indem $\frac{a}{\varepsilon}, \frac{2b}{\varepsilon}, \frac{c}{\varepsilon}$ ganze Zahlen ohne gemeinsamen Theiler sind, dass u eine ganze Zahl wird, und die Relation $t^2 - Du^2 = \varepsilon^2$ sodann, dass auch t eine ganze Zahl wird. Umgekehrt, sind t, u irgend zwei, der letzten Gleichung genügende ganze Zahlen, so sind die durch die vorstehenden Ausdrücke definirten p, q, r, s jedenfalls auch ganze Zahlen; für $\varepsilon = 2$ leuchtet dieses unter Beachtung des Umstandes ein, dass modulo 2 dann $a \equiv 0$, $c \equiv 0$, weiter $(t - bu)(t + bu) = -acu^2 + \varepsilon^2 \equiv 0$ und wegen $t - bu \equiv t + bu$ schliesslich auch diese zwei Ausdrücke $\equiv 0$ sind; es ist dann ferner die Determinante von $\begin{pmatrix} p, & r \\ q, & s \end{pmatrix}$ gleich 1, und bestehen, wenn man $\varpi = \frac{t - \sqrt{D}u}{\varepsilon}$ einführt, umgekehrt die Gleichungen (4), gehen also durch diese Substitution ξ, η in $\varpi\xi$, $\frac{1}{\varpi}\eta$ und damit f immer in sich selbst über. Nach dem vorhin Bemerkten muss sich dabei jedesmal $\varpi = \pm \omega^h$ mit irgend einer ganzen Zahl h herausstellen. Es wird nun diejenige Lösung von $t^2 - Du^2 = \varepsilon^2$ auf $\varpi = \omega$, also auf die Substitution KOK^{-1} führen, in welcher $\varpi > 0$ und < 1 und für diese Umstände ϖ möglichst gross ist. Nach (5) ist $\varpi > 0$ mit $t > 0$ und $\varpi < 1$ alsdann mit $u > 0$ gleichbedeutend, und bei positivem t und u fällt, je kleiner u ist, um so kleiner auch t und $\frac{1}{\varpi}$ aus. Danach ist der Werth $\varpi = \omega$ dadurch charakterisirt, dass in ihm für t und u die zwei kleinsten positiven Zahlen T, U einzutreten haben, für welche $T^2 - DU^2 = \varepsilon^2$ ist; und zugleich hat sich ergeben, dass alle möglichen ganzzahligen Lösungen t, u von $t^2 - Du^2 = \varepsilon^2$ dann durch

$$\frac{t - \sqrt{D}u}{\varepsilon} = \pm \left(\frac{T - \sqrt{D}U}{\varepsilon}\right)^h, \quad \frac{t + \sqrt{D}u}{\varepsilon} = \pm \left(\frac{T + \sqrt{D}U}{\varepsilon}\right)^h$$

geliefert werden; für $\pm$ ist dabei ein beliebiges, aber in beiden Formeln dasselbe Vorzeichen und für h eine jede rationale ganze Zahl zu nehmen.

X. *(Die reellen quadratischen Irrationalzahlen.)* Es sollen ξ, η dieselbe Bedeutung wie soeben haben, nur soll $\sqrt{D}$ jetzt einen beliebigen Werth dieser Wurzel vorstellen. Ist ζ irgend eine Form, für welche die Determinante von ξ und ζ gleich 1 ist, so lassen sich nach dem Satze (J) in den zu ξ, ζ und zu ξ, η gehörigen Ketten immer zwei übereinstimmende Substitutionen finden, und von solchen an kommen dann diese zwei Ketten nach ihrem ξ-Ende hin vollständig in allen Substitutionen überein; danach erweist sich die zu ξ, ζ gehörige Kette immer, wie es die zu ξ, η gehörige ist, als periodisch auf dem ξ-Ende. Speciell kann $\zeta = y$ genommen werden.

Ein unendlicher normaler Kettenbruch für eine Grösse θ wird periodisch genannt, wenn in ihm von irgend einem Theilnenner an die ganze weitere Reihe der Theilnenner als beständige Wiederholung einer und derselben endlichen Folge von ganzen Zahlen sich darstellt. Besitzt diese Folge eine ungerade Anzahl von Gliedern, so entsteht, wenn man sie zweimal hinter einander nimmt, eine sich in gleichem Sinne wiederholende Folge von einer geraden Anzahl von Gliedern; eine solche aber besagt genau soviel, wie dass die zu $\xi = x - \theta y$, $\zeta = y$ gehörige Kette periodisch auf dem ξ-Ende ist. Aus dem soeben Bewiesenen und aus VIII. entnimmt man nun:

Für einen reellen irrationalen Werth θ erweist sich der ihm gleiche normale Kettenbruch dann und nur dann als periodisch, wenn θ eine Wurzel einer Gleichung mit ganzzahligen Coefficienten vom zweiten Grade ist*).

Indem die Entwicklung von $\frac{-b+\sqrt{D}}{a}$ in einen normalen Kettenbruch, wie hier gezeigt ist, schliesslich auf Glieder der zu ξ, η gehörigen Kette führt, hat man darin zugleich ein praktisches Verfahren, um zu einer gegebenen Form f eine äquivalente reducirte Form zu finden.

---

*) Lagrange, 1770 (Werke Bd. II. S. 606). — Eine vereinfachte Ableitung dieses Satzes hat Herr Hermite (Bulletin des Sciences Math., t. IX, 1885, S. 11) angegeben.

Fünftes Kapitel.

Eine weitere analytisch-arithmetische Ungleichung.

46.

Reduction des Zahlengitters in Bezug auf gegebene Richtungen.

In diesem Kapitel soll das in 30. aufgestellte arithmetische Theorem über die nirgends concaven Körper mit Mittelpunkt eine wesentliche Verallgemeinerung finden. Es sind dazu mehrere Hülfsbetrachtungen vorauszuschicken.

Eine jede Richtung wird nach 3. durch einen Punkt des Bereichs $\mathfrak{W}$ in der Spanne Eins vom Nullpunkte $\mathfrak{o}$ repräsentirt; haben die n Coordinaten dieses Punktes sämmtlich rationale Werthe, so soll die Richtung eine rationale heissen. Von jedem Punkte des Zahlengitters aus liegen in den rationalen Richtungen und nur in diesen die übrigen Punkte des Zahlengitters.

Es bedeute $\mathfrak{o}_h$ für $h = 1, \dots n$ jedesmal den Punkt, für welchen $x_h = 1$ ist und die übrigen Coordinaten gleich Null sind. Dass ein Punkt $\mathfrak{x}$ die Coordinaten $x_1, \dots x_n$ besitzt, werde durch die Formel

$$(1) \qquad \mathfrak{x} - \mathfrak{o} = x_1(\mathfrak{o}_1 - \mathfrak{o}) + \cdots + x_n(\mathfrak{o}_n - \mathfrak{o})$$

angedeutet; man wird alsdann, wenn $\mathfrak{p}, \mathfrak{p}_1, \dots \mathfrak{p}_m$ irgend $m + 1$ Punkte, $p_1, \dots p_n$ die Coordinaten von $\mathfrak{p}$ und $p_1^{(k)}, \dots p_n^{(k)}$ diejenigen von $\mathfrak{p}_k$ $(k = 1, \dots m)$ sind, unter einer Formel

$$(2) \qquad v_1(\mathfrak{p}_1 - \mathfrak{p}) + \cdots + v_m(\mathfrak{p}_m - \mathfrak{p}) = 0$$

mit beliebigen Grössen $v_1, \dots v_m$ das System der n Gleichungen

$$v_1(p_h^{(1)} - p_h) + \cdots + v_m(p_h^{(m)} - p_h) = 0 \qquad (h = 1, \dots n)$$

zu verstehen haben. Sind $\mathfrak{a}$ und $\mathfrak{b}$ feste Punkte und durchlaufen $\mathfrak{c}$ und $\mathfrak{d}$ zwei Punktmengen so, dass fortwährend $\mathfrak{d} - \mathfrak{b} = \mathfrak{c} - \mathfrak{a}$ ist, so soll gesagt werden, die Menge der Punkte $\mathfrak{d}$ gehe aus der Menge der Punkte $\mathfrak{c}$ durch Translation von $\mathfrak{a}$ nach $\mathfrak{b}$ (oder durch Addition von $\mathfrak{b} - \mathfrak{a}$) hervor.

Die Menge aller Punkte $\mathfrak{x}$, für welche eine Formel

$$\mathfrak{x} = (1 - v_1 - \cdots - v_m)\,\mathfrak{p} + v_1\mathfrak{p}_1 + \cdots + v_m\mathfrak{p}_m$$

mit irgend welchen Grössen $v_1, \ldots v_m$ besteht, soll die durch $\mathfrak{p}, \mathfrak{p}_1, \ldots \mathfrak{p}_m$ gelegte Mannigfaltigkeit heissen. Die durch $\mathfrak{o}, \mathfrak{o}_1, \ldots \mathfrak{o}_n$ gelegte Mannigfaltigkeit ist die aller Punkte $x_1, \ldots x_n$. Es seien $\mathfrak{p}_1, \ldots \mathfrak{p}_m$ sämmtlich von $\mathfrak{p}$ verschieden; die Möglichkeit einer Beziehung (2) mit Werthen $v_1, \ldots v_m$, die nicht sämmtlich Null sind, bedeutet dann eine Eigenschaft lediglich der Richtungen von $\mathfrak{p}$ nach $\mathfrak{p}_1, \ldots \mathfrak{p}_m$; existirt eine solche Beziehung, so heissen diese Richtungen abhängig, anderenfalls unabhängig. Nach der Bedeutung von (1) sind die Richtungen $\mathfrak{o}\mathfrak{o}_1, \ldots \mathfrak{o}\mathfrak{o}_n$ selbstverständlich unabhängig; ferner sind mit Rücksicht auf (1) unter den Richtungen in einer durch $m+1$ Punkte gelegten Mannigfaltigkeit mehr als m Richtungen immer abhängig, desgleichen in jedem Falle mehr als n Richtungen. Hat man $m \leqq n$, so genügt der Formel (2), in Anbetracht von (1), dann und nur dann das System $v_1 = 0, \ldots v_m = 0$ ausschliesslich, wenn nicht jede aus der Matrix

$$\| p_h^{(k)} - p_h \| \qquad (h = 1, \ldots n;\ k = 1, \ldots m)$$

zu bildende m-reihige Determinante Null ist. In solchem Falle sind also die Richtungen $\mathfrak{p}\mathfrak{p}_1, \ldots \mathfrak{p}\mathfrak{p}_m$ unabhängig und soll die Mannigfaltigkeit durch $\mathfrak{p}, \mathfrak{p}_1, \ldots \mathfrak{p}_m$ alsdann von der m^{ten} Ordnung heissen.

Nun seien $\mathfrak{p}_1, \ldots \mathfrak{p}_n$ irgend n Gitterpunkte in n unabhängigen Richtungen von $\mathfrak{o}$ aus; es gehört dann zu jedem Punkte $\mathfrak{x}$ eine bestimmte Auflösung $v_1, \ldots v_n$ der Formel

$$\mathfrak{x} - \mathfrak{o} = v_1(\mathfrak{p}_1 - \mathfrak{o}) + \cdots + v_n(\mathfrak{p}_n - \mathfrak{o}),$$

d. i. des Systems der n Gleichungen

$$x_h = p_h^{(1)} v_1 + \cdots + p_h^{(n)} v_n \qquad (h = 1, \ldots n). \tag{3}$$

Es werde mit $\mathfrak{E}_k$ für $k = 1, \ldots n$ die durch $\mathfrak{o}, \mathfrak{p}_1, \ldots \mathfrak{p}_k$ gelegte Mannigfaltigkeit bezeichnet; $\mathfrak{E}_n$ wird dabei die Mannigfaltigkeit aller Punkte; ferner erscheint $\mathfrak{E}_m$ für $m = 1, \ldots n-1$ immer durch $v_{m+1} = 0, \ldots v_n = 0$ definirt und hängen für die Punkte daselbst $v_1, \ldots v_m$ allein von $\mathfrak{p}_1, \ldots \mathfrak{p}_m$ ab; es werde noch unter $\mathfrak{E}_0$ der Punkt $\mathfrak{o}$ verstanden, für welchen man $v_1 = 0, \ldots v_n = 0$ hat.

Nun möge von irgend zwei verschiedenen Punkten immer derjenige als niedriger bezeichnet werden, bei welchem von den n Bestimmungsstücken $v_n, \ldots v_1$ das erste, in dem die Punkte nicht übereinstimmen, den kleineren Werth hat. Im Bereiche

$$0 \leqq v_1, \ldots 0 \leqq v_n \tag{4}$$

ist dann $\mathfrak{o}$ niedriger als jeder andere Punkt, sind die Punkte in $\mathfrak{E}_1$ niedriger als die ausserhalb $\mathfrak{E}_1$, die in $\mathfrak{E}_2$ niedriger als die ausserhalb $\mathfrak{E}_2$, u. s. f. Das Parallelepipedum

$$0 < v_1 \leqq 1, \ldots 0 < v_n \leqq 1$$

nun enthält gewiss nur eine endliche Anzahl von Gitterpunkten, darunter $\mathfrak{o}$, ferner den Punkt $\mathfrak{p}_1$, welcher von $\mathfrak{o}$ verschieden ist, in $\mathfrak{E}_1$, weiter $\mathfrak{p}_2$ ausserhalb $\mathfrak{E}_1$ in $\mathfrak{E}_2$, u. s. f.; es wird deshalb in diesem Parallelepipedum einen ganz bestimmten niedrigsten, von $\mathfrak{o}$ verschiedenen Gitterpunkt $\mathfrak{r}_1$ und zwar in $\mathfrak{E}_1$, einen ganz bestimmten niedrigsten Gitterpunkt $\mathfrak{r}_2$ ausserhalb $\mathfrak{E}_1$, und zwar in $\mathfrak{E}_2$, u. s. f. geben. Für diese Gitterpunkte gelten dann Formeln

$$(5)\qquad \begin{gathered}\mathfrak{r}_1-\mathfrak{o}=\beta_1^{(1)}(\mathfrak{p}_1-\mathfrak{o}),\ldots \mathfrak{r}_n-\mathfrak{o}=\beta_1^{(n)}(\mathfrak{p}_1-\mathfrak{o})+\cdots+\beta_n^{(n)}(\mathfrak{p}_n-\mathfrak{o}),\\ 0<\beta_1^{(1)},\ \ldots\ 0<\beta_n^{(n)},\end{gathered}$$

und zugleich sind die $\beta_h^{(h)}$ sämmtlich <1 und giebt es keinen Gitterpunkt ausser $\mathfrak{o}$, für den

$$0\leqq v_n<\beta_n^{(n)},\ \ldots\ 0\leqq v_1<\beta_1^{(1)}$$

wäre.

Ist nun $\mathfrak{x}$ ein beliebiger Gitterpunkt, so geht aus ihm durch Addition von $-y_h(\mathfrak{r}_h-\mathfrak{o})-\cdots-y_1(\mathfrak{r}_1-\mathfrak{o})$, wenn darin $y_h, \ldots y_1$ ganze Zahlen sind und h einen der Werthe $n, \ldots 1$ bedeutet, immer wieder ein Gitterpunkt hervor, und wird man diese h ganzen Zahlen offenbar immer und nur auf eine Weise so wählen können, dass für diesen resultirenden Gitterpunkt, der dann $\mathfrak{x}^{(h)}$ heissen möge, sich

$$0\leqq v_h<\beta_h^{(h)},\ \ldots\ 0\leqq v_1<\beta_1^{(1)}$$

ergiebt. Wendet man dies zunächst auf einen der Punkte $\mathfrak{x}=\mathfrak{r}_k\,(k>1)$ an, indem man dabei $h<k$ annimmt, so folgt aus der Bedeutung von $\mathfrak{r}_k$, dass immer

$$(6)\qquad 0<\beta_h^{(k)}<\beta_h^{(h)},\qquad k>h$$

sein muss; und setzt man $\mathfrak{x}$ als einen beliebigen Gitterpunkt in $\mathfrak{E}_h$ voraus, so muss sich für $\mathfrak{x}^{(h)}$ immer der Punkt $\mathfrak{o}$ herausstellen, und findet man so einen jeden Gitterpunkt $\mathfrak{x}$ in $\mathfrak{E}_h$ durch

$$\mathfrak{x}-\mathfrak{o}=y_1(\mathfrak{r}_1-\mathfrak{o})+\cdots+y_h(\mathfrak{r}_h-\mathfrak{o})$$

mittelst bestimmter ganzer Zahlen $y_1, \ldots y_h$ dargestellt. Addirt man andererseits zu einem Punkte $\mathfrak{r}_k$ ($k=1, \ldots n$) einen beliebigen solchen Ausdruck $\mathfrak{x}-\mathfrak{o}$, worin h eine Zahl der Reihe $n, \ldots 1$, ferner $y_h, \ldots y_1$ ganze Zahlen und $y_h \gtrless 0$ sein mögen, so kommt man, wenn $y_h>0$ ist, offenbar jedesmal auf einen Punkt, gegen den $\mathfrak{r}_k$ niedriger ist, ferner, wenn $h=k$, $y_k=-1$ ist, auf einen Punkt in $\mathfrak{E}_{k-1}$, endlich in jedem anderen Falle, wo $y_h<0$, also $\leqq -1$ ist, mit Rücksicht auf (5) und (6) immer auf einen Punkt ausserhalb des Bereichs (4). Man sieht daraus, dass durch die Beziehungen (5) und (6) und durch den Umstand, dass man in der Form

$$(7)\qquad \mathfrak{x}-\mathfrak{o}=y_1(\mathfrak{r}_1-\mathfrak{o})+\cdots+y_n(\mathfrak{r}_n-\mathfrak{o})$$

mittelst ganzer Zahlen $y_1, \ldots y_n$ einen jeden Gitterpunkt erhält, $\mathfrak{r}_1, \ldots \mathfrak{r}_n$ vollständig charakterisirt sind, nämlich sich dadurch immer $\mathfrak{r}_k$ als der niedrigste Gitterpunkt in (4) ausserhalb $\mathfrak{E}_{k-1}$ erweist. Es hängen danach diese Punkte offenbar auch nur von den Richtungen $\mathfrak{o}\mathfrak{p}_1, \ldots \mathfrak{o}\mathfrak{p}_n$ ab.

Zwischen den Coordinaten $x_1, \ldots x_n$ eines beliebigen Punktes $\mathfrak{x}$ und den Werthen $y_1, \ldots y_n$, welche für diesen Punkt die Formel (7) erfüllen, folgen nun aus (1) und (7) die Beziehungen

$$x_h = a_h^{(1)} y_1 + \cdots + a_h^{(n)} y_n, \quad y_k = b_k^{(1)} x_1 + \cdots + b_k^{(n)} x_n$$
$$(h, k = 1, \ldots n),$$

wenn $a_1^{(k)}, \ldots a_n^{(k)}$ die Coordinaten $x_1, \ldots x_n$ für $\mathfrak{r}_k$ und $b_1^{(h)}, \ldots b_n^{(h)}$ die Bestimmungsstücke $y_1, \ldots y_n$ für $\mathfrak{o}_h$ vorstellen. Alle diese Coefficienten sind dann ganze Zahlen und aus $|a_h^{(k)}| \, |b_h^{(k)}| = 1$ entnimmt man deshalb $|a_h^{(k)}| = \pm 1$. Die Einführung dieser Variabeln $y_1, \ldots y_n$ an Stelle von $x_1, \ldots x_n$, wobei die ganzzahligen Systeme $x_1, \ldots x_n$ in die ganzzahligen Systeme $y_1, \ldots y_n$ übergehen, soll die R e d u c t i o n des Zahlengitters in Bezug auf die Richtungen $\mathfrak{o}\mathfrak{p}_1, \ldots \mathfrak{o}\mathfrak{p}_n$ heissen. Der Nutzen dieser Reduction beruht in der einfacheren Darstellung, die man dadurch für die Mannigfaltigkeiten $\mathfrak{E}_m$ erzielt; es erscheint dabei immer $\mathfrak{E}_m$ (für $m = 0, 1, \ldots n-1$) durch $y_{m+1} = 0, \ldots y_n = 0$ definirt.

Aus (5) und den verschiedenen Ausdrücken für $\mathfrak{x} - \mathfrak{o}$ entnimmt man noch

$$v_1 = \beta_1^{(1)} y_1 + \cdots + \beta_1^{(n)} y_n, \ \ldots \ v_n = \beta_n^{(n)} y_n;$$

die Auflösung dieser Gleichungen laute

$$y_1 = q_1^{(1)} v_1 + \cdots + q_1^{(n)} v_n, \ \ldots \ y_n = q_n^{(n)} v_n \qquad (q_h^{(k)} = 0, \ h > k);$$

darin stellen dann $q_1^{(k)}, \ldots q_n^{(k)}$ die Werthe $y_1, \ldots y_n$ für $\mathfrak{p}_k$ vor und sind also sämmtlich ganze Zahlen; man hat nun immer $\beta_h^{(h)} q_h^{(h)} = 1$, und sind deshalb zufolge (5) die Zahlen $q_h^{(h)}$ sämmtlich > 0, und ferner findet man, wenn $h < k$ ist, immer $\beta_h^{(k)} q_h^{(h)} \ldots q_k^{(k)}$ als ganze Zahl; weiter ergiebt sich

$$(8) \qquad |b_h^{(k)}| \, |p_h^{(k)}| = |q_h^{(k)}|, \quad |a_h^{(k)}| \, |q_h^{(k)}| = |p_h^{(k)}|,$$

ist also $q_1^{(1)} \ldots q_n^{(n)} = \pm |p_h^{(k)}|$. Mit Rücksicht auf (5) und (6) kommen nach diesen Umständen nun, sowie einmal der Werth der Determinante $|p_h^{(k)}|$ gegeben ist, für die Coefficienten $\beta_h^{(k)}$ in (5) bereits nur eine endliche Anzahl von Systemen in Frage.

Aus (8) entnimmt man noch, dass für ein $m < n$ die Zahl $q_1^{(1)} \ldots q_m^{(m)}$ immer durch den grössten Theiler aller aus den m

ersten Verticalreihen von $|p_h^{(k)}|$ zu bildenden m-reihigen Unterdeterminanten aufgeht, andererseits selbst ein Theiler jeder dieser Unterdeterminanten ist, somit deren grössten gemeinsamen Theiler darstellt.

47.

Kleinstes System von Strahldistanzen im Zahlengitter.

I. Es mögen zuvörderst beliebige Strahldistanzen $S(\mathfrak{a}\mathfrak{b})$ vorausgesetzt werden, und es soll nur angenommen werden, was bei einhelligen Strahldistanzen immer zutrifft, dass eine positive untere Grenze g für alle Distanzcoefficienten $\frac{S(\mathfrak{a}\mathfrak{b})}{E(\mathfrak{a}\mathfrak{b})}$ existire. Es bedeute ferner $\frac{G}{n}$ den grössten unter den Strahldistanzen

$$S(\mathfrak{o}\mathfrak{o}_1), \ldots S(\mathfrak{o}\mathfrak{o}_n); \quad S(\mathfrak{o}_1\mathfrak{o}), \ldots S(\mathfrak{o}_n\mathfrak{o})$$

vorkommenden Werth. Die Richtungen $\mathfrak{o}\mathfrak{o}_1, \ldots \mathfrak{o}\mathfrak{o}_n$ sind unabhängig, und giebt es also gewiss n Gitterpunkte in n unabhängigen Richtungen von $\mathfrak{o}$ aus mit Strahldistanzen $\leqq \frac{G}{n}$ von $\mathfrak{o}$. Für Punkte in derartigen Strahldistanzen von $\mathfrak{o}$ nun sind die Spannen von $\mathfrak{o}$ immer $\leqq \frac{G}{ng}$, und in solchen Spannen, umsomehr also in jenen Strahldistanzen von $\mathfrak{o}$, befinden sich gewiss nur eine endliche Anzahl von Gitterpunkten. Es sei (G_1) die endliche Menge aus allen vorhandenen, von $\mathfrak{o}$ verschiedenen Gitterpunkten mit Strahldistanzen $\leqq \frac{G}{n}$ von $\mathfrak{o}$; insbesondere werden zu (G_1) also die Punkte $\mathfrak{o}_1, \ldots \mathfrak{o}_n$ gehören.

Die kleinste Grösse, die unter den Strahldistanzen von $\mathfrak{o}$ nach den einzelnen Punkten in (G_1) vorkommt, ist dann zugleich die kleinste Strahldistanz, in der überhaupt von $\mathfrak{o}$ aus ein anderer Gitterpunkt zu finden ist. Diese Strahldistanz werde jetzt mit M_1 bezeichnet. Es sei sodann (M_1) die Menge aller der Punkte aus (G_1), welche die Strahldistanz M_1 von $\mathfrak{o}$ darbieten, es sei $\mathfrak{p}_1$ ein beliebiger erster Punkt daraus, sodann, wenn (M_1) noch mindestens einen Punkt ausserhalb der durch $\mathfrak{o}$ und $\mathfrak{p}_1$ gelegten geraden Linie enthält, $\mathfrak{p}_2$ ein beliebiger solcher Punkt aus (M_1), weiter, wenn (M_1) noch mindestens einen Punkt ausserhalb der durch $\mathfrak{o}$, $\mathfrak{p}_1$, $\mathfrak{p}_2$ gelegten Mannigfaltigkeit enthält, $\mathfrak{p}_3$ ein beliebiger solcher Punkt aus (M_1) u. s. f. Man wird, wenn die durch $\mathfrak{o}$ und (M_1) gelegte Mannigfaltigkeit von der $\nu_1$ten Ordnung ist, in dieser Art irgend ν_1 Gitterpunkte $\mathfrak{p}_1, \ldots \mathfrak{p}_{\nu_1}$ in (M_1) in ν_1 unabhängigen Richtungen von $\mathfrak{o}$ aus finden können und dann wird die durch $\mathfrak{o}$ und $\mathfrak{p}_1, \ldots \mathfrak{p}_{\nu_1}$ gelegte Mannigfaltigkeit mit der durch $\mathfrak{o}$

und (M_1) gelegten identisch sein; diese Mannigfaltigkeit möge $\mathfrak{o}(M_1)$ heissen.

Ist dann $\nu_1 < n$, so wird $\mathfrak{o}(M_1)$ jedenfalls nicht die n Punkte $\mathfrak{o}_1, \ldots \mathfrak{o}_n$ sämmtlich aufnehmen, und giebt es also in der Menge (G_1) noch Gitterpunkte ausserhalb der Mannigfaltigkeit $\mathfrak{o}(M_1)$. Die Menge dieser Gitterpunkte aus (G_1) heisse (G_2). Es sei sodann M_2 die kleinste Strahldistanz von $\mathfrak{o}$ nach den Punkten in (G_2); es wird auch M_2 noch $\leq \frac{G}{n}$ sein, und zugleich wird M_2 überhaupt die kleinstmögliche Strahldistanz von $\mathfrak{o}$ nach allen Gitterpunkten ausserhalb der Mannigfaltigkeit $\mathfrak{o}(M_1)$ vorstellen. Sodann sei (M_2) die Menge aller Punkte aus (G_2), welche die Strahldistanz M_2 von $\mathfrak{o}$ darbieten, es sei $\mathfrak{p}_{\nu_1+1}$ ein beliebiger erster Punkt aus (M_2), weiter, wenn (M_2) noch mindestens einen Punkt ausserhalb der durch $\mathfrak{o}, \mathfrak{p}_1, \ldots \mathfrak{p}_{\nu_1}, \mathfrak{p}_{\nu_1+1}$ gelegten Mannigfaltigkeit enthält, $\mathfrak{p}_{\nu_1+2}$ ein solcher Punkt aus (M_2) u. s. f. Man wird in dieser Art eine gewisse Anzahl ν_2 von Gitterpunkten $\mathfrak{p}_{\nu_1+1}, \ldots \mathfrak{p}_{\nu_1+\nu_2}$ aus (M_2) aussuchen können, so dass die Richtungen von $\mathfrak{o}$ nach $\mathfrak{p}_1, \ldots \mathfrak{p}_{\nu_1+\nu_2}$ sämmtlich unabhängig sind und schliesslich die durch $\mathfrak{o}, \mathfrak{p}_1, \ldots \mathfrak{p}_{\nu_1+\nu_2}$ gelegte Mannigfaltigkeit auch die ganze Menge (M_2) aufnimmt; diese Mannigfaltigkeit heisse dann $\mathfrak{o}(M_1, M_2)$.

Es ist klar, wie man fortzufahren hat, falls auch $\nu_1 + \nu_2$ noch $< n$ ist. Man wird so immer auf eine gewisse Anzahl λ von gewissen positiven Grössen $M_1, \ldots M_\lambda$ geführt werden, von denen jede folgende grösser als die vorhergehende ist und alle $< \frac{G}{n}$ sein werden; man wird dabei bestimmte Anzahlen $\nu_1, \ldots \nu_\lambda$ erlangen, so dass schliesslich

$$\nu_1 + \cdots + \nu_\lambda = n$$

ist, wird auf bestimmte λ Mannigfaltigkeiten $\mathfrak{o}(M_1), \ldots \mathfrak{o}(M_1, \ldots M_\lambda)$ von der $\nu_1^{\text{ten}}, \ldots$ der $\nu_1 + \cdots + \nu_\lambda^{\text{ten}}$ Ordnung kommen, von denen jede folgende die vorhergehende enthält und die letzte die Mannigfaltigkeit aller Punkte ist; und dabei wird dann M_1 die kleinste Strahldistanz von $\mathfrak{o}$ nach allen von $\mathfrak{o}$ verschiedenen Gitterpunkten zusammengenommen und $M_\varkappa$ $(\varkappa > 1)$ immer die kleinste Strahldistanz von $\mathfrak{o}$ nach allen Gitterpunkten ausserhalb $\mathfrak{o}(M_1, \ldots M_{\varkappa-1})$ zusammengenommen bedeuten. Endlich wird es dabei, auf eine oder mehrere Arten, möglich sein, n Gitterpunkte $\mathfrak{p}_1, \ldots \mathfrak{p}_n$ in n unabhängigen Richtungen von $\mathfrak{o}$ aus zu wählen, so dass von den n Strahldistanzen

$$S(\mathfrak{o}\mathfrak{p}_1) = S_1, \ldots S(\mathfrak{o}\mathfrak{p}_n) = S_n$$

die ν_1 ersten gleich M_1, die ν_2 folgenden gleich $M_2, \ldots$, die ν_λ letzten gleich M_λ sind.

Stellen jetzt $\mathfrak{q}_1, \ldots \mathfrak{q}_n$ beliebige n Gitterpunkte in n unabhängigen Richtungen von $\mathfrak{o}$ aus vor, und ist $\mathfrak{q}_{h_1}, \ldots \mathfrak{q}_{h_n}$ eine solche Anordnung derselben, bei der man $S(\mathfrak{o}\mathfrak{q}_{h_1}) \leqq \cdots \leqq S(\mathfrak{o}\mathfrak{q}_{h_n})$ hat, so sind die Differenzen $S(\mathfrak{o}\mathfrak{q}_1) - S(\mathfrak{o}\mathfrak{q}_{h_1}), \ldots S(\mathfrak{o}\mathfrak{q}_n) - S(\mathfrak{o}\mathfrak{q}_{h_n})$ entweder sämmtlich Null, oder aber es ist die erste von Null verschiedene unter ihnen gewiss > 0. Nun sind zuvörderst $\mathfrak{q}_{h_1}, \ldots \mathfrak{q}_{h_n}$ sämmtlich von $\mathfrak{o}$ verschieden, es können weiter, wenn $\nu_1 < n$ ist, nicht die $\nu_1 + 1$ ersten von ihnen sämmtlich in $\mathfrak{o}(M_1)$ liegen, wenn $\nu_1 + \nu_2 < n$ ist, nicht die $\nu_1 + \nu_2 + 1$ ersten von ihnen sämmtlich in $\mathfrak{o}(M_1, M_2), \ldots$; und sind danach die n Grössen $S(\mathfrak{o}\mathfrak{q}_{h_1}), \ldots S(\mathfrak{o}\mathfrak{q}_{h_n})$ sämmtlich $\geqq M_1$, spätestens von der $\nu_1 + 1^{\text{ten}}$ an sämmtlich $\geqq M_2$, spätestens von der $\nu_1 + \nu_2 + 1^{\text{ten}}$ an sämmtlich $\geqq M_3, \ldots$, und hat man somit für jeden Werth $k = 1, \ldots n$ immer $S(\mathfrak{o}\mathfrak{q}_{h_k}) \geqq S(\mathfrak{o}\mathfrak{p}_k)$. Um so mehr sind dann die Differenzen

$$S(\mathfrak{o}\mathfrak{q}_1) - S_1, \ \ldots \ S(\mathfrak{o}\mathfrak{q}_n) - S_n$$

entweder sämmtlich Null oder aber ist die erste von Null verschiedene unter ihnen gewiss > 0. Nach dieser Eigenschaft verdienen die Grössen $S_1, \ldots S_n$ die Bezeichnung als *kleinstes System von unabhängig gerichteten Strahldistanzen im Zahlengitter*.

Man setze $\nu_1 = \mu_1, \ldots \nu_1 + \cdots + \nu_\varkappa = \mu_\varkappa$, und es werde noch unter μ_0 die Zahl 0 verstanden. Nach 46. kann man immer an Stelle von $x_1, \ldots x_n$ durch eine lineare Substitution mit ganzzahligen Coefficienten und mit einer Determinante ± 1 solche Variabeln $y_1, \ldots y_n$ einführen, in denen eine jede Mannigfaltigkeit $\mathfrak{o}(M_1, \ldots M_{\varkappa-1})$ $(\varkappa = 1, \ldots \lambda)$ — für $\varkappa = 1$ hat man hierunter den Punkt $\mathfrak{o}$ zu verstehen — durch

$$y_{\mu_{\varkappa-1}+1} = 0, \ \ldots \ y_n = 0$$

definirt erscheint. Dabei ist noch zu bemerken: stimmen zwei Gitterpunkte in den Resten ihrer Coordinaten $x_1, \ldots x_n$ in Bezug auf eine ganze Zahl p als Modul überein, so überträgt sich diese Eigenschaft jedesmal auch auf die ihnen zugehörigen Werthe $y_1, \ldots y_n$.

II. Von jetzt an sollen die Strahldistanzen $S(\mathfrak{a}\mathfrak{b})$ sowohl *einhellig wie wechselseitig* vorausgesetzt werden. Mit jedem Punkte $\mathfrak{a}$ hat dann der zu ihm in Bezug auf $\mathfrak{o}$ symmetrische Punkt $2\mathfrak{o} - \mathfrak{a}$ dieselbe Strahldistanz von $\mathfrak{o}$. Ist ferner p irgend eine ganze Zahl $\geqq 2$ und ergeben die Coordinaten von zwei Gitterpunkten $\mathfrak{a}$ und $\mathfrak{b}$ dasselbe System von Resten in Bezug auf p, so ist auch

$$\frac{\mathfrak{b} - \mathfrak{a}}{p} + \mathfrak{o} = \frac{\mathfrak{b} + (2\mathfrak{o} - \mathfrak{a}) + (p-2)\mathfrak{o}}{p}$$

ein Gitterpunkt und die Strahldistanz von $\mathfrak{o}$ für ihn $\leqq \dfrac{S(\mathfrak{o}\mathfrak{b}) + S(\mathfrak{o}\mathfrak{a})}{p}$. Wenn nun $p > 2$ und $S(\mathfrak{o}\mathfrak{a}) \leqq M_\varkappa$ sowie $S(\mathfrak{o}\mathfrak{b}) \leqq M_\varkappa$ ist, wobei $\varkappa$ eine der Zahlen 1, ... λ sein soll, muss dann dieser letztere Gitterpunkt nothwendig in $\mathfrak{o}(M_1, \ldots M_{\varkappa-1})$ liegen, und müssen somit $\mathfrak{b}$ und $\mathfrak{a}$ in den Werthen von $y_{\mu_{\varkappa-1}+1}, \ldots y_n$ vollständig übereinstimmen. Nimmt man z. B. $p = 3$, so bieten danach die Werthe von $y_{\mu_{\varkappa-1}+1}, \ldots y_n$ bei allen Gitterpunkten $\mathfrak{a}$, für die man $S(\mathfrak{o}\mathfrak{a}) \leqq M_\varkappa$ hat, gewiss nicht mehr als 3^n verschiedene Systeme dar.

Ist $n = 2$ und nimmt man für $S(\mathfrak{o}\mathfrak{x}) \leqq 1$ z. B. den Bereich

$$-1 \leqq x_1 \leqq 1, \quad -1 \leqq tx_2 \leqq 1,$$

wobei t eine Grösse > 1 sein möge, so hat man $S_1 = 1$, $S_2 = t$ und $\mathfrak{p}_1$ unter den zwei Punkten $x_1 = \pm 1$, $x_2 = 0$ und $\mathfrak{p}_2$ unter allen Punkten, für die $-t \leqq x_1 \leqq t$, $x_2 = \pm 1$ ist, zu wählen. Man sieht daraus, dass im Allgemeinen für die Anzahl der verschiedenen Arten, auf welche man n Gitterpunkte in n unabhängigen Richtungen von $\mathfrak{o}$ aus mit möglichst kleinen Strahldistanzen von $\mathfrak{o}$ wählen kann, nicht eine bloss von n abhängende obere Grenze angegeben werden kann. Dies wird jedoch möglich, sowie die Aichfläche der Strahldistanzen, die Fläche $S(\mathfrak{o}\mathfrak{x}) = 1$, überall convex oder doch wenigstens in allen rationalen Richtungen convex ist; unter letzterem Ausdrucke soll verstanden werden, dass keine Strecke $\mathfrak{a}\mathfrak{b}$ mit rationaler Richtung $\mathfrak{a}\mathfrak{b}$ dieser Fläche ganz angehört; diese Eigenschaft überträgt sich dann offenbar auf jede Fläche constanter Strahldistanz. Trifft nun diese Eigenschaft zu, und ist $\mathfrak{a}$ ein Punkt aus der Menge $(M_\varkappa)$, also für ihn jedenfalls $y_{\mu_{\varkappa-1}+1}, \ldots y_n$ nicht sämmtlich Null, und $\mathfrak{b}$ ein von $\mathfrak{a}$ und von $2\mathfrak{o} - \mathfrak{a}$ verschiedener Gitterpunkt, für den man $S(\mathfrak{o}\mathfrak{b}) \leqq M_\varkappa$ hat, so können niemals $\mathfrak{a}$ und $\mathfrak{b}$ in den Resten ihrer Coordinaten modulo 2 übereinstimmen. Denn es stimmt dann $\mathfrak{b}$ gewiss nicht sowohl mit $\mathfrak{a}$ wie mit $2\mathfrak{o} - \mathfrak{a}$ in den Werthen $y_{\mu_{\varkappa-1}+1}, \ldots y_n$ überein; es seien diese Werthe etwa für $\mathfrak{b}$ und $\mathfrak{a}$ verschieden; dann liegt der Punkt $\frac{\mathfrak{b} + (2\mathfrak{o} - \mathfrak{a})}{2}$ gewiss nicht in $\mathfrak{o}(M_1, \ldots M_{\varkappa-1})$ und kann nun nicht ein Gitterpunkt sein, denn er müsste als ein Punkt der Strecke von $2\mathfrak{o} - \mathfrak{a}$ nach $\mathfrak{b}$, indem diese Punkte dem Körper $S(\mathfrak{o}\mathfrak{x}) \leqq M_\varkappa$ angehören und diese Strecke eine rationale Richtung hat, eine Strahldistanz $< M_\varkappa$ von $\mathfrak{o}$ besitzen, was dann der Bedeutung von $M_\varkappa$ entgegen wäre. Beachtet man noch, dass für $\mathfrak{b}$ hier insbesondere der Punkt $\mathfrak{o}$ eintreten kann, so kommen danach für einen jeden Punkt $\mathfrak{p}_k$ sicher nicht mehr als $2^{n+1} - 2$ Gitterpunkte, für die Auswahl der n Punkte $\mathfrak{p}_1, \ldots \mathfrak{p}_n$ also gewiss nicht mehr als $(2^{n+1} - 2)^n$ Möglichkeiten in Betracht.

48.

Eine Anwendung auf die endlichen Gruppen ganzzahliger linearer Substitutionen.

Es möge eine einfache Anwendung des letzten Ergebnisses eingeschaltet werden. Es seien $B_1, \ldots B_w$ eine endliche Anzahl verschiedener Operationen von folgender Art: B_γ (für $\gamma = 1, \ldots w$) soll darin bestehen, dass man die n Variabeln $x_1, \ldots x_n$ durch bestimmte n Ausdrücke

$$(1) \qquad b_{h1}^{(\gamma)} x_1 + \cdots + b_{hn}^{(\gamma)} x_n \qquad (h = 1, \ldots n)$$

mit lauter ganzzahligen Coefficienten $b_{hk}^{(\gamma)}$ ersetzt. Jede dieser homogenen linearen ganzzahligen Substitutionen B_γ soll ferner umkehrbar sein, d. h. die Determinante in ihr, $|b_{hk}^{(\gamma)}|$, soll jedesmal von Null verschieden sein. Zu jedem Punkte $a_1, \ldots a_n$ oder $\mathfrak{a}$ giebt es dann immer einen bestimmten Punkt $x_1, \ldots x_n$, für welchen die vorstehenden n Ausdrücke (1) gleich $a_1, \ldots a_n$ werden; dieser Punkt werde mit $\mathfrak{a}^{(\gamma)}$ bezeichnet. Für n Punkte $\mathfrak{a}_1, \ldots \mathfrak{a}_n$, die in n unabhängigen Richtungen von $\mathfrak{o}$ aus liegen, werden $\mathfrak{a}_1^{(\gamma)}, \ldots \mathfrak{a}_n^{(\gamma)}$ immer ein System von n Punkten mit eben derselben Eigenschaft vorstellen, und wird dieses neue System, indem aus ihm umgekehrt die Substitution B_γ ganz zu ersehen ist, für die verschiedenen Werthe $\gamma = 1, \ldots w$ nothwendig immer verschieden ausfallen. Endlich sollen jene w Operationen eine Gruppe bilden, d. h. wird nach einer ersten dieser Substitutionen, B_γ, von Neuem eine dieser Substitutionen, B_δ, ausgeführt, so soll die resultirende Operation, welche man durch $B_\gamma B_\delta$ andeutet, immer wieder auf eine der w Substitutionen hinauslaufen. Für die Anzahl w, die Ordnung einer solchen endlichen Gruppe, lässt sich dann, wie jetzt gezeigt werden soll, eine nur von der Variabelnzahl n abhängende obere Grenze angeben.

Zunächst sieht man, dass die Determinante jeder Substitution B_γ gleich ± 1 sein muss. Denn die w Producte $B_\gamma B_1, \ldots B_\gamma B_w$, die je zu einem und demselben Index γ gehören, sind immer durchweg verschieden und müssen daher, von der Reihenfolge abgesehen, genau die Substitutionen $B_1, \ldots B_w$ ergeben. Betrachtet man nun unter den zweiten Factoren dieser Producte einmal einen solchen mit möglichst grossem und dann einen solchen mit möglichst kleinem absoluten Betrag der Determinante, so ergiebt sich, dass der absolute Betrag der Determinante von B_γ weder > 1, noch < 1 sein kann, also vielmehr $= 1$ sein muss. Für einen Gitterpunkt $\mathfrak{a}$ erscheinen nunmehr auch alle Punkte $\mathfrak{a}^{(\gamma)}$ als Gitterpunkte.

Nun denke man sich irgend welche einhellige und wechselseitige Strahldistanzen $T(\mathfrak{a}\mathfrak{b})$ mit einer in allen rationalen Richtungen convexen Aichfläche; z. B. giebt es bereits solche Flächen als Begrenzungen von Parallelepipeda. Die Eigenschaften, die dadurch dem Körper $T(\mathfrak{o}\mathfrak{x}) < 1$ zukommen, werden dann auch jedem der Körper $T(\mathfrak{o}\mathfrak{x}^{(\gamma)}) < 1$ $(\gamma = 1, \ldots w)$ zu Theil. Man schreibe $T(\mathfrak{o}\mathfrak{x}^{(\gamma)}) = T_\gamma(\mathfrak{o}\mathfrak{x})$. Indem die w Producte $B_\gamma B_1, \ldots B_\gamma B_w$ immer, abgesehen von der Reihenfolge, mit $B_1, \ldots B_w$ zusammenfallen, werden bei jedem Index γ die w Werthe $T_1(\mathfrak{o}\mathfrak{x}^{(\gamma)}), \ldots T_w(\mathfrak{o}\mathfrak{x}^{(\gamma)})$, abgesehen von der Reihenfolge, mit den Werthen $T_1(\mathfrak{o}\mathfrak{x}), \ldots T_w(\mathfrak{o}\mathfrak{x})$ identisch sein. Der durch das gleichzeitige Bestehen der w Gleichungen

$$T_1(\mathfrak{o}\mathfrak{x}) < 1, \ldots T_w(\mathfrak{o}\mathfrak{x}) < 1$$

definirte Bereich von Punkten, der K heisse, hat daher die Eigenschaft, dass mit irgend einem Punkte $\mathfrak{x}$ ihm jedesmal alle w Punkte $\mathfrak{x}^{(1)}, \ldots \mathfrak{x}^{(w)}$ angehören. Nun hat K wie jeder der Körper $T_\gamma(\mathfrak{o}\mathfrak{x}) \leqq 1$ zunächst $\mathfrak{o}$ als Mittelpunkt und auch inneren Punkt; weiter liegt jeder Punkt der Begrenzung von K auf mindestens einer der Flächen $T_\gamma(\mathfrak{o}\mathfrak{x}) = 1$, und ist eine Stützebene durch ihn an diese Fläche dann jedesmal auch eine Stützebene an K; endlich kann auch die Begrenzung von K keine Strecke von rationaler Richtung enthalten, denn von beliebigen $2w + 1$ Punkten einer solchen Strecke müssten gewiss irgend drei sich auf einer und derselben Fläche $T_\gamma(\mathfrak{o}\mathfrak{x}) = 1$ befinden. Danach ist die Begrenzung von K wieder eine in allen rationalen Richtungen convexe Fläche mit $\mathfrak{o}$ als Mittelpunkt. Bezeichnet man nun mit $S(\mathfrak{a}\mathfrak{b})$ die Strahldistanzen, für welche K den Aichkörper vorstellt, so lässt sich ein System von n Gitterpunkten in n unabhängigen Richtungen von $\mathfrak{o}$ aus und mit möglichst kleinen Strahldistanzen $S(\mathfrak{o}\mathfrak{x})$ nach 47. gewiss auf nicht mehr als $(2^{n+1} - 2)^n$ Arten angeben. Es besteht nun hier die Eigenschaft $S(\mathfrak{o}\mathfrak{x}^{(\gamma)}) = S(\mathfrak{o}\mathfrak{x})$ $(\gamma = 1, \ldots w)$; ist $\mathfrak{p}_1, \ldots \mathfrak{p}_n$ ein erstes System von n Gitterpunkten jener Art, so stellen daher $\mathfrak{p}_1^{(\gamma)}, \ldots \mathfrak{p}_n^{(\gamma)}$ für $\gamma = 1, \ldots w$ jedesmal ein eben solches System vor, und da je w in dieser Weise zusammengehörige Systeme von n Punkten immer durchweg verschieden sind, muss nun nothwendig

$$w < (2^{n+1} - 2)^n$$

sein; so ergiebt sich:

Die Ordnung einer endlichen Gruppe von ganzzahligen homogenen linearen umkehrbaren Substitutionen mit n Variabeln ist immer $\leqq (2^{n+1} - 2)^n$.

49.

Von den positiven quadratischen Formen und ihren ganzzahligen Transformationen in sich.

I. Eine quadratische Form mit n Variabeln $x_1, \ldots x_n$ und reellen Coefficienten, $f = \Sigma a_{hk} x_h x_k$ $(h, k = 1, \ldots n)$, wobei immer $a_{kh} = a_{hk}$ vorausgesetzt wird, heisst positiv, wenn sie für jedes System von reellen Werthen der Variabeln ausser dem Systeme $0, \ldots 0$ immer positiv ausfällt. Es werde, wenn m eine der Zahlen $1, \ldots n$ bedeutet und $h_1, \ldots h_m$; $k_1, \ldots k_m$ je m verschiedene Zahlen der Reihe $1, \ldots n$ sind, die Determinante aus den m^2 Elementen a_{hk} $(h = h_1, \ldots h_m;$ $k = k_1, \ldots k_m)$, h als den Index der Horizontal-, k als den der Verticalreihen aufgefasst, mit $D\begin{pmatrix} h_1, \ldots h_m \\ k_1, \ldots k_m \end{pmatrix}$ bezeichnet. Dafür, dass f eine positive Form vorstellt, ist, wie man weiss, nothwendig und hinreichend, dass die n Determinanten

$$D\begin{pmatrix} 1 \\ 1 \end{pmatrix} = D_1, \quad D\begin{pmatrix} 1, 2 \\ 1, 2 \end{pmatrix} = D_2, \qquad D\begin{pmatrix} 1, \ldots n \\ 1, \ldots n \end{pmatrix} = D_n$$

sämmtlich positive Werthe haben.

In der That, zunächst muss $D_1 = a_{11}$ als der Werth von f für das System $x_1 = 1, x_2 = 0, \ldots x_n = 0$ sich > 0 erweisen; es lassen sich dann $d_1, \alpha_{12}, \ldots \alpha_{1n}$ auf eine Weise so bestimmen, dass, wenn man $f = d_1(x_1 + \alpha_{12}x_2 + \cdots + \alpha_{1n}x_n)^2 + f^{(1)}$ setzt, die Form $f^{(1)}$ nicht mehr x_1, also nur noch $x_2, \ldots x_n$, enthält; denn dabei ergiebt sich $d_1 = D_1 \gtrless 0$. Nun werde angenommen, man habe für einen gewissen Werth h, der $< n$ ist, bereits erwiesen, dass der in Rede stehende Charakter von f einerseits die Ungleichungen $D_1 > 0, \ldots D_h > 0$ erfordert, andererseits dadurch eine bestimmte Darstellung

$$f = d_1(x_1 + \alpha_{12}x_2 + \cdots + \alpha_{1n}x_n)^2 + \cdots + d_h(x_h + \cdots + \alpha_{hn}x_n)^2 + f^{(h)}$$

mit sich bringt, worin $f^{(h)}$ nur noch $x_{h+1}, \ldots x_n$ enthält, und

$$d_1 = \frac{D_1}{D_0}, \ldots d_h = \frac{D_h}{D_{h-1}}$$

ist (unter D_0 die Grösse 1 verstanden). Es sei dann d_{h+1} der Coefficient von x_{h+1}^2 in $f^{(h)}$; führt man $x_{h+1} = 1$ und, falls auch $h+1$ noch $< n$ ist, weiter $x_{h+2} = 0, \ldots x_n = 0$ ein und setzt ausserdem nach einander die Gleichungen $\frac{1}{2}\frac{\partial f}{\partial x_1} = 0, \ldots \frac{1}{2}\frac{\partial f}{\partial x_h} = 0$ voraus, so stellt sich dabei offenbar $f = d_{h+1}$ heraus. Danach muss, wenn f positiv sein soll, weiter $d_{h+1} > 0$ sein. Bei den soeben getroffenen Festsetzungen ergiebt sich ferner $\frac{1}{2}\frac{\partial f}{\partial x_{h+1}} = d_{h+1}$; zieht man jetzt die Ausdrücke

(1) $$\frac{1}{2}\frac{\partial f}{\partial x_m} = a_{m1}x_1 + \cdots + a_{mn}x_n \qquad (m = 1, \ldots n)$$

heran, so führt die Berechnung von x_{h+1} mit Hülfe der $h + 1$ ersten dieser Gleichungen bei jenen Festsetzungen zu $D_h d_{h+1} = D_{h+1}$. So geht $D_{h+1} > 0$ hervor und daraus weiter entweder, wenn auch $h + 1$ noch $< n$ ist, eine der angenommenen analoge Darstellung von f mit Bezug auf den Werth $h + 1$, oder, wenn $h + 1 = n$ ist, das gesuchte Endresultat, dass die Ungleichungen $D_1 > 0, \ldots D_n > 0$ einerseits sämmtlich nothwendig sind, damit f positiv sei, und andererseits dafür auch hinreichend sind, indem sie in einer gewissen Identität

(2) $$\sum a_{hk}x_h x_k = \xi_1^2 + \cdots + \xi_n^2,$$
$$\xi_h = \sqrt{d_h}\,(x_h + \alpha_{h,h+1}x_{h+1} + \cdots + \alpha_{hn}x_n), \quad d_h = \frac{D_h}{D_{h-1}}$$
$$(h = 1, \ldots n)$$

unmittelbar eine Darstellung von f als Summe der Quadrate von n reellen unabhängigen linearen Formen an die Hand geben.

Ist $h < k$ und setzt man in der Darstellung (2) von f alle ausser $x_1, \ldots x_h$; x_k noch vielleicht vorhandenen Variabeln gleich Null, ferner $x_k = 1$, und alsdann nach einander $\frac{1}{2}\frac{\partial f}{\partial x_1} = 0, \ldots \frac{1}{2}\frac{\partial f}{\partial x_h} = 0$, so ergiebt dieses letzte System von Gleichungen insbesondere

$$x_h + \alpha_{hk}x_k = 0,$$

während man dabei mit Hülfe der h ersten unter den Ausdrücken (1)

$$D\binom{1, \ldots h-1, h}{1, \ldots h-1, h}x_h = -D\binom{1, \ldots h-1, h}{1, \ldots h-1, k}x_k$$

gewinnt, also wird

(3) $$\alpha_{hk} = \frac{D\binom{1, \ldots h-1, h}{1, \ldots h-1, k}}{D_h} \qquad (h < k).$$

Unter der Determinante der Form f versteht man D_n, die Determinante der n linearen Formen $\frac{1}{2}\frac{\partial f}{\partial x_1}, \ldots \frac{1}{2}\frac{\partial f}{\partial x_n}$. Aus (2) folgt $a_{hh} \geqq d_h$ $(h = 1, \ldots n)$; indem nun $D_n = d_1 \ldots d_n$ ist, entnimmt man daraus

(4) $$a_{11} \ldots a_{nn} \geqq D_n.$$

Ein System von n linearen Formen mit n Variabeln kann, ohne dass man die Variabeln darin zu benennen braucht, hinreichend durch seine Matrix, d. i. sein quadratisches Coefficientensystem angegeben werden; dabei sollen immer die einzelnen Horizontalreihen aus den Coefficienten der einzelnen Formen bestehen und die Verticalreihen den einzelnen Variabeln entsprechen. Unter der Matrix einer quadratischen Form $f(x_1, \ldots x_n)$ verstehe man das quadratische Coefficientensystem der n linearen Formen $\frac{1}{2}\frac{\partial f}{\partial x_1}, \ldots \frac{1}{2}\frac{\partial f}{\partial x_n}$. Eine lineare Substitution, die darin besteht, dass man n schon eingeführte Variabeln gleich gewissen linearen Formen von n neuen Variabeln setzt, werde durch die Matrix dieser n Formen angezeigt. Wird nach einer ersten Substitution in diesem Sinne, A, von Neuem eine solche Substitution, B, angewandt, so ist das Resultat gleichbedeutend mit einer einzigen linearen Substitution, die man alsdann mit AB bezeichnet. Ferner bedeute O die sogenannte identische Substitution (für n Variabeln), die darin besteht, dass alle Variabeln ungeändert bleiben; und man verstehe, wenn die Determinante einer Substitution A von Null verschieden ist, unter A^{-1} jedesmal diejenige Substitution U, für welche $AU = O$ gilt.

Ein quadratisches System von n^2 Grössen kann so insbesondere als Symbol für eine lineare Substitution gelten; unter dem Product aus zwei solchen Systemen A und B versteht man dann das Coefficientensystem eben zur Substitution AB. Endlich werde noch, wenn A ein quadratisches Grössensystem vorstellt, das daraus durch Vertauschung der Horizontal- mit den Verticalreihen hervorgehende System mit $\bar{A}$ bezeichnet. Dabei gilt dann die Regel $\overline{(AB)} = \bar{B}\bar{A}$.

Es stelle A die Matrix von n unabhängigen reellen linearen Formen $\xi_1, \ldots \xi_n$ vor; die Determinante von A ist dann von Null verschieden, und $f = \xi_1^2 + \cdots + \xi_n^2$ ist eine positive quadratische Form. Die Matrix der so definirten Form f findet sich $= \bar{A}A$, und ist die Determinante dieser Form f danach gleich dem Quadrat der Determinante von A. Wendet man auf die Variabeln in $\xi_1, \ldots \xi_n$ irgend eine lineare Substitution B an, so geht die Matrix A in AB, die Form f also in die quadratische Form $\overline{(AB)}\,AB = \bar{B}\bar{A}AB = \bar{B}fB$ über; die Determinante dieser neuen Form erweist sich dadurch gleich der Determinante von f, multiplicirt in das Quadrat der Determinante von B. Soll $\bar{B}fB = f$ werden, so muss also jedenfalls die Determinante von B gleich ± 1 sein.

II. Es sei f eine positive quadratische Form mit den n Variabeln $x_1, \ldots x_n$. Indem man für f die Darstellung (2) hat, stellt $f < 1$ einen besonderen überall convexen Körper mit o als Mittelpunkt vor; dieser Körper wird als Ellipsoid bezeichnet. Man nehme diesen

Bereich $f \leq 1$ als Aichkörper von Strahldistanzen $S(\mathfrak{a}\mathfrak{b})$, und es sei $\mathfrak{p}_1, \ldots \mathfrak{p}_n$ ein System von n Gitterpunkten in n unabhängigen Richtungen von $\mathfrak{o}$ aus und mit den für diesen Umstand kleinstmöglichen Strahldistanzen $S_1, \ldots S_n$ von $\mathfrak{o}$. Nach 47. giebt es hier gewiss nicht mehr als $(2^{n+1} - 2)^n$ verschiedene solche Systeme $\mathfrak{p}_1, \ldots \mathfrak{p}_n$. Es seien $p_1^{(k)}, \ldots p_n^{(k)}$ die Coordinaten von $\mathfrak{p}_k$ $(k = 1, \ldots n)$, und es sei P das quadratische System aus den Grössen $p_h^{(k)}$, h als den Index der Horizontalreihen genommen. Ist dann B irgend eine Substitution mit ganzzahligen Coefficienten, durch welche f in sich selbst übergeht, so werden die n Verticalreihen des Systems $BP = Q$ ebenfalls nach einander die Coordinaten von n solchen Gitterpunkten $\mathfrak{q}_1, \ldots \mathfrak{q}_n$ ergeben, die in n unabhängigen Richtungen von $\mathfrak{o}$ aus liegen und für welche man $S(\mathfrak{o}\mathfrak{q}_1) = S_1, \ldots S(\mathfrak{o}\mathfrak{q}_n) = S_n$ hat. Ueberdies fällt dieses System BP für verschiedene Substitutionen B immer verschieden aus. Daraus entspringt der Satz:

Eine positive quadratische Form mit n Variabeln besitzt gewiss nicht mehr als $(2^{n+1} - 2)^n$ ganzzahlige Transformationen in sich.

Die ganzzahligen Transformationen einer positiven quadratischen Form f in sich bilden nun jedesmal eine Gruppe von endlicher Ordnung. Hat man andererseits irgend eine endliche Gruppe von ganzzahligen umkehrbaren Substitutionen für n Variabeln, $B_1, \ldots B_w$, so nehme man zunächst eine positive quadratische Form φ mit n Variabeln beliebig an; sind dann $\varphi_1, \ldots \varphi_w$ diejenigen Formen, in welche φ durch $B_1, \ldots B_w$ übergeht, so stellt $\varphi_1 + \cdots + \varphi_w = f$ ebenfalls eine positive quadratische Form vor, und es geht diese Form f durch jede der Substitutionen B_γ in sich selbst über, indem immer

$$B_1 B_\gamma, \ \ldots \ B_w B_\gamma,$$

abgesehen von der Reihenfolge, mit $B_1, \ldots B_w$ übereinstimmen. Also ist die vorgelegte Gruppe ganz enthalten in der Gruppe derjenigen ganzzahligen Substitutionen, durch welche die Form f in sich selbst übergeht. Die Aufgabe, alle endlichen Gruppen ganzzahliger Substitutionen zu bestimmen, wird danach naturgemäss in der Theorie der positiven quadratischen Formen ihre Erledigung finden.

III. Stellt B irgend ein quadratisches System von n^2 Elementen vor und t eine Constante, so bedeute tB dasjenige System, welches aus B durch Multiplication aller Elemente mit t hervorgeht. Sind $B = \| b_{hk} \|$ und $C = \| c_{hk} \|$ $(h, k = 1, \ldots n)$ zwei quadratische Systeme von n^2 Grössen, so verstehe man unter $B + C$ das quadratische System aus den n^2 Grössen $b_{hk} + c_{hk}$ $(h, k = 1, \ldots n)$. Findet man unter den Potenzen B, B^2, ... einer Substitution B die identische Substitution O, und zwar zum ersten Male in B^m, so heisst B von der Ordnung m. Endlich mögen, wenn es sich um Substitutionen mit ganzzahligen Coefficienten handelt, zwei Substitutionen $B = \| b_{hk} \|$ und $C = \| c_{hk} \|$ $(h, k = 1, \ldots n)$ congruent in Bezug auf eine ganze Zahl q heissen, wenn alle n^2 Congruenzen $b_{hk} \equiv c_{hk} \pmod{q}$ $(h, k = 1, \ldots n)$ statthaben.

In Crelles Journal Bd. 100, S. 449 und Bd. 101, S. 196 habe ich den folgenden Satz aufgestellt, der für die Theorie der endlichen Gruppen ganzzahliger Substitutionen von der grössten Bedeutung ist:

Eine ganzzahlige und von der identischen verschiedene Substitution von endlicher Ordnung erweist sich in Bezug auf jede Zahl $l \geqq 3$ schon immer als nicht congruent der identischen Substitution.

Dieser Satz lässt sich nach einer Bemerkung, die ich Herrn Franklin verdanke, einfacher als in den erwähnten Aufsätzen folgendermassen beweisen:

Es sei B irgend eine ganzzahlige Substitution, die verschieden von O ist, aber entweder in Bezug auf die Zahl 4 oder in Bezug auf eine ungerade Primzahl p der Substitution O congruent erscheint; (jede Zahl $\geqq 3$, die nicht durch 4 aufgeht, enthält wenigstens eine ungerade Primzahl als Factor). Man verstehe unter q in dem ersteren Falle die Primzahl 2, in dem anderen die Primzahl p. Nach Voraussetzung sind in $B - O$ gewiss nicht alle Coefficienten Null; es sei q^μ die höchste in ihnen allen aufgehende Potenz von q; man soll nun $\mu \geqq 2$ im Falle $q = 2$ und $\mu \geqq 1$ im Falle $q = p$ haben. Man setze $B = O + q^\mu \Psi$, dann sind in Ψ die Coefficienten noch sämmtlich ganze Zahlen, aber nicht mehr durchweg durch q theilbar. Aus dieser Gleichung leitet man mit Rücksicht auf die Bedingung, der μ zu genügen hat, für eine jede zu q relativ prime positive ganze Zahl t:

$$B^t \equiv O + tq^\mu \Psi \pmod{q^{\mu+1}},$$

$$B^{tq} \equiv O + tq^{\mu+1}\Psi \pmod{q^{\mu+2}}, \ldots B^{tq^\tau} \equiv O + tq^{\mu+\tau}\Psi \pmod{q^{\mu+\tau+1}}$$

her, und danach fällt niemals eine Potenz von B mit positivem Exponenten gleich O aus, somit kann B nicht von endlicher Ordnung sein.

Diesem Satze zufolge können in einer endlichen Gruppe von ganzzahligen umkehrbaren Substitutionen niemals zwei verschiedene Substitutionen B und C in Bezug auf 4 oder in Bezug auf eine ungerade Primzahl p congruent sein. Denn mit B und C würde in der Gruppe auch die Substitution $B^{-1}C$ auftreten, diese würde also ebenfalls von endlicher Ordnung sein; sie fiele nun $\equiv 0$ (mod 4 oder p) aus und wäre doch von 0 verschieden. In einer Gruppe von dem bezeichneten Charakter werden mithin in Bezug auf eine irgendwie angenommene ganze Zahl $l \geqq 3$ die verschiedenen Substitutionen schon immer durchweg verschiedene Reste lassen. Dabei kommen ferner nur solche Reste in Betracht, deren Determinante $\equiv \pm 1 \pmod{l}$ ist. Für $l = 3$ z. B. entnimmt man hieraus, dass die Ordnung einer endlichen Gruppe von ganzzahligen umkehrbaren linearen Substitutionen gewiss stets $< 3^{n^2}$ ist. Es ermöglicht der gefundene Satz aber noch eine viel tiefere Folgerung (vgl. Crelles Journ. Bd. 101, S. 198), nämlich dass in der Ordnung einer solchen endlichen Gruppe eine beliebige Primzahl q jedesmal höchstens in der Potenz mit dem Exponenten

$$\left[\frac{n}{q-1}\right] + \left[\frac{n}{q(q-1)}\right] + \left[\frac{n}{q^2(q-1)}\right] + \cdots$$

enthalten ist, und zwar tritt diese Potenz von q immer in gewissen dieser Ordnungszahlen wirklich auf. Die Klammer [ ] hier dient als Functionszeichen für die grösste in dem von ihr umschlossenen Argument enthaltene ganze Zahl, und ist die Summe hier soweit fortzusetzen, als die Glieder darin nicht Null werden. Insbesondere ergiebt dieses Theorem, dass in den fraglichen Ordnungen überhaupt nur solche Primzahlen, die $\leqq n + 1$ sind, auftreten können, und ferner, dass jede dieser Ordnungen in der Zahl $(2n)!$ aufgeht.

50.

Oekonomie der kleinsten Strahldistanzen.

Wir nehmen jetzt die in 47. unterbrochene Untersuchung mit den dort eingeführten Begriffen und Bezeichnungen wieder auf.

I. Es seien irgend welche einhellige und wechselseitige Strahldistanzen $S(\mathfrak{a}\mathfrak{b})$ gegeben, und es sei $\mathfrak{p}_1, \ldots \mathfrak{p}_n$ ein System von n Gitterpunkten in n unabhängigen Richtungen von $\mathfrak{o}$ aus und mit den für diesen Umstand kleinstmöglichen Strahldistanzen $S_1, \ldots S_n$ von $\mathfrak{o}$; es seien $p_1^{(k)}, \ldots p_n^{(k)}$ die Coordinaten von $\mathfrak{p}_k$ $(k = 1, \ldots n)$, und es bedeute P die Substitution

$$(1) \qquad x_h = p_h^{(1)} v_1 + \cdots + p_h^{(n)} v_n \qquad (h = 1, \ldots n).$$

Die Determinante von P stellt eine von Null verschiedene ganze Zahl vor, ihr absoluter Betrag werde mit N bezeichnet; es giebt diese Grösse N dann zugleich das Volumen des durch

$$(2) \qquad 0 \leqq v_1 \leqq 1, \ldots 0 \leqq v_n \leqq 1$$

definirten Parallelepipedum an. Für den Punkt $x_1, \ldots x_n$ oder $\mathfrak{x}$ vermitteln die in (1) eingehenden Werthe $v_1, \ldots v_n$ die Formel

(3) $$\mathfrak{x} - \mathfrak{o} = v_1(\mathfrak{p}_1 - \mathfrak{o}) + \cdots + v_n(\mathfrak{p}_n - \mathfrak{o}).$$

Der zu $\mathfrak{p}_k$ in Bezug auf $\mathfrak{o}$ symmetrische Punkt wird danach z. B. gleich $\mathfrak{o} - (\mathfrak{p}_k - \mathfrak{o}) = 2\mathfrak{o} - \mathfrak{p}_k$ zu setzen sein.

Das Zahlengitter in $v_1, \ldots v_n$, d. h. die Menge aller Punkte mit ganzzahligen Werthen von $v_1, \ldots v_n$, findet sich ganz dem Zahlengitter in $x_1, \ldots x_n$ einverleibt und ist sogar mit diesem identisch, wenn man im Besonderen $N = 1$ hat. Nun erhält man durch die Translationen des Bereichs

(4) $$0 \leqq v_1 < 1, \ldots 0 \leqq v_n < 1$$

von $\mathfrak{o}$ nach allen Punkten des Zahlengitters in $v_1, \ldots v_n$ offenbar die ganze Mannigfaltigkeit der Punkte $\mathfrak{x}$ überdeckt und findet dabei jeden Punkt $\mathfrak{x}$ auf eine Weise erzeugt. Man schliesst aus diesem Umstande, wenn man jetzt zur Berechnung des Volumens des Parallelepipedum (2) den Satz aus 25. III in Anwendung bringt, dass die Anzahl der im Bereiche (4) vorhandenen verschiedenen Gitterpunkte genau dem letzteren Volumen gleich wird, also N beträgt. Aus den bezüglichen N Gitterpunkten geht dann durch Addition von

$$v_1(\mathfrak{p}_1 - \mathfrak{o}) + \cdots + v_n(\mathfrak{p}_n - \mathfrak{o})$$

für alle ganzen Zahlen $v_1, \ldots v_n$ genau das vollständige Zahlengitter in $x_1, \ldots x_n$ hervor.

II. Aus (3) erhält man mit Rücksicht auf die Eigenschaften einhelliger und wechselseitiger Strahldistanzen:

(5) $$S(\mathfrak{o}\mathfrak{x}) \leqq S_1 \operatorname{abs} v_1 + \cdots + S_n \operatorname{abs} v_n.$$

Nun bedeute $\mathfrak{R}$ den Bereich derjenigen Punkte $\mathfrak{x}$, für welche man

(6) $$\operatorname{abs} v_1 + \cdots + \operatorname{abs} v_n < 1$$

hat. Dieser Bereich ist ein besonderer nirgends concaver Körper mit $\mathfrak{o}$ als Mittelpunkt; er zerlegt sich in die 2^n Zellen (vgl. 9), welche je eine Ecke in $\mathfrak{o}$, eine in $\mathfrak{p}_1$ oder $2\mathfrak{o} - \mathfrak{p}_1, \ldots$ eine in $\mathfrak{p}_n$ oder $2\mathfrak{o} - \mathfrak{p}_n$ besitzen, und diese 2^n Zellen erscheinen mit Hülfe der n Ebenen $v_k = 0$ durchweg in ihren inneren Punkten getrennt; nun hat jede von ihnen ein Volumen $= \frac{1}{n!} N$, und ergiebt sich das Volumen von $\mathfrak{R}$ dadurch $= \frac{2^n N}{n!}$.

Es sei jetzt $\mathfrak{x}$ irgend ein Punkt im Inneren von $\mathfrak{R}$ und dabei in der Mannigfaltigkeit $\mathfrak{o}(M_1, \ldots M_\varkappa)$, aber nicht bereits in der Mannigfaltigkeit $\mathfrak{o}(M_1, \ldots M_{\varkappa-1})$ gelegen, wobei $\varkappa$ irgend einen der Werthe $1, \ldots \lambda$ bedeuten kann (s. 47. I); es soll also die letzte von Null verschiedene unter den Grössen $v_1, \dots v_n$ für $\mathfrak{x}$ einen Index aus der Reihe $\mu_{\varkappa-1}+1, \dots \mu_\varkappa$ haben; dann folgt aus (5):

$$S(\mathfrak{o}\mathfrak{x}) < M_\varkappa.$$

Der Bedeutung der Grössen $M_\varkappa$ zufolge kann danach ein solcher Punkt $\mathfrak{x}$ niemals ein Gitterpunkt sein, es enthält somit $\mathfrak{N}$ im Inneren ausser $\mathfrak{o}$ keinen Gitterpunkt. Nunmehr lässt sich auf $\mathfrak{N}$ der Satz aus 30. in Anwendung bringen, das Volumen von $\mathfrak{N}$ muss $\leqq 2^n$ sein, man hat also

$$(7) \qquad \frac{2^n N}{n!} \leqq 2^n, \quad N \leqq n!.$$

Als positive ganze Zahl ist N danach nur einer endlichen Anzahl von Werthen fähig, und in dieser Ungleichung kann man nicht unpassend eine gewisse Oekonomie der kleinsten Strahldistanzen erblicken.

Dieser Eigenschaft der Zahlen $p_h^{(k)}$ lassen sich einige andere, die jedoch nicht von ebensolcher Tragweite sind, an die Seite stellen. Es sei $m < n$, und man greife unter den Punkten $\mathfrak{p}_1, \dots \mathfrak{p}_n$ irgend m heraus, $\mathfrak{p}_{k_1}, \dots \mathfrak{p}_{k_m}$ $(k_1 < \cdots < k_m)$. Die durch $\mathfrak{o}$ und diese m Punkte gelegte Mannigfaltigkeit heisse $\mathfrak{E}$. Führt man nunmehr in Bezug auf irgend n unabhängige rationale Richtungen, von denen die m ersten die Richtungen von $\mathfrak{o}$ nach $\mathfrak{p}_{k_1}, \dots \mathfrak{p}_{k_m}$ seien, die Reduction des Zahlengitters im Sinne von 46. aus und nennt die dabei neu einzuführenden Coordinaten $y_1, \dots y_n$, so erscheint $\mathfrak{E}$ durch $y_{m+1}=0, \dots y_n=0$ definirt, und ist jeder Punkt in $\mathfrak{E}$ bereits durch seine Werthe $y_1, \dots y_m$ bestimmt, die dabei keiner Beschränkung unterliegen. Die verschiedenen in $\mathfrak{E}$ vorhandenen Gitterpunkte entsprechen dann genau den sämmtlichen ganzzahligen Werthsystemen von $y_1, \dots y_m$, also sozusagen dem Zahlengitter in der Mannigfaltigkeit der Systeme $y_1, \dots y_m$. Dabei erweist sich die Determinante aus den Coordinaten $y_1, \dots y_m$ für die m Punkte $\mathfrak{p}_{k_1}, \dots \mathfrak{p}_{k_m}$ (nach der letzten Bemerkung in 46.) gleich dem grössten gemeinsamen Theiler aller aus der Matrix

$$\| p_h^{(k)} \| \quad (k = k_1, \dots k_m;\ h = 1, \dots n)$$

zu bildenden m-reihigen Determinanten; dieser (positive) Theiler heisse $N(k_1, \dots k_m)$. Sodann erkennt man, dass die Punkte $\mathfrak{p}_{k_1}, \dots \mathfrak{p}_{k_m}$ unter den verschiedenen in $\mathfrak{E}$ möglichen Systemen von m Gitterpunkten in m unabhängigen Richtungen von $\mathfrak{o}$ aus sich nothwendig als ein System mit möglichst kleinen Strahldistanzen von $\mathfrak{o}$ erweisen, weil beliebige m unabhängige Richtungen in $\mathfrak{E}$ zusammen mit den $n-m$ nicht in $\mathfrak{E}$ enthaltenen der Richtungen $\mathfrak{o}\mathfrak{p}_1, \dots \mathfrak{o}\mathfrak{p}_n$ jedesmal n unabhängige Richtungen vorstellen. Man kann nunmehr den in der

Ungleichung (7) enthaltenen Satz auf dieses Gitter der ganzzahligen Systeme $y_1, \dots y_m$ in $\mathfrak{E}$ in Anwendung bringen, und kommt dadurch zu der Folgerung, dass $N(k_1, \dots k_m) \leqq m!$ sein muss. Für $m = 1$ besagt diese Ungleichung, dass die Coordinaten eines jeden Punktes $\mathfrak{p}_k$ immer n Zahlen ohne gemeinsamen Theiler sind.

III. Es giebt nun eine bestimmte ganzzahlige Substitution Q mit einer Determinante ± 1 für $x_1, \dots x_n$:

$$x_h = q_h^{(1)} y_1 + \cdots + q_h^{(n)} y_n \qquad (h = 1, \dots n)$$

von der Wirkung, dass die Gleichungen für $P^{-1}Q = C^{-1}$ einmal die besondere Gestalt erhalten:

$$v_1 = \gamma_1^{(1)} y_1 + \cdots + \gamma_1^{(n)} y_n, \dots v_n = \gamma_n^{(n)} y_n,$$

die durch $\gamma_h^{(k)} = 0$ $(h > k)$ charakterisirt ist, und dass ausserdem darin die Beziehungen statthaben:

(8) $$0 < \gamma_h^{(h)}, \quad 0 \leqq \gamma_h^{(k)} < \gamma_h^{(h)} \qquad (h < k).$$

Die Einführung dieser Substitution eben wurde in 46. als die Reduction des Zahlengitters in Bezug auf die Richtungen $\mathfrak{o}\mathfrak{p}_1, \dots \mathfrak{o}\mathfrak{p}_n$ bezeichnet (an Stelle der Buchstaben a, β, q dort wird hier q, γ, c verwandt). Die Werthe $y_1, \dots y_n$, die zu einem bestimmten Punkte $\mathfrak{p}_k$ gehören, erscheinen dann als die Coefficienten von v_k in der umgekehrten Substitution $C = Q^{-1}P$:

(9) $$y_1 = c_1^{(1)} v_1 + \cdots + c_1^{(n)} v_n, \dots y_n = c_n^{(n)} v_n;$$

diese Werthe sind durchweg ganze Zahlen. Nun findet man die Determinante von C gleich $N = c_1^{(1)} \dots c_n^{(n)}$. Danach und mit Rücksicht auf (8) müssen jetzt alle Producte $N\gamma_h^{(k)}$ ganze Zahlen $\geqq 0$ und $\leqq N$ vorstellen, und so kommen schon allein infolge der Ungleichung $N \leqq n!$ (wobei der Umstand, dass $\mathfrak{R}$ im Inneren ausser $\mathfrak{o}$ keinen Gitterpunkt enthält, im Allgemeinen nur erst zu einem Theile berücksichtigt ist), für $C = Q^{-1}P$ von vornherein nur eine endliche Anzahl verschiedener ganzzahliger Substitutionen in Frage.

Man schreibe nun $S(\mathfrak{o}\mathfrak{x}) = f(y_1, \dots y_n) = \varphi(v_1, \dots v_n)$. Werden für $y_1, \dots y_n$ ganze Zahlen eingesetzt und ist unter ihnen y_h von Null verschieden, so folgt aus der Bedeutung der Coordinaten $y_1, \dots y_n$ in Bezug auf die Mannigfaltigkeiten $\mathfrak{o}(M_1, \dots M_x)$ (s. 47. I) jedesmal:

(10) $$f(y_1, \dots y_n) > S_h.$$

Für den Punkt $\mathfrak{p}_h$ speciell hat man $y_h = c_h^{(h)} > 0$ und $S(\mathfrak{o}\mathfrak{p}_h) = S_h$. Berücksichtigt man noch die Ungleichungen $S_1 < \cdots < S_n$, so zeigt sich:

Es stellt S_h immer das Minimum vor unter allen Werthen von

$f(y_1, \ldots y_n)$ für solche ganze Zahlen $y_1, \ldots y_n$, wobei in der Reihe $y_h, y_{h+1}, \ldots y_n$ mindestens eine von Null verschieden ist.

Durch diesen Umstand ist nun das System der Grössen $S_1, \ldots S_n$ auch vollständig charakterisirt. Denn hat man irgend n Gitterpunkte in n unabhängigen Richtungen von $\mathfrak{o}$ aus, so ist die Determinante aus ihren Coordinaten von Null verschieden; es können daher gewiss nicht bei mehr als $h-1$ von den Punkten alle $n-h+1$ Coordinaten $y_h, y_{h+1}, \ldots y_n$ gleich Null sein, und weisen nun immer mindestens $n-h+1$ von ihnen Strahldistanzen $\geqq S_h$ von $\mathfrak{o}$ auf.

Ist von den Grössen $v_h, v_{h+1}, \ldots v_n$ für einen Punkt mindestens eine von Null verschieden, so gilt das Nämliche bezüglich der Werthe $y_h, y_{h+1}, \ldots y_n$ des Punktes. Also findet man in (10) insbesondere die Ungleichungen enthalten:

$$\varphi(v_1, \ldots v_n) > S_h \tag{11}$$

für jedes solche System von ganzen Zahlen $v_1, \ldots v_n$, wobei in der Reihe $v_h, v_{h+1}, \ldots v_n$ mindestens eine Zahl von Null verschieden ist. S_h selbst kommt hierbei einfacher zum Vorschein, nämlich direct als der Werth von $\varphi(v_1, \ldots v_n)$, wenn man $v_h = 1$ und die übrigen der Argumente $v_1, \ldots v_n$ sämmtlich $= 0$ setzt.

Der Bereich $\mathfrak{R}$ hier erscheint als ein besonderer Fall des in 40. behandelten Körpers; aus den Betrachtungen dort auf S. 117—118 ist noch zu ersehen, dass in der Ungleichung $N \leqq n!$ hier, wenn $n \geqq 3$ ist, niemals das Gleichheitszeichen eintritt.

Im Falle $n = 2$ stellt sich $\mathfrak{R}$ als ein Parallelogramm dar mit $\mathfrak{o}$ als einzigem Gitterpunkt im Inneren und vier Gitterpunkten in den Ecken. Alsdann hat man $N = 1$ oder $= 2$. Im ersteren Falle wird C die identische Substitution. Wenn aber $N = 2$ ist, kann zunächst (mit Rücksicht noch auf $N(1) = N(2) = 1$) die Substitution C^{-1} nur lauten:

$$v_1 = y_1 + \frac{1}{2} y_2, \quad v_2 = \frac{1}{2} y_2;$$

dann erweisen sich also auch die Punkte $v_1 = \pm \frac{1}{2}$, $v_2 = \pm \frac{1}{2}$, die Mittelpunkte der Seiten von $\mathfrak{R}$, als Gitterpunkte. Für diese müssen nun die Strahldistanzen von $\mathfrak{o}$ einerseits (nach (5)) $\leqq \frac{1}{2} S_1 + \frac{1}{2} S_2$, andererseits, da die Punkte nicht auf der Linie $y_2 = 0$ liegen, $\geqq S_2$ sein; also hat man hier erstens $S_1 = S_2$, und gehören zweitens auch die Mitten der Seiten von $\mathfrak{R}$ wie deren Ecken zur Begrenzung des Bereichs $S(\mathfrak{o}\mathfrak{r}) \leqq S_1$. Nunmehr vermag dieser letztere nirgends concave

Bereich nur mit $\mathfrak{R}$ identisch zu sein. Wenn $N = 2$ gilt, kann demnach $\frac{S(\mathfrak{o}\mathfrak{x})}{S_1} = \frac{f(y_1, y_2)}{S_1}$ nur die eine Bedeutung des Maximums unter den Beträgen von y_1 und $y_1 + y_2$ haben. Alsdann aber wird es angänglich sein, an Stelle von $\mathfrak{p}_1$ und $\mathfrak{p}_2$ irgend zwei, nicht in Bezug auf $\mathfrak{o}$ zu einander symmetrische unter den Ecken und Mitten der Seiten von $\mathfrak{R}$ einzuführen, und werden dabei nur nicht beide Punkte in Ecken angenommen, so kommt man auch hier zu einer Determinante vom Werthe 1 für N.

IV. Es bedeute J das Volumen des Aichkörpers der Strahldistanzen $S(\mathfrak{a}\mathfrak{b})$, der hier zugleich durch $\varphi(v_1, \ldots v_n) \leq 1$ definirt erscheint. Für einen Punkt $\mathfrak{p}_h$ $(h = 1, \ldots n)$ ist jedesmal von den Werthen $v_1, \ldots v_n$ allein v_h von Null verschieden und zwar $= \pm 1$ und hat man $S(\mathfrak{o}\mathfrak{p}_h) = S_h$, danach liegt $\mathfrak{p}_h$ immer auf der Begrenzung des Körpers $\varphi\left(\frac{v_1}{S_1}, \ldots \frac{v_n}{S_n}\right) \leq 1$. Das Volumen (in $x_1, \ldots x_n$) dieses letzten Körpers ist nun $S_1 \ldots S_n J$, und mit den n Punkten $\mathfrak{p}_1, \ldots \mathfrak{p}_n$ wird dieser Körper, indem er nirgends concav ist und $\mathfrak{o}$ als Mittelpunkt hat, sogleich den ganzen Bereich $\mathfrak{R}$ enthalten. Danach muss $\frac{2^n N}{n!} < S_1 \ldots S_n J$ sein. Es soll nun in den nächsten Abschnitten gezeigt werden, dass bei einhelligen und wechselseitigen $S(\mathfrak{a}\mathfrak{b})$ für das System der n Grössen $S_1, \ldots S_n$ immer die Ungleichung

(12) $$S_1 \ldots S_n J \leq 2^n$$

besteht. Die Ungleichung $N < n!$ erscheint dann als eine einfache Consequenz hieraus.

Fasst man die vorhandenen gleichen unter den Grössen $S_1, \ldots S_n$ zu Potenzen zusammen, so kann man die Ungleichung (12) auch schreiben:

$$M_1^{\nu_1} \cdots M_\lambda^{\nu_\lambda} J < 2^n.$$

Man sieht, dass sie die in 30. bewiesene Ungleichung $M_1^n J \leq 2^n$ sogleich nach sich ziehen würde, andererseits mit dieser zusammenfällt, wenn man $\lambda = 1$ hat. Für diesen Fall wäre sie also bereits durch die Betrachtungen dort erledigt. In 32. wurde sodann für das Eintreten des Gleichheitszeichens in $M_1^n J < 2^n$ als charakteristisch gefunden, dass die kleinste Strahldistanz vom Zahlengitter nach einem variablen Punkte als Maximum den Werth $\frac{1}{2} M_1$ erlangt. Nun beträgt insbesondere die kleinste Strahldistanz vom Zahlengitter nach dem Mittelpunkt der Strecke $\mathfrak{o}\mathfrak{p}_n$ jedesmal $\frac{1}{2} S_n = \frac{1}{2} M_\lambda$. Das Bestehen der Gleichung $M_1{}^n J = 2^n$ erforderte also vor Allem, dass $S_1 = \cdots = S_n$, d. h. $\lambda = 1$ sei; dies speciell würde nun auch aus dem Bestehen der Ungleichung (12) sofort zu schliessen sein.

Es soll im Nachstehenden die Ungleichung (12) zuvörderst für $n = 2$ erwiesen werden. Man kann alsdann, wie aus der letzten Bemerkung in III. klar wird, die Gitterpunkte $\mathfrak{p}_1$, $\mathfrak{p}_2$ mit den Strahldistanzen S_1, S_2 von $\mathfrak{o}$ immer in solcher Weise wählen, dass

$$\mathfrak{o} + v_1(\mathfrak{p}_1 - \mathfrak{o}) + v_2(\mathfrak{p}_2 - \mathfrak{o})$$

einen jeden Gitterpunkt mittelst ganzer Zahlen v_1, v_2 ergiebt, d. h. dass die Determinante aus den Coordinaten von $\mathfrak{p}_1$ und $\mathfrak{p}_2$ sich $= \pm 1$ herausstellt. Man setze nun $S(\mathfrak{o}\mathfrak{x}) = \varphi(v_1, v_2)$, so hat man in $\varphi(1, 0)$ die Grösse S_1, in $\varphi(0, 1)$ die Grösse S_2, und sind unter den Ungleichungen (11) speciell die folgenden enthalten:

$$\varphi(0, 1) > \varphi(1, 0), \quad \varphi(-1, 1) \geqq \varphi(0, 1), \quad \varphi(1, 1) \geqq \varphi(0, 1).$$

Da man anstatt $\mathfrak{p}_1$ hier ebenso gut den Punkt $2\mathfrak{o} - \mathfrak{p}_1$ einführen könnte, was der Ersetzung von v_1 durch $-v_1$ gleich käme, so ist es keine Beschränkung, wenn noch $\varphi(1, 1) \geqq \varphi(-1, 1)$ angenommen wird.

Nach den Eigenschaften der $S(\mathfrak{a}\mathfrak{b})$ gelten für die Function $\varphi(v_1, v_2)$ die Beziehungen:

$$\varphi(-v_1, -v_2) = \varphi(v_1, v_2), \quad \varphi(y\beta_1, y\beta_2) = y\varphi(\beta_1, \beta_2),$$
$$\varphi(y\beta_1 - z\gamma_1, y\beta_2 - z\gamma_2) \geqq y\varphi(\beta_1, \beta_2) - z\varphi(\gamma_1, \gamma_2),$$

wenn $y > 0$ und $z > 0$ ist. Versteht man nun unter t_1, t_2 positive Grössen, so folgt hieraus

$$\varphi(\pm t_1, 0) = t_1\varphi(1, 0), \quad \varphi(0, \pm t_2) = t_2\varphi(0, 1),$$
$$\varphi(\mp t_1, -t_2) = \varphi(\pm t_1, t_2),$$

und hat man ferner die folgenden Relationen bei dem jedesmal davor bemerkten Grössenverhältniss von t_1 und t_2:

$$t_1 > t_2, \quad \varphi(\pm t_1, t_2) \geqq t_1\varphi(\pm 1, 1) - (t_1 - t_2)\varphi(0, 1) \geqq t_2\varphi(\pm 1, 1);$$
$$t_1 = t_2, \quad \varphi(\pm t_1, t_2) = t_2\varphi(\pm 1, 1);$$
$$t_1 < t_2, \quad \varphi(\pm t_1, t_2) \begin{cases} \geqq t_2\varphi(\pm 1, 1) - (t_2 - t_1)\varphi(1, 0) \geqq t_1\varphi(\pm 1, 1), \\ \geqq t_2\varphi(0, 1) - t_1\varphi(1, 0) \geqq (t_2 - t_1)\varphi(0, 1). \end{cases}$$

Danach erweist sich nun für ganze Zahlen v_1, v_2 der Werth $\varphi(v_1, v_2)$ erstens immer $\geqq \varphi(1, 0)$, sowie nur v_1, v_2 nicht beide $= 0$ sind, zweitens stets $\geqq \varphi(0, 1)$, sowie $v_2 \gtrless 0$ ist, drittens stets $\geqq \varphi(-1, 1)$, wenn sowohl $v_2 \gtrless 0$ wie $v_1 \gtrless 0$ ist.

Auf diese Weise haben die Ungleichungen

$$(13)\qquad \varphi(1, 1) \geqq \varphi(-1, 1) \geqq \varphi(0, 1) \geqq \varphi(1, 0)$$

allein schon zur Folge, dass sich $\varphi(1, 0) = S_1$, $\varphi(0, 1) = S_2$ herausstellt, und ausserdem, dass auch noch $\varphi(-1, 1) = S_3$ eine für die Function $S(\mathfrak{o}\mathfrak{x})$ von vorn herein feste Grösse in Bezug auf das Zahlengitter bedeutet. Diese Werthe S_1, S_2, S_3 sind durch folgenden Umstand charakterisirt: Betrachtet man irgend drei von $\mathfrak{o}$ verschiedene Gitterpunkte, von welchen auch keine zwei auf einer geraden Linie mit $\mathfrak{o}$ liegen, so erweisen sich für sie die Strahldistanzen von $\mathfrak{o}$, der Grösse nach geordnet, immer $\geqq S_1$, $> S_2$, $\geqq S_3$, und kann insbesondere der Fall eintreten, dass hier alle drei Gleichheitszeichen auf einmal gelten.

Man fasse jetzt den Bereich $\varphi(v_1, v_2) \leqq S_2$ in's Auge; er hat $\mathfrak{o}$ als Mittelpunkt und enthält ausser $\mathfrak{o}$ im Inneren Gitterpunkte nur, wenn $S_1 < S_2$ ist, und dann bloss noch auf der Linie $v_2 = 0$. Nun hat man in diesem Bereiche entweder durchweg $-1 \leqq v_2 \leqq 1$. In diesem Falle hat der Bereich auf der Linie $v_2 = 1$ nur Punkte der Begrenzung liegen und nimmt von dieser Linie entweder eine ganze Strecke auf oder überhaupt nur den einen Punkt $v_1 = 0$, $v_2 = 1$; ist $S(\mathfrak{o}\mathfrak{x}) \leqq 1$ überall convex, so kann sicher nur letzteres zutreffend sein. Oder aber der Bereich $\varphi(v_1, v_2) \leqq S_2$ enthält auch solche Punkte, für die $v_2 > 1$ ist, wird also von der Linie $v_2 = 1$ durchschnitten und hat mit ihr eine Strecke gemein, auf der nur für die beiden Endpunkte $\varphi(v_1, v_2) = S_2$ ist. Diese Strecke hat dann nothwendig $v_1 = 0$, $v_2 = 1$ als einen Endpunkt und, falls $\varphi(-1, 1) = S_2$ ist, $v_1 = -1$, $v_2 = 1$ als anderen Endpunkt, enthält aber sonst sicherlich keinen Gitterpunkt; in diesem Falle ist also gewiss $\varphi(1, 1) > S_2$. Von dem ganzen Gebiete $v_2 \geqq 2$ kann sodann hier, wie der Anblick der oben entwickelten Relationen lehrt, zum Bereiche $\varphi(v_1, v_2) \leqq S_2$ höchstens nur der eine Punkt $v_1 = -1$, $v_2 = 2$ gehören, und zwar würde dieser Umstand $\varphi(-1, 2) = \varphi(-1, 1) = \varphi(0, 1) = \varphi(1, 0)$ (insonders also $S_2 = S_1$) erfordern, worin man den am Schlusse von III. untersuchten speciellen Fall erkennt.

Diese Ausführungen lassen nebenbei Folgendes erkennen: Ist $S(\mathfrak{o}\mathfrak{x}) \leqq 1$ überall convex, so kann in (13) nicht das zweite und erste Gleichheitszeichen auf einmal eintreten; und sämmtliche ganzzahlige Substitutionen mit einer Determinante ± 1, welche $\varphi(v_1, v_2)$ in eine Function überführen, die wieder die analogen Bedingungen zu (13) erfüllt, sind dann: $\begin{vmatrix} 1 & 0 \\ 0 & 1 \end{vmatrix}$, $\begin{vmatrix} -1 & 0 \\ 0 & -1 \end{vmatrix}$, dazu, wenn das erste

Gleichheitszeichen in (13) gilt, $\begin{vmatrix} 1 & 0 \\ 0 & -1 \end{vmatrix}$, $\begin{vmatrix} -1 & 0 \\ 0 & 1 \end{vmatrix}$, ferner, wenn das dritte Gleichheitszeichen in (13) gilt, $\begin{vmatrix} 0 & 1 \\ 1 & 0 \end{vmatrix}$, $\begin{vmatrix} 0 & -1 \\ -1 & 0 \end{vmatrix}$, dazu, wenn das erste und dritte Gleichheitszeichen in (13) gelten, noch $\begin{vmatrix} 0 & -1 \\ 1 & 0 \end{vmatrix}$, $\begin{vmatrix} 0 & 1 \\ -1 & 0 \end{vmatrix}$, weiter, wenn das zweite Gleichheitszeichen in (13) gilt, $\begin{vmatrix} 1 & 1 \\ 0 & -1 \end{vmatrix}$, $\begin{vmatrix} -1 & -1 \\ 0 & 1 \end{vmatrix}$, dazu endlich, wenn das zweite und dritte Gleichheitszeichen in (13) gelten, noch $\begin{vmatrix} 1 & 1 \\ -1 & 0 \end{vmatrix}$, $\begin{vmatrix} -1 & -1 \\ 1 & 0 \end{vmatrix}$, $\begin{vmatrix} 0 & -1 \\ 1 & 1 \end{vmatrix}$, $\begin{vmatrix} 0 & 1 \\ -1 & -1 \end{vmatrix}$, $\begin{vmatrix} -1 & 0 \\ 1 & 1 \end{vmatrix}$, $\begin{vmatrix} 1 & 0 \\ -1 & -1 \end{vmatrix}$

Die Ungleichung $S_1^2 J \leqq 4$ ergab sich mit Hülfe des Umstandes, dass der Bereich $\varphi(v_1, v_2) \leqq S_1$ im Inneren ausser $\mathfrak{o}$ keinen Gitterpunkt enthält (s. 30.). Es sei nun $S_1 < S_2$, und man betrachte den Bereich $\varphi\left(\frac{v_1}{S_1}, \frac{v_2}{S_2}\right) \leqq 1$. Dieser deckt sich einerseits auf der Linie $v_2 = 0$ mit $\varphi(v_1, v_2) \leqq S_1$, geht andererseits aus $\varphi(v_1, v_2) \leqq S_2$ hervor, indem man für einen jeden Punkt $v_1 = \beta_1$, $v_2 = \beta_2$ des letzteren Bereichs immer den Punkt $v_1 = \frac{S_1}{S_2}\beta_1$, $v_2 = \beta_2$ nimmt, wobei nun der Factor $\frac{S_1}{S_2} < 1$ ist. Hiernach und mit Rücksicht auf die oben gemachten Bemerkungen wird nun der Bereich $\varphi\left(\frac{v_1}{S_1}, \frac{v_2}{S_2}\right) \leqq 1$ ebenfalls im Inneren ausser $\mathfrak{o}$ keinen Gitterpunkt enthalten, und daraus folgt nun durch denselben allgemeinen Satz: $S_1 S_2 J \leqq 4$, die Ungleichung (12) für $n = 2$.

Man erkennt ferner, dass, wenn $S_1 < S_2$ ist und der Bereich $\varphi\left(\frac{v_1}{S_1}, \frac{v_2}{S_2}\right) \leqq 1$ von $v_2 = 1$ durchschnitten wird, auf der Begrenzung dieses Bereichs nur vier Gitterpunkte, nämlich $v_1, v_2 = \pm 1, 0$; $0, \pm 1$, liegen; dann ergiebt sich nach 32. sogar $S_1 S_2 J < 4$. Gilt dagegen in diesem Bereiche überall $-1 \leqq v_2 \leqq 1$, so sei $v_1 + \tau v_2 = 1$ eine solche gerade Linie durch $v_1 = 1$, $v_2 = 0$, wie sie stets vorhanden sein muss, welche diesen Bereich nicht durchschneidet. Dann ist $\varphi\left(\frac{v_1}{S_1}, \frac{v_2}{S_2}\right) \leqq 1$ ganz enthalten in dem Parallelogramm $-1 \leqq v_2 \leqq 1$, $-1 \leqq v_1 + \tau v_2 \leqq 1$, und wird in $S_1 S_2 J \leqq 4$ das Gleichheitszeichen nur eintreten, wenn jener Bereich sich mit diesem Parallelogramm deckt, also $\varphi(v_1, v_2)$ identisch ist mit dem Maximum unter den Beträgen von $S_1 v_1 + \tau S_2 v_2$ und $S_2 v_2$.

Eine binäre quadratische Form $W = w_{11}\, x_1^2 + 2 w_{12} x_1 x_2 + w_{22} x_2^2$ trägt den Charakter einer positiven Form (s. 49), wenn

$$w_{11} w_{22} - w_{12}^2 = D > 0$$

und $w_{11} > 0$ ist. Nimmt man für $S(\mathfrak{o}\mathfrak{x})$ die Quadratwurzel aus einer solchen Form W, so folgt aus den letzten Sätzen, dass es möglich ist, die Form W durch eine ganzzahlige Substitution mit einer Determinante ± 1 in eine Form $F = a_{11} y_1^2 + 2 a_{12} y_1 y_2 + a_{22} y_2^2$ zu transformiren, welche die Bedingungen

$$a_{11} + 2a_{12} + a_{22} \geq a_{11} - 2a_{12} + a_{22} \geqq a_{22} \geqq a_{11}$$

erfüllt*). Dabei hat man dann $a_{11} = S_1^2$, $a_{22} = S_2^2$, $a_{11} - 2a_{12} + a_{22} = S_3^2$, und erscheint also diese sogenannte reducirte Form F eindeutig bestimmt; ihre ganzzahligen Transformationen in sich sind jedesmal aus der Zusammenstellung oben sogleich ersichtlich. Man hat hier $S_1 S_2 J < 4$, und diese Ungleichung bedeutet $a_{11} a_{22} < \left(\frac{4}{\pi}\right)^2 D$. Genauer findet man $a_{11} a_{22} < \frac{4}{3} D$ mit Hülfe der Identität:

$$\frac{4}{3}(a_{11} a_{22} - a_{12}^2) = a_{11} a_{22} + \frac{1}{3}(a_{11} + 2a_{12})(a_{11} - 2a_{12}) + \frac{1}{3} a_{11}(a_{22} - a_{11}).$$

51.

Arithmetisches über Ellipsoide. Endlichkeit von Klassenanzahlen bei positiven quadratischen Formen.

Es sei $W = \Sigma w_{hk} x_h x_k$ $(h, k = 1, \ldots n)$ eine positive quadratische Form mit den n Variabeln $x_1, \ldots x_n$ und einer Determinante, welche D heisse. Man nehme das Ellipsoid $W \leqq 1$ als Aichkörper von Strahldistanzen an. Das Volumen J dieses Körpers ist nach 40:

$$J = \frac{\left(\Gamma\left(\frac{1}{2}\right)\right)^n}{\Gamma\left(1 + \frac{n}{2}\right)} \cdot \frac{1}{\sqrt{D}}.$$

I. Es seien $\mathfrak{p}_1, \ldots \mathfrak{p}_n$ n Gitterpunkte in n unabhängigen Richtungen von $\mathfrak{o}$ aus und mit den für diesen Umstand kleinstmöglichen Strahldistanzen $S_1, \ldots S_n$ von $\mathfrak{o}$. Die Coordinaten von $\mathfrak{p}_k$ $(k = 1, \ldots n)$ mögen $p_1^{(k)}, \ldots p_n^{(k)}$ heissen, und es bedeute P die Substitution:

$$x_h = p_h^{(1)} v_1 + \cdots + p_h^{(n)} v_n \qquad (h = 1, \ldots n).$$

*) Lagrange, 1773 (Werke Bd. III. S. 698).

Nach 47. besteht für die Anzahl der verschiedenen Substitutionen, welche hier für P vorkommen können, eine nur von n abhängende obere Grenze.

Man kann nun zu P (und dies zunächst noch auf unendlich viele Arten) eine ganzzahlige Substitution Q mit einer Determinante ± 1:

$$x_h = q_h^{(1)} y_1 + \cdots + q_h^{(n)} y_n \qquad (h = 1, \ldots n)$$

bestimmen, so dass die Gleichungen für $P^{-1}Q = C^{-1}$ von der besonderen Form werden:

$$v_1 = \gamma_1^{(1)} y_1 + \cdots + \gamma_1^{(n)} y_n, \ \ldots \ v_n = \gamma_n^{(n)} y_n,$$

wobei also in dem Ausdrucke von v_k, wenn $k > 1$ ist, immer die Variabeln $y_1, \ldots y_{k-1}$ fehlen.

Es gehe W durch die gewählte Substitution Q in die Form F der Variabeln $y_1, \ldots y_n$ über, so ist die Determinante von F ebenfalls D. Nach 50. (10) stellt sich alsdann S_h^2 (für $h = 1, \ldots n$) immer dar als das Minimum unter allen Werthen von F für solche ganzzahlige Systeme $y_1, \ldots y_n$, wobei mindestens eine der Zahlen $y_h, y_{h+1}, \ldots y_n$ von Null verschieden ist. Insbesondere hat man

$$(1) \qquad S_1^2 < \cdots \leqq S_n^2,$$

und findet man immer $F \geqq S_k^2$, wenn für $y_1, \ldots y_n$ ganze Zahlen eintreten und die letzte von Null verschiedene darunter y_k ist.

Man nehme jetzt für F die in 49. I gelehrte Darstellung

$$F = \eta_1^2 + \cdots + \eta_n^2$$

an, wobei $\eta_1, \ldots \eta_n$ lineare Formen sind und immer η_h nur y_h, $y_{h+1}, \ldots y_n$ enthält, und man bilde die Form

$$F^* = \frac{\eta_1^2}{S_1^2} + \cdots + \frac{\eta_n^2}{S_n^2}.$$

Aus dieser werde sodann umgekehrt durch Q^{-1} eine Form W^* der Variabeln $x_1, \ldots x_n$ hergeleitet. Das Volumen des Ellipsoids $W^* \leqq 1$ findet sich dabei gleich $S_1 \ldots S_n J$.

Stellt nun $x_1, \ldots x_n$ irgend einen von 0 verschiedenen Gitterpunkt vor, so sind auch die vermittelst Q dazu gehörigen Werthe $y_1, \ldots y_n$ immer ganze Zahlen und nicht durchweg gleich Null. Man finde unter ihnen etwa y_k als die letzte von Null verschiedene Zahl, so sind, wenn $k < n$ ist, auch die Grössen $\eta_{k+1}, \ldots \eta_n$ für den Punkt sämmtlich Null, und hat man für ihn daher: $F = \eta_1^2 + \cdots + \eta_k^2 \geqq S_k^2$, und sodann bei Berücksichtigung von (1):

$$W^* = F^* = \frac{\eta_1^2}{S_1^2} + \cdots + \frac{\eta_k^2}{S_k^2} > \frac{\eta_1^2 + \cdots + \eta_k^2}{S_k^2} \geqq 1.$$

Danach enthält nun das Ellipsoid $W^* \leqq 1$ keinen Gitterpunkt ausser 0 im Inneren; nach 40. muss daher das Volumen dieses Ellipsoids $< 2^n$ sein. So gelangt man hier zur Ungleichung:

(2) $$S_1 \ldots S_n J < 2^n.$$

II. Durch die Substitution P gehe die Form W in $\Phi = \Sigma\, a_{hk} v_h v_k$ über. Dabei wird nun $a_{hh} = S_h^2$ $(h = 1, \ldots n)$, also findet sich

(3) $$0 < a_{11} \leqq \cdots \leqq a_{nn},$$

und (2) geht in

(4) $$a_{11} \ldots a_{nn} < \left(\frac{2^n \Gamma\left(1 + \frac{n}{2}\right)}{\left(\Gamma\left(\frac{1}{2}\right)\right)^n} \right)^2 D$$

über. Sodann gilt nach 50. (11) insonders immer $\Phi \geqq a_{kk}$, wenn für $v_1, \ldots v_n$ ganze Zahlen eintreten und darunter v_k die letzte von Null verschiedene ist. Nimmt man nun $v_k = 1$, $v_h = \mp 1$ $(h < k)$ und die übrigen der Argumente $v_1, \ldots v_n$, falls $n > 2$ ist, gleich 0, so ergiebt sich daraus $a_{hh} \mp 2a_{hk} + a_{kk} \geqq a_{kk}$, also

(5) $$-a_{hh} \leqq 2a_{hk} \leqq a_{hh} \qquad (h < k).$$

Es sei N der absolute Betrag der Determinante von P, so wird die Determinante der Form Φ gleich DN^2 sein; nach 49. (4) hat man dann:

(6) $$a_{11} \ldots a_{nn} \geqq DN^2.$$

Diese Ungleichung und die Ungleichung (4) verbunden führen zu

(7) $$N < \frac{2^n \Gamma\left(1 + \frac{n}{2}\right)}{\left(\Gamma\left(\frac{1}{2}\right)\right)^n}.$$

Die Zahl N ist danach bei jeder Variabelnzahl n immer nur einer endlichen Anzahl von Werthen fähig, wie dies allgemeiner bereits in 50. dargethan wurde.

Man kann nun nach 50. III. zur Substitution P die obige Substitution Q mit einer Determinante ± 1 insbesondere, und dies jetzt nur auf eine Weise, noch so wählen, dass die Coefficienten in $P^{-1}Q = C^{-1}$ zugleich die weiteren Bedingungen erfüllen:

$$0 < \gamma_h^{(h)}, \quad 0 \leqq \gamma_h^{(k)} < \gamma_h^{(h)}, \quad h < k \qquad (h, k = 1, \ldots n).$$

In dieser Weise werde C^{-1} fortan vorausgesetzt. Indem $C = Q^{-1}P$ lauter ganzzahlige Coefficienten hat und unter diesen die Werthe $\frac{1}{\gamma_h^{(h)}}$ vorkommen und N die Determinante von C ist, werden dann die Grössen $\gamma_h^{(h)}$ gewiss sämmtlich < 1 und weiter alle Producte $N\gamma_h^{(k)}$

ganze Zahlen $\geqq 0$ und $\leqq N$ sein. Mit Rücksicht auf diese Umstände entnimmt man aus der Ungleichung (7), dass jetzt für C^{-1} bei jedem Werthe n von vorn herein nur eine endliche Anzahl verschiedener Substitutionen in Frage kommen.

III. Unter einer Klasse von positiven quadratischen Formen verstehe man die Gesammtheit aller Formen, welche aus einer solchen Form durch alle möglichen ganzzahligen Substitutionen mit einer Determinante ± 1 hervorgehen; als Ausgangsform kann dabei jede beliebige der Klasse in gleicher Weise dienen. Die Formen W und F oben gehören so zu einer Klasse.

Eine Form W heisse ganzzahlig, wenn alle ihre Coefficienten w_{hk} ganze Zahlen sind. Ist die Form W oben ganzzahlig, so gilt dasselbe von der Form $\Phi = P'WP$. Als positive ganze Zahlen müssen dann $a_{11}, \ldots a_{nn}$ sämmtlich $\geqq 1$ sein, und mit Rücksicht hierauf entnimmt man schon allein aus den Ungleichungen (4) und (5), dass, sowie nur der Werth von D gegeben ist, für die Grössen a_{hk} jedesmal nur eine endliche Anzahl verschiedener ganzzahliger Systeme in Frage kommen. Es ist also einerseits die Anzahl der verschiedenen Formen Φ, auf welche alle überhaupt existirenden ganzzahligen Formen W mit einer gegebenen Determinante D führen, eine endliche; da nun andererseits aus diesen Formen Φ wieder durch eine nur endliche Anzahl von Substitutionen C^{-1} sich Formen F aus allen den Klassen W ergeben, so entspringt der Satz:

Zu jeder positiven Zahl D giebt es immer nur eine endliche Anzahl von Klassen ganzzahliger positiver quadratischer Formen mit n Variabeln von der Determinante D.

Diesen Satz hat für eine beliebige Variabelnzahl n zuerst Herr Hermite in seinen an Jacobi gerichteten Briefen*) bewiesen, und zwar durch Aufstellung gewisser Ungleichungen in Bezug auf positive quadratische Formen, welche in der Art, wie die Coefficienten der Formen in ihnen eingehen, den hier entwickelten Relationen ähnlich, hinsichtlich der in ihnen auftretenden numerischen Constanten aber weniger scharf sind.

52.

Berechnung eines Volumens durch successive Integrationen.

Wie der Beweis der Ungleichung $M^n J \leqq 2^n$ in 30. auf's engste mit den Betrachtungen zusammenhing, aus welchen heraus der Begriff

*) Crelle's Journal Bd. 40, S. 261—315.

des Volumens überhaupt entstand, so beruht der allgemeine Nachweis der Ungleichung $M_1^{v_1} \ldots M_\lambda^{v_\lambda} J \leqq 2^n$ hauptsächlich auf einer besonderen Art, das Volumen J auszudrücken, worüber hier zunächst die erforderlichen Hülfssätze entwickelt werden sollen.

Die Mannigfaltigkeit aller Punkte $x_1, \ldots x_n$ werde mit $\mathfrak{X}$ bezeichnet. Eine gegebene Punktmenge $\mathfrak{P}$ charakterisirt sich als ein nirgends concaver Körper in $\mathfrak{X}$ bereits durch die folgenden zwei Eigenschaften:

1⁰ dass eine gerade Linie mit der Menge regelmässig sei es keinen Punkt, sei es einen Punkt, sei es eine Strecke von Punkten gemein hat,

2⁰ dass in der Menge irgend $n+1$, nicht zusammen in einer Ebene gelegene Punkte existiren. Denn mit solchen $n+1$ Punkten wird die Menge auf Grund von 1⁰ immer sogleich die ganze Zelle (s. 9.), welche sich durch die Punkte als Ecken bestimmt, enthalten und also jedenfalls ein Inneres besitzen (s. 11). Ist dann $\mathfrak{c}$ irgend ein innerer Punkt von $\mathfrak{P}$, und erwägt man die Eigenschaft 1⁰ zunächst allein für die durch $\mathfrak{c}$ gehenden geraden Linien, so erkennt man genau die Existenz von bestimmten Strahldistanzen $S(\mathfrak{a}\mathfrak{b})$, bei welchen $\mathfrak{P}$ sich als der Körper $S(\mathfrak{c}\mathfrak{x}) \leqq 1$ darstellt (s. 7). In 1⁰ steckt aber weiter die Eigenschaft: 3⁰ dass, sowie zwei Punkte zu $\mathfrak{P}$ gehören, auch ein jeder Punkt der sie verbindenden Strecke zu $\mathfrak{P}$ gehört, und dadurch erweisen sich dann (s. 8) die hier eingeführten $S(\mathfrak{a}\mathfrak{b})$ als einhellig und damit $\mathfrak{P}$ als ein nirgends concaver Körper (s. 17).

Kommt einer Punktmenge $\mathfrak{P}$ die Eigenschaft 1⁰ zu, ohne dass für sie auch 2⁰ besteht, so nehme man vor Allem einen ersten Punkt in ihr an, $\mathfrak{p}$. Es kann die Menge bloss aus diesem einen Punkte bestehen. Andernfalls wird man in $\mathfrak{P}$ eine bestimmte äusserste Anzahl m von Punkten in unabhängigen Richtungen von $\mathfrak{p}$ aus wählen können, wobei jetzt nothwendig $m < n$ geräth; es seien $\mathfrak{p}_1, \ldots \mathfrak{p}_m$ solche Punkte, so befindet sich die Menge $\mathfrak{P}$ ganz in der durch $\mathfrak{p}$, $\mathfrak{p}_1, \ldots \mathfrak{p}_m$ gelegten Mannigfaltigkeit (s. 46.) und hat also gegenwärtig kein Inneres in $\mathfrak{X}$. Man bilde die Matrix aus den relativen Coordinaten der Punkte $\mathfrak{p}_1, \ldots \mathfrak{p}_m$ in Bezug auf $\mathfrak{p}$; unter den m-reihigen Determinanten dieser Matrix sei z. B. die auf die Coordinaten $x_1, \ldots x_m$ bezügliche von Null verschieden, so lässt sich die soeben bezeichnete Mannigfaltigkeit durch bestimmte $n-m$ Gleichungen

$$x_{m+1} = a_{m+1} + a_{m+1}^{(1)} x_1 + \cdots + a_{m+1}^{(m)} x_m, \ldots x_n = a_n + a_n^{(1)} x_1 + \cdots + a_n^{(m)} x_m$$

charakterisiren, und wird in ihr also jeder Punkt bereits durch seine

Coordinaten $x_1, \ldots x_m$ angegeben, deren Variabilität dabei eine unbeschränkte ist. Und nun erscheinen die Systeme $x_1, \ldots x_m$, die zu den Punkten aus $\mathfrak{P}$ gehören, mit Rücksicht auf 1° und 2° als ein nirgends concaver Körper in der Mannigfaltigkeit aller Systeme $x_1, \ldots x_m$.

Geht man auf die Resultate aus 6. und 11. zurück, so leuchtet jetzt ein, dass die Eigenschaft 1°, für sich allein genommen, ausser dem Umstande 3° noch weiter zur Folge hat, 4° dass die gegebene Menge eine abgeschlossene Punktmenge ist, und 5° dass für die Spannen der Punkte in ihr vom Punkte $\mathfrak{o}$ eine obere Grenze besteht, oder, was dasselbe besagt, dass für die Werthe der Coordinaten $x_1, \ldots x_n$ in ihr untere wie obere Grenzen bestehen. Andererseits erhellt sogleich, dass 5°, 4° und 3° umgekehrt vollkommen die Eigenschaft 1° zur Folge haben, sodass 1° ganz mit dem Inbegriff von 3°, 4° und 5° gleichbedeutend ist.

I. Es sei $f(x_1, \ldots x_n)$ irgend eine Function, welche die folgenden Bedingungen erfüllt:

$$\text{(I)}\quad \begin{array}{l} f(x_1, \ldots x_n) > 0, \text{ wenn nicht } x_1 = 0, \ldots x_n = 0 \text{ ist; } f(0, \ldots 0) = 0; \\ f(tx_1, \ldots tx_n) = tf(x_1, \ldots x_n), \quad \text{wenn} \quad t > 0 \quad \text{ist;} \end{array}$$

$$\text{(II)}\qquad f(x_1 + y_1, \ldots x_n + y_n) < f(x_1, \ldots x_n) + f(y_1, \ldots y_n).$$

Dabei wird $f(x_1, \ldots x_n)$ immer eine stetige Function von $x_1, \ldots x_n$ (s. 4), und existirt infolge dieses Umstandes stets ein solcher positiver Factor g, der den n Ungleichungen

$$\text{(1)}\qquad g \operatorname{abs} x_h \leqq f(x_1, \ldots x_n) \qquad (h = 1, \ldots n)$$

für jedes mögliche Werthsystem $x_1, \ldots x_n$ gerecht wird (s. 6. und 24.). Der durch $f(x_1, \ldots x_n) \leqq 1$ definirte Bereich stellt nun den allgemeinsten nirgends concaven Körper mit $\mathfrak{o}$ im Inneren vor; dieser Bereich werde mit $\mathfrak{K}$ und seine Begrenzung mit $\mathfrak{F}$ bezeichnet, und ferner führe man diejenigen Strahldistanzen $S(\mathfrak{ab})$ ein, für welche $\mathfrak{K}$ den Aichkörper bildet.

Es sei jetzt m irgend eine Zahl $< n$, und man theile für einen jeden Punkt $\mathfrak{x}$ die Coordinaten $x_1, \ldots x_n$ in die zwei Gruppen: $x_1, \ldots x_m$ und $x_{m+1}, \ldots x_n$, welche die erste, beziehlich zweite Projection von $\mathfrak{x}$ heissen und mit $\mathfrak{x}'$ und $\mathfrak{x}''$ bezeichnet werden mögen; für den Punkt $\mathfrak{x}$ selbst schreibe man dann auch $\mathfrak{x}', \mathfrak{x}''$. Man verstehe sodann unter $\mathfrak{X}'$ und $\mathfrak{X}''$ die Mannigfaltigkeit aller Werthsysteme von $x_1, \ldots x_m$, beziehlich aller Werthsysteme von $x_{m+1}, \ldots x_n$, und definire die Begriffe Würfel, Spanne, Richtung, gerade Linie, Strecke, Translation, Dilatation, Mittelpunkt, abgeschlossene Menge, Inneres, Aeusseres, Begrenzung, nirgends concaver Körper, Volumen „in $\mathfrak{X}'$" beziehlich „in $\mathfrak{X}''$", indem man einfach in der früheren Fassung der analogen Begriffe für die Mannigfaltigkeit $\mathfrak{X}$ an Stelle von $x_1, \dots x_n$ bloss $x_1, \dots x_m$ oder bloss $x_{m+1}, \dots x_n$ setzt.

Dann wird z. B., wenn $a_1, \dots a_n$ oder $\mathfrak{a}$ und $b_1, \dots b_n$ oder $\mathfrak{b}$ zwei Punkte bedeuten, unter der Spanne von $\mathfrak{a}'$ nach $\mathfrak{b}'$ in $\mathfrak{X}'$ das Maximum unter den Beträgen von $b_1 - a_1, \dots b_m - a_m$, unter der Spanne von $\mathfrak{a}''$ nach $\mathfrak{b}''$ in $\mathfrak{X}''$ das Maximum unter den Beträgen von $b_{m+1} - a_{m+1}, \dots b_n - a_n$ zu verstehen sein; diese Spannen mögen mit $E'(\mathfrak{a}'\mathfrak{b}')$ und $E''(\mathfrak{a}''\mathfrak{b}'')$ bezeichnet werden; die Spanne $E(\mathfrak{a}\mathfrak{b})$ in $\mathfrak{X}$ ist dann das Maximum unter diesen zwei Spannen.

Bedeutet $\mathfrak{C}'$ eine Menge von ersten Projectionen $\mathfrak{c}'$ und $\mathfrak{C}''$ eine Menge von zweiten Projectionen $\mathfrak{c}''$, so verstehe man unter $\mathfrak{C}', \mathfrak{C}''$ die Menge aller möglichen Punkte $\mathfrak{c}', \mathfrak{c}''$ hierzu. In diesem Sinne wird man z. B. $\mathfrak{X} = \mathfrak{X}', \mathfrak{X}''$ schreiben können. Endlich möge eine homogene lineare Gleichung mit gleicher Coefficientensumme auf jeder Seite zwischen mehreren Systemen $\mathfrak{x}'$ (oder Systemen $\mathfrak{x}''$) soviel bedeuten wie nach 46. (2) die Gleichung mit denselben Coefficienten zwischen den zugehörigen Punkten $\mathfrak{x}', \mathfrak{o}''$ (oder den Punkten $\mathfrak{o}', \mathfrak{x}''$). Im Hinblick hierauf wird man, wenn $\mathfrak{a}', \mathfrak{b}', \mathfrak{C}'$ die Bedeutung wie vorhin haben, unter $\mathfrak{C}' + \mathfrak{b}' - \mathfrak{a}'$ die Menge aller Systeme $\mathfrak{c}' + \mathfrak{b}' - \mathfrak{a}'$ begreifen können.

Man schreibe nun $f(x_1, \dots x_n) = S(\mathfrak{o}\mathfrak{x}) = \varphi(\mathfrak{x}', \mathfrak{x}'')$. Hält man das System $\mathfrak{x}'' = \mathfrak{c}''$ (oder $x_{m+1} = c_{m+1}, \dots x_n = c_n$) fest, so bildet $\varphi(\mathfrak{x}', \mathfrak{c}'')$ eine stetige Function der noch variabeln Coordinaten $x_1, \dots x_m$. Ist dann $\mathfrak{c}'$ irgend eine bestimmte erste Projection, so kann man $\varphi(\mathfrak{x}', \mathfrak{c}'') < \varphi(\mathfrak{c}', \mathfrak{c}'')$ nach (1) gewiss nur haben, wenn $x_1, \dots x_m$ sämmtlich Beträge $\leqq \frac{\varphi(\mathfrak{c}', \mathfrak{c}'')}{g}$ aufweisen. Durch diese Bedingung wird ein Würfel in $\mathfrak{X}'$ definirt, und in diesem Würfel hat $\varphi(\mathfrak{x}', \mathfrak{c}'')$ als stetige Function nach 22. ein bestimmtes Minimum. Dieses Minimum stellt dann überhaupt den kleinsten Werth von $\varphi(\mathfrak{x}', \mathfrak{c}'')$ bei beliebig variablem $\mathfrak{x}'$ vor und werde mit $f''(c_{m+1}, \dots c_n)$ oder $S''(\mathfrak{o}''\mathfrak{c}'')$ oder auch $\psi(\mathfrak{c}'')$ bezeichnet.

Aus (I) entnimmt man für diese Function sofort die entsprechenden Bedingungen:

$$f''(x_{m+1}, \dots x_n) > 0, \text{ wenn nicht } x_{m+1} = 0, \dots x_n = 0 \text{ ist}; \; f''(0, \dots 0) = 0;$$
$$f''(tx_{m+1}, \dots tx_n) = tf''(x_{m+1}, \dots x_n), \text{ wenn } t > 0 \text{ ist.}$$

Sind sodann $x_{m+1}, \dots x_n$ und $y_{m+1}, \dots y_n$ irgend welche zweiten Projectionen, so kann man zu ihnen immer solche ersten Projectionen $x_1, \dots x_m$; $y_1, \dots y_m$ finden, dass

$$f(x_1, \ldots x_n) = f''(x_{m+1}, \ldots x_n),\ f(y_1, \ldots y_n) = f''(y_{m+1}, \ldots y_n)$$

wird, und da man nun nach der Bedeutung von f'' bei beliebigen Werthen von $x_1 + y_1, \ldots x_n + y_n$ stets

$$f''(x_{m+1} + y_{m+1}, \ldots x_n + y_n) \leqq f(x_1 + y_1, \ldots x_n + y_n)$$

hat, so folgt aus (II) die Beziehung:

$$f''(x_{m+1} + y_{m+1}, \ldots x_n + y_n) \leqq f''(x_{m+1}, \ldots x_n) + f''(y_{m+1}, \ldots y_n).$$

Danach erweist sich der Bereich $f''(x_{m+1}, \ldots x_n) < 1$ seinerseits in $\mathfrak{X}''$ als ein nirgends concaver Körper, und noch mit dem Systeme $\mathfrak{o}''$ d. i. $x_{m+1} = 0, \ldots x_n = 0$ im Inneren. Dieser Bereich werde mit $\mathfrak{K}''$ bezeichnet.

Zu einer Projection $\mathfrak{c}''$ nun giebt es dann und nur dann in der Punktmenge $\mathfrak{X}'$, $\mathfrak{c}''$ einen Punkt aus $\mathfrak{K}$, wenn ein System $\mathfrak{x}'$ existirt, wofür $\varphi(\mathfrak{x}', \mathfrak{c}'') \leqq 1$ ausfällt, also wenn man $\psi(\mathfrak{c}'') \leqq 1$ hat. Danach besteht $\mathfrak{K}''$ genau aus den sämmtlichen verschiedenen Projectionen $\mathfrak{x}''$, welche bei den Punkten von $\mathfrak{K}$ auftreten.

Bedeutet nun $\mathfrak{c}''$ irgend ein System aus $\mathfrak{K}''$, so werde die Menge derjenigen Systeme $\mathfrak{x}'$ dazu, für welche $\mathfrak{x}'$, $\mathfrak{c}''$ ein Punkt aus $\mathfrak{K}$ ist, jedesmal mit $\mathfrak{K}'(\mathfrak{c}'')$ bezeichnet; die Menge der betreffenden Punkte aus $\mathfrak{K}$ selbst wird dann einer oben getroffenen Festsetzung gemäss durch $\mathfrak{K}'(\mathfrak{c}''), \mathfrak{c}''$ auszudrücken sein. Erwägt man die Eigenschaft 1° des Körpers $\mathfrak{K}$ speciell für die in der Mannigfaltigkeit $\mathfrak{X}'$, $\mathfrak{c}''$ gelegenen geraden Linien, so tritt genau die zu 1° entsprechende Eigenschaft für den Bereich $\mathfrak{K}'(\mathfrak{c}'')$ in Bezug auf die geraden Linien der Mannigfaltigkeit $\mathfrak{X}'$ zu Tage; und also wird $\mathfrak{K}'(\mathfrak{c}'')$ jedesmal dann einen nirgends concaven Körper in $\mathfrak{X}'$ vorstellen, wenn dieser Bereich in $\mathfrak{X}'$ ein Inneres hat. Letzteres aber wird regelmässig der Fall sein, sowie $\mathfrak{c}''$ ein System im Inneren von $\mathfrak{K}''$ ist, also dafür $\psi(\mathfrak{c}'') < 1$ gilt; denn alsdann hat man zu $\mathfrak{c}''$ sicher ein System $\mathfrak{c}'$, wofür $\varphi(\mathfrak{c}', \mathfrak{c}'') = \psi(\mathfrak{c}'')$ und hier also < 1 ist und damit $\mathfrak{c}'$, $\mathfrak{c}''$ ein innerer Punkt von $\mathfrak{K}$ wird, und dieser Umstand nun begreift offenbar in sich, dass das System $\mathfrak{c}'$ als ein inneres von $\mathfrak{K}'(\mathfrak{c}'')$ in $\mathfrak{X}'$ auftritt. Wenn indess $\mathfrak{c}''$ zur Begrenzung von $\mathfrak{K}''$ gehört, also dafür $\psi(\mathfrak{c}'') = 1$ ist, so kann ebensogut der Bereich $\mathfrak{K}'(\mathfrak{c}'')$ in $\mathfrak{X}'$ ohne Inneres sein.

Ueber die Punkte der Begrenzung von $\mathfrak{K}$, also der Fläche $\mathfrak{F}$, lässt sich noch Folgendes bemerken. Ist zunächst $\mathfrak{c}''$ ein inneres System von $\mathfrak{K}''$, so hat man dazu gewiss Systeme $\mathfrak{c}'$, wofür $\varphi(\mathfrak{c}', \mathfrak{c}'') < 1$ ausfällt; dann stellt, wie soeben erwähnt, jedesmal $\mathfrak{c}'$, $\mathfrak{c}''$ einen inneren Punkt aus $\mathfrak{K}$ und $\mathfrak{c}'$ ein inneres System aus $\mathfrak{K}'(\mathfrak{c}'')$ vor. Hat man zu demselben $\mathfrak{c}''$ andererseits ein System $\mathfrak{f}'$, so dass $\varphi(\mathfrak{f}', \mathfrak{c}'') = 1$ ist, also $\mathfrak{f}'$, $\mathfrak{c}''$ einen Punkt aus $\mathfrak{F}$ ausmacht, so nehme man ein beliebiges

System $\mathfrak{c}'$ hinzu, wofür $\varphi(\mathfrak{c}', \mathfrak{c}'') < 1$ ist; dann erweist sich der Punkt $\mathfrak{f}', \mathfrak{c}''$ als zur Begrenzung von $\mathfrak{K}$ gehörig schon im Verlauf der geraden Linie durch $\mathfrak{c}', \mathfrak{c}''$ und $\mathfrak{f}', \mathfrak{c}''$, und dieser Umstand nun lässt unmittelbar auch $\mathfrak{f}'$ als zur Begrenzung von $\mathfrak{K}'(\mathfrak{c}'')$ in $\mathfrak{X}'$ gehörig erkennen. Also entspringen im Falle $\psi(\mathfrak{c}'') < 1$ die Punkte, die in $\mathfrak{K}'(\mathfrak{c}''), \mathfrak{c}''$ der Fläche $\mathfrak{F}$ angehören, genau aus der Begrenzung von $\mathfrak{K}'(\mathfrak{c}'')$ in $\mathfrak{X}'$. — Ist zweitens $\mathfrak{f}''$ ein System der Begrenzung von $\mathfrak{K}''$ und $\mathfrak{f}'$ dann irgend ein System aus $\mathfrak{K}'(\mathfrak{f}'')$, so folgt aus

$$1 > \varphi(\mathfrak{f}', \mathfrak{f}'') > \psi(\mathfrak{f}'') = 1$$

immer $\varphi(\mathfrak{f}', \mathfrak{f}'') = 1$ und gehört also $\mathfrak{f}', \mathfrak{f}''$ stets zu $\mathfrak{F}$. In diesem Falle $\psi(\mathfrak{f}'') = 1$ gehört also $\mathfrak{K}'(\mathfrak{f}''), \mathfrak{f}''$ mit jedem Punkte zu $\mathfrak{F}$.

II. Es werde in der Mannigfaltigkeit $\mathfrak{X}$ irgend ein Netz $\mathfrak{N}$ von Würfeln mit einer Kante δ angenommen (s. 23.); es sei $q_1, \dots q_n$ der Mittelpunkt eines dieser Würfel, so stellt $q_1 + l_1\delta, \dots q_n + l_n\delta$ für die verschiedenen ganzzahligen Systeme $l_1, \dots l_n$ die Mittelpunkte der sämmtlichen Würfel des Netzes dar.

Es bedeute nun A die mit δ^n multiplicirte Anzahl aller derjenigen Würfel aus $\mathfrak{N}$, in welchen jeder Punkt ein innerer Punkt von $\mathfrak{K}$ ist; solche Würfel braucht es in $\mathfrak{N}$ nicht durchaus zu geben, dann würde man $A = 0$ zu setzen haben; es bedeute ferner $\mathfrak{A}$ den Bereich der eben bezeichneten Würfel, falls solche Würfel überhaupt da sind, und hernach $\mathfrak{A}_0$ den Bereich aller übrigen Würfel aus $\mathfrak{N}$; hat man indess $A = 0$, so soll unter $\mathfrak{A}_0$ die ganze Mannigfaltigkeit $\mathfrak{X}$ verstanden werden. Weiter sei $\mathfrak{U}$ der Bereich aller derjenigen Würfel aus $\mathfrak{N}$, welche überhaupt mindestens einen Punkt von $\mathfrak{K}$ enthalten, und U die Anzahl dieser Würfel, multiplicirt mit δ^n, endlich $\mathfrak{U}_0$ der Bereich aller nicht in $\mathfrak{U}$ gerechneten Würfel aus $\mathfrak{N}$. Variirt man das Netz $\mathfrak{N}$ so, dass δ nach Null abnimmt, (der Punkt $q_1, \dots q_n$ kann dabei festgehalten werden oder auch sich beliebig verändern), so convergiren, wie in 25. gezeigt wurde, A und U beide nach einem und demselben bestimmten positiven Grenzwerthe J, dem Volumen von $\mathfrak{K}$.

In analoger Weise kommt nach 26. ein bestimmtes Volumen auch jeder Punktmenge zu, welche gebildet ist durch Zusammenfassen aller verschiedenen Punkte aus einer endlichen Anzahl gegebener nirgends concaver Körper, wobei die einzelnen Körper sich auch beliebig überdecken können. Eine Punktmenge von dieser Entstehungsweise erweist sich stets als abgeschlossen (s. 11.), und erscheint in ihr jeder Punkt der Begrenzung immer zugleich als Häufungsstelle von inneren Punkten. Wenn dann von zwei solchen Punktmengen die erste die zweite enthält, ohne jedoch mit ihr identisch zu sein, so giebt es in der ersten gewiss irgend einen Punkt, der ein äusserer für die zweite ist, und sodann, mit Rücksicht auf die eben gemachte Bemerkung, gewiss auch einen inneren Punkt, der ein äusserer für die zweite ist; es existirt damit weiter auch irgend ein Würfel, der ganz zur ersten Menge, aber mit keinem Punkte im Inneren zur zweiten gehört, und erweist sich nun das Volumen der ersten Menge mindestens um das Volumen dieses Würfels wesentlich grösser als das Volumen der zweiten Menge.

So ist oben A das Volumen von $\mathfrak{A}$, (wofern ein Bereich $\mathfrak{A}$ überhaupt in Betracht kommt), und immer $J > A$, ferner U das Volumen von $\mathfrak{U}$ und immer $U > J$. Es mag noch bemerkt werden: $\mathfrak{A}$ liegt ganz im Inneren, $\mathfrak{U}_0$ ganz im Aeusseren von $\mathfrak{K}$; jeder Würfel aus $\mathfrak{A}_0$ enthält mindestens einen Punkt des Aeusseren oder der Begrenzung, jeder Würfel aus $\mathfrak{U}$ mindestens einen Punkt des Inneren oder der Begrenzung von $\mathfrak{K}$; endlich haben einerseits $\mathfrak{A}$ und $\mathfrak{A}_0$, andererseits $\mathfrak{U}_0$ und $\mathfrak{U}$ ihre Begrenzung mit einander gemein. Weder $\mathfrak{A}$ noch $\mathfrak{U}_0$ enthält einen Punkt aus $\mathfrak{F}$; aber jeder Punkt der Begrenzung von $\mathfrak{A}$ und desgleichen von $\mathfrak{U}_0$ besitzt stets von wenigstens einem Punkte in $\mathfrak{F}$ eine Spanne $\leqq \delta$, wenn man bedenkt, dass eine Strecke von einem inneren nach einem äusseren Punkte von $\mathfrak{K}$ immer durch einen Punkt von $\mathfrak{F}$ führt.

Betrachtet man jetzt irgend einen Würfel aus $\mathfrak{N}$, sein Mittelpunkt sei $q_1 + l_1\delta, \ldots q_n + l_n\delta$, so kommen die sämmtlichen Punkte $\mathfrak{x}', \mathfrak{x}''$ dieses Würfels zu Stande, indem einerseits $\mathfrak{x}'$ einen gewissen Würfel mit der Kante δ in $\mathfrak{X}'$ und andererseits $\mathfrak{x}''$, unabhängig von $\mathfrak{x}'$, einen gewissen Würfel mit der Kante δ in $\mathfrak{X}''$ (nämlich den mit $q_{m+1} + l_{m+1}\delta, \ldots q_n + l_n\delta$ als Mittelpunkt) erfüllt. Aus allen bezüglichen Würfeln für $\mathfrak{X}'$ und für $\mathfrak{X}''$ entspringen dann ganz bestimmte Würfelnetze $\mathfrak{N}'$ und $\mathfrak{N}''$ für diese zwei Mannigfaltigkeiten $\mathfrak{X}'$ und $\mathfrak{X}''$.

Nun mögen zuvörderst in Bezug auf das Netz $\mathfrak{N}''$ die Zeichen $\mathfrak{A}''$ und $\mathfrak{U}''$ das Entsprechende für den Bereich $\mathfrak{K}''$ bedeuten, wie $\mathfrak{A}$ und $\mathfrak{U}$ für den Körper $\mathfrak{K}$ in Bezug auf das Netz $\mathfrak{N}$; des Weiteren verstehe man unter A'' und U'' die Anzahlen der in die Bereiche $\mathfrak{A}''$ und $\mathfrak{U}''$ aufzunehmenden Würfel aus $\mathfrak{N}''$, multiplicirt mit δ^{n-m}. Endlich denke man sich noch von $\mathfrak{d}''$ alle diejenigen Mittelpunkte von Würfeln aus $\mathfrak{N}''$ (also Systeme $\mathfrak{x}''$ der Form $q_{m+1} + l_{m+1}\delta, \ldots q_n + l_n\delta$ mit ganzen Zahlen $l_{m+1}, \ldots l_n$) durchlaufen, welche im Inneren von $\mathfrak{K}''$ anzutreffen sind; und es sei j'' die Anzahl der verschiedenen solchen Systeme $\mathfrak{d}''$. Dabei gilt jedenfalls $A'' \leqq j''\delta^{n-m} < U''$. Nach der in I. dargelegten Beschaffenheit von $\mathfrak{K}''$ convergiren nun, wenn man δ

nach Null abnehmen lässt, A'' und U'' und damit auch $j''\delta^{n-m}$ alle drei nach einem bestimmten positiven Grenzwerthe J'', dem Volumen von $\mathfrak{K}''$ in $\mathfrak{X}''$.

Analog findet man, wenn $\mathfrak{c}''$ irgend ein System aus $\mathfrak{K}''$ vorstellt, dass der Bereich $\mathfrak{K}'(\mathfrak{c}'')$ jedesmal ein bestimmtes Volumen in $\mathfrak{X}'$ besitzt. Es möge für diesen Bereich $\mathfrak{K}'(\mathfrak{c}'')$ in Bezug auf das Netz $\mathfrak{N}'$ den Zeichen $A'(\mathfrak{c}'')$, $\mathfrak{A}'(\mathfrak{c}'')$, $\mathfrak{A}_0'(\mathfrak{c}'')$; $U'(\mathfrak{c}'')$, $\mathfrak{U}'(\mathfrak{c}'')$, $\mathfrak{U}_0'(\mathfrak{c}'')$ die entsprechende Bedeutung beigelegt werden, wie sie für den Körper $\mathfrak{K}$ in Bezug auf das Netz $\mathfrak{N}$ den Zeichen A, $\mathfrak{A}$, $\mathfrak{A}_0$; U, $\mathfrak{U}$, $\mathfrak{U}_0$ zukam; insbesondere werden also $A'(\mathfrak{c}'')$ und $U'(\mathfrak{c}'')$ hier die mit δ^m multiplicirten Anzahlen der in $\mathfrak{A}'(\mathfrak{c}'')$, beziehlich $\mathfrak{U}'(\mathfrak{c}'')$ eingehenden Würfel aus $\mathfrak{N}'$ vorzustellen haben. Gehört $\mathfrak{c}''$ zum Inneren von $\mathfrak{K}''$, oder gehört es zur Begrenzung von $\mathfrak{K}''$, hat aber dabei $\mathfrak{K}'(\mathfrak{c}'')$ in $\mathfrak{X}'$ ein Inneres, so convergiren, wenn man δ nach Null abnehmen lässt, $A'(\mathfrak{c}'')$ und $U'(\mathfrak{c}'')$ jedesmal nach einem bestimmten positiven Grenzwerthe $J'(\mathfrak{c}'')$, und für diesen gilt in Bezug auf die einzelnen Netze $\mathfrak{N}''$ immer $A'(\mathfrak{c}'') < J'(\mathfrak{c}'') < U'(\mathfrak{c}'')$. Gehört aber $\mathfrak{c}''$ zur Begrenzung von $\mathfrak{K}''$ und hat dabei $\mathfrak{K}'(\mathfrak{c}'')$ in $\mathfrak{X}'$ kein Inneres, so folgt einerseits für jedes Netz $\mathfrak{N}''$ immer $A'(\mathfrak{c}'') = 0$, und convergirt andererseits $U'(\mathfrak{c}'')$ nach Null, wenn δ nach Null abnimmt, und ist daher in diesem Falle dem Bereich $\mathfrak{K}'(\mathfrak{c}'')$ in $\mathfrak{X}'$ ein Volumen $J'(\mathfrak{c}'') = 0$ zuzuschreiben; dabei gilt in Bezug auf die einzelnen Netze $\mathfrak{N}''$ stets $J'(\mathfrak{c}'') < U'(\mathfrak{c}'')$.

So oft nun $\mathfrak{c}'$, $\mathfrak{c}''$ Mittelpunkt eines der in den Bereich $\mathfrak{A}$ eingehenden Würfel von $\mathfrak{N}$ ist, erweist sich $\mathfrak{c}''$ gewiss als eines der oben allgemein mit $\mathfrak{d}''$ bezeichneten Systeme und dazu $\mathfrak{c}'$ dann als Mittelpunkt eines von denjenigen Würfeln aus $\mathfrak{N}'$, die den zugehörigen Bereich $\mathfrak{A}'(\mathfrak{c}'')$ ergeben. Greift man andererseits irgend eines von den obigen Systemen $\mathfrak{d}''$ heraus, und wählt dazu $\mathfrak{c}'$ als Mittelpunkt eines von denjenigen Würfeln aus $\mathfrak{N}'$, die den zugehörigen Bereich $\mathfrak{U}'(\mathfrak{d}'')$ ergeben, so ist $\mathfrak{c}'$, $\mathfrak{d}''$ gewiss jedesmal Mittelpunkt eines solchen Würfels aus $\mathfrak{N}$, der zum Bereich $\mathfrak{U}$ zu rechnen ist. Danach hat man nun:

$$(2) \qquad A \leqq \delta^{n-m} \Sigma A'(\mathfrak{d}''), \quad \delta^{n-m} \Sigma U'(\mathfrak{d}'') \leqq U,$$

während zugleich

$$(3) \qquad \delta^{n-m} \Sigma A'(\mathfrak{d}'') \leqq \delta^{n-m} \Sigma J'(\mathfrak{d}'') \leqq \delta^{n-m} \Sigma U'(\mathfrak{d}'')$$

sein wird; die Summen hier sind über alle jene j'' Systeme $\mathfrak{d}''$ von der Form $q_{m+1} + l_{m+1}\delta, \ldots q_n + l_n\delta$ mit ganzzahligen Werthen $l_{m+1}, \ldots l_n$ zu erstrecken, welche im Inneren von $\mathfrak{K}''$ liegen, und sie könnten, was nicht unwichtig ist, ebensogut auch über sämmtliche in $\mathfrak{K}''$, d. h. im Inneren oder auf der Begrenzung von $\mathfrak{K}''$ anzutreffenden Systeme dieser Art ausgedehnt werden. Diesen Ungleichungen zufolge nun wird, wenn man δ nach Null abnehmen lässt, mit A und U gleichzeitig auch der Ausdruck $\delta^{n-m}\Sigma J'(\mathfrak{d}'')$, (der nur vom Netze $\mathfrak{N}''$ abhängig erscheint), nach dem Volumen J von $\mathfrak{K}$ convergiren. Man pflegt dieses Resultat so auszusprechen:

Das Integral $\int dx_1 \ldots dx_n$ über $\mathfrak{K}$ kann berechnet werden, indem man zuerst in Bezug auf $x_1, \ldots x_m$ und dann in Bezug auf $x_{m+1}, \ldots x_n$ integrirt.

III. Stellt $\mathfrak{p}$ einen einzelnen Punkt vor, und ist andererseits $\mathfrak{q}$ beliebig variabel in einer abgeschlossenen Punktmenge $\mathfrak{Q}$, so hat man nach dem Satze aus 22. in der Grössenmenge der Spannen $E(\mathfrak{p}\mathfrak{q})$ immer ein bestimmtes Minimum; und dieser Umstand gilt, indem zufolge der Relation $E(\mathfrak{p}\mathfrak{q}) \geqq E(\mathfrak{o}\mathfrak{q}) - E(\mathfrak{o}\mathfrak{p})$ mit $E(\mathfrak{o}\mathfrak{q})$ auch $E(\mathfrak{p}\mathfrak{q})$ über jede Grenze wächst, selbst in dem Falle noch, dass keine obere Grenze für die Spannen $E(\mathfrak{o}\mathfrak{q})$ in $\mathfrak{Q}$ vorhanden ist. Dieses Minimum von $E(\mathfrak{p}\mathfrak{q})$ in $\mathfrak{Q}$ werde mit $E(\mathfrak{p}\mathfrak{Q})$ bezeichnet (in 12. ist von derselben Bezeichnungsweise für besondere Mengen $\mathfrak{Q}$ in etwas anderem Sinne Gebrauch gemacht worden). Diese Grösse $E(\mathfrak{p}\mathfrak{Q})$ erscheint des Weiteren, indem sie für zwei verschiedene Punkte $\mathfrak{p}$ offenbar um nicht mehr als deren wechselseitige Spanne differiren kann, als eine stetige Function der Coordinaten von $\mathfrak{p}$ und besitzt deshalb nach 22. wieder ein bestimmtes Minimum in jeder abgeschlossenen Menge $\mathfrak{P}$ von Punkten $\mathfrak{p}$, in welcher eine obere Grenze für die Spannen $E(\mathfrak{o}\mathfrak{p})$ besteht. So wird man namentlich, wenn $\mathfrak{P}$ und $\mathfrak{Q}$ zwei abgeschlossene Punktmengen sind, die keinen Punkt gemein haben und dabei wenigstens in einer von ihnen die Spannen von $\mathfrak{o}$ nicht über jede Grenze hinausgehen, regelmässig ein ganz bestimmtes positives Minimum für die Spannen von den Punkten in $\mathfrak{P}$ nach den Punkten in $\mathfrak{Q}$ anzugeben in der Lage sein.

Es sei nun $\mathfrak{c}''$ irgend ein bestimmtes System aus $\mathfrak{K}''$; wird eine positive Grösse ι beliebig gegeben, so kann man die Kante δ des Netzes $\mathfrak{N}$ jedenfalls so klein annehmen, dass man $A'(\mathfrak{c}'') > J'(\mathfrak{c}'') - \iota$ und $U'(\mathfrak{c}'') < J'(\mathfrak{c}'') + \iota$ hat. — Es enthält nun zuvörderst die Punktmenge $\mathfrak{U}_0'(\mathfrak{c}''), \mathfrak{c}''$ niemals einen Punkt aus $\mathfrak{F}$, und existirt also ein bestimmtes positives Minimum der Spannen von dieser Menge nach $\mathfrak{F}$; es sei ε eine nicht grössere positive Grösse als dieses Minimum. Ist dann $\mathfrak{x}''$ irgend ein System aus $\mathfrak{K}''$, das gleichzeitig dem Bereiche $E''(\mathfrak{c}''\mathfrak{x}'') < \varepsilon$ angehört, so liegt doch in jedem Würfel, der zu $\mathfrak{U}'(\mathfrak{x}'')$ beiträgt, mindestens ein System $\mathfrak{x}'$ aus $\mathfrak{K}'(\mathfrak{x}'')$, und dann erscheint

$\mathfrak{x}', \mathfrak{x}''$ dazu als ein Punkt aus $\mathfrak{K}$ mit einer Spanne $< \varepsilon$ vom Punkte $\mathfrak{x}', \mathfrak{c}''$; es kann somit der letztere Punkt niemals zu $\mathfrak{U}_0'(\mathfrak{c}''), \mathfrak{c}''$ gehören, und bildet also $\mathfrak{x}'$ ein inneres System von $\mathfrak{U}'(\mathfrak{c}'')$. Auf diese Weise gehört jeder Würfel aus $\mathfrak{U}'(\mathfrak{x}'')$ gewiss auch zu $\mathfrak{U}'(\mathfrak{c}'')$, und hat man demnach $U'(\mathfrak{c}'') \geqq U'(\mathfrak{x}'')$. Daraus entnimmt man endlich:

$$J'(\mathfrak{x}'') - J'(\mathfrak{c}'') < \iota, \tag{4}$$

solange $\mathfrak{x}''$ in $\mathfrak{K}''$ liegt und $E''(\mathfrak{c}''\mathfrak{x}'') < \varepsilon$ ist.

Es sei jetzt $\mathfrak{c}''$ insbesondere ein inneres System von $\mathfrak{K}''$, so enthält (nach einer der letzten Bemerkungen in I.) zweitens auch die Punktmenge $\mathfrak{A}'(\mathfrak{c}''), \mathfrak{c}''$ niemals einen Punkt aus $\mathfrak{F}$; man hat dann wieder ein bestimmtes positives Minimum der Spannen von dieser Menge nach $\mathfrak{F}$; und es bedeute jetzt ε eine nicht grössere positive Grösse als dieses neue Minimum. Ist dann $\mathfrak{x}''$ irgend ein System aus dem Bereiche $E''(\mathfrak{c}''\mathfrak{x}'') < \varepsilon$, und versteht man unter $\mathfrak{c}$ ein beliebiges System aus $\mathfrak{A}'(\mathfrak{c}'')$, so hat jedesmal der Punkt $\mathfrak{c}', \mathfrak{c}''$ vom Punkte $\mathfrak{c}', \mathfrak{x}''$ eine Spanne $< \varepsilon$, und muss also der letztere Punkt gleichfalls ein innerer von $\mathfrak{K}$ sein; damit ist zunächst $\mathfrak{x}''$ jedenfalls ein System aus $\mathfrak{K}''$, und enthält nun $\mathfrak{A}'(\mathfrak{x}'')$ dabei jedes System aus $\mathfrak{A}'(\mathfrak{c}'')$, also wird $A'(\mathfrak{x}'') \geqq A'(\mathfrak{c}'')$ sein. Daraus entnimmt man endlich:

$$J'(\mathfrak{x}'') - J'(\mathfrak{c}'') > -\iota, \tag{5}$$

solange $E''(\mathfrak{c}''\mathfrak{x}'') < \varepsilon$ ist.

In einer gewissen Hinsicht lässt sich dieses Resultat selbst auf Systeme $\mathfrak{c}''$ der Begrenzung von $\mathfrak{K}''$ ausdehnen. Nämlich es seien $\mathfrak{c}''$ und $\mathfrak{b}''$ irgend zwei Systeme aus $\mathfrak{K}''$, (die also jetzt ebensogut der Begrenzung wie dem Inneren von $\mathfrak{K}''$ angehören dürfen), so findet man jedes bestimmte dritte System der Strecke $\mathfrak{b}''\mathfrak{c}''$ in $\mathfrak{X}''$ durch

$$\mathfrak{t}'' = t\mathfrak{b}'' + (1-t)\mathfrak{c}''$$

mit einem Werthe $t > 0$ und < 1 dargestellt. Hält man nun ein System $\mathfrak{b}'$ aus $\mathfrak{K}'(\mathfrak{b}'')$ fest und lässt dagegen $\mathfrak{c}'$ sich beliebig in der Menge $\mathfrak{K}'(\mathfrak{c}'')$ bewegen, so muss dabei, nach der Natur des Körpers $\mathfrak{K}$, in der Menge $\mathfrak{K}'(\mathfrak{t}'')$ fortwährend das durch $\mathfrak{t}' = t\mathfrak{b}' + (1-t)\mathfrak{c}'$ dargestellte System auftreten, und danach hat man für jeden Werth $t > 0$ und < 1 sicher:

$$J'(\mathfrak{t}'') \geqq (1-t)^m J'(\mathfrak{c}''). \tag{6}$$

Die Beziehungen (4), (5), (6) nun ergeben, dass die Grösse $J'(\mathfrak{x}'')$ eine stetige Function der Variabeln $x_{m+1}, \ldots x_n$ aus $\mathfrak{x}''$ vorstellt im ganzen Inneren von $\mathfrak{K}''$ und ferner auf jeder beliebigen Strecke in $\mathfrak{K}''$, mag dabei die Strecke auch auf der Begrenzung von $\mathfrak{K}''$ auslaufen oder selbst ganz auf ihr liegen.

IV. Es mögen zum Schluss noch einige Bemerkungen eine Stelle finden, die erst nach dem Beweise der Ungleichung $S_1 \ldots S_n J \leqq 2^n$ bei der weiteren Frage, wann in dieser das Gleichheitszeichen eintritt, zur Verwendung kommen werden.

Es seien $\mathfrak{b}''$ und $\mathfrak{c}''$ irgend zwei Systeme aus $\mathfrak{K}''$, und zudem $J'(\mathfrak{c}'') > 0$; dann stellen die Systeme $x_1, \ldots x_m, t$ zu allen denjenigen Punkten $\mathfrak{x}$ aus $\mathfrak{K}$, für welche $\mathfrak{x}''$ von der Form $\mathfrak{t}'' = t\mathfrak{b}'' + (1-t)\mathfrak{c}''$ und $0 \leqq t < 1$ ausfällt, (nach 1° und 2°) einen nirgends concaven Körper in der Mannigfaltigkeit aller möglichen Systeme $x_1, \ldots x_m, t$ vor. Es gilt dann nicht bloss (6), sondern nach einem von Herrn Brunn herrührenden Satze, für den ein Beweis in 57. nachgetragen werden wird, sogar immer die weiter reichende Ungleichung:

$$\sqrt[m]{J'(\mathfrak{t}'')} \geqq t\sqrt[m]{J'(\mathfrak{b}'')} + (1-t)\sqrt[m]{J'(\mathfrak{c}'')}. \tag{7}$$

Hat man noch $J'(\mathfrak{b}'') = J'(\mathfrak{c}'')$, so geht diese Ungleichung in $J'(\mathfrak{t}'') \geqq J'(\mathfrak{c}'')$ über. Wenn man dann selbst nur für einen Werth t, der > 0 und < 1 ist, das Eintreten des Gleichheitszeichens hier fordert, so ist dazu, wie ebenfalls in 57. gezeigt werden wird, bereits nothwendig (und weiter dann auch hinreichend), dass die Bereiche $\mathfrak{K}'(\mathfrak{t}'')$, welche zu den verschiedenen Systemen $\mathfrak{t}''$ der Strecke $\mathfrak{b}''\mathfrak{c}''$ gehören, sämmtlich durch Translationen in $\mathfrak{X}'$ des einen Bereichs $\mathfrak{K}'(\mathfrak{c}'')$ erhalten werden können.

Auf Grund dieses letzten Zusatzes lässt sich zunächst entscheiden, unter welchen Umständen die Grösse $J'(\mathfrak{x}'')$ für die Systeme $\mathfrak{x}''$ in $\mathfrak{K}''$ durchweg constant, $= J'(\mathfrak{o}'')$, ist. Nämlich dann muss ein jeder Bereich $\mathfrak{K}'(\mathfrak{x}'')$ durch eine Translation aus $\mathfrak{K}'(\mathfrak{o}'')$ gewonnen werden können. Nun seien $\mathfrak{b}''$ und $\mathfrak{c}''$ irgend zwei Systeme aus $\mathfrak{K}''$, und die zugehörigen Bereiche $\mathfrak{K}'(\mathfrak{b}'')$ und $\mathfrak{K}'(\mathfrak{c}'')$ mögen aus $\mathfrak{K}'(\mathfrak{o}'')$ durch die Translationen in $\mathfrak{X}'$ von $\mathfrak{o}'$ nach einem gewissen Systeme $\mathfrak{b}'$, beziehlich $\mathfrak{c}'$ abzuleiten sein, sodass also jene zwei Bereiche in $\mathfrak{X}'$ identisch sind mit den Mengen $\mathfrak{K}'(\mathfrak{o}'') + \mathfrak{b}' - \mathfrak{o}'$ beziehlich $\mathfrak{K}'(\mathfrak{o}'') + \mathfrak{c}' - \mathfrak{o}'$. Stellt dann $\mathfrak{t}'' = t\mathfrak{b}'' + (1-t)\mathfrak{c}''$ $(0 < t < 1)$ ein drittes System der Strecke $\mathfrak{b}''\mathfrak{c}''$ vor, so ergiebt sich jetzt aus der Natur eines nirgends concaven Körpers, dass in $\mathfrak{K}'(\mathfrak{t}'')$ jedesmal die durch

$$\mathfrak{K}'(\mathfrak{o}'') + t(\mathfrak{b}' - \mathfrak{o}') + (1-t)(\mathfrak{c}' - \mathfrak{o}')$$

dargestellte Menge ganz enthalten sein muss. Soll nun auch der Bereich $\mathfrak{K}'(\mathfrak{t}'')$ durch eine Translation aus $\mathfrak{K}'(\mathfrak{o}'')$ abzuleiten sein, so kann als diese Translation einzig die von $\mathfrak{o}'$ nach $t\mathfrak{b}' + (1-t)\mathfrak{c}'$ in Betracht kommen. Denn unterwirft man eine vorgelegte Menge in $\mathfrak{X}'$, die so beschaffen ist, dass in ihr die Spannen von $\mathfrak{o}'$ nicht über eine bestimmte Grenze hinausgehen, irgend einer wirklichen

Translation in $\mathfrak{X}'$ (d. h. nicht bloss der von $\mathfrak{o}'$ nach $\mathfrak{o}'$), so erfährt dabei für wenigstens eine der m Coordinaten $x_1, \dots x_m$ sowohl deren untere, wie deren obere Grenze in der Menge eine wirkliche und zwar jedesmal dieselbe Aenderung; es erfährt damit entweder die betreffende untere Grenze eine Zunahme oder die betreffende obere Grenze eine Abnahme; in jedem Falle würde dann die Menge nach der Translation gewisse ihrer ursprünglichen Systeme nicht mehr enthalten.

Da $x_{m+1} = 0, \dots x_n = 0$ oder $\mathfrak{o}''$ ein inneres System von $\mathfrak{K}''$ ist, hat man in $\mathfrak{K}''$ für jeden Index $k = m+1, \dots n$ solche Systeme $\mathfrak{x}''$, wobei von den Werthen $x_{m+1}, \dots x_n$ allein x_k von Null verschieden ist; man habe ein derartiges System $\mathfrak{x}''$ z. B. mit $x_k = \xi_k$, so ermittle man daraus $\mathfrak{a}_k'$ in der Weise, dass die Translation, durch welche $\mathfrak{K}'(\mathfrak{o}'')$ in $\mathfrak{K}'(\mathfrak{x}'')$ übergeht, sich als die von $\mathfrak{o}'$ nach $\mathfrak{o}' + \xi_k(\mathfrak{a}_k' - \mathfrak{o}')$ darstellt; und es seien dann $a_1^{(k)}, \dots a_m^{(k)}$ die Werthe $x_1, \dots x_m$ für $\mathfrak{a}_k'$. Berücksichtigt man nun den davor festgestellten Umstand, so wird man sogleich den Schlusssatz des folgenden Theorems als richtig erkennen, dessen erste Behauptung unmittelbar einleuchtet:

Man stelle sich eine Substitution

$$
(8) \qquad
\begin{aligned}
x_1 &= y_1 + a_1^{(m+1)} x_{m+1} + \cdots + a_1^{(n)} x_n, \\
&\cdots\cdots\cdots\cdots\cdots \\
x_m &= y_m + a_m^{(m+1)} x_{m+1} + \cdots + a_m^{(n)} x_n
\end{aligned}
$$

vor mit beliebigen Coefficienten $a_h^{(k)}$ ($h = 1, \dots m$; $k = m+1, \dots n$), und nehme einen nirgends concaven Körper $\mathfrak{K}''$ in $\mathfrak{X}''$ und einen nirgends concaven Körper $\mathfrak{K}'(\mathfrak{o}'')$ in $\mathfrak{X}'$ beliebig an; man lasse $x_{m+1}, \dots x_n$ alle Systeme aus $\mathfrak{K}''$ und $y_1, \dots y_m$ unabhängig davon alle Systeme $x_1, \dots x_m$ aus $\mathfrak{K}'(\mathfrak{o}'')$ durchlaufen; dabei beschreibt dann $x_1, \dots x_n$ jedesmal einen solchen nirgends concaven Körper $\mathfrak{K}$ in $\mathfrak{X}$, für welchen $J'(\mathfrak{x}'')$ in $\mathfrak{K}''$ durchweg constant ist, und jeder nirgends concave Körper $\mathfrak{K}$, für welchen $J'(\mathfrak{x}'')$ in $\mathfrak{K}''$ constant ist, kann nach diesem Verfahren und immer nur durch eine Annahme über $\mathfrak{K}''$, $\mathfrak{K}'(\mathfrak{o}'')$ und die $a_h^{(k)}$ erhalten werden.

Es sei wieder $\mathfrak{K}$ ein beliebiger nirgends concaver Körper, aber jetzt mit $\mathfrak{o}$ als Mittelpunkt; dann hat auch $\mathfrak{K}''$ in $\mathfrak{o}''$ und $\mathfrak{K}'(\mathfrak{o}'')$ in $\mathfrak{o}'$ einen Mittelpunkt, und ordnet man weiter die von $\mathfrak{o}''$ verschiedenen Systeme $\mathfrak{x}''$ aus $\mathfrak{K}''$ zu Paaren $\mathfrak{b}''$, $\mathfrak{c}''$ mit $\mathfrak{o}''$ als Mittelpunkt der Strecke $\mathfrak{b}''\mathfrak{c}''$, so gestalten sich immer die zwei zusammengehörigen Punktmengen $\mathfrak{K}'(\mathfrak{b}'')$, $\mathfrak{b}''$ und $\mathfrak{K}'(\mathfrak{c}'')$, $\mathfrak{c}''$ zu einander in Bezug auf $\mathfrak{o}$ symmetrisch, sodass dabei stets $J'(\mathfrak{b}'') = J'(\mathfrak{c}'')$ entsteht. Aus der Ungleichung (7) geht dann jedesmal $J'(\mathfrak{o}'') \geqq J'(\mathfrak{c}'')$ hervor. Also erweist sich bei einem Körper $\mathfrak{K}$ mit $\mathfrak{o}$ als Mittelpunkt $J'(\mathfrak{o}'')$ immer als das Maximum unter allen Werthen $J'(\mathfrak{x}'')$ in $\mathfrak{K}''$

Sodann findet man den in (3) betrachteten Ausdruck $\delta^{n-m}\Sigma J'(\mathfrak{b}'')$, in welchem die Summe j'' Glieder enthält, $< j''\delta^{n-m}J'(\mathfrak{o}'')$. Nun convergirt, wenn man δ nach Null abnehmen lässt, jener Ausdruck aus (3) nach der Grenze J und andererseits $j''\delta^{n-m}$ nach J'', dem Volumen von $\mathfrak{K}''$ in $\mathfrak{X}''$; dadurch entsteht schliesslich für einen Körper $\mathfrak{K}$ mit Mittelpunkt in $\mathfrak{o}$ die Ungleichung:

(9) $$J < J'(\mathfrak{o}'')J''$$

Man kann noch hinzufügen, dass das Gleichheitszeichen hier nur eintritt, wenn $J'(\mathfrak{x}'')$ in $\mathfrak{K}''$ durchaus constant $[= J'(\mathfrak{o}'')]$ ist, also $\mathfrak{K}$ den bei (8) bezeichneten besonderen Charakter darbietet. Denn giebt es in $\mathfrak{K}''$ ein System $\mathfrak{c}''$, wofür $J'(\mathfrak{c}'') < J'(\mathfrak{o}'')$ ausfällt, und versteht man unter v' irgend eine positive Grösse $< J'(\mathfrak{o}'') - J'(\mathfrak{c}'')$, so kann man (s. (4)) immer einen ganzen in $\mathfrak{K}''$ gelegenen Würfel anweisen, für dessen Systeme $\mathfrak{x}''$ man noch durchweg $J'(\mathfrak{x}'') < J'(\mathfrak{o}'') - v'$ hat, und ist dann v'' das Volumen dieses Würfels in $\mathfrak{X}''$, so geht durch die Betrachtung in II. sogar $J'(\mathfrak{o}'')J'' \geqq J + v'v''$ hervor.

53.

Beweis der neuen analytisch-arithmetischen Ungleichung.

Nunmehr soll endlich die in 50. (12) behauptete Ungleichung

(1) $$S_1 \dots S_n J \leqq 2^n$$

allgemein bewiesen werden. Es sei also jetzt n eine beliebige Anzahl, (nur > 1), und man denke sich in der Mannigfaltigkeit der n Coordinaten $x_1, \dots x_n$ beliebige einhellige und wechselseitige Strahldistanzen $S(\mathfrak{a}\mathfrak{b})$ gegeben.

Man ermittle vor Allem ein solches System von n Gitterpunkten $\mathfrak{p}_1, \dots \mathfrak{p}_n$ in n unabhängigen Richtungen von $\mathfrak{o}$ aus, wofür die Strahldistanzen $S(\mathfrak{o}\mathfrak{p}_1), \dots S(\mathfrak{o}\mathfrak{p}_n)$ der Reihe nach möglichst klein sind; die Werthe dieser Strahldistanzen bilden dann eben die Grössen $S_1, \dots S_n$. Jetzt erwäge man Folgendes: Sind $y_1, \dots y_n$ irgend n ganze homogene lineare Ausdrücke in $x_1, \dots x_n$ mit ganzzahligen Coefficienten und mit einer Determinante ± 1, so erscheint einmal das Zahlengitter in $y_1, \dots y_n$ immer als genau dieselbe Punktmenge wie das Zahlengitter in $x_1, \dots x_n$, und besitzt ferner jeder Körper, dem ein bestimmtes Volumen in $x_1, \dots x_n$ zukommt, immer genau dasselbe Volumen in $y_1, \dots y_n$ (vgl. 28); es behalten also alle Grössen aus der Ungleichung (1) für $y_1, \dots y_n$ die Bedeutung bei, die sie für

$x_1, \ldots x_n$ haben, und würde es daher genügen, das in (1) liegende Theorem für die Variabeln $y_1, \ldots y_n$ zu beweisen. Diese neuen Variabeln kann man nun in besonderer Beziehung zu den Punkten $\mathfrak{p}_1, \ldots \mathfrak{p}_n$ einführen, etwa so, dass damit die Reduction des Zahlengitters in Bezug auf die Richtungen $\mathfrak{o}\mathfrak{p}_1, \ldots \mathfrak{o}\mathfrak{p}_n$ im Sinne von 46. geleistet wird. Der Einfachheit wegen möge jetzt vorausgesetzt werden, dass $x_1, \ldots x_n$ selbst schon diejenigen Coordinaten sind, mit welchen die eben genannte Reduction verknüpft ist. Insbesondere wird man alsdann für den Punkt $\mathfrak{p}_h$, bei den Indices $h = 1, \ldots n-1$, immer $x_{h+1} = 0, \ldots x_n = 0$ haben; und durch diesen begleitenden Umstand ist auch die Bedeutung der hier gemachten Voraussetzung für das Folgende wesentlich erschöpft.

I. Von den Grössen $S_1, \ldots S_n$ seien, wie schon in 47. angenommen wurde, die ν_1 ersten, ... die ν_λ letzten unter einander gleich; man setze $\mu_0 = 0$, $\mu_1 = \nu_1$, $\mu_2 = \nu_1 + \nu_2$, ... endlich $\mu_\lambda = \nu_1 + \cdots + \nu_\lambda = n$, sodann

$$S_1 = \cdots = S_{\mu_1} = M_1, \ \ldots \quad S_{\mu_{\lambda-1}+1} = \cdots = S_{\mu_\lambda} = M_\lambda;$$

dabei geräth, wofern man $\lambda > 1$ hat, $M_1 < \cdots < M_\lambda$. Es bedeutet nun M_1 überhaupt die kleinste Strahldistanz von $\mathfrak{o}$ nach allen anderen Gitterpunkten, weiter, wenn $\lambda > 1$ ist, für $\varkappa = 1, \ldots \lambda - 1$ die Grösse $M_{\varkappa+1}$ immer die kleinste Strahldistanz von $\mathfrak{o}$ nach allen Gitterpunkten ausserhalb der durch $\mathfrak{o}, \mathfrak{p}_1, \ldots \mathfrak{p}_{\mu_\varkappa}$ gelegten Mannigfaltigkeit; und infolge unserer Voraussetzung über die Coordinaten $x_1, \ldots x_n$ erscheint dabei letztere Mannigfaltigkeit einfach durch die Gleichungen $x_{\mu_\varkappa+1} = 0, \ldots x_n = 0$ definirt.

Stellen $\mathfrak{a}$ und $\mathfrak{b}$ Punkte vor und $\mathfrak{C}$ eine Punktmenge, so kann diejenige Punktmenge, die aus $\mathfrak{C}$ durch die Translation von $\mathfrak{a}$ nach $\mathfrak{b}$ hervorgeht, der in 46. eingeführten Symbolik entsprechend mit $\mathfrak{C} + \mathfrak{b} - \mathfrak{a}$ bezeichnet werden. Ist $\mathfrak{a}$ ein Punkt, und bedeuten $\mathfrak{B}$ und $\mathfrak{C}$ zwei Punktmengen und $\mathfrak{b}$ und $\mathfrak{c}$ Punkte, die variabel in diesen Mengen sind, so soll unter $\mathfrak{C} + \mathfrak{B} - \mathfrak{a}$ die Vereinigung aus allen bezüglichen Punktmengen $\mathfrak{C} + \mathfrak{b} - \mathfrak{a}$ verstanden werden, d. h. die Menge aller verschiedenen Punkte, welche auf mindestens eine Weise in der Form $\mathfrak{c} + \mathfrak{b} - \mathfrak{a}$ darzustellen sind.

Wenn $\mathfrak{a}$ einen Punkt bedeutet und für eine Punktmenge ein Zeichen mit Hinzufügen von $(\mathfrak{a})$ gebraucht wird, z. B. $\mathfrak{C}(\mathfrak{a})$, so soll diejenige Menge, die aus dieser ersten durch die Translation von $\mathfrak{a}$ nach einem neuen Punkte $\mathfrak{b}$ hervorgeht, einfach durch $\mathfrak{C}(\mathfrak{b})$ bezeichnet werden; und wenn $\mathfrak{B}$ eine Menge von Punkten $\mathfrak{b}$ vorstellt, so soll dann unter $\mathfrak{C}(\mathfrak{B})$ die Vereinigung aus allen Körpern $\mathfrak{C}(\mathfrak{b})$ (also die Menge $\mathfrak{C}(\mathfrak{a}) + \mathfrak{B} - \mathfrak{a}$ nach der vorigen Festsetzung) verstanden werden.

Es bedeute G für die gegebenen Strahldistanzen $S(\mathfrak{a}\mathfrak{b})$ die in 3. (Seite 4) eingeführte Grösse, wobei nach 47. die Grössen $M_{\cdot}, \ldots M_\lambda$ sich alle $\leqq \frac{G}{n}$ erweisen; und es sei g, wie in 6., eine positive untere Grenze aller Distanzcoefficienten $\frac{S(\mathfrak{a}\mathfrak{b})}{E(\mathfrak{a}\mathfrak{b})}$. Weiter werde für $\varkappa = 1, \ldots \lambda$ der Körper $S(\mathfrak{o}\mathfrak{x}) \leqq \frac{1}{2} M_\varkappa$ jedesmal mit $\mathfrak{P}_\varkappa(\mathfrak{o})$ bezeichnet.

Man verstehe unter $\mathfrak{G}$ das gesammte Zahlengitter, unter $\mathfrak{g}$ einen einzelnen Gitterpunkt. $\mathfrak{P}_\varkappa(\mathfrak{G})$ wird dann die Vereinigung aus allen Körpern $\mathfrak{P}_\varkappa(\mathfrak{g})$ zu bedeuten haben, d. i. den Gesammtbereich aller solchen Punkte $\mathfrak{x}$, welchen die Eigenschaft zukommt, von mindestens einem Gitterpunkte eine Strahldistanz $\leqq \frac{1}{2} M_\varkappa$ zu besitzen.

II. Es sei jetzt Ω irgend eine positive und ungerade ganze Zahl, und man lasse $\mathfrak{h}$ nur alle diejenigen Gitterpunkte durchlaufen, welche vom Nullpunkte $\mathfrak{o}$ eine Spanne $\leqq \frac{\Omega}{2}$, also vielmehr $\leqq \frac{\Omega - 1}{2}$, besitzen; es sind dies diejenigen Punkte, bei welchen jede der Coordinaten $x_1, \ldots x_n$ einer der Ω Zahlen $0, \pm 1, \ldots \pm \frac{\Omega - 1}{2}$ gleich ist; die Anzahl dieser Gitterpunkte beträgt Ω^n, ihre gesammte Menge werde mit $\mathfrak{H}$ bezeichnet. Die folgende Untersuchung nun basirt auf einer Betrachtung der Bereiche $\mathfrak{P}_1(\mathfrak{H}), \ldots \mathfrak{P}_\lambda(\mathfrak{H})$. Unter $\mathfrak{P}_\varkappa(\mathfrak{H})$ ist nach den Festsetzungen in I. jedesmal die Vereinigung aus den ingesammt Ω^n Körpern $\mathfrak{P}_\varkappa(\mathfrak{h})$ in Bezug auf die Ω^n einzelnen Punkte $\mathfrak{h}$ zu verstehen, und $\mathfrak{P}_\varkappa(\mathfrak{h})$ andererseits bedeutet jedesmal den Körper $S(\mathfrak{h}\mathfrak{x}) \leqq \frac{1}{2} M_\varkappa$; ebenso wie einem einzelnen solchen Körper wird nach 26. auch dem ganzen Bereiche $\mathfrak{P}_\varkappa(\mathfrak{H})$ regelmässig ein bestimmtes Volumen zukommen.

Hat man $\lambda > 1$, so ist für $\varkappa = 1, \ldots \lambda - 1$ immer $\mathfrak{P}_\varkappa(\mathfrak{H})$ ganz im Inneren von $\mathfrak{P}_{\varkappa+1}(\mathfrak{H})$ enthalten; in allen Fällen ist also $\mathfrak{P}_\lambda(\mathfrak{H})$ der umfassendste hier in Betracht kommende Bereich. Das Volumen von $\mathfrak{P}_\lambda(\mathfrak{H})$ heisse Π_λ. Indem $M_\lambda \leqq \frac{G}{n}$ ist und eine Strahldistanz $\leqq \frac{G}{2n}$ von einem Punkte immer auf eine Spanne $\leqq \frac{G}{2ng}$ von ihm schliessen lässt, wird $\mathfrak{P}_\lambda(\mathfrak{H})$ ganz in dem Körper der Spannen

$$\leqq \frac{\Omega - 1}{2} + \frac{G}{2ng}$$

vom Nullpunkte enthalten sein, und danach hat man gewiss

$$\Pi_\lambda \leqq \left(\Omega - 1 + \frac{G}{ng}\right)^n. \tag{2}$$

Zweitens leuchtet ein: Da M_1 überhaupt die kleinste Strahldistanz im Zahlengitter ist, so sind zwei Körper $\mathfrak{P}_1(\mathfrak{h})$ für verschiedene Gitterpunkte $\mathfrak{h}$ immer in ihren inneren Punkten durchweg verschieden. Jeder solche Körper nun besitzt ein Volumen $= \left(\frac{M_1}{2}\right)^n J$, unter J das Volumen des Körpers $S(\mathfrak{o}\mathfrak{x}) \leqq 1$ verstanden; danach ergiebt sich das Volumen von $\mathfrak{P}_1(\mathfrak{H})$ gleich $\Omega^n \left(\frac{M_1}{2}\right)^n J$. Im Falle $\lambda = 1$ reicht diese Bemerkung in Verbindung mit (2) schon völlig aus, um die Ungleichung (1) zu erschliessen; wofern aber $\lambda > 1$ ist, muss man, um dieses Ziel zu gewinnen, noch die verschiedenen Bereiche $\mathfrak{P}_1(\mathfrak{H}), \ldots \mathfrak{P}_\lambda(\mathfrak{H})$ untereinander in Zusammenhang bringen.

III. Es werde jetzt $\lambda > 1$ vorausgesetzt; es habe $\varkappa$ einen der Werthe $1, \ldots \lambda - 1$, und es soll $\mathfrak{P}_\varkappa(\mathfrak{H})$ mit $\mathfrak{P}_{\varkappa+1}(\mathfrak{H})$ verglichen werden.

Man setze $\mu_\varkappa = m$ und bezeichne, wie in 52., für einen Punkt $x_1, \ldots x_n$ oder $\mathfrak{x}$ das System $x_1, \ldots x_m$ mit $\mathfrak{x}'$, das System $x_{m+1}, \ldots x_n$ mit $\mathfrak{x}''$, und schreibe für $\mathfrak{x}$ selbst dann auch $\mathfrak{x}', \mathfrak{x}''$. Es bedeute $\mathfrak{X}$, $\mathfrak{X}'$, $\mathfrak{X}''$ die Mannigfaltigkeit aller Punkte $\mathfrak{x}$, aller Systeme $\mathfrak{x}'$, aller Systeme $\mathfrak{x}''$, und man verwende wieder die sämmtlichen Begriffe und Abkürzungen, die für eine solche Zerlegung $\mathfrak{X} = \mathfrak{X}', \mathfrak{X}''$ am Anfange von 52. erklärt worden sind. Z. B. wird man dann die Mannigfaltigkeit aller Punkte, für welche $x_{m+1} = 0, \ldots x_n = 0$ gilt, durch $\mathfrak{X}', \mathfrak{o}''$ ausdrücken können. Endlich treffe man noch folgende Festsetzung: Stellt $\mathfrak{a}', \mathfrak{x}''$ einen Punkt vor und gebraucht man für eine Menge in $\mathfrak{X}'$ ein Zeichen mit Dahintersetzen von $(\mathfrak{a}', \mathfrak{x}'')$, wie z. B. $\mathfrak{C}'(\mathfrak{a}', \mathfrak{x}'')$, so soll diejenige Menge in $\mathfrak{X}'$, die aus dieser ersten durch die Translation in $\mathfrak{X}'$ von $\mathfrak{a}'$ nach einem neuen Systeme $\mathfrak{b}'$ hervorgeht, durch das Zeichen $\mathfrak{C}'(\mathfrak{b}', \mathfrak{x}'')$ angezeigt werden; und stellt $\mathfrak{B}'$ eine Menge von Systemen $\mathfrak{b}'$ in $\mathfrak{X}'$ vor, so soll unter $\mathfrak{C}'(\mathfrak{B}', \mathfrak{x}'')$ die Vereinigung aus allen den Bereichen $\mathfrak{C}'(\mathfrak{b}', \mathfrak{x}'')$ zu den einzelnen Systemen $\mathfrak{b}'$ verstanden werden.

$M_{\varkappa+1}$ nun bedeutet die kleinste Strahldistanz von $\mathfrak{o}$ nach allen Gitterpunkten ausserhalb der Mannigfaltigkeit $\mathfrak{X}', \mathfrak{o}''$, d. h. überhaupt den kleinsten, für $S(\mathfrak{a}\mathfrak{b})$ möglichen Werth, wenn $\mathfrak{a}$ und $\mathfrak{b}$ nur zwei Gitterpunkte und mit verschiedenen Systemen $\mathfrak{a}''$ und $\mathfrak{b}''$ sein sollen.

Jetzt bemerke man, dass die Ω^n Punkte $\mathfrak{h} = \mathfrak{h}', \mathfrak{h}''$ aus $\mathfrak{H}$ genau entstehen, indem $\mathfrak{h}'$ eine bestimmte Menge $\mathfrak{H}'$ von Ω^m Systemen in $\mathfrak{X}'$

und $\mathfrak{h}''$ dazu, völlig unabhängig von $\mathfrak{h}'$, eine bestimmte Menge $\mathfrak{H}''$ von Ω^{n-m} Systemen in $\mathfrak{X}''$ durchläuft. Die gesammte Menge $\mathfrak{H}$ theilt sich so in Ω^{n-m} Gruppen vom allgemeinen Ausdrucke $\mathfrak{H}'$, $\mathfrak{h}''$, die den Ω^{n-m} einzelnen Systemen $\mathfrak{h}''$ aus $\mathfrak{H}''$ zugeordnet sind. Aus der soeben angegebenen Bedeutung von $M_{\varkappa+1}$ erhellt dann, dass die zugehörigen Bereiche $\mathfrak{P}_{\varkappa+1}(\mathfrak{H}', \mathfrak{h}'')$ für diese verschiedenen Gruppen unter einander in ihren inneren Punkten durchweg verschieden sein werden. Indem man $M_\varkappa < M_{\varkappa+1}$ hat, trifft die gleiche Bemerkung um so mehr für die verschiedenen Bereiche $\mathfrak{P}_\varkappa(\mathfrak{H}', \mathfrak{h}'')$ zu. Es entsteht überdies jedesmal $\mathfrak{P}_{\varkappa+1}(\mathfrak{H}', \mathfrak{h}'')$ aus $\mathfrak{P}_{\varkappa+1}(\mathfrak{H}', \mathfrak{o}'')$ und andererseits $\mathfrak{P}_\varkappa(\mathfrak{H}', \mathfrak{h}'')$ aus $\mathfrak{P}_\varkappa(\mathfrak{H}', \mathfrak{o}'')$ durch die Translation von $\mathfrak{o}'$, $\mathfrak{o}''$ nach $\mathfrak{o}'$, $\mathfrak{h}''$, sodass das Volumen der Bereiche dieser Art für jedes $\mathfrak{h}''$ immer das gleiche ist wie für $\mathfrak{h}'' = \mathfrak{o}''$. Das Volumen von $\mathfrak{P}_\lambda(\mathfrak{H})$ wurde schon oben mit Π_λ bezeichnet; für $\varkappa = 1, \ldots \lambda - 1$ setze man das Volumen von $\mathfrak{P}_\varkappa(\mathfrak{H})$ gleich $\Omega^{n-\mu_\varkappa}\Pi_\varkappa$; dabei wird nach II.:

$$(3) \qquad \Pi_1 = \Omega^{\nu_1} M_1^{\nu_1+\cdots+\nu_\lambda} \frac{J}{2^n}$$

sein. Alsdann erweist sich dem soeben Ausgeführten zufolge das Volumen von $\mathfrak{P}_\varkappa(\mathfrak{H}', \mathfrak{o}'')$ gleich $\Pi_\varkappa$ und das Volumen von $\mathfrak{P}_{\varkappa+1}(\mathfrak{H}', \mathfrak{o}'')$ gleich $\frac{\Pi_{\varkappa+1}}{\Omega^{\nu_{\varkappa+1}}}$; und wird es sich weiter um einen Vergleich der beiden Bereiche $\mathfrak{P}_\varkappa(\mathfrak{H}', \mathfrak{o}'')$ und $\mathfrak{P}_{\varkappa+1}(\mathfrak{H}', \mathfrak{o}'')$ handeln. Die Menge $\mathfrak{H}'$, $\mathfrak{o}''$ hierin besteht bloss noch aus denjenigen Gitterpunkten von $\mathfrak{H}$, die in der Mannigfaltigkeit $\mathfrak{X}'$, $\mathfrak{o}''$ liegen.

IV. Man setze $\frac{M_{\varkappa+1}}{M_\varkappa} = q$, wobei $q > 1$ sein wird; man erhält $\mathfrak{P}_{\varkappa+1}(\mathfrak{o})$ aus $\mathfrak{P}_\varkappa(\mathfrak{o})$, indem man einen jeden Punkt $\mathfrak{x}'$, $\mathfrak{x}''$ aus $\mathfrak{P}_\varkappa(\mathfrak{o})$ immer durch den Punkt $\mathfrak{y}'$, $\mathfrak{y}''$ ersetzt, für welchen

$$(4) \qquad \mathfrak{y}' - \mathfrak{o}' = q(\mathfrak{x}' - \mathfrak{o}'), \quad \mathfrak{y}'' - \mathfrak{o}'' = q(\mathfrak{x}'' - \mathfrak{o}'')$$

ist. Diese Operation nun kann man auch in zwei aufeinander folgenden Processen leisten, und hierauf beruhen wesentlich die weiteren Schlüsse: Anstatt $\mathfrak{x}'$, $\mathfrak{x}''$ unmittelbar in $\mathfrak{y}'$, $\mathfrak{y}''$ gemäss (4) überzuführen, kann man zuvörderst nur die Veränderung $\mathfrak{x}'$, $\mathfrak{x}''$ in $\mathfrak{y}'$, $\mathfrak{x}''$ und an zweiter Stelle sodann die Veränderung $\mathfrak{y}'$, $\mathfrak{x}''$ in $\mathfrak{y}'$, $\mathfrak{y}''$ vornehmen. Der Bereich, in welchen $\mathfrak{P}_\varkappa(\mathfrak{o})$ durch den ersten Process allein übergeht, heisse $\mathfrak{Q}_\varkappa(\mathfrak{o})$; er wird wieder ein nirgends concaver Körper sein. Das Volumen von $\mathfrak{Q}_\varkappa(\mathfrak{H}', \mathfrak{o}'')$ werde sodann $X_\varkappa$ genannt. In 52. ist für das Volumen eines einzelnen nirgends concaven Körpers eine besondere Darstellung mit Rücksicht auf eine Zerlegung $\mathfrak{X} = \mathfrak{X}', \mathfrak{X}''$, wie sie hier in Rede steht, gelehrt worden; diese Darstellung lässt sich jetzt auch auf die Bereiche $\mathfrak{P}_\varkappa(\mathfrak{H}', \mathfrak{o}'')$ und $\mathfrak{Q}_\varkappa(\mathfrak{H}', \mathfrak{o}'')$ ausdehnen, und auf Grund derselben wird sich dann das Volumen des zweiten Bereichs hier als das grössere herausstellen. Andererseits besteht zwischen den Volumina von $\mathfrak{Q}_\varkappa(\mathfrak{H}', \mathfrak{o}'')$ und von $\mathfrak{P}_{\varkappa+1}(\mathfrak{H}', \mathfrak{o}'')$ eine einfache Gleichung, wie hernach gezeigt werden wird.

Für ein beliebiges System $\mathfrak{x}''$ bedeute $S''(\mathfrak{o}''\mathfrak{x}'')$ immer das Minimum unter allen Werthen, welche $S(\mathfrak{o}\mathfrak{x})$ für die Punkte $\mathfrak{x}$ in der Menge $\mathfrak{X}'$, $\mathfrak{x}''$ besitzt; der durch $S''(\mathfrak{o}''\mathfrak{x}'') \leqq \frac{1}{2} M_\varkappa$ definirte Bereich in $\mathfrak{X}''$ heisse sodann $\mathfrak{P}_\varkappa''$. Genau in diesem Bereiche $\mathfrak{P}_\varkappa''$ bewegt sich $\mathfrak{x}''$ für die Punkte $\mathfrak{x}$ in $\mathfrak{P}_\varkappa(\mathfrak{o})$ und desgleichen für die Punkte $\mathfrak{x}$ in $\mathfrak{Q}_\varkappa(\mathfrak{o})$, und genau dieselben Systeme $\mathfrak{x}''$ hat man in jedem Körper $\mathfrak{P}_\varkappa(\mathfrak{h}', \mathfrak{o}'')$ oder $\mathfrak{Q}_\varkappa(\mathfrak{h}', \mathfrak{o}'')$ und damit weiter auch in den Gesammtbereichen $\mathfrak{P}_\varkappa(\mathfrak{H}', \mathfrak{o}'')$ und $\mathfrak{Q}_\varkappa(\mathfrak{H}', \mathfrak{o}'')$. Für ein System $\mathfrak{x}''$ aus $\mathfrak{P}_\varkappa''$ sodann verstehe man unter $\mathfrak{P}_\varkappa'(\mathfrak{o}', \mathfrak{x}'')$ und $\mathfrak{Q}_\varkappa'(\mathfrak{o}', \mathfrak{x}'')$ immer die Mengen derjenigen Systeme $\mathfrak{x}'$, für welche man eben $\mathfrak{x}'$, $\mathfrak{x}''$ als Punkt aus $\mathfrak{P}_\varkappa(\mathfrak{o})$, beziehlich aus $\mathfrak{Q}_\varkappa(\mathfrak{o})$ findet; dabei entsteht gemäss (4) jedesmal in $\mathfrak{X}'$ die Menge $\mathfrak{Q}_\varkappa'(\mathfrak{o}', \mathfrak{x}'')$ durch Dilatation der Menge $\mathfrak{P}_\varkappa'(\mathfrak{o}', \mathfrak{x}'')$ vom Systeme $\mathfrak{o}'$ aus im Verhältniss $q:1$. Einer in III. getroffenen Festsetzung zufolge wird man sodann unter $\mathfrak{P}_\varkappa'(\mathfrak{H}', \mathfrak{x}'')$ und $\mathfrak{Q}_\varkappa'(\mathfrak{H}', \mathfrak{x}'')$ beziehlich die Mengen aller der Systeme $\mathfrak{x}'$ zu begreifen haben, für welche $\mathfrak{x}'$, $\mathfrak{x}''$ einen Punkt aus $\mathfrak{P}_\varkappa(\mathfrak{H}', \mathfrak{o}'')$ oder aus $\mathfrak{Q}_\varkappa(\mathfrak{H}', \mathfrak{o}'')$ abgiebt. Ebenso wie dem Bereiche $\mathfrak{P}_\varkappa'(\mathfrak{o}', \mathfrak{x}'')$, kommen auch diesen Mengen $\mathfrak{P}_\varkappa'(\mathfrak{H}', \mathfrak{x}'')$ und $\mathfrak{Q}_\varkappa'(\mathfrak{H}', \mathfrak{x}'')$ jedesmal bestimmte Volumina in $\mathfrak{X}'$ zu; man bezeichne diese letzteren Volumina mit $\Pi_\varkappa'(\mathfrak{x}'')$ und $X_\varkappa'(\mathfrak{x}'')$.

Wenn das Volumen von $\mathfrak{P}_\varkappa'(\mathfrak{o}', \mathfrak{x}'')$ in $\mathfrak{X}'$ Null ist, ein Fall, der nach 52. sich nur für Systeme $\mathfrak{x}''$ auf der Begrenzung von $\mathfrak{P}_\varkappa''$ ereignen kann, wird jedesmal auch $\Pi_\varkappa'(\mathfrak{x}'') = 0$ und $X_\varkappa'(\mathfrak{x}'') = 0$ sein.

Nun habe der Bereich $\mathfrak{P}_\varkappa'(\mathfrak{o}', \mathfrak{x}'')$ ein von Null verschiedenes Volumen in $\mathfrak{X}'$; er besitzt dann ein Inneres in $\mathfrak{X}'$ und stellt sich als ein nirgends concaver Körper in $\mathfrak{X}'$ dar. Es sei $\mathfrak{a}'$ ein beliebig herausgegriffenes inneres System dieses Bereichs; demselben entspricht gemäss (4) in $\mathfrak{Q}_\varkappa'(\mathfrak{o}', \mathfrak{x}'')$ dasjenige System $\mathfrak{b}'$, für welches

$$\mathfrak{b}' - \mathfrak{o}' = q(\mathfrak{a}' - \mathfrak{o}')$$

ist. Die Relation $\mathfrak{y}' - \mathfrak{o}' = q(\mathfrak{x}' - \mathfrak{o}')$ kann nun durch

$$\mathfrak{y}' - \mathfrak{b}' = (\mathfrak{y}' - (\mathfrak{b}' - \mathfrak{a}')) - \mathfrak{a}' = q(\mathfrak{x}' - \mathfrak{a}')$$

ersetzt werden; und daraus erkennt man, dass durch Dilatation des Bereichs $\mathfrak{P}_\varkappa'(\mathfrak{o}', \mathfrak{x}'')$ vom Systeme $\mathfrak{a}'$ aus im Verhältnisse $q:1$ der Bereich $\mathfrak{Q}_\varkappa'(\mathfrak{o}', \mathfrak{x}'') - (\mathfrak{b}' - \mathfrak{a}')$ entsteht. Entsprechend wird dann durch Dilatation irgend eines Bereichs $\mathfrak{P}_\varkappa'(\mathfrak{h}', \mathfrak{x}'')$ von $\mathfrak{a}' + \mathfrak{h}' - \mathfrak{o}'$ aus im Verhältnisse $q : 1$ jedesmal der Bereich $\mathfrak{Q}_\varkappa'(\mathfrak{h}', \mathfrak{x}'') - (\mathfrak{b}' - \mathfrak{a}')$ dazu hervorgehen; dabei ist nun $\mathfrak{a}' + \mathfrak{h}' - \mathfrak{o}'$ ein inneres System von $\mathfrak{P}_\varkappa'(\mathfrak{h}', \mathfrak{x}'')$, dieser Bereich ein nirgends concaver Körper in $\mathfrak{X}'$ und endlich $q > 1$; diese Umstände zusammengenommen bewirken offenbar, dass der erstere Bereich, $\mathfrak{P}_\varkappa'(\mathfrak{h}', \mathfrak{x}'')$, jedesmal ganz in das Innere des an zweiter Stelle genannten wird fallen müssen; damit wird weiter auch $\mathfrak{P}_\varkappa'(\mathfrak{H}', \mathfrak{x}'')$ ganz im Inneren von $\mathfrak{Q}_\varkappa'(\mathfrak{H}', \mathfrak{x}'') - (\mathfrak{b}' - \mathfrak{a}')$ enthalten und also von kleinerem Volumen in $\mathfrak{X}'$ als dieser letztere Bereich sein. Aus diesem letzteren aber geht schliesslich $\mathfrak{Q}_\varkappa'(\mathfrak{H}', \mathfrak{x}'')$ einfach durch die Translation von $\mathfrak{a}'$ nach $\mathfrak{b}'$ hervor, und dabei bleibt das Volumen in $\mathfrak{X}'$ ungeändert; somit hat sich hier nichts anderes herausgestellt als:

$$\Pi_\varkappa'(\mathfrak{x}'') < X_\varkappa'(\mathfrak{x}''). \tag{5}$$

Nun lassen sich die Ueberlegungen, welche zu 52. (2) für den Körper $\mathfrak{K}$ dort geführt haben, ohne Weiteres auch auf die Bereiche $\mathfrak{P}_\varkappa(\mathfrak{H}', \mathfrak{o}'')$ und $\mathfrak{Q}_\varkappa(\mathfrak{H}', \mathfrak{o}'')$ hier anwenden und liefern alsdann folgendes Resultat: Man nehme ein Würfelnetz in $\mathfrak{X}''$, seine Kante heisse δ, und bilde dafür die zwei Summen

$$\sum \Pi_\varkappa'(\mathfrak{x}'')\delta^{n-m} \qquad \text{und} \qquad \sum X_\varkappa'(\mathfrak{x}'')\delta^{n-m}$$

in der Weise, dass man für $\mathfrak{x}''$ hier nach einander alle im Inneren des Bereichs $\mathfrak{P}_\varkappa''$ anzutreffenden Mittelpunkte von Würfeln des Netzes setzt; die Volumina von $\mathfrak{P}_\varkappa(\mathfrak{H}', \mathfrak{o}'')$ und $\mathfrak{Q}_\varkappa(\mathfrak{H}', \mathfrak{o}'')$ erscheinen dann als die Grenzwerthe der so gebildeten Summen für ein nach Null convergirendes δ. Bei dieser Erzeugungsweise der Volumina $\Pi_\varkappa$ und $X_\varkappa$ entnimmt man nun aus (5) sofort:

$$\Pi_\varkappa \leq X_\varkappa \qquad (\varkappa = 1, \ldots \lambda - 1). \tag{6}$$

Auch die Betrachtungen aus 52. III. lassen sich auf die Bereiche $\mathfrak{P}_\varkappa(\mathfrak{H}', \mathfrak{o}'')$ und $\mathfrak{Q}_\varkappa(\mathfrak{H}', \mathfrak{o}'')$ hier übertragen, und man erkennt dadurch $\Pi_\varkappa'(\mathfrak{x}'')$ und $X_\varkappa'(\mathfrak{x}'')$ als stetige Functionen der Coordinaten $x_{m+1}, \ldots x_n$ von $\mathfrak{x}''$ insbesondere überall im Inneren von $\mathfrak{P}_\varkappa''$. Eine ähnliche Ueberlegung wie am Schlusse von 52. zeigt dann, dass auf Grund des Resultats (5) auch in der Ungleichung (6) immer das Zeichen $<$ gelten wird; doch ist dieser Umstand unwesentlich für das Weitere.

Den Körper $\mathfrak{P}_{\varkappa+1}(\mathfrak{o})$ endlich erhält man beschrieben von $\mathfrak{y}', \mathfrak{y}''$, während $\mathfrak{y}', \mathfrak{x}''$ sich in $\mathfrak{Q}_\varkappa(\mathfrak{o})$ bewegt und dabei fortwährend $\mathfrak{y}'' - \mathfrak{o}'' = q(\mathfrak{x}'' - \mathfrak{o}'')$ gilt. Ein beliebiger Körper $\mathfrak{Q}_\varkappa(\mathfrak{h}', \mathfrak{o}'')$ findet sich dann durch $\mathfrak{y}' + \mathfrak{h}' - \mathfrak{o}', \mathfrak{x}''$ unter denselben Umständen erzeugt, und gleichzeitig beschreibt der Punkt $\mathfrak{y}' + \mathfrak{h}' - \mathfrak{o}', \mathfrak{y}''$ den Körper

$\mathfrak{P}_{\varkappa+1}(\mathfrak{h}', \mathfrak{o}'')$. Zwischen zwei dergestalt durch $\mathfrak{y}'' - \mathfrak{o}'' = q(\mathfrak{x}'' - \mathfrak{o}'')$ verbundenen Körpern besteht nun einfach dieser Zusammenhang, dass für einen Punkt aus dem ersten Körper, wenn die Coordinaten des Punktes $a_1, \ldots a_m, a_{m+1}, \ldots a_n$ lauten, im zweiten immer der Punkt mit den Coordinaten $a_1, \ldots a_m, qa_{m+1}, \ldots qa_n$ eintritt. Bei solchem Ausspruche nun kommt das System $\mathfrak{h}'$ gar nicht in Betracht, und wird daher mit genau denselben Worten auch der Zusammenhang der ganzen Bereiche $\mathfrak{Q}_\varkappa(\mathfrak{H}', \mathfrak{o}'')$ und $\mathfrak{P}_{\varkappa+1}(\mathfrak{H}', \mathfrak{o}'')$ zu schildern sein. Danach wird nun das Volumen von $\mathfrak{P}_{\varkappa+1}(\mathfrak{H}', \mathfrak{o}'')$ einfach das q^{n-m}-fache des Volumens von $\mathfrak{Q}_\varkappa(\mathfrak{H}', \mathfrak{o}'')$ betragen (s. 28.), hat man also:

$$(7) \qquad \Pi_{\varkappa+1} = \Omega^{\nu_{\varkappa+1}} \frac{M_{\varkappa+1}^{\nu_{\varkappa+1}+\cdots+\nu_\lambda}}{M_\varkappa^{\nu_{\varkappa+1}+\cdots+\nu_\lambda}} X_\varkappa \qquad (\varkappa = 1, \ldots \lambda - 1).$$

V. Multiplicirt man jetzt die Gleichung (3) mit den in (7) für $\varkappa = 1, \ldots \lambda - 1$ enthaltenen Gleichungen, so ergiebt sich:

$$(8) \qquad \Pi_\lambda = \Omega^n \frac{X_{\lambda-1}}{\Pi_{\lambda-1}} \cdots \frac{X_1}{\Pi_1} M_1^{\nu_1} \ldots M_\lambda^{\nu_\lambda} \frac{J}{2^n}.$$

Die Benutzung der Ungleichungen (6) und (2) führt dann zu:

$$M_1^{\nu_1} \ldots M_\lambda^{\nu_\lambda} J \leqq \left(1 - \frac{1}{\Omega} + \frac{G}{ng\Omega}\right)^n 2^n.$$

Indem nun hierin Ω beliebig gross genommen werden kann, geht daraus in der That

$$M_1^{\nu_1} \ldots M_\lambda^{\nu_\lambda} J < 2^n$$

hervor. Man ist damit zu folgendem Satze gelangt, der eine wesentliche Verallgemeinerung des in 30. gefundenen Theorems darstellt:

Es sei $f(x_1, \ldots x_n)$ irgend eine Function von $x_1, \ldots x_n$, welche folgende Bedingungen erfüllt:

$$\begin{cases} f(0, \ldots 0) = 0, \\ f(x_1, \ldots x_n) > 0, \text{ wenn nicht } x_1 = 0, \ldots x_n = 0 \text{ ist}, \\ f(tx_1, \ldots tx_n) = tf(x_1, \ldots x_n), \text{ wenn } t > 0 \text{ ist}, \end{cases}$$

$$f(x_1 + y_1, \ldots x_n + y_n) < f(x_1, \ldots x_n) + f(y_1, \ldots y_n),$$

$$f(-x_1, \ldots -x_n) = f(x_1, \ldots x_n);$$

dabei besitzt das n-fache Integral $\int dx_1 \ldots dx_n$, mit lauter positiven Integrationsrichtungen über den Bereich $f(x_1, \ldots x_n) < 1$ erstreckt, immer einen bestimmten positiven Werth J. Alsdann existirt immer mindestens ein System von n^2 ganzen Zahlen $p_h^{(k)}$ $(h, k = 1, \ldots n)$, wofür die Determinante

$$| p_h^{(k)} | \qquad (h, k = 1, \ldots n)$$

von Null verschieden ist und die Ungleichung

$$(9) \qquad f(p_1^{(1)}, \dots p_n^{(1)}) \dots f(p_1^{(n)}, \dots p_n^{(n)}) < \frac{2^n}{J}$$

erfüllt ist. Der Betrag der Determinante $|p_h^{(k)}|$ fällt dabei immer $\leqq n!$ aus (vgl. die Bemerkung oben bei 50. (12)).

54.

Weitere Hülfssätze über Volumina.

Nun mag, bevor Anwendungen des letzten Ergebnisses zur Sprache kommen, sogleich noch die Frage nach dem Eintreten des Gleichheitszeichens in der eben bewiesenen Ungleichung 53. (9) erörtert werden. Um die Natur dieses ausgezeichneten Falles einzusehen, bedarf man einiger weiterer Hülfssätze über Volumina; dieselben sollen hier vorweggenommen werden.

I. Es sei $\mathfrak{Q}(\mathfrak{o})$ ein beliebiger nirgends concaver Körper mit $\mathfrak{o}$ im Inneren, t eine positive Grösse < 1, und $\mathfrak{P}(\mathfrak{o})$ derjenige Körper, der aus $\mathfrak{Q}(\mathfrak{o})$ durch die Dilatation von $\mathfrak{o}$ aus im Verhältnisse $t : 1$ entsteht. Sodann sei $\mathfrak{D}$ eine Punktmenge bestehend aus einer endlichen Anzahl von Punkten. Unter $\mathfrak{P}(\mathfrak{D})$ und $\mathfrak{Q}(\mathfrak{D})$ wird man nach 53. I. die Vereinigungen aus den sämmtlichen Körpern $\mathfrak{P}(\mathfrak{o}) + \mathfrak{d} - \mathfrak{o}$ oder $\mathfrak{Q}(\mathfrak{o}) + \mathfrak{d} - \mathfrak{o}$ in Bezug auf die einzelnen Punkte $\mathfrak{d}$ aus $\mathfrak{D}$ begreifen. Die Volumina dieser Bereiche $\mathfrak{P}(\mathfrak{D})$ und $\mathfrak{Q}(\mathfrak{D})$ mögen Π und X heissen. Da $t < 1$ angenommen ist, befindet sich für jeden Punkt $\mathfrak{d}$ der Körper $\mathfrak{P}(\mathfrak{d})$ immer ganz im Inneren des Körpers $\mathfrak{Q}(\mathfrak{d})$, und liegt somit auch $\mathfrak{P}(\mathfrak{D})$ ganz im Inneren von $\mathfrak{Q}(\mathfrak{D})$; man hat infolgedessen zunächst

$$(1) \qquad \Pi < X.$$

Dieses Theorem bildete in 53. (5) den Kernpunkt für die Schlüsse des letzten Abschnitts. Zweitens lässt sich nun, $t < 1$ vorausgesetzt, immer folgende Ungleichung nachweisen:

$$(2) \qquad \Pi \geqq t^n X.$$

Man führe die Strahldistanzen $S(\mathfrak{a}\mathfrak{b})$ ein, für welche $\mathfrak{Q}(\mathfrak{o})$ den Aichkörper darstellt. Besteht $\mathfrak{D}$ aus einem einzigen Punkte, so hat man gewiss $\Pi = t^n X$. Nun sei die Anzahl der Punkte in $\mathfrak{D}$ grösser als 1; dann kann es vorkommen, dass die einzelnen Körper, die zur Bildung von $\mathfrak{P}(\mathfrak{D})$, beziehlich von $\mathfrak{Q}(\mathfrak{D})$ beitragen, sich in Partieen von nicht verschwindendem Volumen übereinanderlagern, und wird jetzt dieser Umstand bei der Berechnung der Grössen Π und X in Betracht zu ziehen sein.

Es sei $\mathfrak{d}$ ein einzelner Punkt aus $\mathfrak{D}$. Den Punkten $\mathfrak{y}$ im Inneren von $\mathfrak{Q}(\mathfrak{d})$ entsprechen dann vermöge der Beziehung

$$\mathfrak{x} - \mathfrak{d} = t(\mathfrak{y} - \mathfrak{d}) \tag{3}$$

die Punkte $\mathfrak{x}$ im Inneren von $\mathfrak{P}(\mathfrak{d})$; dabei gilt jedesmal

$$S(\mathfrak{d}\mathfrak{y}) < 1, \quad S(\mathfrak{d}\mathfrak{x}) < t \quad \text{und} \quad S(\mathfrak{x}\mathfrak{y}) < 1 - t.$$

Nun sei $\mathfrak{e}$ ein zweiter, von $\mathfrak{d}$ verschiedener Punkt aus $\mathfrak{D}$. Gilt für einen Punkt $\mathfrak{y}$, wie man ihn soeben betrachtete, gleichzeitig $S(\mathfrak{e}\mathfrak{y}) > 1$, so findet man für den vermöge (3) dazugehörigen Punkt $\mathfrak{x}$ jedesmal $S(\mathfrak{e}\mathfrak{x}) \geqq S(\mathfrak{e}\mathfrak{y}) - S(\mathfrak{x}\mathfrak{y}) > 1 - (1 - t)$, also $S(\mathfrak{e}\mathfrak{x}) > t$; hat man hingegen für $\mathfrak{x}$ die Ungleichung $S(\mathfrak{e}\mathfrak{x}) < t$, so folgt für den Punkt $\mathfrak{y}$ dazu jedesmal $S(\mathfrak{e}\mathfrak{y}) \leqq S(\mathfrak{e}\mathfrak{x}) + S(\mathfrak{x}\mathfrak{y}) < t + (1 - t)$, also $S(\mathfrak{e}\mathfrak{y}) < 1$.

Nun verstehe man unter $\mathfrak{E}_\mathfrak{d}$ irgend eine Eintheilung derjenigen Punkte, die in $\mathfrak{D}$ noch ausser dem Punkte $\mathfrak{d}$ da sind, in eine erste, zweite, dritte Gruppe, wobei jedoch zuzulassen ist, dass man einer oder zweien von diesen Gruppen überhaupt keinen Punkt zuweist; der ersten Gruppe seien $\pi - 1$, der zweiten $\chi - \pi$ Punkte zugewiesen, sodass jedenfalls $1 \leqq \pi < \chi$ ist. Die Eintheilung $\mathfrak{E}_\mathfrak{d}$ sei von solcher Art, dass es Punktepaare $\mathfrak{x}$ und $\mathfrak{y}$ giebt, die durch (3) zusammenhängen und dabei alle folgenden Bedingungen erfüllen, zunächst: $S(\mathfrak{d}\mathfrak{x}) < t$, ferner: $S(\mathfrak{e}\mathfrak{x}) < t$ für jeden Punkt $\mathfrak{e}$ der ersten Gruppe, weiter: $S(\mathfrak{e}\mathfrak{x}) > t$ und $S(\mathfrak{e}\mathfrak{y}) < 1$ für jeden Punkt $\mathfrak{e}$ der zweiten Gruppe, endlich: $S(\mathfrak{e}\mathfrak{y}) > 1$ für jeden Punkt $\mathfrak{e}$ der dritten Gruppe; alsdann verstehe man unter $\mathfrak{Q}\{\mathfrak{E}_\mathfrak{d}\}$ die Menge aus allen bezüglichen Punkten $\mathfrak{y}$ mitsammt der Begrenzung dieser Menge, und unter $\mathfrak{P}\{\mathfrak{E}_\mathfrak{d}\}$ den Bereich, der aus diesem Bereich $\mathfrak{Q}\{\mathfrak{E}_\mathfrak{d}\}$ durch Dilatation von $\mathfrak{d}$ aus im Verhältnisse $t:1$ entspringt. Das ganze Innere von $\mathfrak{Q}\{\mathfrak{E}_\mathfrak{d}\}$ liegt dann ausser in $\mathfrak{Q}(\mathfrak{d})$ noch in $\chi - 1$ weiteren Körpern $\mathfrak{Q}(\mathfrak{e})$ und das ganze Innere von $\mathfrak{P}\{\mathfrak{E}_\mathfrak{d}\}$ ausser in $\mathfrak{P}(\mathfrak{d})$ noch in $\pi - 1$ weiteren Körpern $\mathfrak{P}(\mathfrak{e})$. Der Körper $\mathfrak{Q}(\mathfrak{d})$ aber erscheint genau aus den einzelnen, in Bezug auf $\mathfrak{d}$ möglichen solchen Bereichen $\mathfrak{Q}\{\mathfrak{E}_\mathfrak{d}\}$ zusammengesetzt, wobei diese Bereiche unter einander in ihren inneren Punkten durchweg verschieden sind, und analog entspringt $\mathfrak{P}(\mathfrak{d})$ aus den sämmtlichen möglichen Bereichen $\mathfrak{P}\{\mathfrak{E}_\mathfrak{d}\}$.

Auf Grund von 26. I. kommt nun auch jedem Bereiche $\mathfrak{Q}\{\mathfrak{E}_\mathfrak{d}\}$ stets ein bestimmtes Volumen zu, man bezeichne dasselbe mit $X\{\mathfrak{E}_\mathfrak{d}\}$; das Volumen des zugehörigen Bereichs $\mathfrak{P}\{\mathfrak{E}_\mathfrak{d}\}$ ist dann jedesmal $t^n X\{\mathfrak{E}_\mathfrak{d}\}$. Nunmehr werden nach 26. II., III. die Volumina von $\mathfrak{P}$ und von $\mathfrak{Q}$ durch $\sum\sum \frac{t^n}{\pi} X\{\mathfrak{E}_\mathfrak{d}\}$ und $\sum\sum \frac{1}{\chi} X\{\mathfrak{E}_\mathfrak{d}\}$ dargestellt sein, wobei die Summen erstens über alle Punkte $\mathfrak{d}$ aus $\mathfrak{D}$ und zweitens für jeden dieser Punkte über alle ihm entsprechenden Eintheilungen $\mathfrak{E}_b$ zu erstrecken sind. Da man nun bei jeder Eintheilung $\mathfrak{E}_b$ immer $\pi \leqq \chi$ hat, geht daraus in der That $\Pi > t^n X$ hervor.

II. Es bedeute wieder $\mathfrak{G}$ das gesammte Zahlengitter. Es seien $\mathfrak{P}(\mathfrak{o})$ und $\cdot\mathfrak{P}(\mathfrak{o})$ zwei nirgends concave Körper mit $\mathfrak{o}$ im Inneren; es sei $\cdot\mathfrak{P}(\mathfrak{o})$ ganz in $\mathfrak{P}(\mathfrak{o})$ enthalten, und andererseits gebe es einen Punkt $\mathfrak{j}$, sodass der Körper $\cdot\mathfrak{P}(\mathfrak{j})$ mit dem ganzen Bereiche $\mathfrak{P}(\mathfrak{G})$ höchstens nur Punkte der Begrenzung gemein hat. Ferner stelle $\mathfrak{H}$ irgend eine endliche Menge von Gitterpunkten vor.

Leitet man jetzt einen neuen Körper $\mathfrak{Q}(\mathfrak{o})$ her durch Dilatation des Körpers $\mathfrak{P}(\mathfrak{o})$ von $\mathfrak{o}$ aus in einem Verhältnisse $1 + \vartheta : 1$, wobei $0 < \vartheta \leqq 1$ sei, und sind Π, $\cdot\Pi$, X die Volumina von $\mathfrak{P}(\mathfrak{H})$, $\cdot\mathfrak{P}(\mathfrak{H})$, $\mathfrak{Q}(\mathfrak{H})$, so gilt die Ungleichung:

$$X \geqq \Pi + \vartheta^n \cdot \Pi. \tag{4}$$

Man nehme einerseits $\mathfrak{P}(\mathfrak{o})$, andererseits $\cdot\mathfrak{P}(\mathfrak{o})$ als Aichkörper von Strahldistanzen an; für die ersteren Strahldistanzen wende man die Bezeichnung $S(\mathfrak{ab})$, für die letzteren die Bezeichnung $\cdot S(\mathfrak{ab})$ an. Da $\cdot\mathfrak{P}(\mathfrak{o})$ ganz in $\mathfrak{P}(\mathfrak{o})$ enthalten ist, gilt auf der Begrenzung von $\mathfrak{P}(\mathfrak{o})$, also wenn $S(\mathfrak{o}\mathfrak{x}) = 1$ ist, immer $\cdot S(\mathfrak{o}\mathfrak{x}) > 1$, und danach wird auch für beliebige Punkte $\mathfrak{a}$ und $\mathfrak{b}$ stets $\cdot S(\mathfrak{ab}) > S(\mathfrak{ab})$ sein.

Nun sollte ferner $\mathfrak{P}(\mathfrak{G})$ keinen inneren Punkt von $\cdot\mathfrak{P}(\mathfrak{j})$ in sich schliessen. Danach wird für jeden Punkt $\mathfrak{x}$ aus $\mathfrak{P}(\mathfrak{G})$ immer $\cdot S(\mathfrak{j}\mathfrak{x}) > 1$ sein. Man wird in dem abgeschlossenen Bereiche $\mathfrak{P}(\mathfrak{G})$ mindestens einen Punkt $\mathfrak{l}$ finden können, für welchen $\cdot S(\mathfrak{jl})$ möglichst klein ausfällt; von der Strecke $\mathfrak{jl}$ gehören dann alle Punkte ausser $\mathfrak{l}$ nicht zu $\mathfrak{P}(\mathfrak{G})$, und liegt also $\mathfrak{l}$ jedenfalls auf der Begrenzung von $\mathfrak{P}(\mathfrak{G})$. Natürlich fällt dabei auch $\cdot S(\mathfrak{jl}) > 1$ aus. Indem $\vartheta \leqq 1$ vorausgesetzt ist, wird die Strecke $\mathfrak{jl}$ einen bestimmten Punkt $\mathfrak{k}$ aufweisen, für den sich $\cdot S(\mathfrak{kl}) = \vartheta$, $\cdot S(\mathfrak{jk}) = \cdot S(\mathfrak{jl}) - \vartheta$ erweist. Der Körper $\cdot S(\mathfrak{k}\mathfrak{x}) < \vartheta$ werde nun mit $\cdot\mathfrak{Q}(\mathfrak{k})$ bezeichnet; für die Punkte $\mathfrak{x}$ im Inneren dieses Körpers wird dann $\cdot S(\mathfrak{j}\mathfrak{x}) \leqq \cdot S(\mathfrak{jk}) + \cdot S(\mathfrak{k}\mathfrak{x}) < \cdot S(\mathfrak{jl})$ sein, sodass dieses Innere ebenfalls, wie das von $\cdot\mathfrak{P}(\mathfrak{j})$, nirgends in $\mathfrak{P}(\mathfrak{G})$ eintritt.

Indem $\mathfrak{l}$ der Begrenzung von $\mathfrak{P}(\mathfrak{G})$ angehört, hat man wenigstens einen Gitterpunkt $\mathfrak{g}$, für welchen $S(\mathfrak{gl}) = 1$ ist. Man bestimme nun einen Punkt $\mathfrak{f}$ durch die Bedingung $\mathfrak{g} - \mathfrak{f} = \mathfrak{l} - \mathfrak{k}$, so kann man zeigen, dass der Körper $\mathfrak{Q}(\mathfrak{f})$, d. i. $S(\mathfrak{f}\mathfrak{x}) < 1 + \vartheta$, sowohl den Körper $\mathfrak{P}(\mathfrak{g})$ wie den Körper $\cdot\mathfrak{Q}(\mathfrak{k})$ in sich aufnimmt. Denn man erhält $S(\mathfrak{fg}) = S(\mathfrak{kl}) < \cdot S(\mathfrak{kl}) = \vartheta$ und andererseits $S(\mathfrak{fk}) = S(\mathfrak{gl}) = 1$; für einen Punkt $\mathfrak{x}$ in $\mathfrak{P}(\mathfrak{g})$ nun gilt $S(\mathfrak{g}\mathfrak{x}) < 1$ und infolgedessen dann auch $S(\mathfrak{f}\mathfrak{x}) \leqq S(\mathfrak{fg}) + S(\mathfrak{g}\mathfrak{x}) \leqq \vartheta + 1$; für einen Punkt $\mathfrak{x}$ in $\cdot\mathfrak{Q}(\mathfrak{k})$

gilt $\cdot S(\mathfrak{k}\mathfrak{x}) < \vartheta$, um so mehr dann $S(\mathfrak{k}\mathfrak{x}) \leq \vartheta$ und endlich wieder $S(\mathfrak{j}\mathfrak{x}) < S(\mathfrak{j}\mathfrak{k}) + S(\mathfrak{k}\mathfrak{x}) \leq 1 + \vartheta$.

Wie die Bereiche $\cdot\mathfrak{Q}(\mathfrak{k})$ und $\mathfrak{P}(\mathfrak{G})$, so sind nun auch für jeden Punkt $\mathfrak{h}$ die zwei Bereiche $\cdot\mathfrak{Q}(\mathfrak{k}) + \mathfrak{h} - \mathfrak{o} = \cdot\mathfrak{Q}(\mathfrak{h}) + \mathfrak{k} - \mathfrak{o}$ und $\mathfrak{P}(\mathfrak{G}) + \mathfrak{h} - \mathfrak{o}$ immer in ihren inneren Punkten verschieden. Nach der Natur des Zahlengitters aber wird der letztere Bereich jedesmal wieder $\mathfrak{P}(\mathfrak{G})$ selbst, sowie $\mathfrak{h}$ einen Gitterpunkt vorstellt; und so enthält auch der Gesammtbereich $\cdot\mathfrak{Q}(\mathfrak{H}) + \mathfrak{k} - \mathfrak{o}$ keinen inneren Punkt von $\mathfrak{P}(\mathfrak{G})$ und daher auch nicht von $\mathfrak{P}(\mathfrak{H}) + \mathfrak{g} - \mathfrak{o}$, welch letzterer Bereich einen Theil von $\mathfrak{P}(\mathfrak{G})$ ausmacht, weil $\mathfrak{g}$ hier einen Gitterpunkt bedeutet. Wie ferner der Körper $\mathfrak{Q}(\mathfrak{j})$ sowohl $\mathfrak{P}(\mathfrak{g})$ wie $\cdot\mathfrak{Q}(\mathfrak{k})$ in sich aufnahm, so wird für jeden Punkt $\mathfrak{h}$ immer $\mathfrak{Q}(\mathfrak{h}) + \mathfrak{j} - \mathfrak{o}$ sowohl $\mathfrak{P}(\mathfrak{h}) + \mathfrak{g} - \mathfrak{o}$ wie $\cdot\mathfrak{Q}(\mathfrak{h}) + \mathfrak{k} - \mathfrak{o}$ in sich aufnehmen, und wird damit weiter $\mathfrak{Q}(\mathfrak{H}) + \mathfrak{j} - \mathfrak{o}$ die beiden soeben genannten, in ihren inneren Punkten verschiedenen Bereiche $\mathfrak{P}(\mathfrak{H}) + \mathfrak{g} - \mathfrak{o}$ und $\cdot\mathfrak{Q}(\mathfrak{H}) + \mathfrak{k} - \mathfrak{o}$ ganz in sich schliessen. Die Volumina dieser drei letzten Bereiche sind dieselben wie die von $\mathfrak{Q}(\mathfrak{H})$, $\mathfrak{P}(\mathfrak{H})$, $\cdot\mathfrak{Q}(\mathfrak{H})$, und das Volumen von $\cdot\mathfrak{Q}(\mathfrak{H})$ erweist sich nach (2) als $\geq \vartheta^n \cdot H$; so erlangt man in der That (durch den Satz 26. II.) die zu beweisende Ungleichung (4).

Es kam hier für den Punkt $\mathfrak{j}$ eigentlich nicht der Umstand zur Anwendung, dass $\cdot\mathfrak{P}(\mathfrak{j})$, d. i. $\cdot S(\mathfrak{j}\mathfrak{x}) < 1$, sondern nur der, dass $\cdot\mathfrak{Q}(\mathfrak{j})$, d. i. $\cdot S(\mathfrak{j}\mathfrak{x}) < \vartheta$, keinen inneren Punkt mit $\mathfrak{P}(\mathfrak{G})$ gemein hat.

III. Der Würfel $E(\mathfrak{o}\mathfrak{x}) < \frac{1}{2}$, d. i. der Körper der Spannen $< \frac{1}{2}$ von $\mathfrak{o}$, werde mit $\mathfrak{B}$ oder auch mit $\mathfrak{B}(\mathfrak{o})$ bezeichnet. Es diene wieder $\mathfrak{g}$ als Zeichen für einen beliebigen Gitterpunkt. Die einzelnen Körper $\mathfrak{B}(\mathfrak{g})$ sind in ihren inneren Punkten durchweg verschieden, und ihre Vereinigung $\mathfrak{B}(\mathfrak{G})$ deckt sich mit der ganzen Mannigfaltigkeit $\mathfrak{X}$.

Es sei $\mathfrak{P}(\mathfrak{o})$ ein beliebiger nirgends concaver Körper mit $\mathfrak{o}$ im Inneren; unter $\mathfrak{P}$ verstehe man dann die Menge aller der Punkte, die zu gleicher Zeit innere von $\mathfrak{B}$ und von $\mathfrak{P}(\mathfrak{G})$ sind, mitsammt der Begrenzung dieser Menge. Wie dem Körper $\mathfrak{P}(\mathfrak{o})$ kommt auch dieser Menge $\mathfrak{P}$ jedesmal ein bestimmtes Volumen zu.

Nämlich es sei B die Kante eines solchen Würfels mit $\mathfrak{o}$ als Mittelpunkt, der $\mathfrak{P}(\mathfrak{o})$ ganz enthält; in einem Körper $\mathfrak{P}(\mathfrak{g})$ gilt dann für jeden Punkt $\mathfrak{x}$ stets

$$E(\mathfrak{o}\mathfrak{g}) < E(\mathfrak{o}\mathfrak{x}) + E(\mathfrak{x}\mathfrak{g}), \quad E(\mathfrak{x}\mathfrak{g}) = E(\mathfrak{g}\mathfrak{x}) \leq \frac{1}{2} B,$$

und können daher in einem solchen Körper innere Punkte von $\mathfrak{B}$

sicherlich nur vorkommen, falls $E(\mathfrak{og}) < \frac{1}{2} + \frac{1}{2} B$ ist. Dieser Bedingung genügen insgesammt nur eine *endliche* Anzahl von Gitterpunkten; und danach kann man auch nur auf eine endliche Anzahl von Arten ein solches System $\mathfrak{G}_0$ von Gitterpunkten aufstellen, bei dem man Punkte $\mathfrak{x}$ im Inneren von $\mathfrak{B}$ hat, die einerseits in Bezug auf jeden Punkt $\mathfrak{g}$ aus $\mathfrak{G}_0$ stets im *Inneren* von $\mathfrak{P}(\mathfrak{g})$, andererseits in Bezug auf jeden anderen Gitterpunkt $\mathfrak{g}$ stets im *Aeusseren* von $\mathfrak{P}(\mathfrak{g})$ sich befinden. Bei jedem vorhandenen derartigen Systeme $\mathfrak{G}_0$ verstehe man unter $\mathfrak{P}\{\mathfrak{G}_0\}$ immer die Menge aus *allen* Punkten $\mathfrak{x}$ von der soeben angegebenen Natur mitsammt der Begrenzung dieser Menge; jedem Bereiche $\mathfrak{P}\{\mathfrak{G}_0\}$ kommt dann nach 26. I. immer ein bestimmtes Volumen zu. Nun erscheint $\mathfrak{P}$ als die Vereinigung aus allen vorhandenen solchen Bereichen $\mathfrak{P}\{\mathfrak{G}_0\}$, und sind diese, wofern überhaupt mehr als nur ein System $\mathfrak{G}_0$ in Betracht kommt, unter einander in ihren inneren Punkten durchweg verschieden. Infolgedessen ergiebt die Summe ihrer Volumina das Volumen von $\mathfrak{P}$; dasselbe werde mit P bezeichnet.

Nun stelle $\mathfrak{H}$ eine endliche Menge von Gitterpunkten vor, es sei ω die Anzahl dieser Gitterpunkte und Π das Volumen von $\mathfrak{P}(\mathfrak{H})$; alsdann gilt die *Ungleichung*:

(5) $$\Pi > \omega P.$$

Nämlich $\mathfrak{P}(\mathfrak{G})$ besteht genau aus allen Bereichen $\mathfrak{P} + \mathfrak{g} - \mathfrak{o}$, und sind diese wie die Bereiche $\mathfrak{B}(\mathfrak{g})$, in denen sie liegen, in ihren inneren Punkten durchweg verschieden; jeder Bereich $\mathfrak{P} + \mathfrak{g} - \mathfrak{o}$ wieder besteht aus den Bereichen $\mathfrak{P}\{\mathfrak{G}_0\} + \mathfrak{g} - \mathfrak{o}$ in Bezug auf die einzelnen vorhandenen Systeme $\mathfrak{G}_0$; und so setzt sich $\mathfrak{P}(\mathfrak{G})$ zusammen aus den Bereichen $\mathfrak{P}\{\mathfrak{G}_0\} + \mathfrak{g} - \mathfrak{o}$, einerseits in Bezug auf sämmtliche Systeme $\mathfrak{G}_0$, andererseits in Bezug auf sämmtliche Gitterpunkte $\mathfrak{g}$, und dabei sind alle diese Bereiche in ihren inneren Punkten durchweg verschieden. Nun werde in jeder Menge $\mathfrak{G}_0$ ein Gitterpunkt nach Belieben ausgezeichnet, den man jedesmal $\mathfrak{g}_0$ nenne; alsdann gehört $\mathfrak{P}\{\mathfrak{G}_0\}$ insbesondere ganz zu $\mathfrak{P}(\mathfrak{g}_0)$, und wird entsprechend für einen beliebigen Punkt $\mathfrak{h}$ immer $\mathfrak{P}(\mathfrak{h})$ den Bereich $\mathfrak{P}\{\mathfrak{G}_0\} + \mathfrak{h} - \mathfrak{g}_0$ in sich schliessen. So enthält $\mathfrak{P}(\mathfrak{H})$ bei jedem Systeme $\mathfrak{G}_0$ von den Bereichen $\mathfrak{P}\{\mathfrak{G}_0\} + \mathfrak{g} - \mathfrak{o}$ mindestens ω, und daraus geht in der That $\Pi > \omega P$ hervor.

Es sei endlich Ω irgend eine positive *ungerade* ganze Zahl, und es bedeute jetzt $\mathfrak{H}$ specieller die Menge derjenigen Gitterpunkte, welche eine Spanne $\leqq \frac{\Omega - 1}{2}$ von $\mathfrak{o}$ besitzen; die Anzahl dieser Gitterpunkte beträgt Ω^n. Die Spanne von $\mathfrak{o}$ erweist sich dann im Inneren von $\mathfrak{P}(\mathfrak{H})$ durchweg $< \frac{\Omega - 1}{2} + \frac{1}{2} B$, andererseits fällt sie in einem Bereiche $\mathfrak{P} + \mathfrak{g} - \mathfrak{o}$ jedesmal $\geqq E(\mathfrak{o}\mathfrak{g}) - \frac{1}{2}$ aus; danach muss nun $\mathfrak{P}(\mathfrak{H})$ ganz aufgenommen werden von denjenigen Bereichen $\mathfrak{P} + \mathfrak{g} - \mathfrak{o}$, für welche der Gitterpunkt $\mathfrak{g}$ die Bedingung

$$E(\mathfrak{o}\,\mathfrak{g}) - \frac{1}{2} < \frac{\Omega - 1}{2} + \frac{1}{2} B$$

befriedigt. Die Anzahl der Gitterpunkte, die dieser Ungleichung genügen, ist sicher $< (\Omega + 1 + B)^n$, und danach hat man bei der hier vorausgesetzten Natur von $\mathfrak{H}$ noch die Ungleichung:

(6) $$\Pi < (\Omega + 1 + B)^n P.$$

Andererseits lautet (5) hier $\Omega^n P \leqq \Pi$. Aus beiden Ungleichungen zusammen entnimmt man das Resultat, dass bei der speciellen Bedeutung, welche dem Volumen Π gegenwärtig zukommt, mit unbegrenzt wachsender Zahl Ω der Quotient $\frac{\Pi}{\Omega^n}$ nach der Grösse P convergirt.

55.

Die extremen Aichkörper.

Es bedeute wieder $\mathfrak{G}$ das gesammte Zahlengitter, $\mathfrak{g}$ einen beliebigen Punkt daraus. Unter einem Restbereich werde allgemein ein solcher nirgends concaver Körper $\mathfrak{R}$ mit $\mathfrak{o}$ als Mittelpunkt verstanden, für welchen die einzelnen Körper $\mathfrak{R} + \mathfrak{g} - \mathfrak{o}$ in ihren inneren Punkten durchweg verschieden gerathen und vereinigt die ganze Mannigfaltigkeit $\mathfrak{X}$ überdecken. Die Natur dieser Restbereiche wurde in 32.—35. untersucht. Der einfachste Restbereich in $\mathfrak{X}$ ist der Würfel $E(\mathfrak{o}\mathfrak{x}) < \frac{1}{2}$, der wieder mit $\mathfrak{W}$ bezeichnet werden möge.

In 53. ist für beliebige einhellige und wechselseitige Strahldistanzen $S(\mathfrak{a}\mathfrak{b})$ die Ungleichung

(1) $$M_1^{r_1} \dots M_\lambda^{r_\lambda} J \leqq 2^n$$

festgestellt worden. Man verstehe unter $\mathfrak{o}(M_1, \dots M_\varkappa)$ (für $\varkappa = 1, \dots \lambda$) wie in 47. die durch sämmtliche Gitterpunkte $\mathfrak{g}$ mit der Eigenschaft $S(\mathfrak{o}\mathfrak{g}) \leqq M_\varkappa$ gelegte Mannigfaltigkeit. Es bedeutet (nach 53. und 47. I.) keine eigentliche Beschränkung, wenn die Coordinaten $x_1, \dots x_n$ in solcher Zugehörigkeit zum Körper $S(\mathfrak{o}\mathfrak{x}) \leqq 1$ vorausgesetzt werden, dass für $\varkappa = 1, \dots \lambda - 1$ jedesmal $\mathfrak{o}(M_1, \dots M_\varkappa)$ einfach durch

$x_{\mu_\varkappa+1} = 0, \ldots x_n = 0$ definirt erscheint; bei diesem Verhalten möge der Körper $S(\mathfrak{o}\mathfrak{x}) \leqq 1$ kurz für $x_1, \ldots x_n$ eingerichtet heissen.

Es soll $S(\mathfrak{o}\mathfrak{x}) \leqq 1$ als ein extremer Aichkörper bezeichnet werden, wenn in der Ungleichung (1) das Gleichheitszeichen statthat. Im Folgenden soll das Wesen der extremen Aichkörper ergründet werden. Hat man $\lambda = 1$, so ist das Eintreten des Gleichheitszeichens in (1) nach 32. I. und 50. IV. gleichbedeutend damit, dass in der Schaar der Körper $S(\mathfrak{o}\mathfrak{x}) \leqq$ const. sich einmal ein Restbereich findet; derselbe entspricht dann dem Werthe const. $= \frac{1}{2} M = \frac{1}{\sqrt[n]{J}}$. Jetzt setze man $\lambda > 1$ und dazu $\nu_1, \ldots \nu_\lambda$ (mit der Summe n) irgendwie gegeben voraus, so wird als charakteristisch für die bezüglichen extremen Aichkörper gefunden werden, dass sie in gewisser Weise aus den Restbereichen in Mannigfaltigkeiten $\nu_1^{\text{ter}}, \ldots \nu_\lambda^{\text{ter}}$ Ordnung entspringen.

Wie in 53. werde unter Ω irgend eine positive ungerade Zahl, unter $\mathfrak{H}$ die Menge der Ω^n Gitterpunkte mit einer Spanne $\leqq \frac{\Omega - 1}{2}$ von $\mathfrak{o}$ verstanden. $\mathfrak{P}_\varkappa(\mathfrak{o})$ für $\varkappa = 1, \ldots \lambda$ bedeutete jedesmal den Körper $S(\mathfrak{o}\mathfrak{x}) \leqq \frac{1}{2} M_\varkappa$. Es sei $S(\mathfrak{o}\mathfrak{x}) \leqq 1$ für $x_1, \ldots x_n$ eingerichtet; wenn $\varkappa$ einen der Werthe $1, \ldots \lambda - 1$ hat, werde dann unter der zu $\varkappa$ gehörenden Zerlegung $\mathfrak{x} = \mathfrak{x}', \mathfrak{x}''$ die Auflösung von $x_1, \ldots x_n$ in die zwei Gruppen $x_1, \ldots x_{\mu_\varkappa}$ und $x_{\mu_\varkappa+1}, \ldots x_n$ verstanden, wie sie oben bei der Vergleichung der Volumina von $\mathfrak{P}_\varkappa(\mathfrak{H})$ und $\mathfrak{P}_{\varkappa+1}(\mathfrak{H})$ gebraucht wurde. Die Bereiche $\mathfrak{X}$, $\mathfrak{B}$, $\mathfrak{G}$, $\mathfrak{H}$ sind dabei jedesmal alle vier so geartet, dass in ihnen $\mathfrak{x}'$ und $\mathfrak{x}''$ vollkommen unabhängig von einander laufen, und zieht so jene allgemeine Zerlegung eines Punktes für diese Bereiche gewisse Darstellungen: $\mathfrak{X}', \mathfrak{X}''$; $\mathfrak{B}', \mathfrak{B}''$; $\mathfrak{G}', \mathfrak{G}''$; $\mathfrak{H}', \mathfrak{H}''$ nach sich. Wo es die Deutlichkeit erfordert, soll den letzteren Zeichen wie auch schon den Zeichen für einzelne Systeme $\mathfrak{x}'$ oder $\mathfrak{x}''$ die Zahl $\varkappa$, auf die sie sich beziehen, als unterer Index beigefügt werden. So wird z. B. $\mathfrak{G}_\varkappa'$ (oder $\mathfrak{G}'$) die Bedeutung der Menge aller ganzzahligen Systeme $x_1, \ldots x_{\mu_\varkappa}$, sozusagen des Zahlengitters „in $\mathfrak{X}_\varkappa'$" haben; $\mathfrak{B}_\varkappa'$ wird den entsprechenden Bereich für $\mathfrak{X}_\varkappa'$ vorstellen wie $\mathfrak{B}$ für $\mathfrak{X}$, insbesondere also ein Restbereich in $\mathfrak{X}_\varkappa'$ sein; endlich wird $\mathfrak{H}_\varkappa'$ insgesammt $\Omega^{\mu_\varkappa}$ einzelne Systeme $\mathfrak{g}_\varkappa'$ aus $\mathfrak{G}_\varkappa'$ umfassen.

Ersetzt man im Körper $\mathfrak{P}_\varkappa(\mathfrak{o})$ $(\varkappa = 1, \ldots \lambda - 1)$ einen jeden Punkt $\mathfrak{x} = \mathfrak{x}_\varkappa', \mathfrak{x}_\varkappa''$ durch $\mathfrak{y}_\varkappa', \mathfrak{x}_\varkappa''$, so dass dabei $\mathfrak{y}_\varkappa' - \mathfrak{o}_\varkappa' = \frac{M_{\varkappa+1}}{M_\varkappa}(\mathfrak{x}_\varkappa' - \mathfrak{o}_\varkappa')$ ist, so entsteht der oben $\mathfrak{Q}_\varkappa(\mathfrak{o})$ genannte Körper. Des Weiteren wurden die Volumina von $\mathfrak{P}_\varkappa(\mathfrak{H}_\varkappa', \mathfrak{o}_\varkappa'')$ und $\mathfrak{Q}_\varkappa(\mathfrak{H}_\varkappa', \mathfrak{o}_\varkappa'')$ für $\varkappa = 1, \ldots \lambda - 1$ mit $\Pi_\varkappa$ und $X_\varkappa$ und noch das Volumen von $\mathfrak{P}_\lambda(\mathfrak{H})$ mit Π_λ bezeichnet. Die Ungleichung (1) entstand nunmehr aus der Gleichung 53. (8) und den λ Ungleichungen:

$$\Pi_\varkappa \leqq X_\varkappa \quad (\varkappa = 1, \ldots \lambda - 1), \quad \Pi_\lambda \leqq \left(\Omega - 1 + \frac{G}{ng}\right)^n$$

I. Zu den hier definirten Grössen soll jetzt noch eine neue Grösse, X_λ, hinzukommen. Jeder Punkt $\mathfrak{x}$ ist (vgl. 50. (3)) in der Form

$$\mathfrak{o} + v_1 (\mathfrak{p}_1 - \mathfrak{o}) + \cdots + v_n(\mathfrak{p}_n - \mathfrak{o})$$

mittelst bestimmter Werthe $v_1, \ldots v_n$ darstellbar. Das Zahlengitter in $v_1, \ldots v_n$ erscheint dabei ganz dem Gitter $\mathfrak{G}$ einverleibt. Indem nun durch $-\frac{1}{2} \leqq v_h \leqq \frac{1}{2}$ $(h = 1, \ldots n)$ ein Restbereich in $v_1, \ldots v_n$ definirt wird, erkennt man hieraus, dass jeder Punkt $\mathfrak{x}$ über wenigstens einen Gitterpunkt verfügt, von dem die Strahldistanz nach $\mathfrak{x}$ sich $\leqq \frac{1}{2} S(\mathfrak{o}\mathfrak{p}_1) + \cdots + \frac{1}{2} S(\mathfrak{o}\mathfrak{p}_n) \leqq \frac{n}{2} M_\lambda$ erweist. Sodann besitzt jeder Punkt $\mathfrak{x}$ auch eine bestimmte kleinste Strahldistanz vom ganzen Gitter $\mathfrak{G}$ mit eben dieser oberen Grenze; diese Strahldistanz werde mit $\varphi_\lambda(\mathfrak{x})$ bezeichnet. Für die Punkte auf der Begrenzung des Bereichs

$$\mathfrak{P}_\lambda(\mathfrak{G}_{\lambda-1}', \mathfrak{o}_{\lambda-1}'')$$

hat man offenbar $\varphi_\lambda(\mathfrak{x}) = \frac{1}{2} M_\lambda$. Diese Function $\varphi_\lambda(\mathfrak{x})$ nimmt nun alle für sie überhaupt möglichen Werthe bereits in einem beliebigen Restbereiche, z. B. in $\mathfrak{B}$, an; sie ist zudem eine stetige Function der Coordinaten von $\mathfrak{x}$ (vgl. 32. I.), und so besitzt sie in $\mathfrak{B}$ (und damit zugleich für die ganze Mannigfaltigkeit $\mathfrak{X}$) ein bestimmtes **Maximum**, das jetzt $\frac{1}{2} N_\lambda$ heissen möge; man erkennt die Ungleichungen $M_\lambda \leqq N_\lambda \leqq n M_\lambda$. Es werde nun der Körper $S(\mathfrak{o}\mathfrak{x}) \leqq \frac{1}{2} N_\lambda$ mit $\mathfrak{Q}_\lambda(\mathfrak{o})$ bezeichnet, und unter X_λ verstehe man das Volumen von $\mathfrak{Q}_\lambda(\mathfrak{H})$.

Da man $M_\lambda \leqq N_\lambda$ hat, enthält $\mathfrak{Q}_\lambda(\mathfrak{H})$ den Bereich $\mathfrak{P}_\lambda(\mathfrak{H})$ ganz in sich, und folgt daher

$$\Pi_\lambda \leqq X_\lambda .$$

Andererseits wird, indem $N_\lambda \leqq n M_\lambda \leqq G$ ist, $\mathfrak{Q}_\lambda(\mathfrak{H})$ ganz in dem Körper der Spannen $\leqq \frac{\Omega - 1}{2} + \frac{G}{2g}$ von $\mathfrak{o}$ liegen, und ergiebt sich daraus

$$X_\lambda \leqq \left(\Omega - 1 + \frac{G}{g}\right)^n$$

Man kann sich nun die Ungleichung (1) auch gewonnen denken aus dieser letzten Ungleichung, der Beziehung

$$(2) \qquad \frac{X_\lambda}{\Omega^n} = \frac{X_\lambda}{\Pi_\lambda} \cdots \frac{X_1}{\Pi_1} M_1^{\nu_1} \cdots M_\lambda^{\nu_\lambda} \frac{J}{2^n}$$

und den λ Ungleichungen $\Pi_\varkappa \leqq X_\varkappa$ für $\varkappa = 1, \ldots \lambda$. Hierin sind die 2λ Grössen $\Pi_\varkappa$ und $X_\varkappa$ wesentlich von der Zahl Ω abhängig.

Die Bedeutung von N_λ besteht nun darin, dass der Bereich $\mathfrak{Q}_\lambda(\mathfrak{G})$ die ganze Mannigfaltigkeit $\mathfrak{X}$ erfüllt, also sich mit $\mathfrak{B} + \mathfrak{G} - \mathfrak{o}$ deckt. Dem letzten Satze in 54. zufolge wird daher, wenn man die Zahl Ω unbegrenzt wachsen lässt, der Quotient $\frac{X_\lambda}{\Omega^n}$, d. i. die linke Seite von (2), nach dem Volumen von $\mathfrak{B}$, also nach 1, convergiren. Wie verhalten sich nun die λ von Ω abhängigen Quotienten auf der rechten Seite in (2) bei diesem Grenzübergang?

Man verstehe unter $\mathfrak{P}_\lambda$ die Menge aller in's Innere von $\mathfrak{B}$ fallenden Punkte aus $\mathfrak{P}_\lambda(\mathfrak{G})$ mitsammt der Begrenzung dieser Menge. Nach 54. III. kommt dann dieser Menge $\mathfrak{P}_\lambda$ ein bestimmtes Volumen zu, das P_λ heisse, und erscheint diese Grösse P_λ zugleich als der Grenzwerth von $\frac{\Pi_\lambda}{\Omega^n}$ für eine unbegrenzt wachsende Zahl Ω. Entsprechend verstehe man unter $\mathfrak{Q}_\lambda$ den ganzen Bereich $\mathfrak{B}$ und schreibe für dessen Volumen, also 1 auch Q_λ. Der Quotient $\frac{X_\lambda}{\Pi_\lambda}$ convergirt dann in der Grenze für $\Omega = \infty$ nach $\frac{Q_\lambda}{P_\lambda}$, und aus $\Pi_\lambda \leqq X_\lambda$ erhält man dabei:

$$P_\lambda \leqq Q_\lambda.$$

Jetzt habe $\varkappa$ einen der Werthe $1, \ldots \lambda - 1$, und man mache von der zu diesem Werthe $\varkappa$ gehörenden Zerlegung $\mathfrak{x} = \mathfrak{x}', \mathfrak{x}''$ mit allen daran anschliessenden Bezeichnungen wie $\mathfrak{X}'$, $\mathfrak{G}'$, $\mathfrak{B}'$ u. s. w. Gebrauch. Wie schon bemerkt wurde, stellen $\mathfrak{G}'$, $\mathfrak{B}'$ die entsprechenden Mengen in Bezug auf $\mathfrak{X}'$ vor wie $\mathfrak{G}$, $\mathfrak{B}$ in Bezug auf $\mathfrak{X}$. Die Menge aller Systeme $\mathfrak{x}''$ aus dem Körper $\mathfrak{P}_\varkappa(\mathfrak{o})$ werde wie in 53. mit $\mathfrak{P}_\varkappa''$ bezeichnet. Verwendet man $\mathfrak{f} = \mathfrak{f}', \mathfrak{f}''$ zur Bezeichnung eines beliebigen Punktes in $\mathfrak{P}_\varkappa(\mathfrak{o})$, so besteht irgend ein Körper $\mathfrak{P}_\varkappa(\mathfrak{x}', \mathfrak{o}'')$ immer genau aus den Punkten $\mathfrak{x}' + \mathfrak{f}' - \mathfrak{o}', \mathfrak{f}''$, und kommt dadurch der gesammte Bereich $\mathfrak{P}_\varkappa(\mathfrak{X}', \mathfrak{o}'')$ einfach auf $\mathfrak{X}'$, $\mathfrak{P}_\varkappa''$ hinaus. Der Uebergang von $\mathfrak{P}_\varkappa(\mathfrak{o})$ zu $\mathfrak{Q}_\varkappa(\mathfrak{o})$ sodann vollzieht sich wieder durch eine Veränderung bloss der Systeme $\mathfrak{f}'$ bei den Punkten $\mathfrak{f}', \mathfrak{f}''$. — Man verstehe nun unter $\mathfrak{P}_\varkappa$, beziehlich $\mathfrak{Q}_\varkappa$ die Menge aller in's Innere von $\mathfrak{B}'$, $\mathfrak{P}_\varkappa''$ fallenden Punkte aus $\mathfrak{P}_\varkappa(\mathfrak{G}', \mathfrak{o}'')$, beziehlich aus $\mathfrak{Q}_\varkappa(\mathfrak{G}', \mathfrak{o}'')$, jedesmal mitsammt der dazu gehörigen Begrenzung. Durch ganz ähnliche Ueberlegungen, wie sie in 54. III. angestellt sind, erkennt man einmal, dass diesen Bereichen $\mathfrak{P}_\varkappa$ und $\mathfrak{Q}_\varkappa$ bestimmte Volumina zukommen, welche $P_\varkappa$ und $Q_\varkappa$ heissen mögen, und sodann, dass eben nach diesen Grössen $P_\varkappa$ und $Q_\varkappa$ die Quotienten

$$\frac{\Pi_\varkappa}{\Omega^{\mu_\varkappa}} \quad \text{und} \quad \frac{X_\varkappa}{\Omega^{\mu_\varkappa}}$$

bei unbegrenzt wachsendem Ω convergiren. Das Verhältniss $\frac{X_\varkappa}{\Pi_\varkappa}$ convergirt mithin für $\Omega = \infty$ nach $\frac{Q_\varkappa}{P_\varkappa}$, und aus $\Pi_\varkappa \leqq X_\varkappa$ geht dabei

$$P_\varkappa \leqq Q_\varkappa \qquad (\varkappa = 1, \ldots \lambda - 1)$$

hervor.

Von der Gleichung (2) kommt man so, indem man die Zahl Ω unbegrenzt wachsen lässt, zur Beziehung

$$1 = \frac{Q_\lambda}{P_\lambda} \cdots \frac{Q_1}{P_1} M_1^{\nu_1} \cdots M_\lambda^{\nu_\lambda} \frac{J}{2^n}.$$

Die hier auftretenden Grössen sind nun durchweg von Ω unabhängig, und ergiebt sich zunächst die Folgerung:

Das Gleichheitszeichen in (1) tritt dann und nur dann ein, wenn in jeder einzelnen der λ Ungleichungen $P_\varkappa \leqq Q_\varkappa$ für $\varkappa = 1, \ldots \lambda$ das Gleichheitszeichen statthat.

II. Nun prägt sich für jeden Index $\varkappa$ der Unterschied zwischen dem Falle $P_\varkappa < Q_\varkappa$ und dem Falle $P_\varkappa = Q_\varkappa$ immer schon am Bereiche $\mathfrak{P}_\varkappa(\mathfrak{o})$ allein in gewisser Weise aus.

Es habe $\varkappa$ zunächst einen der Werthe $1, \ldots \lambda - 1$, und man benutze die zu diesem $\varkappa$ gehörende Zerlegung $\mathfrak{x} = \mathfrak{x}', \mathfrak{x}''$. Jedem Punkte $\mathfrak{x}', \mathfrak{x}''$ kommt dann eine bestimmte kleinste Strahldistanz von der Menge $\mathfrak{X}', \mathfrak{o}''$ zu; sie stimmt jedesmal überein mit der kleinsten Strahldistanz von $\mathfrak{o}$ nach der Menge $\mathfrak{X}', \mathfrak{x}''$, und diese Strahldistanz wurde in 53. IV. mit $S''(\mathfrak{o}''\mathfrak{x}'')$ bezeichnet. Die in $\mathfrak{X}', \mathfrak{o}''$ gelegenen Punkte des Gitters $\mathfrak{G}$ setzen sich genau zur Menge $\mathfrak{G}', \mathfrak{o}''$ zusammen; und es kommt weiter einem jeden Punkte $\mathfrak{x}$ eine bestimmte kleinste Strahldistanz von dieser neuen Menge $\mathfrak{G}', \mathfrak{o}''$ (d. i. also hier $\mathfrak{G}_\varkappa', \mathfrak{o}_\varkappa''$) zu; diese neue Strahldistanz werde mit $\varphi_\varkappa(\mathfrak{x})$ bezeichnet. Dabei muss selbstverständlich jedesmal $S''(\mathfrak{o}''\mathfrak{x}'') \leqq \varphi_\varkappa(\mathfrak{x})$ gerathen. Ferner hat man für beliebige zwei Punkte $\mathfrak{a}$ und $\mathfrak{b}$ nothwendig immer:

$$(3) \qquad \varphi_\varkappa(\mathfrak{b}) \leqq \varphi_\varkappa(\mathfrak{a}) + S(\mathfrak{a}\mathfrak{b}).$$

Diese Function $\varphi_\varkappa(\mathfrak{x})$ nun hat in den Punkten der Begrenzung des Bereichs $\mathfrak{P}_\varkappa(\mathfrak{G}', \mathfrak{o}'')$ offenbar immer den Werth $\frac{1}{2} M_\varkappa$, im Inneren dieses Bereichs ist sie jedenfalls stets $\leqq \frac{1}{2} M_\varkappa$, ausserhalb desselben stets $> \frac{1}{2} M_\varkappa$. Ferner nimmt sie alle Werthe, die sie in dem ganzen Bereiche $\mathfrak{X}', \mathfrak{P}_\varkappa''$ besitzt, bereits in $\mathfrak{B}', \mathfrak{P}_\varkappa''$ an; nun erweist sie sich durch die Regel (3) als eine stetige Function der Coordinaten von $\mathfrak{x}$, und besitzt daher in dem abgeschlossenen Bereiche $\mathfrak{B}', \mathfrak{P}_\varkappa''$ ein bestimmtes Maximum, das $\frac{1}{2} N_\varkappa$ heissen möge. Diese Grösse bedeutet jetzt zugleich das Maximum von $\varphi_\varkappa(\mathfrak{x})$ in dem ganzen Bereiche $\mathfrak{X}', \mathfrak{P}_\varkappa''$, und es leuchtet ein: Man hat $N_\varkappa > M_\varkappa$ oder $N_\varkappa = M_\varkappa$, das erste, wenn $\mathfrak{P}_\varkappa(\mathfrak{G}', \mathfrak{o}'')$ nicht den ganzen Bereich $\mathfrak{X}', \mathfrak{P}_\varkappa''$ ausfüllt, das zweite, wenn $\mathfrak{P}_\varkappa(\mathfrak{G}', \mathfrak{o}'')$ sich mit $\mathfrak{X}', \mathfrak{P}_\varkappa''$ deckt.

Da $\mathfrak{X}', \mathfrak{P}_\varkappa''$ mit dem als $\mathfrak{P}_\varkappa(\mathfrak{X}', \mathfrak{o}'')$ definirten Bereiche zusammenfällt, kann man zu jedem Punkte aus $\mathfrak{X}', \mathfrak{P}_\varkappa''$ immer wenigstens einen solchen Punkt in der Menge $\mathfrak{X}', \mathfrak{o}''$ angeben, von dem der erste nur eine Strahldistanz $\leqq \frac{1}{2} M_\varkappa$ besitzt. Der Bereich $\mathfrak{X}', \mathfrak{o}''$ sodann ist der Inbegriff aller Punkte vom Ausdruck

$$\mathfrak{o} + v_1(\mathfrak{p}_1 - \mathfrak{o}) + \cdots + v_{\mu_\varkappa}(\mathfrak{p}_{\mu_\varkappa} - \mathfrak{o})$$

(s. 50. (3)); nun stellt für ganzzahlige Werthe $v_1, \ldots v_{\mu_\varkappa}$ dieser Ausdruck jedesmal einen Gitterpunkt, also einen Punkt aus $\mathfrak{G}', \mathfrak{o}''$ dar, es befindet sich deshalb jeder Punkt aus $\mathfrak{X}', \mathfrak{o}''$ von wenigstens einem Punkte aus $\mathfrak{G}', \mathfrak{o}''$ in einer Strahldistanz, die $\leqq \frac{\mu_\varkappa}{2} M_\varkappa$ ist. Es geht aus diesen Umständen noch $N_\varkappa \leqq (\mu_\varkappa + 1) M_\varkappa$ hervor; doch wird diese obere Grenze für $N_\varkappa$ im Folgenden nicht gebraucht werden.

Man kann jetzt nachweisen, dass die Bedingung $Q_\varkappa = P_\varkappa$ vollkommen gleichwerthig ist mit $N_\varkappa = M_\varkappa$, welch letztere Gleichung bedeutet, dass $\mathfrak{P}_\varkappa(\mathfrak{G}_\varkappa', \mathfrak{o}_\varkappa'')$ für sich schon den ganzen Bereich $\mathfrak{P}_\varkappa(\mathfrak{X}_\varkappa', \mathfrak{o}_\varkappa'')$ einnimmt.

Man verstehe für ein System $\mathfrak{x}''$ aus $\mathfrak{P}_\varkappa''$ unter $\mathfrak{P}_\varkappa'(\mathfrak{o}', \mathfrak{x}'')$ und $\mathfrak{Q}_\varkappa'(\mathfrak{o}', \mathfrak{x}'')$ immer den Inbegriff aller derjenigen Systeme $\mathfrak{x}'$, für welche $\mathfrak{x}', \mathfrak{x}''$ einen Punkt aus $\mathfrak{P}_\varkappa(\mathfrak{o})$, beziehlich aus $\mathfrak{Q}_\varkappa(\mathfrak{o})$ vorstellt; sodann mögen $\Pi_\varkappa'(\mathfrak{x}'')$ und $X_\varkappa'(\mathfrak{x}'')$ die Volumina von $\mathfrak{P}_\varkappa'(\mathfrak{H}', \mathfrak{x}'')$ und $\mathfrak{Q}_\varkappa'(\mathfrak{H}', \mathfrak{x}'')$ in $\mathfrak{X}'$ sein. Nach 53. IV. lässt sich immer $\mathfrak{Q}_\varkappa'(\mathfrak{o}', \mathfrak{x}'')$ durch Translationen in Bereiche überführen, die $\mathfrak{P}_\varkappa'(\mathfrak{o}', \mathfrak{x}'')$ ganz in sich schliessen; wenn also $\mathfrak{P}_\varkappa'(\mathfrak{G}', \mathfrak{x}'')$ die ganze Mannigfaltigkeit $\mathfrak{X}'$ überdeckt, wird dies gewiss auch der zugehörige Bereich $\mathfrak{Q}_\varkappa'(\mathfrak{G}', \mathfrak{x}'')$ thun müssen. Daraus folgt weiter, dass, wenn $\mathfrak{P}_\varkappa(\mathfrak{G}', \mathfrak{o}'')$ den Bereich $\mathfrak{X}', \mathfrak{P}_\varkappa''$ ganz erfüllt, dasselbe von $\mathfrak{Q}_\varkappa(\mathfrak{G}', \mathfrak{o}'')$ gelten muss; in diesem

Falle kommen dann also $\mathfrak{Q}_\varkappa$ und $\mathfrak{P}_\varkappa$ beide auf den ganzen Bereich $\mathfrak{B}'$, $\mathfrak{P}_\varkappa''$ hinaus und stimmen somit auch unter einander überein. So ergiebt sich erstens: hat man $N_\varkappa = M_\varkappa$, so gilt auch $Q_\varkappa = P_\varkappa$.

Jetzt sei zweitens $N_\varkappa > M_\varkappa$, so lässt sich zeigen, dass in diesem Falle nothwendig $Q_\varkappa > P_\varkappa$ gilt. Nämlich es sei dann $\mathfrak{l}$ irgend ein solcher Punkt in $\mathfrak{X}'$, $\mathfrak{P}_\varkappa''$, für den $\varphi_\varkappa(\mathfrak{l})$ möglichst gross ausfällt, also einerseits: $S''(\mathfrak{o}''\mathfrak{l}'') \leqq \frac{1}{2} M_\varkappa$ und dazu: $\varphi_\varkappa(\mathfrak{l}) = \frac{1}{2} N_\varkappa$. Man setze $t_\varkappa = \dfrac{N_\varkappa - M_\varkappa}{2 M_\varkappa}$, falls letztere Grösse sich $\leqq 1$ ergiebt, und sonst $t_\varkappa = 1$, in jedem Falle hat man dabei $t_\varkappa > 0$ und $\leqq 1$; und man führe noch $\mathfrak{j}'' = t_\varkappa \mathfrak{o}'' + (1 - t_\varkappa)\mathfrak{l}''$ ein. Alsdann existirt in $\mathfrak{X}'$, $\mathfrak{j}''$ gewiss irgend ein Punkt $\mathfrak{j} = \mathfrak{j}', \mathfrak{j}''$, für den $S(\mathfrak{j}\mathfrak{l}) \leqq \frac{t_\varkappa}{2} M_\varkappa$ ist; daraus folgt vermöge (3): $\varphi_\varkappa(\mathfrak{j}) \geqq \varphi_\varkappa(\mathfrak{l}) - S(\mathfrak{j}\mathfrak{l}) \geqq \frac{1}{2} N_\varkappa - \frac{t_\varkappa}{2} M_\varkappa \geqq \frac{1 + t_\varkappa}{2} M_\varkappa$, und werden hiernach einmal der Körper $S(\mathfrak{j}\mathfrak{x}) \leqq \frac{t_\varkappa}{2} M_\varkappa$, den man mit $\mathfrak{P}_\varkappa(\mathfrak{j})$ bezeichne, und dann der Bereich $\mathfrak{P}_\varkappa(\mathfrak{G}', \mathfrak{o}'')$ sicher mit einander keinen inneren Punkt gemein haben. Gleichzeitig aber hat man in $\mathfrak{X}'$, $\mathfrak{j}''$ den Punkt $\mathfrak{e} = \mathfrak{o} + \dfrac{1 - t_\varkappa}{t_\varkappa}(\mathfrak{l} - \mathfrak{j})$, d. h. es stellt sich hierbei $\mathfrak{e}'' = \mathfrak{j}''$ heraus, und für diesen Punkt erhält man $S(\mathfrak{o}\mathfrak{e}) \leqq \frac{1 - t_\varkappa}{2} M_\varkappa$, sodass also andererseits der Körper $\cdot\mathfrak{P}_\varkappa(\mathfrak{e})$, d. i. $S(\mathfrak{e}\mathfrak{x}) \leqq \frac{t_\varkappa}{2} M_\varkappa$, noch ganz im Körper $\mathfrak{P}_\varkappa(\mathfrak{o})$ liegen wird.

Nun denke man sich für einen Augenblick $\mathfrak{x}''$ allein auf das Innere von $\mathfrak{P}_\varkappa''$ in $\mathfrak{X}''$ verwiesen. Setzt man dann $\mathfrak{y}'' - \mathfrak{e}'' = t_\varkappa(\mathfrak{x}'' - \mathfrak{o}'')$, so haben die damit definirten Systeme $\mathfrak{y}''$ die entsprechende Bedeutung für $\cdot\mathfrak{P}_\varkappa(\mathfrak{e})$ wie jene Systeme $\mathfrak{x}''$ für $\mathfrak{P}_\varkappa(\mathfrak{o})$. Für ein solches System $\mathfrak{y}''$ bezeichne man mit $\cdot\mathfrak{P}_\varkappa'(\mathfrak{e}', \mathfrak{y}'')$ jedesmal die Menge derjenigen Systeme $\mathfrak{x}'$, für welche $\mathfrak{x}', \mathfrak{y}''$ ein Punkt aus $\cdot\mathfrak{P}_\varkappa(\mathfrak{e})$ wird. Indem man den Satz 54. (2) von der Mannigfaltigkeit $\mathfrak{X}$ auf $\mathfrak{X}'$ überträgt, findet man das Volumen von $\cdot\mathfrak{P}_\varkappa'(\mathfrak{H}', \mathfrak{y}'')$ in $\mathfrak{X}'$ jedesmal gewiss $> t_\varkappa^{\mu_\varkappa} \Pi_\varkappa'(\mathfrak{x}'')$.

Andererseits gehören die Systeme $\mathfrak{y}''$ selbst zum Inneren von $\mathfrak{P}_\varkappa''$, und es mögen die übrigen Systeme $\mathfrak{x}''$, die nicht zugleich Systeme $\mathfrak{y}''$ sind, mit $\mathfrak{z}''$ bezeichnet werden. Bei jedem Systeme $\mathfrak{y}''$ bilden $\mathfrak{P}_\varkappa'(\mathfrak{o}', \mathfrak{y}'')$ und $\cdot\mathfrak{P}_\varkappa'(\mathfrak{e}', \mathfrak{y}'')$ einerseits, $\mathfrak{P}_\varkappa'(\mathfrak{G}', \mathfrak{y}'')$ und $\cdot\mathfrak{P}_\varkappa'(\mathfrak{j}', \mathfrak{y}'')$ andererseits offenbar analoge Configurationen in $\mathfrak{X}'$, wie wir sie in 54. II. für die Körper $\mathfrak{P}(\mathfrak{o})$ und $\cdot\mathfrak{P}(\mathfrak{o})$, $\mathfrak{P}(\mathfrak{G})$ und $\cdot\mathfrak{P}(\mathfrak{j})$ in $\mathfrak{X}$ als Forderung stellten. Man setze $\vartheta_\varkappa = \dfrac{M_{\varkappa+1} - M_\varkappa}{M_\varkappa}$, falls letztere Grösse

$\leqq 1$ ist, und sonst $\vartheta_\varkappa = 1$, dabei hat man in jedem Falle $\vartheta_\varkappa > 0$ und $\leqq 1$, und geht nun immer $\mathfrak{Q}_\varkappa'(\mathfrak{o}', \mathfrak{y}'')$ aus $\mathfrak{P}_\varkappa'(\mathfrak{o}', \mathfrak{y}'')$ durch eine Dilatation in einem Verhältnisse $\geqq 1 + \vartheta_\varkappa : 1$ hervor. Ueberträgt man jetzt auch die Sätze 54. (4) und 54. (1) von der Mannigfaltigkeit $\mathfrak{X}$ auf $\mathfrak{X}'$, so findet man noch unter Berücksichtigung des vorherigen Resultats:

$$(4) \qquad X_\varkappa'(\mathfrak{y}'') \geqq \Pi_\varkappa'(\mathfrak{y}'') + \vartheta_\varkappa^{\mu_\varkappa} t_\varkappa^{\mu_\varkappa} \Pi_\varkappa'(\mathfrak{x}''),$$

wobei immer $\mathfrak{x}''$ mit $\mathfrak{y}''$ durch $\mathfrak{y}'' - \mathfrak{e}'' = t_\varkappa(\mathfrak{x}'' - \mathfrak{o}'')$ verbunden zu denken ist; für ein jedes System $\mathfrak{z}''$ aber gilt (s. 53. (5)) wenigstens

$$(5) \qquad X_\varkappa'(\mathfrak{z}'') \geqq \Pi_\varkappa'(\mathfrak{z}'').$$

Nun nehme man in $\mathfrak{X}''$ irgend ein Würfelnetz an, seine Kante heisse $t_\varkappa \delta$, und man wende (4) und (5) auf alle diejenigen Systeme $\mathfrak{y}''$ und $\mathfrak{z}''$ an, welche als Mittelpunkte von Würfeln dieses Netzes auftreten; alsdann bilden die Systeme $\mathfrak{x}''$, welche mit diesen Systemen $\mathfrak{y}''$ in (4) verbunden sind, genau die sämmtlichen im Inneren von $\mathfrak{P}_\varkappa''$ gelegenen Mittelpunkte von Würfeln eines gewissen Netzes in $\mathfrak{X}''$ mit der Kante δ. Addirt man nun alle so gefundenen Ungleichungen (4) und (5), multiplicirt das Ergebniss mit $(t_\varkappa \delta)^{n-\mu_\varkappa}$ und lässt δ nach Null abnehmen, so entsteht nach 52. II.:

$$X_\varkappa \geqq \Pi_\varkappa + t_\varkappa^n \vartheta_\varkappa^{\mu_\varkappa} \Pi_\varkappa,$$

und daraus geht nach dem Resultate des Abschnitts I.:

$$\frac{Q_\varkappa}{P_\varkappa} \geqq 1 + t_\varkappa^n \vartheta_\varkappa^{\mu_\varkappa} > 1$$

hervor.

Endlich betrachte man den Fall $\varkappa = \lambda$. Gilt die Beziehung $N_\lambda = M_\lambda$, so erfüllt $\mathfrak{P}_\lambda(\mathfrak{G})$ die Mannigfaltigkeit $\mathfrak{X}$ ganz, und hat man daher $P_\lambda = 1$ und somit auch $Q_\lambda = P_\lambda$. — Ist aber $N_\lambda > M_\lambda$, so bestimme man irgend einen Punkt $\mathfrak{l}$, für den die kleinste Strahldistanz von $\mathfrak{G}$, also $\varphi_\lambda(\mathfrak{l})$, $= \frac{1}{2} N_\lambda$ wird. Man setze $\vartheta_\lambda = \frac{N_\lambda - M_\lambda}{M_\lambda}$, wenn letztere Grösse $\leqq 1$ ist, und anderenfalls $\vartheta_\lambda = 1$; in jedem Falle wird dabei $\vartheta_\lambda > 0$ und $\leqq 1$. Alsdann haben einerseits der Körper $S(\mathfrak{l}\mathfrak{x}) \leqq \frac{\vartheta_\lambda}{2} M_\lambda$ und der Bereich $\mathfrak{P}_\lambda(\mathfrak{G})$ keinen inneren Punkt gemein, andererseits entsteht $\mathfrak{Q}_\lambda(\mathfrak{o})$ aus $\mathfrak{P}_\lambda(\mathfrak{o})$ durch eine Dilatation in einem Verhältnisse $\geqq 1 + \vartheta_\lambda : 1$. Die Anwendung des Satzes in 54. II. (noch unter Berücksichtigung der dort am Schlusse gemachten Bemerkung) führt nunmehr zu $X_\lambda \geqq \Pi_\lambda + \vartheta_\lambda'' \Pi_\lambda$, und daraus geht dann $\frac{Q_\lambda}{P_\lambda} \geqq 1 + \vartheta_\lambda'' > 1$ hervor.

Es hat sich somit für das Eintreten des Gleichheitszeichens in (1) als nothwendig und hinreichend ergeben, dass die λ Gleichungen $N_1 = M_1, \ldots N_\lambda = M_\lambda$ bestehen. Die Weiterentwickelung dieser Bedingungen führt nun sogleich zu einfachen Endergebnissen.

III. Man definire λ Körper $\mathfrak{R}_1(\mathfrak{o}), \ldots \mathfrak{R}_\lambda(\mathfrak{o})$ in folgender Weise: Es bedeute zuvörderst $\mathfrak{R}_1(\mathfrak{o})$ den Körper $S(\mathfrak{o}\,\mathfrak{x}) \leqq \frac{1}{2} M_1$; und aus $\mathfrak{R}_\varkappa(\mathfrak{o})$ für $\varkappa = 1, \ldots \lambda - 1$ werde jedesmal $\mathfrak{R}_{\varkappa+1}(\mathfrak{o})$ gewonnen, indem man jeden Punkt $\mathfrak{x}_\varkappa'$, $\mathfrak{x}_\varkappa''$ des ersteren Bereichs abändert in $\mathfrak{x}_\varkappa'$, $\mathfrak{y}_\varkappa''$ so, dass dabei $\mathfrak{y}_\varkappa'' - \mathfrak{o}_\varkappa'' = \frac{M_{\varkappa+1}}{M_\varkappa}(\mathfrak{x}_\varkappa'' - \mathfrak{o}_\varkappa'')$ genommen wird, also in derselben Weise, wie aus $\mathfrak{O}_\varkappa(\mathfrak{o})$ der Körper $\mathfrak{P}_{\varkappa+1}(\mathfrak{o})$ abzuleiten sein würde. Am Ende wird dann $\mathfrak{R}_\lambda(\mathfrak{o})$ einfach diesen Charakter tragen: Während $x_1, \ldots x_n$ im Körper $S(\mathfrak{o}\,\mathfrak{x}) \leqq 1$ verläuft, wird vom Punkte mit den Coordinaten $\frac{S_1}{2} x_1, \ldots \frac{S_n}{2} x_n$ der Bereich $\mathfrak{R}_\lambda(\mathfrak{o})$ beschrieben.

Nun ist zuerst $\mathfrak{R}_1(\mathfrak{o})$ identisch mit $\mathfrak{P}_1(\mathfrak{o})$, also $\mathfrak{R}_1(\mathfrak{G}_1', \mathfrak{o}_1'')$ mit $\mathfrak{P}_1(\mathfrak{G}_1', \mathfrak{o}_1'')$, und dabei sind die einzelnen Körper $\mathfrak{R}_1(\mathfrak{g}_1', \mathfrak{o}_1'')$ in ihren inneren Punkten durchweg verschieden. Gilt jetzt $N_1 = M_1$, so erfüllt, nach den Wahrnehmungen in II., $\mathfrak{P}_1(\mathfrak{G}_1', \mathfrak{o}_1'')$ den ganzen Bereich $\mathfrak{X}_1'$, $\mathfrak{P}_1''$ und deckt sich $\mathfrak{O}_1(\mathfrak{G}_1', \mathfrak{o}_1'')$ mit $\mathfrak{P}_1(\mathfrak{G}_1', \mathfrak{o}_1'')$, d. i. $\mathfrak{R}_1(\mathfrak{G}_1', \mathfrak{o}_1'')$, und hierdurch weiter $\mathfrak{P}_2(\mathfrak{G}_1', \mathfrak{o}_1'')$ mit $\mathfrak{R}_2(\mathfrak{G}_1', \mathfrak{o}_1'')$, $\mathfrak{P}_2(\mathfrak{G}_2', \mathfrak{o}_2'')$ mit $\mathfrak{R}_2(\mathfrak{G}_2', \mathfrak{o}_2'')$, und dabei sind, wie aus der Entstehung dieses letzten Bereichs hier einleuchtet, die einzelnen Körper $\mathfrak{R}_2(\mathfrak{g}_2', \mathfrak{o}_2'')$ in ihren inneren Punkten durchweg verschieden. Nimmt man die Beziehung $N_2 = M_2$ an, so erfüllt nach dem Obigen $\mathfrak{P}_2(\mathfrak{G}_2', \mathfrak{o}_2'')$ den ganzen Bereich $\mathfrak{X}_2'$, $\mathfrak{P}_2''$ und deckt sich $\mathfrak{O}_2(\mathfrak{G}_2', \mathfrak{o}_2'')$ mit $\mathfrak{P}_2(\mathfrak{G}_2', \mathfrak{o}_2'')$; hat man dazu noch $N_1 = M_1$, so wird sich also $\mathfrak{O}_2(\mathfrak{G}_2', \mathfrak{o}_2'')$ auch mit $\mathfrak{R}_2(\mathfrak{G}_2', \mathfrak{o}_2'')$ decken, dadurch dann weiter $\mathfrak{P}_3(\mathfrak{G}_2', \mathfrak{o}_2'')$ mit $\mathfrak{R}_3(\mathfrak{G}_2', \mathfrak{o}_2'')$ u. s. f. Durch die gehörige Fortsetzung dieser Schlüsse gelangt man endlich zur Einsicht, dass, wenn sämmtliche λ Gleichungen

$$N_1 = M_1, \ldots N_\lambda = M_\lambda$$

statthaben, jedenfalls $\mathfrak{R}_\lambda(\mathfrak{o})$ ein Restbereich in $\mathfrak{X}$ sein wird, freilich noch von specieller Art, die nun genauer ergründet werden soll.

Es sei zu dem Zwecke $\varkappa$ eine nach Belieben herausgegriffene der Zahlen $1, \ldots \lambda - 1$; es wird nur noch von der zu diesem Werthe $\varkappa$ gehörenden Zerlegung $\mathfrak{x} = \mathfrak{x}', \mathfrak{x}''$ die Rede sein, und man schreibe zur Abkürzung $\mu_\varkappa = m$. Es bedeute $\mathfrak{K}$ den Körper $S(\mathfrak{o}\mathfrak{x}) \leqq 1$, J sein Volumen, $\mathfrak{K}''$ die Menge der Systeme $\mathfrak{x}''$ im Körper $\mathfrak{K}$, endlich J'' das Volumen von $\mathfrak{K}''$ in $\mathfrak{X}''$. Die in $\mathfrak{R}_\varkappa(\mathfrak{o})$ auftretenden Systeme $\mathfrak{x}''$, deren Inbegriff der Bereich $\mathfrak{P}_\varkappa''$ ist, erhält man aus der Formel

$$\mathfrak{x}'' - \mathfrak{o}'' = \frac{1}{2} M_\varkappa(\mathfrak{c}'' - \mathfrak{o}''),$$

während $\mathfrak{c}''$ sich in $\mathfrak{K}''$ bewegt; man verstehe für ein System $\mathfrak{c}''$ aus $\mathfrak{K}''$ unter $\mathfrak{K}'(\mathfrak{c}'')$ die Menge derjenigen Systeme $\mathfrak{x}'$, bei welchen $\mathfrak{x}', \mathfrak{c}''$ als ein Punkt aus $\mathfrak{K}$ erscheint, unter $J'(\mathfrak{c}'')$ das Volumen von $\mathfrak{K}'(\mathfrak{c}'')$ in $\mathfrak{X}'$, und noch für das zu $\mathfrak{c}''$ hier gehörige System $\mathfrak{x}''$ unter $\mathfrak{R}_\varkappa'(\mathfrak{o}', \mathfrak{x}'')$ die Menge derjenigen Systeme $\mathfrak{x}'$, bei welchen $\mathfrak{x}', \mathfrak{x}''$ sich als ein Punkt aus $\mathfrak{R}_\varkappa(\mathfrak{o})$ erweist; das Volumen von $\mathfrak{R}_\varkappa'(\mathfrak{o}', \mathfrak{x}'')$ in $\mathfrak{X}'$ wird dann jedesmal durch $\frac{1}{2^m} M_1^{\nu_1} \ldots M_\varkappa^{\nu_\varkappa} J'(\mathfrak{c}'')$ dargestellt sein.

Nun setze man zuvörderst die Gleichungen

$$N_1 = M_1, \ \ldots \ N_\varkappa = M_\varkappa \tag{6}$$

voraus. Die Folge dieser $\varkappa$ Gleichungen ist nach dem oben Dargelegten, dass die einzelnen Körper $\mathfrak{R}_\varkappa(\mathfrak{g}', \mathfrak{o}'')$ unter einander in ihren inneren Punkten durchweg verschieden sind und insgesammt den ganzen Bereich $\mathfrak{X}', \mathfrak{P}_\varkappa''$ ausfüllen. Diese Umstände wieder sind genau gleichbedeutend damit, dass für jedes System $\mathfrak{x}''$ im Inneren von $\mathfrak{P}_\varkappa''$ die Menge $\mathfrak{R}_\varkappa'(\mathfrak{o}', \mathfrak{x}'')$ sich als ein Restbereich in $\mathfrak{X}'$ darstellt. Nun kommt einem Restbereiche in den ihm zugehörenden Variabeln immer ein Volumen $= 1$ zu. Also findet man einerseits $J'(\mathfrak{c}'')$ constant $= J'(\mathfrak{o}'')$ im I n n e r e n von $\mathfrak{K}''$ und damit nach 52. III. überhaupt constant im g a n z e n Bereiche $\mathfrak{K}''$, und hat man andererseits

$$M_1^{\nu_1} \ldots M_\varkappa^{\nu_\varkappa} J'(\mathfrak{o}'') = 2^m. \tag{7}$$

Das Wesen der ersteren Bedingung ist in 52. IV. vollkommen klargestellt; freilich ist für den dort bei (7) herangezogenen Hülfssatz noch der Beweis nachzutragen, was in den zwei nächsten Abschnitten geschehen wird. Wenn $J'(\mathfrak{c}'')$ in $\mathfrak{K}''$ constant ist, so giebt es nach den dortigen Ausführungen immer eine bestimmte Substitution

$$x_1 = y_1 + a_1^{(m+1)} x_{m+1} + \cdots + a_1^{(n)} x_n,$$
$$\cdots\cdots\cdots\cdots\cdots\cdots$$
$$x_m = y_m + a_m^{(m+1)} x_{m+1} + \cdots + a_m^{(n)} x_n$$

mit d e r Wirkung, dass in $\mathfrak{K}$ die Variabeln $y_1, \ldots y_m$ und $x_{m+1}, \ldots x_n$

vollkommen unabhängig von einander verlaufen, nämlich, dass dann $\mathfrak{K}$ hervorgeht, indem man für $x_{m+1}, \dots x_n$ alle Systeme $\mathfrak{x}''$ aus $\mathfrak{K}''$ und bei jedem einzigen dieser Systeme $x_{m+1}, \dots x_n$ immer für $y_1, \dots y_m$ alle Systeme $\mathfrak{x}'$ aus $\mathfrak{K}'(\mathfrak{o}'')$ nimmt. Die Constanz von $J'(\mathfrak{c}'')$ führt noch zur Gleichung $J = J'(\mathfrak{o}'')\, J''$.

Die Beziehung (7) sodann besagt offenbar nichts Anderes, als dass $\mathfrak{K}'(\mathfrak{o}'')$ ein extremer Aichkörper in $\mathfrak{X}'$ ist. Man bemerke auch noch, dass dieser Körper hier für die Coordinaten $x_1, \dots x_m$ eingerichtet erscheint.

Die Gleichungen (6) bringen noch weitere Umstände mit sich. Wie schon in II. bemerkt wurde, gilt beständig $S''(\mathfrak{o}'', \mathfrak{x}'') \leqq \varphi_\varkappa(\mathfrak{x})$. Nun kommt hier der Bereich $\mathfrak{X}'$, $\mathfrak{P}_\varkappa''$, d. i. $S''(\mathfrak{o}'', \mathfrak{x}'') \leqq \frac{1}{2} M_\varkappa$, hinaus auf den durch $\mathfrak{P}_\varkappa(\mathfrak{S}', \mathfrak{o}'')$ angezeigten Bereich. Wenn für einen Punkt $\mathfrak{u}$ die Gleichung $S''(\mathfrak{o}''\mathfrak{u}'') = \frac{1}{2} M_\varkappa$ gilt, wird man daher stets auch $\varphi_\varkappa(\mathfrak{u}) = \frac{1}{2} M_\varkappa$ haben. Andererseits sei $\mathfrak{x}$ irgend ein Punkt ausserhalb $\mathfrak{P}_\varkappa(\mathfrak{S}', \mathfrak{o}'')$, so gilt für ihn hier nicht bloss $\varphi_\varkappa(\mathfrak{x}) > \frac{1}{2} M_\varkappa$, sondern auch jedesmal $S''(\mathfrak{o}'', \mathfrak{x}'') > \frac{1}{2} M_\varkappa$; alsdann hat man auf der Strecke $\mathfrak{o}''\mathfrak{x}''$ in $\mathfrak{X}''$ immer ein bestimmtes System $\mathfrak{u}''$, wofür $S''(\mathfrak{o}''\mathfrak{u}'') = \frac{1}{2} M_\varkappa$, $S''(\mathfrak{u}''\mathfrak{x}'') = S''(\mathfrak{o}''\mathfrak{x}'') - \frac{1}{2} M_\varkappa$ ist, und kann man dazu einen Punkt $\mathfrak{u}$, in $\mathfrak{X}'$, $\mathfrak{u}''$ gelegen, annehmen derart, dass für ihn $S(\mathfrak{u}\mathfrak{x}) = S''(\mathfrak{u}''\mathfrak{x}'')$ ausfällt; nun wird nach dem zuvor Bemerkten $\varphi_\varkappa(\mathfrak{u}) = \frac{1}{2} M_\varkappa$ sein, und entnimmt man hieraus und aus $\varphi_\varkappa(\mathfrak{x}) < \varphi_\varkappa(\mathfrak{u}) + S(\mathfrak{u}\mathfrak{x})$ noch $\varphi_\varkappa(\mathfrak{x}) \leqq S''(\mathfrak{o}''\mathfrak{x}'')$. Also wird jetzt ausserhalb des Bereichs $\mathfrak{P}_\varkappa(\mathfrak{S}', \mathfrak{o}'')$, d. i. wenn $\varphi_\varkappa(\mathfrak{x}) > \frac{1}{2} M_\varkappa$ erscheint, stets $\varphi_\varkappa(\mathfrak{x}) = S''(\mathfrak{o}''\mathfrak{x}'')$ gelten.

Man schreibe wie in 47.

$$M_1 = S_1 = \cdots = S_{\mu_1}, \dots M_\lambda = S_{\mu_{\lambda-1}+1} = \cdots = S_{\mu_\lambda},$$

und es sei $\mathfrak{p}_1, \dots \mathfrak{p}_n$ ein System von n Gitterpunkten in n unabhängigen Richtungen von $\mathfrak{o}$ aus mit den Strahldistanzen

$$S(\mathfrak{o}\mathfrak{p}_1) = S_1, \dots S(\mathfrak{o}\mathfrak{p}_n) = S_n.$$

Dann bedeutet, wie aus 47. einleuchtet, $\mathfrak{X}'$, $\mathfrak{o}''$ hier eben die durch $\mathfrak{o}, \mathfrak{p}_1, \dots \mathfrak{p}_m$ gelegte Mannigfaltigkeit, und können nach einander die Werthe $\varphi_\varkappa(\mathfrak{p}_{m+1}), \dots \varphi_\varkappa(\mathfrak{p}_n)$ auch nicht kleiner als beziehlich

$$S(\mathfrak{o}\mathfrak{p}_{m+1}), \dots S(\mathfrak{o}\mathfrak{p}_n)$$

ausfallen, und sie werden also einfach mit den letzteren Grössen übereinstimmen; daraus schliesst man jetzt

$$S''(\mathfrak{o}''\mathfrak{p}''_{m+1}) = S_{m+1}, \ldots S''(\mathfrak{o}''\mathfrak{p}''_n) = S_n.$$

Dabei erweisen sich $\mathfrak{p}''_{m+1}, \ldots \mathfrak{p}''_n$ in $\mathfrak{X}''$ als solche $n-m$ Systeme aus dem Gitter $\mathfrak{G}''$, die in $n-m$ unabhängigen Richtungen von $\mathfrak{o}''$ aus liegen. Sind andererseits $\mathfrak{q}''_{m+1}, \ldots \mathfrak{q}''_n$ irgend welche $n-m$ Systeme dieser Art aus $\mathfrak{G}''$, so kann man dazu stets in den Mannigfaltigkeiten $\mathfrak{X}', \mathfrak{q}''_{m+1}, \ldots \mathfrak{X}', \mathfrak{q}''_n$ solche Gitterpunkte $\mathfrak{q}_{m+1}, \ldots \mathfrak{q}_n$ wählen, für welche die Strahldistanzen $\varphi_\varkappa(\mathfrak{q}_{m+1}), \ldots \varphi_\varkappa(\mathfrak{q}_n)$ eben durch $S(\mathfrak{o}\mathfrak{q}_{m+1}), \ldots S(\mathfrak{o}\mathfrak{q}_n)$ geliefert werden; da nun dabei $\mathfrak{p}_1, \ldots \mathfrak{p}_m, \mathfrak{q}_{m+1}, \ldots \mathfrak{q}_n$ gewiss sich in n unabhängigen Richtungen von $\mathfrak{o}$ aus befinden, so stellen sich dadurch immer $S''(\mathfrak{o}''\mathfrak{q}''_{m+1}), \ldots S''(\mathfrak{o}''\mathfrak{q}''_n)$, der Grösse nach geordnet, $\geqq S_{m+1}, \ldots \geqq S_n$ heraus. Danach findet man nun für die Strahldistanzen $S''(\mathfrak{a}''\mathfrak{b}'')$ in $\mathfrak{X}''$ als das kleinste System von unabhängig gerichteten Strahldistanzen im Gitter $\mathfrak{G}''$ eben die Grössen $S_{m+1}, \ldots S_n$. Man bemerkt auch noch, dass der Körper $S''(\mathfrak{o}''\mathfrak{x}'') \leqq 1$, d. i. $\mathfrak{K}''$, hier für die Coordinaten $x_{m+1}, \ldots x_n$ eingerichtet erscheint.

Durch die Gleichungen (7) und $J = J'(\mathfrak{o}'')J''$ kommt die Ungleichung (1) auf

$$M_{\varkappa+1}^{\nu_{\varkappa+1}} \ldots M_\lambda^{\nu_\lambda} J'' < 2^{n-m}$$

hinaus, und erweist sich nach der eben gewonnenen Auslegung von $M_{\varkappa+1}, \ldots M_\lambda$ nun für das Eintreten des Gleichheitszeichens in (1) noch genau als erforderlich, dass $\mathfrak{K}''$ ein extremer Aichkörper in $\mathfrak{X}''$ sei. Indem aber bei den Körpern $\mathfrak{K}'(\mathfrak{o}'')$ und $\mathfrak{K}''$ an Stelle der Zahl λ die kleineren Zahlen $\varkappa$ und $\lambda - \varkappa$ treten, kann man mit Rücksicht auf die am Eingange dieses ganzen Abschnitts dargelegte Natur des Falles $\lambda = 1$ sogleich folgendes Theorem hinstellen:

Man nehme irgend welche positive Zahlen $\nu_1, \ldots \nu_\lambda$ mit der Summe n an und setze $\mu_0 = 0, \mu_1 = \nu_1, \ldots \mu_\lambda = \nu_1 + \cdots + \nu_\lambda = n$; man führe sodann irgend eine Substitution

$$x_h = \frac{2y_h}{M_\varkappa} + a_h^{(\mu_\varkappa+1)} y_{\mu_\varkappa+1} + \cdots + a_h^{(n)} y_n$$

(8) $$(h = \mu_{\varkappa-1}+1, \ldots \mu_\varkappa;\ \varkappa = 1, \ldots \lambda - 1),$$

$$x_h = \frac{2y_h}{M_\lambda} \qquad (h = \mu_{\lambda-1}+1, \ldots \mu_\lambda)$$

ein, wobei $0 < M_1 < \cdots < M_\lambda$ sei, im Uebrigen aber die Grössen $M_\varkappa$ und $a_h^{(k)}$ beliebig gewählt sein dürfen, und lasse für $\varkappa = 1, \ldots \lambda$

immer $y_{\mu_{\varkappa-1}+1}, \ldots y_{\mu_\varkappa}$ irgend einen beliebig festgesetzten Restbereich $\mathfrak{R}^{(\varkappa)}$ in der Mannigfaltigkeit dieser Variabeln beschreiben. Dadurch entsteht in $x_1, \ldots x_n$ jedesmal ein extremer Aichkörper $\mathfrak{K}$, der zugleich für die speciellen Variabeln $x_1, \ldots x_n$ eingerichtet erscheint; und jeder extreme und zugleich für $x_1, \ldots x_n$ eingerichtete Aichkörper kann in dieser Weise, und immer nur durch eine Annahme über λ und die $\nu_\varkappa$, $M_\varkappa$, $a_h^{(k)}$, $\mathfrak{R}^{(\varkappa)}$, erhalten werden.

Durch dieses Theorem ist die Bestimmung sämmtlicher extremen Aichkörper zurückgeführt auf die Bestimmung der Restbereiche in den Mannigfaltigkeiten von n und von weniger Variabeln.

Der hier mit $\mathfrak{R}^{(\varkappa)}$ bezeichnete Restbereich besitzt in seiner Mannigfaltigkeit, die eine solche von $\nu_\varkappa$ Variabeln vorstellt, gewiss nicht mehr als $2^{\nu_\varkappa+1}-2$ wesentliche Stützebenen (vgl. 34. II.). Indem man nun in die Gleichungen dieser Ebenen die Variabeln $x_1, \ldots x_n$ durch (8) einführt und nach einander jeden Werth $\varkappa = 1, \ldots \lambda$ heranzieht, bekommt man genau die sämmtlichen wesentlichen Stützebenen des extremen Aichkörpers $\mathfrak{K}$, und deren Anzahl erweist sich so $\leqq (2^{\nu_1+1}-2) + \cdots + (2^{\nu_\lambda+1}-2)$; letzteres Aggregat ist noch für ein $\lambda > 1$ stets $< 2^{n+1}-2$. Des Weiteren bemerkt man, dass, wenn $\lambda > 1$ ist, nothwendig in gewissen der hier bezeichneten Ebenen rationale Richtungen auftreten, indem die Gleichungen der Ebenen nicht alle Variabeln $x_1, \ldots x_n$ wirklich enthalten.

Andererseits besitzt ein Bereich $\mathfrak{R}^{(\varkappa)}$ doch mindestens $2\nu_\varkappa$ Stützebenen. Soll nun der Körper $\mathfrak{K}$ insbesondere ein Parallelepipedum werden, also selber nur $2n$ wesentliche Stützebenen haben, so muss dann jeder Bereich $\mathfrak{R}^{(\varkappa)}$ für sich ein Parallelepipedum sein. — Beachtet man für die Fälle $\lambda > 1$ die hier unmittelbar zuvor gemachte Bemerkung und für $\lambda = 1$ die Ausführung in 41. II., so erkennt man namentlich: Ein Parallelepipedum, auf dessen Begrenzung keine rationalen Richtungen vorkommen, kann niemals einen extremen Aichkörper abgeben.

56.

Eine Hülfsbetrachtung über Ovale.

Es kamen vorhin die bei 52. (7) ausgesprochenen, aber dort ohne Beweis gelassenen Hülfssätze zur Verwendung, und bedarf es zur vollständigen Sicherstellung der letzten Ergebnisse nunmehr der Begründung jener Hülfssätze. Wir beginnen mit einer genaueren Betrachtung der bezüglichen im Falle $n = 2$ obwaltenden Umstände.

I. Zunächst sei im Hinblick auf das Spätere an den Beweis einer bekannten Eigenschaft der stetigen Functionen erinnert. Es sei $y(x)$ in einem Intervalle $a_0 < x < a_1$ durchweg eine stetige Function von x, und es sei $y(a_0) = b_0$, $y(a_1) = b_1$ und $b_0 < b_1$. Nun bedeute b irgend einen gegebenen Werth $\geqq b_0$ und $\leqq b_1$, und es sei a sodann die grösste untere Grenze (s. 20.) aller derjenigen Werthe x im Intervalle $a_0 \leqq x \leqq a_1$, bei welchen man $y(x) - b > 0$ hat. Es kann alsdann nicht $y(a) - b > 0$ gerathen, denn dazu müsste doch jedenfalls $a > a_0$ sein, und würde sich durch die Stetigkeit von $y(x)$ an der Stelle $x = a$ nach den kleineren Werthen x hin ein Widerspruch gegen den Begriff einer unteren Grenze herausstellen. Es kann auch nicht $y(a) - b < 0$ ausfallen, denn dazu müsste doch $a < a_1$ sein, und würde durch die Stetigkeit von $y(x)$ an der Stelle $x = a$ nach den grösseren Werthen x hin ein Widerspruch gegen die Natur einer grössten unteren Grenze zu Tage treten. Also gilt dann nothwendig $y(a) = b$.

Wenn $y(x)$ im Intervalle $a_0 \leqq x \leqq a_1$ insbesondere eine mit x beständig wachsende Function vorstellt, kann es zu jedem Werthe y, der $\geqq b_0$ und $\leqq b_1$ ist, auch nur einen Werth x geben, für den $y(x) = y$ wird. Dieser Werth werde dann durch $x(y)$ bezeichnet; er stellt natürlich umgekehrt eine mit y beständig wachsende Function im Intervalle $b_0 \leqq y \leqq b_1$ vor, und man erkennt auch diese Function wieder als eine stetige; denn einer beliebig gegebenen Aenderung der Variabeln x von einem Werthe a an entspricht jedesmal eine bestimmte Aenderung der Function $y(x)$ von $y(a) = b$ an in gleichem Sinne, und dann gehört zu jeder kleineren Aenderung der Variabeln y von b an in diesem Sinne gewiss immer eine kleinere Aenderung von $x(y)$ als jene vorgegebene.

II. Es sind in diesem Buche für gewisse Begriffe in Bezug auf Mannigfaltigkeiten von n Variabeln die Benennungen „nirgends concaver Körper“ und „Volumen“ eingeführt worden; diese Ausdrücke sind gewählt, damit man sich im Falle eines allgemeinen n stets die im Falle $n = 3$ mögliche geometrische Versinnlichung jener Begriffe gegenwärtig halte; sie passen jedoch nicht, wenn ausdrücklich von $n = 2$ die Rede ist, und es mögen deshalb für diesen Fall, auf den jetzt speciell eingegangen wird, an ihrer Statt die Worte Oval*) und Inhalt gebraucht werden.

*) Zahlreiche sehr interessante Eigenschaften der nirgends concaven Gebilde in zwei und drei Dimensionen hat Herr Brunn aufgedeckt in den Abhandlungen: Ueber Ovale und Eiflächen, Inaugural-Dissertation, München 1887; Ueber

Man denke sich nunmehr eine Mannigfaltigkeit von zwei Variabeln x, y. Ein Oval in x, y ist dann (gemäss 52.) zu definiren als eine solche Menge von Punkten x, y, die 1^0 mit einer geraden Linie regelmässig sei es keinen Punkt, sei es einen Punkt, sei es eine Strecke von Punkten gemein hat, und die 2^0 nicht selbst bloss eine Strecke oder gar einen einzelnen Punkt vorstellt. Die Eigenschaft 1^0 für eine Punktmenge ist nach 52. mit der Gesammtheit der folgenden Umstände gleichbedeutend: 3^0 dass, sowie zwei Punkte zur Menge gehören, auch jeder Punkt der dieselben verbindenden Strecke zu ihr gehört, 4^0 dass die Menge eine abgeschlossene ist, und endlich 5^0 dass für die Werthe der Coordinaten x, y in ihr sowohl untere wie obere Grenzen bestehen.

Es sei $\mathfrak{A}$ ein solches Oval in x, y und $J(\mathfrak{A})$ sein Inhalt in x, y. Sodann seien ξ und v zwei lineare Formen in x, y mit einer Determinante $= 1$. Infolge von 4^0 und 5^0 besitzt ξ in $\mathfrak{A}$ ein bestimmtes Minimum α_0 und ein bestimmtes Maximum α_1. Es besitzt weiter v auf der Geraden $\xi = \alpha_0$ in $\mathfrak{A}$ ein bestimmtes Maximum, das $\Phi(\alpha_0)$ heisse, und auf der Geraden $\xi = \alpha_1$ in $\mathfrak{A}$ ein bestimmtes Maximum, das $\Phi(\alpha_1)$ heisse. Die Punkte der Strecke von $\xi = \alpha_0$, $v = \Phi(\alpha_0)$ nach $\xi = \alpha_1$, $v = \Phi(\alpha_1)$ sind dann durch

$$(1) \quad \xi = \gamma = (1 - \tau)\alpha_0 + \tau\alpha_1, \quad v = F(\gamma) = (1 - \tau)\Phi(\alpha_0) + \tau\Phi(\alpha_1)$$

für die Werthe $\tau \geqq 0$ und $\leqq 1$ dargestellt. Nunmehr hat man überhaupt auf jeder Geraden $\xi = \gamma$, bei welcher der Parameter $\gamma \geqq \alpha_0$ und $\leqq \alpha_1$ ist, in $\mathfrak{A}$ immer ein bestimmtes Maximum von v, das jedesmal mit $\Phi(\gamma)$ bezeichnet werde. Natürlich muss dabei stets

$$(2) \qquad \Phi(\gamma) \geqq F(\gamma)$$

gelten. Insbesondere entnimmt man hieraus, dass das Minimum unter den zwei Werthen $\Phi(\alpha_0)$, $\Phi(\alpha_1)$ eine untere Grenze für sämmtliche Werthe $\Phi(\gamma)$ bildet.

Die Menge der durch $\alpha_0 \leqq \xi \leqq \alpha_1$, $v = \Phi(\xi)$ definirten Punkte heisse das ξ-Profil von $\mathfrak{A}$; diese Menge hängt offenbar von der Form v nicht ab. Hat man $\alpha_0 \leqq \gamma_0 < \gamma < \gamma_1 \leqq \alpha_1$, so muss, indem die Strecke von $\xi = \gamma_0$, $v = \Phi(\gamma_0)$ nach $\xi = \gamma_1$, $v = \Phi(\gamma_1)$ ganz zu $\mathfrak{A}$ gehört, nach der Bedeutung von $\Phi(\gamma)$ jedesmal

$$(3) \qquad \Phi(\gamma) \geqq \frac{\gamma_1 - \gamma}{\gamma_1 - \gamma_0}\,\Phi(\gamma_0) + \frac{\gamma - \gamma_0}{\gamma_1 - \gamma_0}\,\Phi(\gamma_1)$$

sein. Die Beziehung (2) ist hierunter als besonderer Fall enthalten.

Curven ohne Wendepunkte, Habilitationsschrift, München 1889; Referat über eine Arbeit: Exacte Grundlagen für eine Theorie der Ovale, Sitzungsber. d. math.-physik. Classe der bayer. Akad. d. Wiss. 1894. Bd. XXIV. S. 93—111. (S. auch unten den Schluss von 57.).

Es fragt sich jetzt, inwieweit dieses Gesetz (3) das Wesen der Function $\Phi(\xi)$ bereits erschöpft. Bezeichnet man für einen Augenblick einen Quotienten $\frac{\Phi(\xi_1) - \Phi(\xi_0)}{\xi_1 - \xi_0}$ allgemein durch (ξ_0, ξ_1), wobei stets $\xi_0 < \xi_1$ genommen werde, so kann die Ungleichung (3) auf die beiden Formen $(\gamma_0, \gamma) \geqq (\gamma_0, \gamma_1)$ und $(\gamma_0, \gamma_1) \geqq (\gamma, \gamma_1)$ gebracht werden, die mit ihr vollkommen gleichbedeutend sind. Man ersieht daraus, dass die Function (ξ_0, ξ_1), sowohl wenn das eine wie wenn das andere Argument grösser wird, niemals zunimmt. Insbesondere ist so (2) gleichbedeutend mit $(\alpha_0, \gamma) \geqq (\alpha_0, \alpha_1)$ und $(\alpha_0, \alpha_1) \geqq (\gamma, \alpha_1)$.

Nun denke man sich $\alpha_0 < \xi_0 < \gamma < \xi_1 < \alpha_1$, so gilt

$$(\alpha_0, \gamma) \geqq (\alpha_0, \xi_1), \quad (\xi_0, \alpha_1) \geqq (\gamma, \alpha_1).$$

Daraus geht hervor, dass, sowie auch nur von einem Werthe $\gamma > \alpha_0$ und $< \alpha_1$ feststeht, dass für ihn in (2) das Zeichen $=$ gilt, nothwendig im ganzen Intervalle $\alpha_0 \leqq \xi \leqq \alpha_1$ sich $\Phi(\xi) = F(\xi)$ herausstellt. Weiter erschliesst man aus jenen Beziehungen eine obere Grenze für die sämmtlichen Werthe von $\Phi(\xi)$. Aus

$$(\alpha_0, \gamma) \geqq (\xi_0, \gamma) \geqq (\gamma, \alpha_1) \quad \text{und} \quad (\alpha_0, \gamma) \geqq (\gamma, \xi_1) \geqq (\gamma, \alpha_1)$$

entnimmt man sodann die Stetigkeit von $\Phi(\xi)$ an der Stelle $\xi = \gamma$, welche eine völlig beliebige im Inneren von $\alpha_0 \leqq \xi \leqq \alpha_1$ vorstellt. Endlich leuchtet ein, dass, wenn man $(\xi_0, \xi_1) > 0$, also $\Phi(\xi_0) < \Phi(\xi_1)$ hat, die Function $\Phi(\xi)$ im Bereiche $\alpha_0 < \xi \leqq \xi_0$ von der zweiten zur ersten Grenze hin und, wofern $(\xi_0, \xi_1) < 0$, also $\Phi(\xi_0) > \Phi(\xi_1)$ ist, $\Phi(\xi)$ im Bereiche $\xi_1 \leqq \xi < \alpha_1$ von der ersten zur zweiten Grenze hin beständig abnimmt. Danach erscheint im Bereiche $\alpha_0 < \xi < \alpha_1$ nun $\Phi(\xi)$ entweder als eine niemals abnehmende oder als eine niemals zunehmende Function, oder aber drittens: man kann darin zwei Argumente γ_0, γ_1 finden so, dass $\Phi(\xi)$ sowohl in $\gamma_0 \geqq \xi > \alpha_0$ wie in $\gamma_1 \leqq \xi < \alpha_1$ von der ersten zur zweiten Grenze beständig abnimmt. Da sich nun bereits eine untere wie eine obere Grenze für die Werthe von $\Phi(\xi)$ ergeben haben, ist in jedem dieser Fälle klar, dass bei Annäherung des Arguments ξ im Bereiche $\alpha_0 < \xi < \alpha_1$ an die eine oder die andere Grenze jedesmal $\Phi(\xi)$ nach einer bestimmten Grösse convergirt, die mit $\Phi(\alpha_0 + 0)$, beziehlich $\Phi(\alpha_1 - 0)$ bezeichnet werden möge. Aus (2) folgt sodann $\Phi(\alpha_0 + 0) \geqq \Phi(\alpha_0)$, $\Phi(\alpha_1 - 0) \geqq \Phi(\alpha_1)$.

Zieht man von Neuem die Eigenschaft 4⁰ heran, dass ein Oval immer eine abgeschlossene Punktmenge vorstellt, so müssen jetzt auch die Punkte $\xi = \alpha_0$, $v = \Phi(\alpha_0 + 0)$ und $\xi = \alpha_1$, $v = \Phi(\alpha_1 - 0)$ zu $\mathfrak{A}$ gehören, und kann daher nach der Bedeutung von $\Phi(\alpha_0)$ und $\Phi(\alpha_1)$ nur $\Phi(\alpha_0 + 0) = \Phi(\alpha_0)$, $\Phi(\alpha_1 - 0) = \Phi(\alpha_1)$ sein. Damit erweist sich die Function $\Phi(\xi)$ im Intervalle $\alpha_0 \leqq \xi \leqq \alpha_1$ auch an den **Grenzen** als stetig und ist also durchweg darin stetig.

Andererseits leuchtet ein: Hat man irgend eine Function $\Phi(\xi)$ in einem Intervalle $\alpha_0 \leqq \xi \leqq \alpha_1$ definirt, welche für je drei Werthe $\gamma_0, \gamma, \gamma_1$ darin, wobei $\gamma_0 < \gamma < \gamma_1$ ist, stets dem Gesetze (3) gehorcht, und für welche ausserdem $\Phi(\alpha_0 + 0)$ nicht $> \Phi(\alpha_0)$ und $\Phi(\alpha_1 - 0)$ nicht $> \Phi(\alpha_1)$ ist, so erscheint diese Function in ihrem Intervalle durchweg als stetig; und setzt man dann

$$\frac{\alpha_1 - \xi}{\alpha_1 - \alpha_0}\,\Phi(\alpha_0) + \frac{\xi - \alpha_0}{\alpha_1 - \alpha_0}\,\Phi(\alpha_1) = F(\xi),$$

so hat man entwede. durchgängig $\Phi(\xi) = F(\xi)$, oder aber schon die durch $\alpha_0 \leqq \xi \leqq \alpha_1$; $F(\xi) \leqq v \leqq \Phi(\xi)$ definirte Punktmenge ist ein Oval (gemäss 5⁰, 4⁰, 3⁰, 2⁰). Die Menge der durch $\alpha_0 \leqq \xi \leqq \alpha_1$, $v = \Phi(\xi)$ definirten Punkte bildet im ersteren Falle eine Strecke und erscheint im letzteren als das ξ-Profil dieses Ovals.

Des Weiteren wird v auf jeder Geraden $\xi = \gamma$, wobei $\gamma \geqq \alpha_0$ und $\leqq \alpha_1$ ist, in $\mathfrak{A}$ immer ein bestimmtes **Minimum** besitzen, das mit $\varphi(\gamma)$ bezeichnet werde. Die Menge der durch $\alpha_0 \leqq \xi \leqq \alpha_1$, $v = \varphi(\xi)$ gegebenen Punkte wäre dann das $(-\xi)$-Profil von $\mathfrak{A}$; und das Oval $\mathfrak{A}$ selbst ist durch sein ξ- und sein $(-\xi)$-Profil vollkommen festgelegt, nämlich als **die** Punktmenge, in der $\alpha_0 \leqq \xi \leqq \alpha_1$, $\varphi(\xi) \leqq v \leqq \Phi(\xi)$ gilt. Man kann nun in (3) das Zeichen Φ mit $-\varphi$ vertauschen und erhält insbesondere der Relation (2) entsprechend:

(4) $$-\varphi(\gamma) \geqq -(1-\tau)\varphi(\alpha_0) - \tau\varphi(\alpha_1)$$

für $\gamma = (1-\tau)\alpha_0 + \tau\alpha_1$ und $\tau \geqq 0$ und < 1.

Mit $\Phi(\xi)$ und $\varphi(\xi)$ ist auch $\Phi(\xi) - \varphi(\xi)$, welche Differenz mit $\overline{\varphi}(\xi)$ bezeichnet werde, im ganzen Intervalle $\alpha_0 \leqq \xi \leqq \alpha_1$ eine **stetige** Function von ξ. Durch Addition von (2) und (4) erhält man

(5) $$\overline{\varphi}(\gamma) \geqq (1-\tau)\overline{\varphi}(\alpha_0) + \tau\overline{\varphi}(\alpha_1)$$

für $\gamma = (1-\tau)\alpha_0 + \tau\alpha_1$ und $0 \leqq \tau \leqq 1$, und gilt in (5) wieder entweder **durchweg das Zeichen** = oder aber **das Zeichen** > bei **allen** Werthen $\gamma > \alpha_0$ und $< \alpha_1$. Mit Rücksicht auf 2⁰ muss nun für jeden Werth γ, der $> \alpha_0$ und $< \alpha_1$ ist, stets $\overline{\varphi}(\gamma) > 0$ sein, während $\overline{\varphi}(\alpha_0)$ und andererseits $\overline{\varphi}(\alpha_1)$ auch gleich Null sein kann.

Endlich lässt sich noch dem Satze in 52. II. hier der folgende Ausdruck geben:

(6) $$J(\mathfrak{A}) = \int_{\alpha_0}^{\alpha_1} \varphi(\xi)\,d\xi.$$

III. Es sei jetzt $\mathfrak{B}$ ein zweites Oval in x, y und $\mathfrak{J}(\mathfrak{B})$ sein Inhalt in x, y; es sei β_0 das Minimum, β_1 das Maximum von ξ in $\mathfrak{B}$, und endlich seien $\Psi(\xi)$, $\bar{\psi}(\xi)$ die entsprechenden Functionen für $\mathfrak{B}$ wie $\Phi(\xi)$, $\bar{\varphi}(\xi)$ für $\mathfrak{A}$. Es sollen die Ovale $\mathfrak{B}$ und $\mathfrak{A}$ ähnlich gestreckt im Liniensysteme $\xi = \text{const.}$ heissen, wenn

$$(7) \quad \bar{\psi}(\beta_0 + \tau(\beta_1 - \beta_0)) : \bar{\varphi}(\alpha_0 + \tau(\alpha_1 - \alpha_0)) = \beta_1 - \beta_0 : \alpha_1 - \alpha_0$$

gilt im ganzen Intervalle $0 \leqq \tau \leqq 1$. Hat man dabei noch $\beta_1 - \beta_0 = \alpha_1 - \alpha_0$, so soll man für „ähnlich gestreckt" hier auch gleich gestreckt sagen dürfen. Offenbar spielt bei diesen Beziehungen allein ξ, nicht auch der Ausdruck von v eine Rolle. Aus dem Satze (6) erschliesst man, wenn die Beziehungen (7) gelten: $\mathfrak{J}(\mathfrak{B}) : \mathfrak{J}(\mathfrak{A}) = (\beta_1 - \beta_0)^2 : (\alpha_1 - \alpha_0)^2$, sodass alsdann das Verhältniss $\beta_1 - \beta_0 : \alpha_1 - \alpha_0$ auch nicht von den Coefficienten der speciellen Form ξ, sondern von den Bereichen $\mathfrak{B}$ und $\mathfrak{A}$ an sich abhängt. Fordert man, dass $\mathfrak{B}$ aus $\mathfrak{A}$ durch eine Dilatation oder Translation abzuleiten sei, so kann es sich, wenn $\mathfrak{J}(\mathfrak{B}) \gtrless \mathfrak{J}(\mathfrak{A})$ ist, gewiss nur um eine Dilatation im Verhältnisse

$$\sqrt{\mathfrak{J}(\mathfrak{B})} : \sqrt{\mathfrak{J}(\mathfrak{A})}$$

und, wenn $\mathfrak{J}(\mathfrak{B}) = \mathfrak{J}(\mathfrak{A})$ ist, nur um eine Translation handeln, und wird zu jenem Ende nothwendig und hinreichend sein, einmal dass $\mathfrak{B}$ und $\mathfrak{A}$ ähnlich gestreckt im Liniensysteme $\xi = \text{const.}$ sind, und dazu noch, dass man im Intervalle $0 \leqq \tau \leqq 1$ beständig

$$\frac{\Psi(\beta_0 + \tau(\beta_1 - \beta_0)) - \Psi(\beta_0)}{\beta_1 - \beta_0} = \frac{\Phi(\alpha_0 + \tau(\alpha_1 - \alpha_0)) - \Phi(\alpha_0)}{\alpha_1 - \alpha_0}$$

hat. Nun gilt folgendes Theorem:

Sind die Ovale $\mathfrak{B}$ und $\mathfrak{A}$ ähnlich gestreckt im Liniensysteme $\xi = \text{const.}$, ist es aber nicht möglich, $\mathfrak{B}$ aus $\mathfrak{A}$ durch eine Dilatation oder Translation herzuleiten, so kann immer eine Größe c bestimmt werden, sodass im Liniensysteme $\zeta = v - c\xi = \text{const.}$ die beiden Ovale nicht ähnlich gestreckt sind.

Es genügt offenbar, wenn man diesen Satz anstatt für $\mathfrak{B}$ selbst für irgend ein aus $\mathfrak{B}$ durch Dilatation oder Translation abgeleitetes Oval beweist, und es wird deshalb gestattet sein, einfach die Annahmen $\beta_0 = \alpha_0$, $\Psi(\beta_1) = \Phi(\alpha_0)$ und $\beta_1 = \alpha_1$ zu machen. Dann würden also $\mathfrak{B}$ und $\mathfrak{A}$ insonders als gleichgestreckt im Liniensysteme $\xi = \text{const.}$ zu denken sein, was noch $\mathfrak{J}(\mathfrak{B}) = \mathfrak{J}(\mathfrak{A})$ mit sich bringt, und die Function $\Psi(\xi) - \Phi(\xi)$ ist nun $= 0$ für $\xi = \alpha_0$, stetig im ganzen Intervalle $\alpha_0 \leqq \xi \leqq \alpha_1$, aber nach Voraussetzung darin nicht constant $= 0$ Man unterscheide jetzt zwei Fälle:

Erstens sei auch $\Psi(\alpha_1) - \Phi(\alpha_1) = 0$. Alsdann kann man doch irgend einen Werth $\gamma > \alpha_0$ und $< \alpha_1$ finden, für den $\Phi(\gamma) - \Psi(\gamma)$ von Null verschieden ausfällt. Es sei dabei etwa $\Psi(\gamma) > \Phi(\gamma)$; dann bedeute $\tilde{\alpha}_0$ die kleinste obere Grenze aller Werthe ξ im Bereiche $\alpha_0 \leq \xi \leq \gamma$, für welche $\Psi(\xi) - \Phi(\xi) \leq 0$ ist, und $\tilde{\alpha}_1$ die grösste untere Grenze aller Werthe ξ im Bereiche $\gamma \leq \xi \leq \alpha_1$, für welche

$$\Psi(\xi) - \Phi(\xi) \leq 0$$

ist. Nun hat man $\tilde{\alpha}_0 < \gamma < \tilde{\alpha}_1$, und findet sich (vgl. die Betrachtung in I.) nothwendig $\Psi(\tilde{\alpha}_0) - \Phi(\tilde{\alpha}_0) = 0$, $\Psi(\tilde{\alpha}_1) - \Phi(\tilde{\alpha}_1) = 0$ und im Bereiche $\tilde{\alpha}_0 < \xi < \tilde{\alpha}_1$ durchweg $\Psi(\xi) > \Phi(\xi)$.

Man kann alsdann die Grösse $c = \dfrac{\Phi(\tilde{\alpha}_1) - \Phi(\tilde{\alpha}_0)}{\tilde{\alpha}_1 - \tilde{\alpha}_0}$ nehmen. Zuvörderst haben dann $\zeta = v - c\xi$ und $-\xi$ die Determinante 1. Man schreibe $\Phi(\tilde{\alpha}_0) - c\tilde{\alpha}_0 = \varkappa$, so ergiebt sich auf Grund der Regel (3) $\Phi(\gamma) - c\gamma \geq \varkappa$. Es bedeute weiter λ das Maximum von ζ in $\mathfrak{A}$, wobei also sicher $\lambda \geq \varkappa$ ausfällt, und, wenn man $\lambda > \varkappa$ hat, so sei $\xi = \tilde{\alpha}$, $v = \lambda + c\tilde{\alpha}$ ein solcher Punkt aus $\mathfrak{A}$, in dem dieses Maximum von ζ eintritt. Schreibt man wieder für einen Quotienten

$$\frac{\Phi(\xi_1) - \Phi(\xi_0)}{\xi_1 - \xi_0}\ (\xi_0 < \xi_1)$$

kurz (ξ_0, ξ_1), so schliesst man, wenn $\alpha_0 \leq \xi \leq \tilde{\alpha}_0$ ist, aus $(\xi, \tilde{\alpha}) \geq (\tilde{\alpha}_0, \tilde{\alpha}_1)$ und, wenn $\tilde{\alpha}_1 \leq \xi \leq \alpha_1$ ist, aus $(\tilde{\alpha}_0, \tilde{\alpha}_1) \geq (\tilde{\alpha}_0, \xi)$ jedesmal $\Phi(\xi) - c\xi \leq \varkappa$. Berücksichtigt man die Bedeutung von $\Phi(\xi)$, so muss daher im Falle $\lambda > \varkappa$ für den Punkt $\xi = \tilde{\alpha}$, $\zeta = \lambda$ sich nothwendig $\tilde{\alpha}_0 < \tilde{\alpha} < \tilde{\alpha}_1$ und $v = \lambda + c\tilde{\alpha} = \Phi(\tilde{\alpha})$ herausstellen.

Endlich bedeute μ das Maximum von ζ im Ovale $\mathfrak{B}$, so entnimmt man, wenn $\lambda > \varkappa$ ist, aus $\Psi(\tilde{\alpha}) - c\tilde{\alpha} > \Phi(\tilde{\alpha}) - c\tilde{\alpha}$ und, wenn $\lambda = \varkappa$ ist, schon aus $\Psi(\gamma) - c\gamma > \Phi(\gamma) - c\gamma$ jedesmal $\mu > \lambda$. Man findet ferner, genau wie bei der Function $\Phi(\xi)$, auch für $\Psi(\xi)$, so lange $\alpha_0 \leq \xi \leq \tilde{\alpha}_0$ oder $\tilde{\alpha}_1 \leq \xi \leq \alpha_1$ gilt, immer $\Psi(\xi) - c\xi \leq \varkappa$; nach der Bedeutung von $\Psi(\xi)$ wird man daher solche Werthe ζ, die $> \varkappa$ sind, im Ovale $\mathfrak{B}$ gewiss nur bei Punkten treffen können, deren ξ im Bereiche $\tilde{\alpha}_0 < \xi < \tilde{\alpha}_1$ liegt.

Nun beträgt auf der Strecke, welche die Linie $\zeta = \varkappa = \lambda - (\lambda - \varkappa)$ mit $\mathfrak{A}$ gemein hat, die Differenz aus dem Maximum und dem Minimum von $-\xi$ sicher mindestens $\tilde{\alpha}_1 - \tilde{\alpha}_0$, da doch die zwei Punkte mit $\xi = \tilde{\alpha}_0$ und $\xi = \tilde{\alpha}_1$ dieser Strecke angehören. Dagegen wird die Differenz aus dem Maximum und dem Minimum von $-\xi$ im Oval $\mathfrak{B}$ auf der Linie $\zeta = \mu - (\lambda - \varkappa)$, da letztere Constante $> \varkappa$ ist, gewiss kleiner als $\tilde{\alpha}_1 - \tilde{\alpha}_0$ ausfallen. Also sind hier in der That $\mathfrak{B}$ und $\mathfrak{A}$ im Liniensysteme $\zeta =$ const. nicht gleich gestreckt.

Zweitens sei $\Psi(\alpha_1) - \Phi(\alpha_1)$ von Null verschieden und etwa > 0. Dann bezeichne man mit $\tilde{\alpha}_0$ die kleinste obere Grenze aller derjenigen Werthe ξ im Intervalle $\alpha_0 \leqq \xi \leqq \alpha_1$, für welche

$$\Psi(\xi) - \Phi(\xi) \leqq 0$$

ist; dabei erhält man nothwendig $\Psi(\tilde{\alpha}_0) - \Phi(\tilde{\alpha}_0) = 0$ und für jeden Werth $\xi > \tilde{\alpha}_0$ und $\leqq \alpha_1$ stets $\Psi(\xi) > \Phi(\xi)$. Hier kann man nun die Grösse $c = \frac{\Phi(\alpha_1) - \Phi(\alpha_0)}{\tilde{\alpha}_1 - \tilde{\alpha}_0}$ nehmen. Denn schreibt man $v - c\xi = \zeta$, $\Phi(\tilde{\alpha}_0) - c\tilde{\alpha}_0 = \varkappa$ und bezeichnet wieder das Maximum von ζ in $\mathfrak{A}$ mit λ, in $\mathfrak{B}$ mit μ, so erkennt man durch ähnliche Ueberlegungen wie vorhin, daß $\varkappa \leqq \lambda < \mu$ ist und daß in $\mathfrak{B}$, solange man $\alpha_0 \leqq \xi \leqq \tilde{\alpha}_0$ hat, immer $v \leqq \varkappa$ gilt. Alsdann erscheint die Differenz aus dem Maximum und dem Minimum von $-\xi$ auf der Linie $\zeta = \varkappa = \lambda - (\lambda - \varkappa)$ in $\mathfrak{A}$ gewiss $\geqq \alpha_1 - \tilde{\alpha}_0$, die entsprechende Differenz auf der Linie $\zeta = \mu - (\lambda - \varkappa) = \varkappa + (\mu - \lambda)$ in $\mathfrak{B}$ aber gewiss $< \alpha_1 - \tilde{\alpha}_0$, und sind danach in der That $\mathfrak{B}$ und $\mathfrak{A}$ nicht gleichgestreckt im Liniensysteme $\zeta =$ const.

Man kann dem soeben bewiesenen Theoreme auch folgenden Ausdruck verleihen:

Erweisen sich zwei Ovale in jedem möglichen Systeme paralleler Linien als ähnlich gestreckt, so lässt sich immer das eine aus dem anderen einfach durch eine Dilatation oder Translation herleiten.

57.

Ungleichung zwischen den Volumina dreier Parallelschnitte eines nirgends concaven Körpers.

Man betrachte wieder eine Mannigfaltigkeit von n Variabeln $x_1, \ldots x_n$. Es seien in ihr $x = 0$ und $x = 1$ die Gleichungen irgend zweier paralleler Ebenen (s. (8)), wobei also x irgend einen ganzen linearen, nicht nothwendig homogenen Ausdruck in $x_1, \ldots x_n$ vorstellt; es sei ferner t beliebig variabel im Intervall der Werthe $\geqq 0$ und $\leqq 1$. Sodann sei $\mathfrak{C}$ eine ganz in der Ebene $x = 1$ gelegene Punktmenge, welche die Eigenschaft hat, mit einer beliebigen geraden Linie in $x = 1$ regelmäßig sei es keinen Punkt, sei es einen Punkt, sei es eine Strecke von Punkten gemein zu haben (s. 52. 1°), und welche dabei inwendige Punkte besitzt (s. 11.). Man verwende $\mathfrak{z}$ zur Bezeichnung eines beliebigen Punktes aus $\mathfrak{C}$, und endlich sei c_h^0 das Minimum, c_h^1 das Maximum von x_h in $\mathfrak{C}$ (vgl. 52. 5⁰ und 4⁰).

Des Weiteren sei jetzt $\mathfrak{b}$ ein einzelner in der Ebene $x = 0$ gelegener Punkt. Die Vereinigung aus allen Strecken $\mathfrak{b}\mathfrak{z}$ von $\mathfrak{b}$ nach den einzelnen Punkten $\mathfrak{z}$ aus $\mathfrak{C}$ stellt dann einen speciellen nirgends concaven Körper vor; dieser Körper werde der Kegel mit $\mathfrak{b}$ als Spitze und $\mathfrak{C}$ als Grundfläche genannt und durch $\mathfrak{b}\mathfrak{C}$ bezeichnet. Die Punkte dieses Kegels in einer Ebene $x = t$ sind in der Form $(1 - t)\mathfrak{b} + t\mathfrak{z} = t\mathfrak{z} +$ const. dargestellt.

An zweiter Stelle sei $\mathfrak{B}$ eine in der Ebene $x = 0$ liegende solche Punktmenge, welche aus $\mathfrak{C}$ gewonnen werden kann, sei es durch eine Dilatation in einem Verhältnisse $q : 1$, wobei $q < 1$ ist, sei es durch eine Translation; in letzterem Falle schreibe man 1 für die Grösse q. Es sei b_h^0 das Minimum, b_h^1 das Maximum von x_h in $\mathfrak{B}$, so hat man dann in jedem Falle:

$$(1) \qquad b_1^1 - b_1^0 : c_1^1 - c_1^0 = \cdots = b_n^1 - b_n^0 : c_n^1 - c_n^0 = q : 1\,.$$

Es kann sich jetzt, falls $q < 1$ ist, hier nur um die Dilatation von dem Punkte $\mathfrak{a}$ aus handeln, dessen Coordinaten sich durch

$$b_h^0 - a_h = q(c_h^0 - a_h)$$

bestimmen. Dieser Punkt $\mathfrak{a}$ liegt in der Ebene $q(1 - x) + x = 0$, es ist für ihn also $x < 0$. Alsdann soll die Menge aller der Punkte des Kegels $\mathfrak{a}\mathfrak{C}$, für welche $x \geqq 0$ ist, der Kegelstumpf mit $\mathfrak{B}$ und $\mathfrak{C}$ als Grundflächen heissen und durch $\mathfrak{B}\mathfrak{C}$ bezeichnet werden. Diese Menge stellt wieder einen nirgends concaven Körper vor; es gehören ihr in der Ebene $x = 0$ genau die Punkte aus $\mathfrak{B}$ an, diese sind durch $\mathfrak{y} = \mathfrak{a} + q(\mathfrak{z} - \mathfrak{a}) = q\mathfrak{z} +$ const., und weiter sind dann die Punkte des Kegelstumpfs $\mathfrak{B}\mathfrak{C}$ in einer beliebigen Ebene $x = t$ jedesmal durch $(1 - t)\mathfrak{y} + t\mathfrak{z}$ dargestellt, wobei $\mathfrak{y}$ und $\mathfrak{z}$ wie soeben erwähnt zusammenhängen, also in der Form

$$(1 - t)(\mathfrak{a} + q(\mathfrak{z} - \mathfrak{a})) + t\mathfrak{z} = ((1 - t)q + t)\mathfrak{z} + \text{const.}$$

Im Falle einer Translation ($q = 1$) andererseits kann es sich hier nur um diejenige Translation handeln, die von $\mathfrak{o}$ aus auf den Punkt $\mathfrak{d}$ mit den Coordinaten $b_1^0 - c_1^0, \ldots b_n^0 - c_n^0$ führt, sodass also die Punkte von $\mathfrak{B}$ dabei in der Gestalt $\mathfrak{y} = \mathfrak{z} + (\mathfrak{d} - \mathfrak{o})$ erscheinen. Dann bildet wieder die Vereinigung aus allen Strecken $\mathfrak{y}\mathfrak{z}$, wo $\mathfrak{y}$ aus $\mathfrak{B}$ und $\mathfrak{z}$ aus $\mathfrak{C}$ wie hier angegeben zusammenhängen, einen nirgends concaven Körper, der gleichfalls $\mathfrak{B}\mathfrak{C}$ geschrieben und als der Cylinder mit $\mathfrak{B}$ und $\mathfrak{C}$ als Grundflächen bezeichnet werden möge. Die Punkte dieses Cylinders in einer Ebene $x = t$ sind durch

$$(1-t)\mathfrak{y}+t\mathfrak{z}=\mathfrak{z}+(1-t)(\mathfrak{b}-\mathfrak{o})=\mathfrak{z}+\text{const.}$$

dargestellt.

Es bedeute nun $\mathfrak{L}$ den Kegel $\mathfrak{b}\mathfrak{C}$ oder den Kegelstumpf oder Cylinder $\mathfrak{B}\mathfrak{C}$. Es möge in x etwa die Variable x_n einen von Null verschiedenen Coefficienten haben, so sind die Punkte in einer einzelnen Ebene $x=t$ stets schon durch ihre $n-1$ Coordinaten $x_1, \ldots x_{n-1}$ bestimmt. Es bedeute $\mathfrak{L}'(t)$ die Menge dieser Systeme $x_1, \ldots x_{n-1}$ für die Punkte aus $\mathfrak{L}$ in der Ebene $x=t$, so stellt $\mathfrak{L}'(t)$ immer einen nirgends concaven Körper in $x_1, \ldots x_{n-1}$ vor, mit der einen Ausnahme, dass im Falle des Kegels $\mathfrak{L}'(0)$ bloss in dem einzigen System $x_1, \ldots x_{n-1}$ für die Spitze des Kegels besteht. Es sei sodann $L'(t)$ das Volumen von $\mathfrak{L}'(t)$ in $x_1, \ldots x_{n-1}$, so hat man im Falle des Kegels: $L'(0)=0$, $L'(t)=t^{n-1}L'(1)$, im Falle des Kegelstumpfs: $L'(0)=q^{n-1}L'(1)$, $L'(t)=((1-t)q+t)^{n-1}L'(1)$, im Falle des Cylinders: $L'(0)=L'(1)$, $L'(t)=L'(1)$, und damit in allen diesen Fällen stets:

$$\sqrt[n-1]{L'(t)}=(1-t)\sqrt[n-1]{L'(0)}+t\sqrt[n-1]{L'(1)}. \tag{2}$$

Es sei jetzt $\mathfrak{K}$ ein zweiter nirgends concaver Körper, der $\mathfrak{L}$ in sich schliesst, ohne aber mit $\mathfrak{L}$ identisch zu sein, und der gleichfalls noch ganz im Bereiche der Ebenen $0 \leqq x \leqq 1$ liegt. Da die Punkte aus $\mathfrak{K}$ in den Ebenen $x=0$ und $x=1$ als Häufungsstellen der übrigen Punkte aus $\mathfrak{K}$ erscheinen, für welche man $0<x<1$ hat, so wird nach diesen Voraussetzungen gewiss ein Punkt $\mathfrak{k}$ in $\mathfrak{K}$ zu finden sein, der nicht zu $\mathfrak{L}$ gehört und auch nicht in $x=0$ oder $x=1$ liegt. In derselben Ebene $x=$ const. mit $\mathfrak{k}$ sei dann $\mathfrak{l}$ ein Punkt aus $\mathfrak{L}$ derart, dass die Strecke $\mathfrak{k}\mathfrak{l}$ ausser $\mathfrak{l}$ sonst keinen Punkt aus $\mathfrak{L}$ aufweist; man kann dann $\mathfrak{l}$ auf eine Weise in der oben erörterten Form $(1-t)\mathfrak{y}+t\mathfrak{z}$ darstellen, wo $\mathfrak{y}$ und $\mathfrak{z}$ einander zugeordnete Punkte aus $\mathfrak{B}$ und $\mathfrak{C}$ sind (im Falle des Kegels ist hierbei für $\mathfrak{B}$ wie für $\mathfrak{y}$ die Spitze $\mathfrak{b}$ des Kegels einzuführen), und dann erkennt man leicht, dass auf den Strecken $\mathfrak{y}\mathfrak{k}$ und $\mathfrak{k}\mathfrak{z}$ einzig die beiden Punkte $\mathfrak{y}$ und $\mathfrak{z}$ zu $\mathfrak{L}$ gehören. Danach weist nun der Körper $\mathfrak{K}$ in jeder einzigen Ebene $x=t$, bei der $t>0$ und <1 ist, noch andere Punkte als $\mathfrak{L}$ auf. Giebt man jetzt dem Zeichen $K'(t)$ die entsprechende Bedeutung für $\mathfrak{K}$, wie sie $L'(t)$ für $\mathfrak{L}$ hatte, und wendet in der Mannigfaltigkeit der Variabeln $x_1, \ldots x_{n-1}$ den Satz an, dass, wenn ein nirgends concaver Körper einen anderen solchen Körper enthält, der erste stets ein wesentlich grösseres Volumen besitzt (s. 52. II.), so stellt sich für jeden Werth $t>0$ und <1 sicherlich:

(3) $$K'(t) > L'(t)$$
heraus.

Nach allen diesen Vorbereitungen soll jetzt die in der letzten Untersuchung hinsichtlich der Begründung der Sätze in 52. IV noch gebliebene Lücke vollständig ausgefüllt werden.

I. Es sei $\mathfrak{K}$ ein beliebiger nirgends concaver Körper in $x_1, \ldots x_n$. Es sei b das Minimum, c das Maximum von x_n in $\mathfrak{K}$, so nimmt x_n in $\mathfrak{K}$ jeden Werth $\geqq b$ und $\leqq c$ an. Man verstehe nun, wenn t einen Werth $\geqq 0$ und $\leqq 1$ vorstellt, immer unter $\mathfrak{T}$ die Menge aller Punkte aus $\mathfrak{K}$ in der Ebene $x_n = (1-t)b + tc$, unter $\mathfrak{T}'$ die Menge der Systeme $x_1, \ldots x_{n-1}$ für diese Punkte; der Menge $\mathfrak{T}'$ kommt dann nach 52. II. jedesmal ein bestimmtes Volumen in $x_1, \ldots x_{n-1}$ zu, das T' heisse. Endlich bezeichne man $\mathfrak{T}$, $\mathfrak{T}'$, T' für $t = 0$ mit $\mathfrak{B}$, $\mathfrak{B}'$, B' und für $t = 1$ mit $\mathfrak{C}$, $\mathfrak{C}'$, C'.

Für ein $t > 0$ und < 1 besitzt $\mathfrak{T}'$ gewiss immer ein Inneres und stellt einen nirgends concaven Körper in $x_1, \ldots x_{n-1}$ vor, und hat man $T' > 0$; dagegen kann B' und kann C' unter Umständen auch $= 0$ sein. Aus dem allgemeinen Resultate in 52. (4) entnehme man noch die specielle Bemerkung, dass die Function T' im Bereiche $0 < t < 1$ bei Annäherung des t an 0 sicherlich **nicht** einer Grenze $> B'$ und bei Annäherung des t an 1 sicherlich **nicht** einer Grenze $> C'$ zustreben kann.

Es soll nun gezeigt werden, daß immer die folgende **Ungleichung** statthat:

(4) $$\sqrt[n-1]{T'} \geqq (1-t)\sqrt[n-1]{B'} + t\sqrt[n-1]{C'}.$$

Für $t = 0$ und $t = 1$ ist dieselbe offenbar mit dem Zeichen $=$ erfüllt.

Man stelle sich zunächst einen Augenblick auf den Standpunkt, das hierin liegende Theorem sei bereits allgemein erwiesen. Sind b^* und c^* zwei Werthe derart, dass $b \leqq b^* < c^* \leqq c$ gilt, so liefert die Menge $\mathfrak{K}^*$ derjenigen Punkte aus $\mathfrak{K}$, für welche man $b^* \leqq x_n \leqq c^*$ hat, jedesmal wieder einen nirgends concaven Körper. Stellt man nun für einen jeden dieser Körper $\mathfrak{K}^*$ (unter ihnen tritt als der umfassendste $\mathfrak{K}$ selbst auf), immer alle Ungleichungen nach Art von (4) auf, und nimmt man dazu noch die soeben gemachte Bemerkung über das Verhalten von T' an $t = 0$ und $t = 1$, so besagen alle diese Umstände zusammengenommen, mit Rücksicht auf die Ausführungen in 56. II., genau die folgende Thatsache:

Die Menge der durch

$$0 \leqq u \leqq \sqrt[n-1]{T'}, \quad 0 \leqq t \leqq 1$$

definirten Systeme t, u **bildet ein Oval in** t, u.

Das t-Profil dieses Ovals besteht dann aus den Systemen

$$u = \sqrt[n-1]{T'}, \quad 0 \leqq t \leqq 1.$$

Die Bemerkung bei 56. (5) lehrt jetzt, dass in der Ungleichung (4) für den Körper $\mathfrak{K}$ entweder durchweg das Zeichen $=$ gelten wird oder aber das Zeichen $>$ für jeden Werth t, der > 0 und < 1 ist.

Ferner ist dann nach 56. II. die Function T' eine stetige von x_n im ganzen Intervalle $b \leqq x_n \leqq c$, und nach 52. II. findet man das Volumen von $\mathfrak{K}$ in $x_1, \ldots x_n$ gleich

$$(5) \qquad \int_b^c T' dx_n.$$

Es werde $B' \leqq C'$ vorausgesetzt. Hat man zuvörderst sowohl $B' = 0$ wie $C' = 0$, so ist die Ungleichung (4) evident, und zwar mit dem Zeichen $>$ für jeden Werth $t > 0$ und < 1.

Jetzt sei $B' = 0$, aber $C' > 0$. Man greife aus $\mathfrak{B}$ irgend einen Punkt $\mathfrak{b}$ heraus, so muss nach der Natur eines nirgends concaven Körpers $\mathfrak{K}$ sogleich den ganzen Kegel $\mathfrak{b}\mathfrak{C}$ in sich schliessen. Aus (2) und (3) entnimmt man dann, dass sicher immer $T' \geqq t^{n-1} C'$ ist, worauf (4) hier hinauskommt, und auch noch, dass hier stets das Zeichen $=$ gilt, falls $\mathfrak{K}$ mit diesem Kegel sich deckt, wobei dann also insbesondere $\mathfrak{B}$ aus einem einzelnen Punkte bestehen würde; dagegen sieht man, dass hier für jeden Werth $t > 0$ und < 1 immer das Zeichen $>$ statthat, wenn $\mathfrak{K}$ nicht eben einen Kegel mit der Spitze in $x_n = b$ und der Grundfläche in $x_n = c$ vorstellt.

Nunmehr sei $C' \geqq B' > 0$. Es soll alsdann ausser der Ungleichung (4) noch Folgendes bewiesen werden.

(6) Damit in (4) bei einem Werthe $t > 0$ und < 1 das Gleichheitszeichen eintreten kann, ist vor Allem erforderlich, dass der Bereich $\mathfrak{B}$ aus dem Bereiche $\mathfrak{C}$ durch Dilatation oder Translation herzuleiten ist (oder, was auf dasselbe hinauskommt, dass $\mathfrak{B}'$ aus $\mathfrak{C}'$ durch Dilatation oder Translation in der Mannigfaltigkeit $x_1, \ldots x_{n-1}$ herzuleiten ist).

Aus diesem ersten Umstande sind sogleich die vollständigen Bedingungen für das Eintreten des fraglichen Grenzfalles zu entnehmen. Geht nämlich $\mathfrak{B}$ aus $\mathfrak{C}$ durch Dilatation oder Translation hervor, so muss $\mathfrak{K}$ als nirgends concaver Körper mit $\mathfrak{B}$ und $\mathfrak{C}$ sogleich den ganzen Kegelstumpf bez. Cylinder $\mathfrak{B}\mathfrak{C}$ in sich schliessen. Aus (2) und (3) erhellt dann, dass, wenn $\mathfrak{K}$ sich mit diesem Bereiche $\mathfrak{B}\mathfrak{C}$ deckt, in (4) für alle Werthe $t \geqq 0$ und $\leqq 1$ stets das Gleichheitszeichen gilt, dass hingegen, wenn $\mathfrak{K}$ nicht eben einen Kegelstumpf bez. Cylinder mit den Grundflächen in $x_n = b$ und $x_n = c$ vorstellt, für jeden Werth $t > 0$ und < 1 in (4) stets das Zeichen $>$ statthat. — Aus diesen allgemeineren Sätzen gehen, wenn man $C' = B'$ annimmt und m für $n - 1$ schreibt, sogleich die Sätze bei 52. (7) hervor, deren Nachweis wir uns zur Aufgabe gestellt hatten.

II. Es sollen nunmehr der Satz (4) und der Zusatz (6) unter der Annahme $C' \geqq B' > 0$ allgemein bewiesen werden. Für $n = 2$ ist die Ungleichung (4) bereits mit 56. (5) festgestellt, während durch (6) für diesen Fall noch gar keine Bedingung ausgesprochen wird; denn $\mathfrak{B}$ und $\mathfrak{C}$ bedeuten dann parallele Strecken, und versteht es sich immer, dass zwei solche durch Dilatation oder Translation auseinander herzuleiten sind. Wir können daher jetzt $n \geqq 3$ voraussetzen und uns beim Beweise jener Sätze eines Schlusses von $n - 1$ auf n bedienen. Es darf also angenommen werden, dass alle in I. zur Sprache gebrachten Beziehungen für convexe Körper in Mannigfaltigkeiten von $n - 1$ Variabeln bereits feststehen.

Wie der Körper $\mathfrak{K}$ mit Bezug auf die Variable x_n in die Bereiche $\mathfrak{T}$ aufgelöst wurde, sollen die Mengen $\mathfrak{T}'$ weiter mit Bezug auf x_{n-1} in Theilmengen aufgelöst werden.

Da $B' > 0$ sein soll, stellt $\mathfrak{B}'$ einen nirgends concaven Körper in $x_1, \ldots x_{n-1}$ vor. Es sei $\beta(0)$ das Minimum, $\beta(1)$ das Maximum von x_{n-1} in $\mathfrak{B}'$, und für jeden Werth $\eta \geqq \beta(0)$ und $\leqq \beta(1)$ verstehe man unter $\mathfrak{B}(\eta)$ immer die Menge der Punkte aus $\mathfrak{B}$, für welche $x_{n-1} = \eta$ ist, unter $\mathfrak{B}'(\eta)$ die Menge der Systeme $x_1, \ldots x_{n-2}, x_{n-1}$ für diese Punkte, ferner unter $\mathfrak{B}''(\eta)$ die Menge der Systeme $x_1, \ldots x_{n-2}$ für sie. Einer solchen Menge $\mathfrak{B}''(\eta)$ kommt jedesmal ein bestimmtes Volumen in $x_1, \ldots x_{n-2}$ zu, das $B''(\eta)$ heisse. Diese Function $B''(\eta)$ ist dann im ganzen Intervalle $\beta(0) \leqq \eta \leqq \beta(1)$ stetig, ferner im Inneren dieses Intervalls stets > 0, und wird man gemäss (5) für das Volumen von $\mathfrak{B}'$ in $x_1, \ldots x_{n-1}$ die Gleichung $B' = \int\limits_{\beta(0)}^{\beta(1)} B''(\eta)\, d\eta$ haben. Setzt man allgemein, wenn η im Intervalle $\beta(0) \leqq \eta \leqq \beta(1)$ liegt, $\int\limits_{\beta(0)}^{\eta} B''(x_{n-1})\, dx_{n-1} = \sigma_\eta \cdot B'$, so wird also σ_η eine stetige und beständig wachsende Function von η sein, deren Werthe sich von 0 bis 1 bewegen, während η jenes Intervall durchläuft. Umgekehrt giebt es dann nach 56. I zu jedem Werthe $\sigma \geqq 0$ und $\leqq 1$ immer einen völlig bestimmten Werth $\eta \geqq \beta(0)$ und $\leqq \beta(1)$, mit dem als oberer Grenze das letzte Integral $= \sigma \cdot B'$

ausfällt. Dieser Werth η werde dann durch $\eta(\sigma)$ bezeichnet; er stellt seinerseits eine stetige und beständig wachsende Function von σ vor, die von $\beta(0)$ bis $\beta(1)$ läuft, während σ sich durch das Intervall $0 \leqq \sigma \leqq 1$ bewegt. Dabei hat für jede Stelle $\sigma > 0$ und < 1 der Differentialquotient $\frac{d\eta(\sigma)}{d\sigma}$ stets einen bestimmten endlichen positiven Werth, nämlich er folgt aus:

$$(7) \qquad B''(\eta(\sigma))\frac{d\eta(\sigma)}{d\sigma} = B'.$$

Weiter möge in Bezug auf den Bereich $\mathfrak{C}$ den Zeichen $\gamma(0)$, $\gamma(1)$, ζ; $\mathfrak{C}(\zeta)$, $\mathfrak{C}'(\zeta)$, $\mathfrak{C}''(\zeta)$, $C''(\zeta)$; σ_ζ, $\zeta(\sigma)$ die entsprechende Bedeutung beigelegt werden, wie sie $\beta(0)$, $\beta(1)$, η; $\mathfrak{B}(\eta)$, $\mathfrak{B}'(\eta)$, $\mathfrak{B}''(\eta)$, $B''(\eta)$; σ_η, $\eta(\sigma)$ in Bezug auf den Bereich $\mathfrak{B}$ besitzen. Dabei wird auch $\zeta(\sigma)$ eine stetige und beständig wachsende Function von σ im Intervalle $0 \leqq \sigma \leqq 1$, ferner $C''(\zeta)$ eine stetige Function von ζ im Intervalle $\gamma(0) \leqq \zeta \leqq \gamma(1)$, und hat man für jede Stelle $\sigma > 0$ und < 1 stets $C''(\zeta(\sigma)) > 0$ und

$$(8) \qquad C''(\zeta(\sigma))\frac{d\zeta(\sigma)}{d\sigma} = C'.$$

Wir wollen uns jetzt unter t irgend einen bestimmten Werth > 0 und < 1 denken. Betrachten wir für einen Werth $\sigma \geqq 0$ und $\leqq 1$ die $\mathfrak{E}_\sigma$, welche als Gleichung

$$x_{n-1} - \eta(\sigma) : x_{n-1} - \zeta(\sigma) = x_n - b : x_n - c$$

hat, so ist für die Punkte in dieser Ebene stets x_{n-1} durch x_n bestimmt. Es schneidet diese Ebene $\mathfrak{E}_\sigma$ aus $\mathfrak{B}$ und $\mathfrak{C}$ beziehlich die Bereiche $\mathfrak{B}(\eta(\sigma))$ und $\mathfrak{C}(\zeta(\sigma))$ heraus, ferner aus dem zu t gehörigen Bereiche $\mathfrak{T}$ diejenigen Punkte dieses Bereichs, für welche man

$$(9) \qquad x_{n-1} = \vartheta = (1-t)\,\eta(\sigma) + t\zeta(\sigma) = \vartheta(\sigma)$$

hat. Die Menge dieser Punkte aus $\mathfrak{T}$ werde mit $\mathfrak{T}(\vartheta)$, die Menge der Systeme $x_1, \ldots x_{n-2}$ in ihnen mit $\mathfrak{T}''(\vartheta)$, das Volumen von $\mathfrak{T}''(\vartheta)$ in $x_1, \ldots x_{n-2}$ mit $T''(\vartheta)$ bezeichnet. Mit $\eta(\sigma)$ und $\zeta(\sigma)$ ist auch die durch (9) definirte Function $\vartheta(\sigma)$ eine stetige und beständig wachsende Function von σ für $0 \leqq \sigma \leqq 1$; umgekehrt gehört dann zu jedem Werthe ϑ, welcher

$\geqq \vartheta(0) = (1-t)\,\beta(0) + t\gamma(0)$ und $\leqq \vartheta(1) = (1-t)\,\beta(1) + t\gamma(1)$

ist, ein bestimmter Werth $\sigma \geqq 0$ und $\leqq 1$, für den $\vartheta(\sigma) = \vartheta$ ausfällt. Ferner ist für alle Werthe $\sigma > 0$ und < 1 der Differentialquotient:

$$(10) \qquad \frac{d\vartheta(\sigma)}{d\sigma} = (1-t)\frac{d\eta(\sigma)}{d\sigma} + t\,\frac{d\zeta(\sigma)}{d\sigma}$$

mit Rücksicht auf (7) und (8) eine stetige und stets positive Function von σ.

In $\mathfrak{T}'$ nimmt auf x_{n-1} sicherlich alle Werthe $\geqq \vartheta(0)$ und $\leqq \vartheta(1)$ an, und hat man daher jedenfalls:

$$T' \geqq \int_{\vartheta(0)}^{\vartheta(1)} T''(\vartheta)\, d\vartheta. \tag{11}$$

Es bedeute $\overline{\mathfrak{K}_\sigma}$ die Menge der Systeme $x_1, \ldots x_{n-2}, x_n$ für die Punkte aus $\mathfrak{K}$ in der Ebene $\mathfrak{E}_\sigma$. Für einen Werth $\sigma > 0$ und < 1 durchschneidet die Ebene $\mathfrak{E}_\sigma$ sicher den Körper $\mathfrak{K}$, besitzt daher $\overline{\mathfrak{K}_\sigma}$ stets ein Inneres und ist somit ein nirgends concaver Körper in $x_1, \ldots x_{n-2}, x_n$. Nehmen wir jetzt an, der in der Ungleichung (4) liegende Satz über nirgends concave Körper sei bereits für Mannigfaltigkeiten von $n-1$ Variabeln bewiesen, so führt die Betrachtung der Schnitte von $\overline{\mathfrak{K}_\sigma}$ mit $x_n = b$, $x_n = c$ und $x_n = (1-t)b + tc$ zu:

$$\sqrt[n-2]{T''(\vartheta(\sigma))} \geqq (1-t)\sqrt[n-2]{B''\eta(\sigma))} + t\sqrt[n-2]{C''(\zeta(\sigma))} \tag{12}$$

für $0 < \sigma < 1$.

Nun gilt, wenn V, W, v, w vier positive Größen sind, stets die Ungleichung:

$$f = \sqrt[n-1]{(V+W)^{n-2}(v+w)} - \sqrt[n-1]{V^{n-2}v} - \sqrt[n-1]{W^{n-2}w} \geqq 0. \tag{13}$$

In der That, hat man $V : W = v : w = q : 1$, so folgt:

$$f = \sqrt[n-1]{W^{n-2}w}\,((q+1) - q - 1) = 0.$$

Ist aber $\frac{V}{v} \gtrless \frac{W}{w}$, so werde etwa $\frac{V}{v} > \frac{W}{w}$ angenommen Dann ist auch $\frac{V+W}{v+w} > \frac{W}{w}$, und findet man:

$$\frac{\partial f}{\partial w} = \left(\frac{V+W}{v+w}\right)^{\frac{n-2}{n-1}} - \left(\frac{W}{w}\right)^{\frac{n-2}{n-1}} > 0$$

wegen $n > 2$. Man kann nun w continuirlich abnehmen lassen bis zum Werthe $\frac{W}{V}v$ hin; dabei wird hiernach auch f beständig abnehmen, und da es zuletzt $= 0$ wird, muß es anfänglich > 0 gewesen sein.

Bringt man die Ungleichung (13) auf

$$\begin{aligned} V &= (1-t)\sqrt[n-2]{B''(\eta(\sigma))}, & W &= t\sqrt[n-2]{C''(\zeta(\sigma))}, \\ v &= (1-t)\frac{d\eta(\sigma)}{d\sigma}, & w &= t\,\frac{d\zeta(\sigma)}{d\sigma} \end{aligned} \tag{14}$$

in Anwendung und beachtet noch die Ungleichung (12) sowie die Beziehung (10), so geht

$$\sqrt[n-1]{T''(\vartheta(\sigma))\frac{d\vartheta(\sigma)}{d\sigma}} \geqq (1-t)\sqrt[n-1]{B''(\eta(\sigma))\frac{d\eta(\sigma)}{d\sigma}} + t\sqrt[n-1]{C''(\zeta(\sigma))\frac{d\zeta(\sigma)}{d\sigma}} \tag{15}$$

hervor, d. i. wegen (7) und (8):

$$(16)\qquad T''(\vartheta(\sigma))\frac{d\vartheta(\sigma)}{d\sigma} \geqq \left((1-t)\sqrt[n-1]{B'}+t\sqrt[n-1]{C'}\right)^{n-1}$$

für $0<\sigma<1$. Nun seien σ_0 und σ_1 irgend zwei Werthe so, daß $0<\sigma_0<\sigma_1<1$ ist, so hat man nach der bei (10) bemerkten Natur von $\frac{d\vartheta(\sigma)}{d\sigma}$ jedenfalls:

$$\int\limits_{\vartheta(\sigma_0)}^{\vartheta(\sigma_1)} T''(\vartheta)\,d\vartheta = \int\limits_{\sigma_0}^{\sigma_1} T''(\vartheta(\sigma))\frac{d\vartheta(\sigma)}{d\sigma}\,d\sigma.$$

Das Integral auf der linken Seite ist nach (11) gewiss $<T'$, und so führt die Anwendung der Ungleichung (16) im Integral rechts zu:

$$T' > \left((1-t)\sqrt[n-1]{B'}+t\sqrt[n-1]{C'}\right)^{n-1}(\sigma_1-\sigma_0).$$

Indem σ_0 an 0, σ_1 an 1 beliebig genähert werden kann, geht hieraus in der That die zu beweisende Ungleichung (4) hervor.

III. Es erübrigt noch, den Zusatz (6) zur Ungleichung (4) allgemein für $C'\geqq B'>0$ und $n\geqq 3$ sicher zu stellen. Nehmen wir also an, es habe in der eben bewiesenen Ungleichung (4), wo t irgend ein Werth >0 und <1 ist, das Gleichheitszeichen statt.

In der Ungleichung (13) für vier positive Größen V, W, v, w tritt, wie aus dem oben dafür gegebenen Beweise ersichtlich ist, der Grenzfall $f=0$ nur ein, wenn $V:W=v:w$ ist. Hat man einen Werth $\sigma>0$ und <1, für welchen nicht

$$(17)\qquad \sqrt[n-2]{B''(\eta(\sigma))} : \sqrt[n-2]{C''(\zeta(\sigma))} = \sqrt[n-1]{B'} : \sqrt[n-1]{C'}$$

ist, so wird wegen (7) und (8) für diesen Werth σ bei den Ausdrücken (14) auch nicht $V:W=v:w$ gelten, also vielmehr $f>0$ sich ergeben, und wird daher auch gewiss in (15) und (16) das Zeichen $>$ statthaben. Desgleichen wird, wenn für einen Werth $\sigma>0$ und <1 die Differenz aus der linken und der rechten Seite von (12) sich >0 erweist, für diesen Werth σ auch in (15) und (16) nicht das Zeichen $=$ statthaben. Fällt nun für irgend ein bestimmtes $\sigma=\varrho>0$ und <1 die Differenz aus der linken und der rechten Seite von (16) positiv aus und ist dann δ eine kleinere positive Größe als diese Differenz, so wird man wegen der Stetigkeit der Functionen $T''(\vartheta(\sigma))$ und $\frac{d\vartheta(\sigma)}{d\sigma}$ im Bereiche $0<\sigma<1$ ein ganzes in diesem Bereich enthaltenes Intervall $\varrho_0\leqq\sigma\leqq\varrho_1$ bestimmen können, in welchem jene Differenz noch durchweg $>\delta$ ist, und dann erweist sich T' mindestens um $\delta(\varrho_1-\varrho_0)$ größer als $\left((1-t)\sqrt[n-1]{B'}+t\sqrt[n-1]{C'}\right)^{n-1}$, könnte also in (4) nicht das

Gleichheitszeichen statthaben. Nun ist aber Letzteres angenommen, also erfordert jene Annahme zunächst, daß für $0 < \sigma < 1$ stets die Beziehung (17) und ferner stets

$$(18)\qquad \sqrt[n-2]{T''(\vartheta(\sigma))} = (1-t)\sqrt[n-2]{B''(\eta(\sigma))} + t\sqrt[n-2]{C''(\zeta(\sigma))}$$

gilt.

Nun handelt es sich darum, diese Ergebnisse zu verarbeiten. Aus (17) in Verbindung mit (7) und (8) folgt:

$$\frac{1}{\sqrt[n-1]{B'}}\frac{d\eta(\sigma)}{d\sigma} = \frac{1}{\sqrt[n-1]{C'}}\frac{d\zeta(\sigma)}{d\sigma}$$

für $0 < \sigma < 1$. Daraus entnimmt man sofort, wenn $0 < \sigma_0 < \sigma < 1$ ist,

$$\frac{\eta(\sigma)-\eta(\sigma_0)}{\sqrt[n-1]{B'}} = \frac{\zeta(\sigma)-\zeta(\sigma_0)}{\sqrt[n-1]{C'}}.$$

Wegen der Stetigkeit der Functionen $\eta(\sigma)$ und $\zeta(\sigma)$ im ganzen Bereich $0 \leqq \sigma \leqq 1$ ergiebt sich hieraus, wenn man σ_0 nach Null abnehmen läßt:

$$(19)\qquad \frac{\eta(\sigma)-\beta(0)}{\sqrt[n-1]{B'}} = \frac{\zeta(\sigma)-\gamma(0)}{\sqrt[n-1]{C'}}$$

und weiter, wenn man σ nach 1 convergiren läßt, noch:

$$(20)\qquad \frac{\beta(1)-\beta(0)}{\sqrt[n-1]{B'}} = \frac{\gamma(1)-\gamma(0)}{\sqrt[n-1]{C'}}.$$

Jetzt ziehen wir die Gleichung (18) in Betracht. Es bedeute h einen der Indices $1, \ldots n-2$ und man verstehe unter $\mathfrak{O}_h(\mathfrak{B})$ die Menge aller im Bereiche $\mathfrak{B}$ vorkommenden Systeme x_h, x_{n-1}, welche Menge nach 56. II und 52. I ein Oval in x_h, x_{n-1} vorstellt. Es ist $\beta(0)$ der kleinste, $\beta(1)$ der größte Werth von x_{n-1} in $\mathfrak{B}$, und man bezeichne für einen Werth $x_{n-1} = \eta(\sigma) \geqq \beta(0)$ und $\leqq \beta(1)$ mit $\eta_h(\sigma)$ den kleinsten Werth, mit $H_h(\sigma)$ den größten Werth von x_h auf der Geraden $x_{n-1} = \eta(\sigma)$ in $\mathfrak{O}_h(\mathfrak{B})$; dabei sind $\eta_h(\sigma)$ und $H_h(\sigma)$ stetige Functionen des Werthes von $\eta(\sigma)$ und also auch der Größe σ. Es stellt dann jedesmal $\eta_h(\sigma)$ das Minimum, $H_h(\sigma)$ das Maximum von x_h im Bereiche $\mathfrak{B}''(\eta(\sigma))$ vor. Die entsprechende Bedeutung wie $\mathfrak{O}_h(\mathfrak{B})$, $\eta_h(\sigma)$, $H_h(\sigma)$ für $\mathfrak{B}$ mögen $\mathfrak{O}_h(\mathfrak{C})$, $\zeta_h(\sigma)$, $Z_h(\sigma)$ für $\mathfrak{C}$ haben.

Nun nehme man an, der Satz (6) sei bereits erwiesen für nirgends concave Körper in Mannigfaltigkeiten von $n-1$ Variabeln; dann wird wegen (18) dieser Satz bei jedem der Körper $\overline{\mathfrak{K}_\sigma}$ für $0 < \sigma < 1$ zur Geltung kommen. Also wird jedesmal $\mathfrak{B}''(\eta(\sigma))$ aus $\mathfrak{C}''(\zeta(\sigma))$ durch eine Dilatation oder Translation in $x_1, \ldots x_{n-2}$ herzuleiten sein. Es handelt sich um eine Dilatation im Verhältnisse $\sqrt[n-2]{B''(\eta(\sigma))} : \sqrt[n-2]{C''(\zeta(\sigma))}$, falls dieses Verhältniss von 1 verschieden ist, um eine Translation, falls es gleich 1 ist. Dieses Verhältniss stimmt aber hier nach (17) mit $\sqrt[n-1]{B'} : \sqrt[n-1]{C'}$ überein. Nach den am Anfang dieses Abschnitts 57 gemachten Bemerkungen läßt sich nun diese Dilatation oder Translation vermöge der $n-2$ Größen $\frac{\zeta_h(\sigma)}{\sqrt[n-1]{C'}} - \frac{\eta_h(\sigma)}{\sqrt[n-1]{B'}}$ darstellen und giebt ihrerseits auch die Werthe dieser Größen völlig an die Hand. Man kann ferner diese Dilatation oder Translation genau wie durch die $\eta_h(\sigma)$ und $\zeta_h(\sigma)$ auch durch die Maxima $H_h(\sigma)$ und $Z_h(\sigma)$ der x_h in $\mathfrak{B}''(\eta(\sigma))$ und $\mathfrak{C}''(\zeta(\sigma))$ ausdrücken, und gilt infolgedessen nach (1)

$$\frac{\zeta_h(\sigma)}{\sqrt[n-1]{C'}} - \frac{\eta_h(\sigma)}{\sqrt[n-1]{B'}} = \frac{Z_h(\sigma)}{\sqrt[n-1]{C'}} - \frac{H_h(\sigma)}{\sqrt[n-1]{B'}}$$

oder

$$\frac{Z_h(\sigma) - \zeta_h(\sigma)}{\sqrt[n-1]{C'}} = \frac{H_h(\sigma) - \eta_h(\sigma)}{\sqrt[n-1]{B'}} \tag{21}$$

für $h = 1, \ldots n-2$ und $0 < \sigma < 1$. Indem die hier vorkommenden Functionen im ganzen Bereiche stetig sind, bleibt diese Beziehung auch noch für $\sigma = 0$ und $\sigma = 1$ gültig. Diese Gleichung (21) für $0 \leqq \sigma \leqq 1$ nun besagt, wenn man dazu die Gleichungen (19) und (20) beachtet und sich der in 56. III eingeführten Ausdrücke erinnert, genau Folgendes: Die Ovale $\mathfrak{O}_h(\mathfrak{B})$ und $\mathfrak{O}_h(\mathfrak{C})$ sind ähnlich gestreckt im Liniensysteme $x_{n-1} = \text{const.}$

Dieses Resultat ist nun sogleich einer wesentlichen Ausdehnung fähig. Es sei h ein bestimmter der Indices $1, \ldots n-2$ und e irgend eine Constante. Wir führen statt x_h, x_{n-1} als neue Variable $x_h^* = -x_{n-1}$ $x_{n-1}^* = x_h - e x_{n-1}$ ein, während die übrigen der Variabeln ungeändert bleiben sollen. Es sind dann die Volumina von $\mathfrak{B}'$, $\mathfrak{C}'$, $\mathfrak{T}'$ in $x_1, \ldots x_{h-1}, x_h^*, x_{h+1}, \ldots x_{n-2}, x_{n-1}^*$ wieder B', C', T', und andererseits sind auch die Mengen der Systeme x_h^*, x_{n-1}^* in $\mathfrak{B}$ und $\mathfrak{C}$ wieder genau durch die Ovale $\mathfrak{O}_h(\mathfrak{B})$ und $\mathfrak{O}_h(\mathfrak{C})$, in den Coordinaten x_h^*, x_{n-1}^* aufgefasst, gegeben. Das letzte Ergebniss gestattet daher, wenn in der Ungleichung (4) das Gleichheitszeichen gilt, sogleich den weiteren Schluß: Die Ovale $\mathfrak{O}_h(\mathfrak{B})$ und $\mathfrak{O}_h(\mathfrak{C})$ sind auch ähnlich gestreckt in einem jeden Liniensysteme $x_h - e x_{n-1} = \text{const.}$ Nunmehr ergiebt der Hülfssatz aus 56. III, daß überhaupt immer das Oval $\mathfrak{O}_h(\mathfrak{B})$ aus dem Ovale $\mathfrak{O}_h(\mathfrak{C})$ durch Dilatation oder Translation hervorgeht. In Anbetracht von (19) muß danach immer

$$(22) \qquad \frac{\zeta_h(\sigma)-\zeta_h(0)}{\sqrt[n-1]{C'}} = \frac{\eta_h(\sigma)-\eta_h(0)}{\sqrt[n-1]{B'}}$$

für $0 \leqq \sigma \leqq 1$ gelten.

Diese Beziehung, d. h. daß $\frac{\zeta_h(\sigma)}{\sqrt[n-1]{C'}} - \frac{\eta_h(\sigma)}{\sqrt[n-1]{B'}}$ von σ unabhängig ist, und dazu die Gleichung (19), d. h. daß $\frac{\zeta(\sigma)}{\sqrt[n-1]{C'}} - \frac{\eta(\sigma)}{\sqrt[n-1]{B'}}$ von σ unabhängig ist, nun zeigen, daß diejenige Dilatation oder Translation in $x_1, \ldots x_{n-2}, x_{n-1}$, durch welche für ein $\sigma > 0$ und < 1 der Bereich $\mathfrak{B}'(\eta(\sigma))$ aus dem Bereiche $\mathfrak{C}'(\zeta(\sigma))$ hervorgeht, für alle diese Werthe σ stets ein und die nämliche Dilatation oder Translation wird. Indem noch die Systeme $x_1, \ldots x_{n-1}$ aus $\mathfrak{B}'$, für welche $x_{n-1} = \beta(0)$ bez. $= \beta(1)$ ist, aus der Gesammtmenge $\mathfrak{B}'(\eta(\sigma))$, $0 < \sigma < 1$, als deren nicht ihr selbst angehörige Häufungsstellen folgen und das Entsprechende in Bezug auf $\mathfrak{C}'$ gilt, zeigt sich, dass durch eben jene Dilatation oder Translation überhaupt der ganze Bereich $\mathfrak{B}'$ aus dem ganzen Bereiche $\mathfrak{C}'$ hervorgeht, womit der Satz (6) bewiesen ist.

Mit diesen Resultaten sind nach den am Schlusse von I. gemachten Bemerkungen zugleich die Beweise der Sätze in 52. IV erledigt.

Das Verdienst, die wichtige Ungleichung (4) zuerst aufgestellt zu haben, kommt Herrn **Brunn** zu (s. dessen Aufsatz: Ueber Ovale und Eiflächen, S. 23, Art. 5). Die Ausführungen bei Herrn **Brunn** beziehen sich vornehmlich auf den Fall $n = 3$ und sind mehr geometrisch gehalten, während hier eine rein analytische Darstellung gegeben ist. Als Hauptgedanke des Beweises erscheint hier die Ermöglichung eines Schlusses von $n-1$ auf n durch Einführung der als obere Grenzen von Integralen definirten inversen Functionen $\eta(\sigma)$ und $\zeta(\sigma)$. Das Zusatztheorem (6), welches hier für die Folgerungen in 52. IV und für spätere Anwendungen im sechsten Kapitel besonders in Betracht kommt, hat für $n = 3$ Herr **Brunn** ebenfalls ausgesprochen. Auf eine Äußerung von mir über die Nothwendigkeit einer strengeren Begründung jenes Zusatzes, als sie durch die Bemerkungen am angeführten Orte (S. 24—25, Art. 9 und 10) geliefert war, ist Herr **Brunn** sodann in dem Aufsatze: Referat über eine Arbeit „Exacte Grundlagen für eine Theorie der Ovale" auf den fraglichen Grenzfall zurückgekommen. Die bezüglichen hier angewandten Überlegungen scheinen mir jedoch das Ziel einfacher erreichen zu lassen.

Sachregister.